土石混合体破裂与渗流过程结构演化多尺度力学特性

王　宇　李长洪　李　晓　著

科 学 出 版 社

北 京

内 容 简 介

本书系统介绍了作者近年来在土石混合体破裂与渗流过程中结构演化的多尺度力学特性方面所取得的学术成果，从结构劣化多尺度工程地质力学角度出发，对土石混合体结构弱化过程中土石相互作用及互馈致灾力学响应进行了较为系统的研究。全书共6章，主要内容包括：绪论、土石混合体细观数值试验研究、土石混合体实时超声波试验研究、土石混合体实时CT扫描试验研究、土石混合体渗流特性结构控制机理研究和土石混合体渗流破坏演化特性研究。

本书可供土木工程、水利工程、矿业工程及相关领域的工程技术人员参考，亦可作为岩体力学及其相关专业的科研工作者、高等院校师生的参考书。

图书在版编目（CIP）数据

土石混合体破裂与渗流过程结构演化多尺度力学特性/王宇，李长洪，李晓著. —北京：科学出版社，2020.8

ISBN 978-7-03-065975-0

Ⅰ. ①土… Ⅱ. ①王… ②李… ③李… Ⅲ. ①岩土工程-岩石破裂-工程力学②岩土工程-裂缝渗流-工程力学 Ⅳ. ①TU452

中国版本图书馆CIP数据核字（2020）第164322号

责任编辑：牛宇锋 乔丽维 / 责任校对：王萌萌

责任印制：吴兆东 / 封面设计：欣宇腾飞

科学出版社 出版

北京东黄城根北街16号

邮政编码：100717

http://www.sciencep.com

北京厚诚则铭印刷科技有限公司 印刷

科学出版社发行 各地新华书店经销

*

2020年8月第 一 版 开本：720×1000 B5

2022年4月第三次印刷 印张：19 1/4

字数：375 000

定价：139.00元

（如有印装质量问题，我社负责调换）

前　言

土石混合体作为一种典型的基质-块石材料，是土和块石的随机混杂物，是建筑地基和各种承灾体的重要物源。与一般岩土体不同，土石混合体具有非均质性、非连续性、非线性、固结性差、环境敏感性高等特点，其变形破坏规律及力学特性区别于岩石与土体。可以说，土石混合体的力学性能界于土和岩石之间，材料属性则介于散体和连续体之间，工程力学行为极为特殊、复杂，难以精确刻画，是工程地质和岩体力学研究的最薄弱环节之一。土石混合体作为基质土体和块石的介质耦合体，在工程荷载及环境因素作用下极易诱发沉降、塌陷、滑塌和管涌等多种地质灾害。从细观尺度出发，借助细观计算方法和细观试验手段揭示土石混合体在荷载作用下的变形破坏特征，查明土石混合体中土石相互作用的机制，从本质上阐述其变形破裂机理，是当前工程建设的需要，也是现代细观岩土力学发展的必然。

本书从土石混合体破裂和渗流过程中结构演化全时程的非线性力学机制出发，采用多种宏细观探测相结合的方法，对土石混合体灾变过程进行信息化、可视化和数字化表征，对土石混合体结构弱化过程中土石相互作用引起的变形开裂特征、土石接触耦合机制、流固耦合非线性特征及细观损伤机理进行系统的研究，主要创新工作体现在：①采用自行设计的 CT 试验机配套加载装置，进行了土石混合体实时 CT 扫描单轴压缩试验，对试样重点区域的 CT 数、裂纹展布、孔隙率演化和 CT 损伤进行了提取、识别和分析，揭示了试样损伤开裂的内在机制，建立了土石混合体结构弱化的损伤本构关系；②进行了土石混合体实时超声波测试单轴压缩试验，对土石混合体变形破坏过程中的超声波波速、衰减系数、透射系数、孔隙率变化及裂纹演化进行了分析，揭示了荷载作用下土石相互作用的非线性机制及其区别于土体和块石的独有特性；③采用基于有限元理论和统计损伤理论的细观数值计算方法，从缺陷弱化损伤角度研究了土石混合体的结构弱化机制，进一步明确了土石混合体变形破坏的非线性结构化特征，丰富和完善了现有的研究成果；④利用大尺度电液伺服控制变压渗透仪，研究了土石混合体基质特性对渗流规律的影响，揭示了土石混合体在水位变动下的结构状态变化及其渗透机理，提出了土石混合体的非线性渗流计算模型；⑤进行了土石混合体应力-应变-渗流耦合试验，揭露了土石混合体多场

(渗流场、变形场、应力场、损伤场)、多相介质(土颗粒集合体、块石、孔隙、裂隙等)耦合的渗流动力学特征；⑥对土石混合体渗流-侵蚀-应力耦合多因素开展了系统的分析，阐释了含石量、应力状态、基质土体密实度及块石形状因子对管涌变形破坏的敏感依赖程度，并对土石混合体抗渗变形进行了优化设计。通过对土石混合体在破裂和渗流过程中土石相互作用及互溃致灾多尺度力学响应的研究，可为岩土工程建设、发展岩土力学新理论提供科技支撑。

我 2009 年 6 月本科毕业于长安大学地质工程专业，2009 年 9 月考入中国地质大学(武汉)攻读地质工程专业硕士学位，开始系统学习工程地质和岩石力学方面的知识，2012 年 9 月考入中国科学院地质与地球物理研究所攻读博士学位,开始致力于岩体多尺度破裂与渗流演化过程致灾响应探测与表征方法研究，尤其对散体状岩体破裂与渗流特性进行了较为系统的研究，2014 年 12 月博士毕业，同年在中国科学院地质与地球物理研究所做了为期 2 年的博士后研究工作，2017 年 3 月博士后出站，进入北京科技大学从事教学与科研工作。

全书共 6 章，第 1 章介绍本书的研究背景、学科进展及主要内容；第 2 章论述土石混合体细观数值试验方法原理；第 3 章论述土石混合体超声波测试方法及应用；第 4 章论述土石混合体实时 CT 扫描试验方法及应用；第 5 章论述土石混合体渗流特性结构控制机理;第 6 章论述土石混合体渗流破坏演化特性。书中包含一些通用基本原理及他人的研究成果，在此引用，是为了保持书中体系的整体性和可读性，对于引用的成果，已尽可能注明，若有个别遗漏，还望谅解，并在此对引用成果的作者表示衷心的感谢。

在本书出版之际，特别感谢中国科学院地质与地球物理研究所胡瑞林研究员对本书的指导和对我一贯的支持与鼓励，特别感谢大连理工大学唐春安教授提供的真实破坏过程分析 RFPA 细观破裂计算软件，感谢我的硕士研究生导师余宏明教授对我知识体系和专业能力的培养。本书得到了“十三五”国家重点研发计划课题(2018YFC0808402)、国家自然科学基金项目(41502294)、北京市自然科学基金项目(8202033)、北京科技大学人才基金项目和中央高校基本科研业务费项目的资助，并得到科学出版社的大力支持，在此一并致谢！

由于作者水平有限，书中难免存在不足之处，敬请读者和同仁批评指正。

王　宇

2019 年 12 月于北京

目　　录

第1章　绪　　论

1.1　研究背景和意义

1.1.1　研究背景

土石混合体是在地球内外动力耦合作用下，在地球演化过程中形成的具有复杂内部结构的一种块石与土颗粒的混杂松散堆积体，这种材料物质来源多样化，地质成因复杂，既不同于一般的均质土体，也不同于一般的岩体，是一种介于土体与破裂岩体之间的特殊地质材料。土石混合体这一地质概念是随着各类大规模岩土工程建设及岩土力学的发展而逐渐提出来的，它是当代岩土力学深入发展的必然。土石混合体概念的提出不是一蹴而就的，而是经历了一个长期的过程，国内外不同的学者对其有不同的称谓。Dearman[1]和 Hencher 等[2]按粒组成分对风化岩体进行了分类，将工程岩土体分为三个等级，即土(soil)、岩石(rock)及岩石与土(rock and soil)；Medley[3]研究了组成土石混合物的块石及土体在物理力学性质上的差异，材料的非均匀性导致其变形破坏特征与岩土体迥异，为了与一般的岩土体相区别，将该土石混合物称为 block in matrix soil(soil/rock mixture)；Medley[4]忽略传统地质学上的土体分类定义，将工程重要块体镶嵌在细粒体(或胶结的混合基质)中构成的岩土介质称为 bimsoils/bimrocks(block-in-matrix soils/rocks)。一些工程规范，如《岩土工程勘察规范》(GB 50021—2001)和《工程地质手册》，往往将土石混合体按照特殊土来对待，将其称为碎石土，组成结构为以土体和块石为主的第四纪松散堆积体，成分主要为砾石、块石及砂土和黏土的混合地质材料；在地质学或矿物学意义上，将不同粒径本身或外来碎片及岩块镶嵌在基质泥中所构成的混合体称为“混杂岩”或“混成岩”。国内李晓最先将这种“由作为骨料的砾石或块石与作为充填料的黏土和砂组成的地质体”称为土石混合体(rock and soil aggregate，RSA)[5,6]；徐文杰[7]从工程角度出发，侧重于土石介质的细构特性，将土石混合体重新定义为：第四纪以来形成的，由具有一定工程尺度、强度较高的块石、细粒土体及孔隙构成且具有一定含石量的极端不均匀松散岩土介质系统。作者通过工程实践发现，土石混合体包括的范畴应当更为广泛，不仅包括第四纪形成的松散岩土介质，还包括断层角砾岩，以及工程活动产生的露天矿排土场散体物料、矿山废石胶结充填体等，建立在基质与块石强度性质差异基础上的，混合体内部由基质与块石构成，并且二者强度差异较大，尤其块石相对整体力学响应影响较大时，这一类混合岩土体均属于土石混合体。为了突出混合体内部基质成分的多样性，甚至可以称为岩土基质块石混合体，即 blocks-in-matrix-(soils, rocks, tailings, …)，简称 BIM-geomaterial(BIMG)。图 1-1 对典型岩土基质块石混合体的细观物质组成结构进行了详细说明，图 1-2 列举了不同类型的岩土基质块石混合体，不同混合体的差异更多体现在基质成因及物性的不同。为方便起见，鉴于本书中基质块石混合体的基质组成主要为土体，仍采用“土石混合体”这一术语。

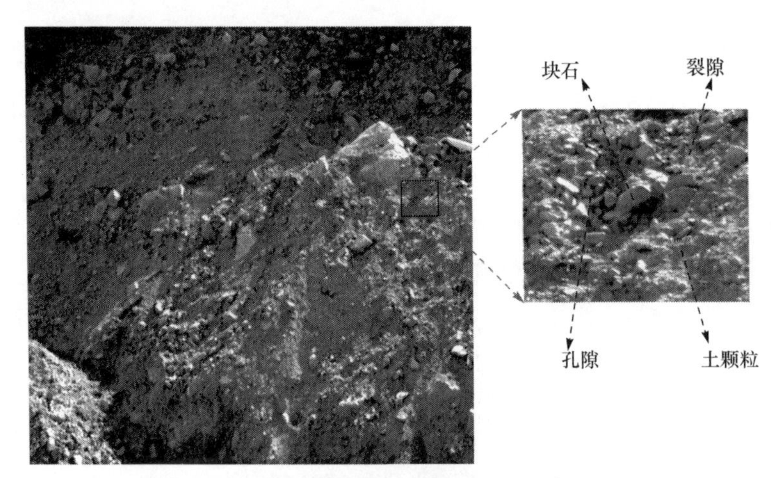

图 1-1　土石混合体的细观物质组成结构

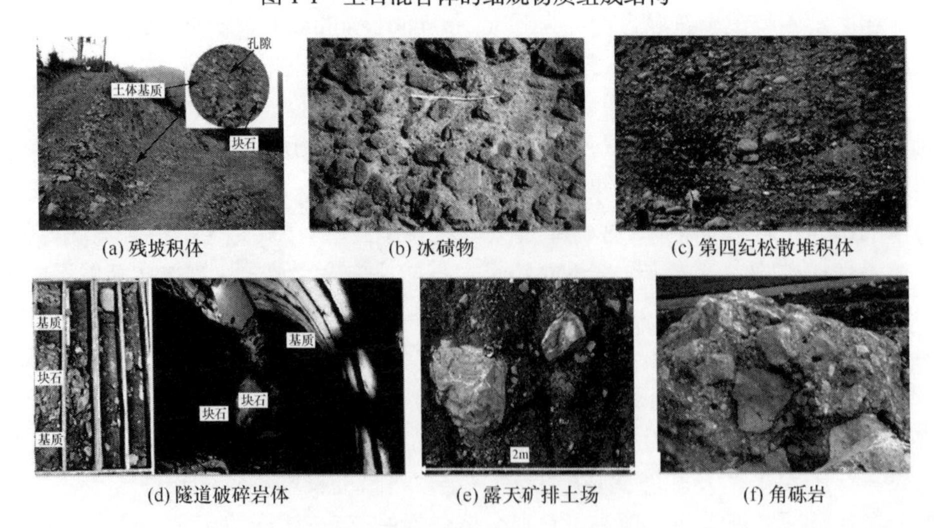

(a) 残坡积体　(b) 冰碛物　(c) 第四纪松散堆积体

(d) 隧道破碎岩体　(e) 露天矿排土场　(f) 角砾岩

图 1-2　不同类型岩土基质块石混合体

由于土石混合体这类地质材料的广泛存在，随着我国大规模工程建设的不断拓展，越来越多的岩土工程问题与土石混合体的强度、变形和渗透特性等密切相关，如地质灾害(滑坡、崩塌、泥石流)的频频发生，水坝、水库及库岸的失稳等都是土石混合体对外界不同环境条件响应的结果[8-12]。另外，土石混合体作为一种填料而被广泛用于土石坝、铁路、公路、机场、房屋地基、河堤等建筑工程，而且其应用范围也在不断增大[13,14]。由土石混合体承载的各类工程建筑物、构筑物和地质体的稳定性问题都与土石混合体在应力和环境因素制约下的变形破坏有关。然而，宏观变形破坏是内部细观结构变化的外在体现，只有从土石混合体变形破坏的细观结构着手，才能从根本上掌握土石混合体的变形破裂机理，达到防灾减灾的目的。为此，有必要开展土石混合体细观结构力学特性、渗流渗透特性及其流固耦合特性的理论和试验研究，为相关工程的设计与施工提供科学依据。

研究土石混合体在力场及环境效应下的响应特征涉及两个关键科学问题：一个是研究层次；另一个是研究方法。根据土石混合体的物质组成，土石混合体是由粗粒相块石、细粒相土体、孔隙及裂纹等组成的复合地质材料，内部结构具有多尺度性。根据研究对象及研究目的的不同，研究尺度可分为微观(microscopic)、细观(mesoscopic)和宏观(macroscopic)。微观尺度一般指微米(10^{-6}m)尺度。在该尺度下，土体颗粒的内部组构、比表面积、集粒大小、形状特征是土石混合体的结构特征，能够辨清土颗粒及粗粒相块石内部晶体结构。在这一数量级范围内的结构单元使用 X 射线、电子探针、红外光谱、核磁共振及电子亚显微镜等技术进行观察，可以分辨出单独的土体颗粒，能够看到复杂的孔隙分布。细观尺度包括的范围较大，结构单元尺寸从 10^{-4}m 到几厘米，甚至更大。细观尺度是一个相对尺度，没有严格的范围，土石混合体的细观尺度只不过是人们针对土石混合体的结构而提出来的。在该尺度下，颗粒结构是最重要的，可以观察到骨料颗粒及较大的孔隙，土石混合体内部块石的形态、空间分布、粒度组成及含石量等结构特征是研究土石混合体细观结构特征的重要因素。块石与土体基质的相互作用是土石混合体在力场作用下的典型特征，并且材料非均质性本质上是材料内部结构的非均匀性引起应力集中，从而导致强度降低引起的。理论上可以对材料各组成单元的力学性质进行表征，按照细观力学的方法研究土石混合体的宏观力学响应。在宏观尺度下，材料内部结构是未知的，土石混合体被假定为均匀和各向同性的。土石混合体被视为由尺寸大于几厘米的结构单元组成，单元的尺寸大小足够在平均比例上反映均匀化的材料性质。宏观分析是地质工程师的眼光，虽然无法揭示土石混合体内部结构、内部组成及力学性质间的关系，但是毕竟反映了一种工程平均，是工程建设所必需的。土石混合体细观结构力学研究涉及的尺度主要包括细观尺度和实验室尺度，将其统称为广义的细观尺度。

1.1.2 研究意义

正是由于土石混合体与人类活动极其密切，土石混合体的广泛分布不仅为人们提供了重要的生产活动场所，同时也诱发了大量的崩塌、滑坡、泥石流等地质灾害，研究土石混合体具有重大的工程价值和理论意义。现有的规范及传统的岩土测试技术或评价手段，在获取土石混合体物理力学参数时，多采用工程地质类比法，通过土体(岩体)试验参数乘以一定的强度系数得到土石混合体的力学参数，这样做往往造成工程设计的保守或不安全，大量的工程事故已有相关的记载。由于组成土石混合体的土体和块石分布特征及强度上的差异，作为一种物质成分和内部结构特征极为复杂的多相多组分散体材料，土石混合体具有非均质性、非连续性和各向异性的特点，物理力学性质上呈现出极端的非线性，环境敏感性高，具有高度的环境依赖性。土石混合体宏观的变形破坏规律及力学特性取决于内部细粒相(土)的物理力学性质及内部块石的含量、空间分布、形态和颗粒间接触面特性等细观特征。因此，从细观尺度出发研究土石混合体变形破坏特点，查明土石相互作用的机理，借助细观力学手段分析土石混合体并揭示土石混合体在荷载作用下的变形破坏模式，从本质上阐述其变形破坏机理显得尤为重要。土石混合体细观力学特性的研究有助于我们更清楚地了解介质内部土与块石的作用机理，以建立力场和复杂环境影响下适用于土石混合介质的细观损伤演化方程和本构模型，细观结构控制机理研究有望为地质灾害防控、岩土工程建设和土石混合体渗流理论的发展提供理论基础和应用指导。

1.2 土石混合体多尺度结构力学研究现状及评述

1.2.1 土石混合体细观结构特征研究现状

土石混合体具有细观结构上的非均匀性、非均质性、非连续性及尺寸效应。非均匀性是指土石混合体由极强(块石)和极弱(砂土、黏土等)两部分材料组成。非均质性是指试样含石量的不同、块石的空间随机分布、粒度组成上的差异和形态的不同。非连续性主要体现在土体与块石的交界面上，可分为完全胶结及欠(不)胶结两种情况。试样内细粒组与粗粒组无论以何种形式胶结，在荷载作用下，变形破坏首先发生于土石交界面上，块石角点由于应力集中开始出现塑性区，同时块石和土体间的界面开始变形，在交界面处极易产生拉裂、滑移和嵌入等现象，使土石混合体内部的应力场和位移场出现高度的非连续分布。尺寸效应涉及土石混合体的多尺度问题，有的学者将其称为结构的相对性与唯一性[7]。土石混合体结构的不确定性很大程度上是由粗粒相和细粒相的不同配比造成的，随着研究对象尺度的选取，研究区内结构将发生明显的变化，物理力学特性也表现出明显的差异。图 1-3 为土石混合体的尺度效应，Ⅰ、Ⅱ、Ⅲ分别对应不同的尺度，当研究对象很小时(如Ⅰ区)，仅由土颗粒组成，可将其视为连续介质；随着研究对象尺度的增大(如Ⅱ区)，材料的非均质性和非均匀性逐渐显现出来，研究对象应当视为由较小碎块石作为骨架，由细粒相土等填充而成的不连续介质；对于Ⅲ区，不仅包括Ⅱ区的较小碎块石，还包含了粒径较大的块石，研究对象可概化为由较大块石作为骨架，由砂土、黏土及尺寸较小的碎块石填充而成的不连续介质。然而，当研究对象的尺度极大，远大于内部较大尺寸的块石时，土石混合体的非均质性、非均匀性和非连续性在不断减小，试样整体上表现为一种均质材料，可将其视为连续介质来处理。因此，从研究意义和工程尺度上来讲，土石混合体的结构是相对的，而不是绝对的，只有在确定的地质条件、工程尺寸及环境因素作用下，土石混合体的结构才是唯一确定的，研究不同因素作用下土石混合体结构状态变化对其力学性质的影响才是有意义的。土石混合体细观结构不同，其力学机制和工程稳定性分析方法也有所不同。

图1-3 土石混合体的尺度效应

含石量、块石形态和分布是影响土石混合体力学性质的最重要因素，研究土石混合体的力学特性，其细观结构特性的研究主要集中于块石特征参数提取与分析。Medley[4]提出一种土石混合体含石量估计方法，基于工程钻探手段，采用钻孔所揭露的可视块石的弦长来估计其内部的含石量。为了证明该方法的科学合理性，通过制备一定含石量和粒度组成的试样与所提出的方法进行对比，结果表明，根据钻孔得到的块石一维弦长分布特征推测块石的真实粒径产生的误差被块石的形状、含石量、排列方式及研究尺度等因素所控制。Medley还认为，当块石的形状接近球形时，由二维断面图像获取的含石量与其实际含石量最接近[3]。

Medley 等[15]对 Francisca 地区土石混合体内部含石量、块石形态等特征进行了系统分析，认为土石混合体内部块石粒度分布具有一定的尺寸独立性，提出土/石阈值概念，针对所研究的工程问题，确定土/石阈值为 $0.05L_c$，L_c为特征工程尺度[7]。同时提出了其他工程 L_c建议值：对于三轴试验，L_c为试样的直径；对于平面研究区域，其值等于研究面积的平方根；对于边坡，其值与坡高相等；对于隧道等结构物，其值等于开挖洞径；对于直剪试验试样，其值为单个剪切盒高度。Chandler[16]认为，当试样中含有异常大的砾石时，其强度会明显增加，但是他没有指出砾石的尺度上限，砾石块径过大时引起强度降低的效应没有考虑。徐文杰[7]将土石混合体的细观结构化参数归结为粒度分布特征、块石定向特征及块石形态特征，针对其所进行的研究定义土石混合体内土/石阈值取 $0.05\sim0.07L_c$，最大粒径 $d_{max}=0.75L_c$。对于典型的土石混合体力学特性(尤其是应力-应变关系)的研究，重塑试样的制备尺寸和级配是不容忽略的两个重要因素。试样制备时，每个试样必须涵盖较大范围的粒组成分，以充分体现土石混合体的各向异性和非均匀性，但是也应当避免试样中出现异常大的颗粒。英国土样制备标准 BS1377 规定：直剪试验试样中块石粒径不得大于试样高度的 1/10；固结试验试样中块石粒径不得大于试样高度的 1/5；三轴压缩试验试样中块石粒径不得大于试样直径的 1/5；渗透试验试样中块石粒径不得大于试样直径的 1/12，并且试样的级配应当和原位地质材料的级配相当。含石量作为土石混合体细观结构的一个重要控制因素，是土石混合体的一个重要物理参数，它直接影响细观结构特征，进而影响变形破坏机理及宏观力学特性。根据国内外相关文献研究，当含石量介于 20%～25%时，块体悬浮在土体介质中，在土料中只起填充作用，因块石间的距离较大，它们很难发生相互作用，此时，块石对整个介质的力学特性及渗透特性影响很小，这时土石混合体的强度基本上取决于土体；随着含石量的增大，块石间的距离拉近，块石起骨架作用而土体起填充作用，材料的力学强度和渗透系数随含石量的增加而急剧加大，土体与块石的相互作用是土石混合体强度性质的直接反应；当含石量达到 60%～75%时，块石与块石紧密接触构成整个岩土体的骨架，块石之间的孔隙只能被有限的土体所填充，土体对岩土体强度的贡献很小，这时土石混合体的性质主要取决于块石的强度，并且其强度不会随着含石量的增大而发生变化。

Casagli 等[17]综合采用现场量测、图像处理和筛分三种方法对意大利亚平宁北部地区 42 个滑坡坝的土石混合体块石分布进行了分析，发现该类岩土介质内部粒度分布呈现明显的双峰特征，三种方法的分析结果大致相同。Harris 等[18]分析了加拿大 Yukon 地区具有明显粗细层状结构的土石混合体，认为这种堆积体的形成与冻融作用有关，内部块石形态及分布很大程度上与原岩的破坏程度有关，而与原岩的岩性无关。Sass 等[19,20]利用地球物理勘测技术对奥地利阿尔卑斯山区 23 个崩积成因的土石混合体边坡内部结构特征、块石分布等进行了系统分析，认为土石混合体结构在细观上具有明显的成层性，并指出气候变化是物质结构成层性的主要因素。Lanaro 等[21]利用激光扫描仪扫描得到块石的三维图像，对扫描结果分别利用傅里叶及几何分析方法计算块石的细观参数，获得土石混合体中块石的尺寸、形状及粗糙度等信息。Garboczi 等[22]采用 X 射线计算机断层成像(computed tomography，CT)技术研究了土石混合体中花岗闪长岩颗粒的形状分布，由 CT 技术进行块石颗粒的三维图像重构，然后利用球面谐波技术分析颗粒的形状分布规律，结果表明，由爆破或破碎作用形成的岩块颗粒具有很好的形状自相似性，同时还建立了基于二维光学成像技术颗粒形态参数和三维 CT 图像参数的联系。Lafond 等[23]基于 CT 技术，采用分形技术研究了土石混合体中孔隙的分布和土壤气体扩展流动的相互关系，研究结果证实了由 CT 图像结果进行多维分形研究土石混合体中气体扩散效应的可行性。Masad 等[24]首先采用一系列方法(如半径方法、梯度法、形状指数、傅里叶序列、球面谐波、球形指数)对标准地质颗粒图形进行了分析；其次应用上述方法分析 CT 颗粒图形，证明上述方法用于 CT 图像分析的可行性；最后利用 CT 图像联合球面调和分析法进行颗粒的三维重建，通过与传统方法相比较，能很好地得到颗粒的真实形状。

土石混合体结构的不确定性是影响其力学性质的根本原因，细观结构特征的研究可以运用并发展现代精细探测技术，如三维图像重构、CT 技术及高精度地球物理探测技术等进行土石混合体细观结构的识别，采用基于数字图像处理、几何重建算法和结构特征定量化分析方法对细观结构进行精细处理，以建立符合研究意义的细观结构模型。

1.2.2 土石混合体细观结构模型研究现状

目前，土石混合体细观结构模型的建立主要采用三种方法：一是采用数码图像处理技术建立细观结构模型[25-27]；二是基于统计分析层次，采用蒙特卡罗算法随机生成土石混合体的细观结构模型[28]；三是采用特定的颗粒生成程序生成随机颗粒进行建模[29,30]。土石混合体细观模型的几何重建技术为细观力学特征的数值试验研究奠定了基础，是联系土石混合体细观结构与宏观力学响应的一条有效途径。从土石混合体的结构来看，土石混合体的破坏实际上是一个非常复杂的结构变化过程。数码图像处理技术首先对现场原位土石混合体进行数码拍照，利用材料的断面图像，通过某种转换技术建立相应的块石、孔隙等细观几何模型；然后将细观结构模型导入 ANSYS、ABAQUS 或 FLAC3D 等大型商业软件中进行分析计算。颗粒生成程序(如 PFC2D/3D)可以根据研究目的随机生成颗粒，以构建土石混合体计算模型。徐文杰等[26]、廖秋林[27]、油新华等[28]研究了基于数码图像的土石混合体结构模型的自动生成方法。李晓在数码成像建模的基础上，结合现场土石混合体结构统计规律，提出了基于现场统计的随机结构土石混合体建模方法。岳中琦[31]通过土石混合材料的数字图像获取其内部结构，建立起能够反映内部结构特征的有限元计算模型。徐文杰[7]对土石混合体细观结构重建技术进行了较深入的研究，通过边界“光滑化”几何转换算法和矢量及比例转换手段，采用VC++.NET缩写了相应的转换程序，使经图像处理获得的土石混合体二元化细观结构概念模型转化为通用有限元程序可接受的格式。同时，他还提出了单个块石的三维几何重建技术，开发了相应的几何重建系统。油新华等[28]提出了一套土石混合体随机结构模型的自动生成技术，利用蒙特卡罗算法来模拟土石混合体中砾石的空间位置、大小和方位，以建立基于随机分布的土石混合体随机结构模型。李世海等[32]发展了一种基于面-面接触弹性块体单元的土石混合体数值计算方法，对试样在单轴压缩条件下的力学特性进行了数值试验研究。

土石混合体细观结构模型的建立应当根据研究目的，结合实际工程背景，以充分体现研究对象的客观性。当前的研究，无论是基于数码成像的细观原位模型的生成还是随机结构的生成，都将土石混合体看成两相介质(土体和块石)，但是土石界面是土石混合体最薄弱的部位，界面差异滑动导致土石混合体开裂，裂纹不断扩展至失稳。土石界面根据胶结程度的不同，从弱的泥质胶结到强的硅、钙、铁、锰质胶结，均对土石混合体的开裂机制有着明显的影响，因此作者认为土石混合体从组相上应当视为由土体基质、粗骨料块石和两者间黏结面组成的三相复合介质，可认为各相是均匀或非均匀的，按照复合材料的观点建立细观结构模型更符合实际情况，且更符合不同地质背景下土石开裂的机理。此外，由于土体是变形破坏过程中裂纹发育载体，裂纹在土体中的扩展和贯通最终导致土石体的破坏，因此研究土颗粒集合体非均质特性对在细观层面上掌握土石混合体的破坏本质起着至关重要的作用。

1.2.3 土石混合体细观力学特性研究现状

强度、变形和渗透特性是反映土石混合体力学特性的三大方面。土石混合体的细观力学研究主要是探索土石混合介质的细观结构(指块石的形态、空间分布、粒度成分及含石量等)对荷载及环境因素(应力、渗流、温度等)的响应、演化和实效机理，以及土石混合体细观结构与宏观力学性能的定量关系。细观力学将连续介质力学的概念和方法直接应用到细观的块石构元上，利用多尺度的连续介质力学方法引入新的内变量，来表征经过某种统计平均处理的细观特性、微观量的概率分布及其演化。土石混合体细观组构的非均质性、非均匀性及非连续性是力学特性各向异性的根本原因。细观力学特性的研究是以细观结构为前提，在对土石混合体内部各粒组的含石量、块石空间位置及形态等进行系统的研究后建立细观结构模型，研究土石混合介质在各种环境因素、荷载作用下的力学响应和变形破坏机制。建立土石混合体细观结构对宏观力学性质的定量反应已成为当前研究的热点问题。

油新华等[28]基于有限差分方法建立了土石混合体数值模型，探讨了块石形态参数对力学性质的影响。赫建明等[29]采用颗粒元计算方法进行了剪切应力路径下土石混合体细观力学试验，得出了含石量与剪切强度参数的关系。李世海等[32]采用三维离散元建立土石混合体随机计算模型，进行了单轴数值模拟试验，数值试验中分别改变土石比和块度大小，得出不同含石量的试样破坏模式，含石量的增加使力学特性由塑性流动逐渐转为脆性破坏，含石量较低时的力学响应接近于土体，含石量较高(80%)时则表现出岩石的性质，认为应力场空间分布的转折点出现在土石比为 3:2 时；块石尺度作为影响土石混合体变形和破坏特性的另一重要参数，仍然表现出尺寸效应，当研究区域足够小时，对试样的应力场几乎没有影响，块石尺寸增大，试样的塑性增强，强度降低。徐文杰等[26]建立了土石混合体有限元细观结构模型，开展了双轴和真三轴数值试验，从土石混合体含石量、空间分布、粒度组成等细观结构特征出发，运用数值试验的方法研究了土石混合体的细观损伤机制、细观渗流特征、渗透破坏机制及宏观渗透系数与细观结构的定量关系。丁秀丽等[30]采用二维、三维颗粒流方法研究含石量、渗透压力、应力路径对土石混合体力学特性及变形破坏特征的影响。以上研究表明，含石量是影响土石混合体力学性质的极为重要的指标，土石混合体的非均质性、非连续性及尺寸效应很大程度上取决于研究对象的含石量。土石混合体的力学行为由内外因素共同控制，内因包括含石量、块石分布、块石的形态和土石接触类型等，外因主要是指环境因素，如降雨、地震等。降雨作用对土石混合体的影响最为重要，由第四纪松散堆积物构成的土石混合体斜坡，持续的降雨容易诱发崩塌、滑坡、泥石流等地质灾害，这一点充分体现了土石混合体与灾害共生、与水体伴生的特点，因此开展非饱和土石混合体力学特性与变形破坏规律的研究，对揭示降雨条件下堆积层滑坡及其他土石混合体滑坡的诱发机制具有重要的理论意义和实用价值。丁秀丽等[33]将非饱和土强度与渗流理论引入土石混合体中，利用细观数值模拟方法开展了含水量、土石接触特性及饱和度等因素对非饱和土石混合体试样变形和破坏特性的影响研究。

另外，土石混合体的高度不均匀性造成其抗渗透能力差，在渗透水流作用下极易发生管涌和流土等渗透破坏，土石混合体的渗透稳定性认识的不足直接影响着工程的安全，美国的 Teon 大坝溃决、Fontenelle 坝的渗透破坏等都与土石混合体的非稳定性渗透有关。郭庆国[34]通过多个工程实例指出粗粒含量(粒径大于 5mm 的颗粒含量)介于 30%～40%时，粗粒土的渗透系数主要取决于细粒物质，渗透系数随着含石量的增加有所减小，渗流基本符合达西定律；当粗粒含量介于 65%～75%时，由于粗粒土的骨架作用，渗透系数突然增加，此时渗透系数主要取决于粗料的性质，渗流规律不再符合达西定律。同时，他在对粗粒土渗流试验的基础上，得出含石量阈值为 70%是粗粒土渗透稳定性的一个重要指标。周中等[35,36]采用自行研制的常水头渗透仪，对含石量、孔隙比和块石形状 3 个因素在不同水平下的土石体渗透特性进行了研究，结果表明，3 个因素对渗透系数的影响顺序为：含石量、孔隙比和块石形状，砾石含量越多，渗透系数越大，孔隙比越大，渗透系数越大，颗粒的磨圆度越大，渗透系数越小，并给出了 3 个因素与渗透系数的关系表达式。廖秋林[27]基于数码成像与实测的土石混合体结构模型，对土石混合体的渗流进行了数值模拟，发现试样的渗透系数与含石量呈负相关性，且渗透系数的变化不但与含石量有关，而且与块石的形态、分布等结构因素有关。许建聪等[37]对碎石土中的渗透特性进行了研究，并建立了渗透系数与滑坡稳定系数的关系。顾金略[38]采用自行研制的大尺度伺服控制土石混合体压力渗透仪进行了土石混合体的渗透试验，结果表明，砂土土质的土石混合体渗流特性符合达西线性渗流规律。黏性土质的土石混合体渗流特性不符合达西定律。绝对水压对土石混合体的渗流特性几乎没有影响。不同含石量情况下土石混合体的渗流规律变化较为明显，水力梯度-流速关系曲线均表现出明显的非线性特性。

土石混合体细观力学的研究需要试验、理论和计算三方面密切配合。试验观测为细观力学分析提供物理依据和检验标准；理论研究总结了细观力学的基本原理和理论模型；各种不同的计算分析是细观力学必不可少的有效研究手段，既为理论研究的彻底实现和广泛应用提供了先进有利的工具，又为试验研究创造了高效经济的计算机仿真技术。细观计算力学要以把土石混合体在损伤和破坏过程中的细观不均匀性作为研究基点。

1.2.4　土石混合体流固耦合特性研究现状

1. 土石混合体渗流规律研究现状

渗透系数是岩土工程渗流分析时非常重要的计算参数，也是评价岩土体物理力学性质的一个重要参数。近年来，国内外大量学者基于室内试验、现场试验和数值试验对土石混合体的渗透性能进行了大量的探索性工作。

1) 室内试验

Shafiee[39]研究了块石颗粒的含量、尺寸、围压及土体基质各向异性对击实重塑土石混合体试样渗流特性的影响，结果表明，由于黏性土可塑性的差异，土石混合体的渗透系数随含石量的增加可能增大或减小；当颗粒的大小和围压增加时，土石混合体的渗透系数会降低；土体基质对渗透特性的影响表明，水平渗透系数 K_h 的影响程度要大于垂直渗透系数 K_v，当含石量小于或等于 40%时，K_h/K_v 逐渐降低，并趋近于 1，当含石量为 60%时，K_h/K_v 随围压的增加而增大，并趋近于 3。油新华等[40]对白衣庵滑坡一级、二级、三级阶地，以及坡积层 4 个地点的土样在水平和竖直两个方向的渗透系数进行了测定，研究了土石混合体渗透系数在不同方向上的变化规律。邱贤德等[41]研究了堆石体粒经特征对其渗透特性的影响，结合堆石体颗粒的概率统计分布模型，建立了堆石体颗粒含量与渗透系数之间的经验关系式，研究发现，细粒含量与渗透系数呈现负相关性。徐天有等[42]通过试验分析，认为堆石体的渗流规律主要受水力梯度和介质本身及流体的影响，其渗流规律乃是一个完整的物理过程，在试验的基础上，通过理论分析给出了堆石体渗流规律的统一表达式，着重研究了孔隙率、颗粒几何尺寸和流态的关系。孙陶[43]指出，只有在细粒含量较多、水力坡降较小时才能满足达西定律，浅析了影响无黏性粗粒土石混合体渗透系数的若干因素，并对现有的计算无黏性粗粒土渗透系数的经验公式进行了分析补充。饶锡保等[44]主要研究了粗粒含量对砾质土压实性、渗透性、压缩性、应力-应变关系的影响。朱建华[45]对作为大坝防渗材料的砾石土进行了研究，研究表明，对以粗料为骨架的宽级配砾石土来说，填充其孔隙的细料含量对土的渗透稳定性具有很大影响，小于 0.1mm 的细粒含量是砾石土渗透性的主要控制因素。Chen 等[46]采用室内渗流试验对不同含石量条件下试样的渗透系数进行了计算，发现随着含石量的增大，土石混合体的渗透系数不断增大。许建聪[47]采用数理统计方法对碎石土的渗透性进行了研究，表明碎块石的含量和以粉粒、黏粒为主的细粒土的含石量对碎石土渗透系数的影响最为显著。碎石土的渗透系数随含石量的增加呈指数增加趋势，随土中粒径小于 0.1mm 的细粒土含量的增加呈自然对数降低趋势。

2) 现场试验

徐扬等[48]通过现场渗流试验研究发现，回填土石混合体的渗透系数随平均粒径与非均匀度的增大而增大，降低回填废石(土)的平均粒径和非均匀度可以有效降低回填废石层的渗透性。郭庆国[49]采用原位渗流试验研究了土石混合体中粗颗粒含量对渗透系数的影响，并建立了渗透速率与水力梯度的关系。

3) 数值试验

廖秋林等[50]基于数码成像与实测的土石混合体结构模型，采用 COSMOL 软件对土石混合体的渗流进行了数值试验分析，发现随机分布于试样中的块石改变了渗流场，造成块石相夹的基质中渗透速率急剧增大；结果还表明，由于块石的相对隔水作用，试样的渗透系数随着含石量的增加而不断减小，土石混合体的渗流符合达西定律。徐文杰等[51]开发了基于任意凸多边形及椭圆形块石的土石混合体细观结构随机生成系统，考虑土石混合体的含石量、空间分布、粒度组成等因素，进行了土石混合体细观结构渗流的数值试验研究，认为土石混合体的渗流规律符合达西定律，并且随着含石量的增大，渗透系数逐渐减小。高谦等[52]通过颗粒元数值正交试验对土石混合体的渗流量影响顺序进行了研究，并通过二次逐步回归得出回填层厚度、水头压力、孔隙率及平均粒径对渗流量影响的关系式。

以上研究表明，土石混合体的渗透特性与含石量、块石形态、块石分布、孔隙率、土体基质性质、应力状态等因素有关。遗憾的是，不同的学者对土石混合体渗透系数与含石量的关系并没有得出一致的结论[35,39,40,50]，并且不同的学者对土石混合体的渗流规律得出的结论也不尽相同。这是因为受控于多因素影响的土石体渗透特性，试验条件及细观组成结构的差异会改变渗流场的分布，以及水与块石和土颗粒的耦合作用，并且由于土石界面是土石混合体中最薄弱的部位，在渗流过程中，土石界面处会形成较大的水力坡降和孔隙水压力，土石界面性质对土石混合体渗流特性的影响不能忽略。关于土石混合体的渗流规律是否符合达西定律，尺寸效应及含石量对渗流规律造成的影响需要进行更深一步的研究。寥秋林等[50]虽然采用数值计算的方法得出土石混合体的渗流规律符合达西定律这一结果，但由于其所采用的计算软件在进行渗流计算时已经做出了符合达西定律这一假定，采用数值计算手段得出其渗流规律符合达西定律显然是行不通的。另外，现有的土石混合体渗流试验均是在常水头渗透仪上完成的，作用于试样两端的水压差由水头高度差来决定，不能反映高水压差对试样渗流特征的影响，然而高水压差下的渗流特性对堆积层滑坡是至关重要的，例如，三峡库区库水位在 100m 以上，水压高达 1MPa，室内试验如何再现高水压，并且精确控制液体在试样中的流动是当前研究的难点。再者，室内小尺度渗流试验，由于试验过程中影响土石混合体渗流特性的因素控制不当，试样尺度不足以涵盖宽度颗粒级配，从而不能充分反映土石混合体的尺寸效应，也会对其渗流规律造成影响。在对土石混合体的渗透特性进行研究时，土石界面作为导致渗流场非均匀性的重要因素，应当引起高度的重视，土石界面的存在不但会对渗透系数的取值造成影响，而且会影响到渗流路径和渗流规律。为此，在研究土石混合体渗流规律时，应当严格控制基质的密实度、孔隙率，将影响因素集中限定到块石上，开采大尺度可变水压的渗透试验，精确控制试样渗流过程中的水压差，试验获得不同结构土石混合体的三维渗流场，建立不同结构土石混合体的渗流模式及其三维数字模型，研究结构要素对渗流路径的影响，研究不同含石量条件下土石混合体试样渗透速率与水力梯度的关系，探讨其渗流规律。另外，不同的基质成分，如黏土、砂土、粉质黏土等对渗流规律造成的影响也不容忽视。渗透系数的准确获取对开展渗流计算具有重要的指导意义。

2. 土石混合体渗流变形破坏研究现状

土石混合体的渗流稳定性关系到地质体的稳定性，渗透破坏是土石混合体滑坡、土石坝坝基、堤防工程及大坝地基破坏的直接原因之一。国内外大量统计资料表明，失事的土石坝中有 40.5%是由渗透破坏引起的，1959 年法国马尔巴塞拱坝失事、1963 年美国巴尔德温山坝失事、1976 年美国提堂坝垮坝和 1993 年我国沟后水库失事就是典型的例子；另外，与渗流密切相关的滑坡破坏也占 15%左右[53]。由于组成土石混合体的基质特性不同，土石混合体的渗透破坏类型主要有潜蚀、流土和管涌。一般流土破坏现象多发生在土石混合体颗粒紧密结合、彼此有较强制约力的含粉粒较多的基质土体或较均匀的砂土基质中，或虽不均匀但渗流出口无任何保护的砂性基质土中。管涌破坏多发生在松散的、结构不稳定的土石介质中，尤其是在含石量较大时，部分土石单元不能紧密耦合，甚至有的土颗粒处于自由悬浮状态，在渗透水流下，较大的渗透坡降作用于土石界面，渗透力的作用导致土石界面处最易形成渗流通道，通道一旦形成，持续的水流致使渗流通道向土体中不断扩展增大，细小的土颗粒在通道中移动被带走，便发展为管涌破坏。当有水体作用于土石混合介质时，土石混合体的物理力学特性发生改变，主要表现在：①土体软化，土石接触面润滑、掏空、滑移，土颗粒在块石骨架中悬浮移动，介质整体力学强度劣化；②有水参与的情况下，块石的存在改变了渗流路径，块石发育程度影响渗流场的强弱，渗流场与应力场相互作用对地质体的稳定性带来重大影响。针对渗流稳定性这一问题，国内外有一些学者在含石量对临界水力坡降的影响方面进行了大量的试验研究。郭庆国[34,49]在对试验资料分析的基础上，认为临界水力梯度与含石量密切相关，当含石量大于 70%时，由于试样内部细颗粒含量少，并不能完全填充块石形态的骨架结构，块石与土颗粒间不能紧密地接触在一起，在渗透水流作用下，细小的土颗粒容易在孔隙中发生悬浮移动，从而使试样的临界水力梯度明显减小，此时的渗流破坏形式主要为管涌，并且认为含石量 70%是判别土石混合体渗流稳定性的一个关键指标，但是这一结论的获得并没有考虑水力梯度对渗流破坏的影响。朱崇辉等[54]开展了大量不同级配的土石混合体临界水力坡降试验，认为临界水力梯度与不均匀系数、曲率系数密切相关，级配好的土石混合体临界水力梯度要普遍高于级配不良的土石混合体临界水力梯度。这一结论可以反映在试样的孔隙率上，试样的级配越好，土颗粒与块石间的耦合接触作用就越强，等效于试样内部的孔隙率就越小，由于块石与土颗粒间的接触比较密实，在渗透水流的土颗粒作用下不易发生移动。刘杰[53]详细论述了确定土石混合体渗流稳定性的主要因素是细粒含量，提出了确定粗细粒料的临界粒径、计算最优细料含量以及用细料含量判别渗透稳定性的方法，并与实际工程对比，验证了方法的可行性。冯树荣等[55]对向家坝电站坝基土石混合体进行了渗透变形现场试验，深入研究了坝基挤压破碎带的渗透特征，认为岩体受扰动越严重，其临界水力梯度就越小。葛畅等[56]采用现场管涌试验对北方花岗岩地区土石混合体坝基临界水力坡度的确定进行了一系列试验研究，认为采用原位测试方法获取土石混合体的渗透系数，在对临界水力梯度进行预测时更加准确可靠，但现场管涌试验是在没有负重的条件下进行的，没有考虑坝体自重对土石体压密固结作用的影响。土石混合体渗透变形的结构控制特性不仅与土体基质颗粒的级配密切相关，还与作用在土石混合体上的应力状态有关。尽管《土工试验规程》(YS/T 5225—2016)[57]中明确提出了渗透变形试验应“更好地符合天然受力状态”，但现有的工程设计及文献研究中，真正考虑土石混合体应力状态对其渗透变形试验结果影响的成果还很少，不考虑应力状态对土石混合体渗透变形的影响显然是不科学的。为此，开展不同应力状态下土石混合体的渗透变形试验研究，揭示渗透变形特征的应力依赖性，真实地反映土石混合体潜蚀、管涌渗透破坏规律，无疑为土石混合体滑坡稳定性预测、坝基稳定性评价提供合理的依据。另外，受块石分布的结构影响，土石混合体的渗流场和渗透变形也会存在一定的差异，渗透变形各向异性的研究对全面揭示渗透稳定性的结构控制机理具有重要的指导意义。

目前对土石混合体渗透破坏的研究较少，纵观国内外研究现状，主要是对灾变的形成与恶化进行宏观定性和半定量的描述。土石混合体的渗透破坏与土体基质的物性和块石含量及发育形态密切相关。土石混合体作为一个开放的系统，环境敏感性高，渗流条件下土石界面的水力坡降导致的巨大渗透力，造成土石界面处形成大量的宏观孔洞并发展为微裂隙，为管涌、流土灾害的发生提供了必要条件。土石混合体渗透破坏的预测应当加强非均质介质中渗透破坏模型的研究，从细观尺度上揭示渗透破坏的本质，为建立高阶的渗流破坏模型提供理论依据。

3. 土石混合体应力-渗流耦合特性研究现状

土石混合体是自然界的产物，是一种内部富含不同土体基质、块石形态、缺陷(孔隙及微裂纹等)的多相松散体系，它们的存在为地下水提供了储集和运移场所。地下水渗流还以渗透应力作用于介质体，影响介质体中孔隙水压力场、应力场和位移场的分布，同时土石混合体内多场耦合效应的改变往往使介质体产生变形，影响土石混合体的渗透性能，这种相互影响称为土石混合体的渗流-应力耦合。

土石混合体材料引起的坝基稳定性问题及库岸滑坡稳定性问题首先不能看成均质土体进行渗透分析；其次也不单纯是渗透变形和材料力学强度降低的问题，而是渗透变形与介质力学特性弱化联合作用的结果，是一个典型的流固耦合问题。国内外很少有文献涉及土石混合体的流固耦合问题，多数研究集中于土体和岩石介质，只有少数学者做过零星的研究，没有形成完整的理论体系。由于土石混合体的渗流特性区别于均质土体和岩石，渗流特性直接对流固耦合过程中渗流场的分布产生明显的影响，从而赋予了土石混合体独有的渗流特性。寥秋林等[50]采用数值模拟对土石混合体的流固耦合特性进行了研究，认为在渗流场的作用下，块石内应力明显增加，土体中的应力变化较小，块石与土体接触界面附近的应力变化很复杂；压应力边界的作用也使试样渗透系数减小，使土体中水压力明显增加、流速减小；水压力的快速变化也会导致应力的快速上升，不利于土石混合体的稳定。他们在进行数值计算过程中，对数值模型施加相应的渗流边界条件和恒应力边界条件，并没有对加载过程中土石混合体试样结构损伤弱化过程中渗透系数与应力的关系进行分析。土石混合体流固耦合特性的重要应用是对土石混合体滑坡或土石坝的渗透特性及稳定性进行模拟预测，通过建立土石混合体流固耦合数学模型，建立渗流场和应力场两场的耦合方程组。例如，周中[58]采用FLAC有限差分法对土石混合体边坡在降雨入渗条件下不同水位时的渗流场与应力场进行分析，研究了流固耦合作用下滑坡体的变形趋势与破坏特征，探讨了不同水位时滑坡的稳定性变化规律。

目前，无论是从室内力学试验方面还是数值计算方面，有关土石混合体应力场-渗流场耦合特性的研究鲜有报道。认识到土石混合体渐进性失稳破坏的根源是内部细观结构损伤弱化，从而借助损伤力学手段研究土石混合体结构弱化过程中的渗流特性是一条行之有效的途径。如何引进损伤力学理论的优势，并对之进行合理的改进，同时考虑饱和水的影响，建立土石混合体应力-渗透系数的内在联系，发展渗流损伤本构模型是一个探索性课题。

1.2.5 土石混合体多尺度结构力学特性研究趋势

1) 加强土石混合体不同尺度的局部破坏细观试验研究

土石混合体作为一种特殊的地质材料被提出，其物理力学性质既不同于土体，也不同于岩石，表现出结构上强烈的非均质性、非连续性和空间变异性。随着研究对象尺度的不同，又展现出强烈的尺度效应。当前土石混合体细观特性的研究主要基于数值模拟手段，采用多尺度连续介质力学的方法进行内部结构的定量分析(多采用数码图像处理技术)，并导入相应的数值计算软件中进行模拟计算，这方面已取得了许多可喜的成果。然而，数值模拟过程中细观力学参数的选取是影响计算结果的决定性因素，计算过程中网格的划分及单元的选取同样会得出不同的计算结果，其可信度欠佳；另外，数码成像分析只能得到土石混合体材料可视粒径的分布，内部颗粒与块石的随机分布特征是未知的，基于数码成像的数值模拟计算有许多问题亟须解决。作者认为开展土石混合体局部变形特征的原位试验研究是下一步研究的重点，试样尺度应当从宏观室内试样小到颗粒间及颗粒内(inter-and intra-grain)尺度，只有充分认识土石混合体内部材料的细观组织结构，掌握荷载作用下试样内部孔隙、裂纹及微结构等在荷载作用下的变化发展规律，才能正确掌握土石混合体的宏观力学特性及变形规律。

2) 加强土石混合体环境依赖性方面的研究

土石混合体的环境依赖性是指在不同的工程环境条件下混合介质所表现出来的物理力学响应。工程环境主要是指渗流条件、地震作用和冰冻作用。土石混合体作为一种多组分、分散相体系，因其受其中特有的水流润滑作用、动力振动作用和冰胶结作用，其力学行为比其他岩体或土体介质更为复杂，土石混合体内各组分配制关系与胶结作用的变化决定着渗流过程、动力过程、主流变过程的宏观力学行为。针对这一方面的研究，可以进行不同环境条件下相应设备的研发，配合X射线CT实时扫描系统，研究其在复杂环境下的物理力学性质；同时，对微观或细观结构静态、动态的研究也有重大意义。尤其是近年来，地震作用诱发堆积层斜坡失稳现象频繁发生，研究土石混合体在地震作用下的动力响应和细观变形破坏机制具有非常重要的现实意义。另外，由于土石混合体的高度不均匀性，其抗渗透能力差，在渗透水流作用下极易发生管涌和流土等渗透破坏，渗透变形是引起土石混合体滑坡、石坝坝体、堤防工程及大坝地基破坏的直接原因之一。渗透变形特性不仅与土体颗粒级配密切相关，还与作用在土石混合体的应力状态有关。《土工试验规程》(YS/T 5225—2016)中指出，试验条件应与土体的天然应力状态相同，然而，目前大多数渗透试验并未考虑土石混合体的真实应力状态，显然这样做是不合理的。

3) 发展土石混合体渗透变形破坏预测的新理论

水与上体颗粒及块石的相互作用贯穿了管涌发生、发展的全过程。土石混合体的渗透破坏过程本质上也是流固耦合特性的一种表现。随着水头梯度和渗透速率的增大，土石界面处的细小颗粒开始起动，进而萌生裂纹，裂纹逐渐向土体中扩展，管状通道不断延长增加，众多细小颗粒运动加速，并被冲出介质体，这时介质体的透水性增强，渗透速率迅速增大，到达临界水头以后，介质中的土颗粒完全重新调整，试验过程中可以观察到渗出口处水体变得混浊。有关土体管涌预测的方法已有很多，但是由于土石混合体组成结构与土体的巨大差异，一些理论方法及经验公式并不适用。纵观国内外管涌研究现状，主要是对管涌的形成与恶化进行宏观定性和半定量的研究，对于堤坝的抗渗透性研究也主要集中于地下水渗流的复杂模型问题，对于管涌的发展过程至今还没有详细的研究和相关的文献。总水头方法主要来自于工程经验，由统计的方法得到经验值，不能从机理上分析管涌的成因。临界水头梯度方法考虑了土的性质和水的性质，可以从机理上反映管涌形成的原因，但是影响管涌发生和发展的因素是多样的，而从公式中反映的参数是有限的，并不能全面完整地包含所有的影响因素；随机模型和地下水井流模型也只是宏观描述了管涌发生的某一种因素和过程，并不能全面解释其发生的机理；数值模拟方法局限在有限元模拟渗流的范围内，将渗流与土体和块石割裂开来，不能考虑土石体和渗流的相互作用。实验室的模拟方法受到尺寸效应、边界条件和介质体自身性质的影响，与真正管涌的发生相距甚远。对于土石混合体管涌未来研究的方向，作者认为有以下几点：加强土石混合体非均匀介质中的渗透破坏模型的建立；结合随机理论和水、块石、土体随机方法的研究，发展适当的随机模型；结合地下水运移的多孔介质渗流理论，发展管涌的微观渗流模型；

结合应力场、渗流场和变形场的研究，发展混合场理论研究管涌中多重场的相互作用；结合细观颗粒流理论、有限元理论和损伤统计力学理论和可视化技术(如X射线CT技术)定量研究水-土体-块石的相互作用机制，将管涌发生发展的全过程数字化、可视化；开展土石混合体非达西流系统降阶动力学方程的构建，分析系统由平衡转为不稳定的条件，对管涌渗流破坏的分岔行为做出预测。

4) 开展土石混合体多尺度应力-渗流耦合特性试验研究

土石混合体的组构极不均匀，导致流体在介质体中流动时形成的应力场具有不均匀特性；同时，土石混合体中应力场的变化又对基质-块石的耦合程度产生影响。为此，针对土石混合体渗流场、变形场、应力场和损伤场多场耦合，以及土颗粒集合体、块石、孔隙、裂隙等多相态耦合的复杂动力学问题，可以在室内开展系统的流固耦合试验，获取土石混合体完整的应力-应变-渗透系数曲线，分析应力与渗透系数的关系，拟合得到孔隙水压力系数，为数值计算提供参数。另外，通过对试验结果的整理，分析应力-渗透系数曲线的类型(软化型、强化型)及其与围压的关系，阐明应力-渗流耦合特性的结构控制特性。可以借助一些先进的细观试验手段从本质上对其流固耦合的物理力学行为做出合理的解释，如CT 扫描、核磁共振等，对流体在试样中的运移规律进行精细的观测，对流体在试样中运移的全过程进行数字化、可视化处理。

1.3 本书主要研究内容

针对目前有关土石混合体细观结构特征及测试手段等相关研究现状及存在的问题，作者搜集并阅读了大量的文献资料，以土石混合体损伤开裂的细观结构力学研究为课题，开展土石混合体变形开裂的细观数值计算，进行土石混合体细观试验方面的相关工作及相关理论的研究，主要内容包括以下几个方面：

(1) 在文献调研的基础上，归纳总结土石混合体细观特征研究的现状并对存在的问题进行剖析；另外，结合本书要采用的两种试验手段：超声波测试技术和X射线CT技术，对其当前的研究现状进行分析，指出其应用于土石混合体领域的不足和未来的发展趋势。

(2) 由于土石混合体试验不但在工程实践中十分重要，而且在科学理论的研究中也起到决定性作用，土石混合体试样和试样的制备是试验工作的第一个质量要素，为保证试验成果的可靠性和结果的可比性，必须统一土石混合体试样的制备方案和流程。又因为本书的研究对象主要针对土石混合体重塑样，所以统一的制样标准和条件是试验结果具有可比性、得出一般规律的关键，本书对实验室条件下土石混合体的制备流程进行归纳描述。

(3) 根据土石混合体的地质成因和细观结构特性，将土石混合体视为由块石、土颗粒集合体和土石界面组成的三相复合地质材料，提出土石混合体计算细观力学概念。土石混合体计算细观力学要解决的问题主要是探讨介质内部细观损伤弱化的过程，寻找用于描述裂纹扩展规律的方法至关重要。由于破裂是一切地质体失稳的根源，土体基质作为土石混合体裂纹扩展的载体，控制着裂纹的发展形态和土石体的强度特征，计算细观力学从细观结构层面上解决土石混合体的损伤开裂等问题。对土石混合体土-石胶结面的力学性质、块石随机分布、含石量等因素下的试样强度、变形及裂纹的演化特征进行探讨。这对进一步认识土石混合体的土石作用机理、细观结构效应和变形开裂特征起到一定的指导作用。

(4) 试将超声波测试技术拓宽到土石混合体研究领域，从声学角度反映出不同含石量试样在单轴压缩作用下的应力依赖性和损伤开裂特性。设计轴向和径向超声波测试系统，进行不同含石量试样的轴向和径向超声波测试，分析试样在加载条件下的声学参数变化，并与均质土体和岩块的声学特征变化进行对比研究，总结出其区别于土体与岩石的特征性。在一定程度上填补了现阶段声波测试应用于土石混合体测试的空白，对进一步认识土石混合体荷载作用下的变形破坏机制、土石混合体的地球物理勘探、地质体加固防护及地震响应特征等起到一定的指导意义。

(5) 借助 CT 扫描试验，开展单轴条件下土石混合体的细观开裂机理分析。在 CT 试验结果的基础上，对比分析不同加载阶段土石包裹体和临近土体区域 CT 数均值和方差的变化规律，揭示土石混合体破裂萌生于土石结合裂隙，而后贯通于土体的力学机制；另外，采用基于阈值分割的数字图像处理和识别手段，从 CT 图像中提取有关土石混合体的重要特征参数，如面积、长度、分形维数等定量信息，以定量描述加载过程中裂纹展布的空间发展规律，揭示其细观破坏机理。最后，提出基于灰度水平的孔隙率计算方法，试图克服传统孔隙率计算中灰度阈值分割造成的不确定性因素，研究加载过程中试样内部孔隙的结构变化特征。

(6) 开展土石混合体分形理论及开裂应力的研究。根据土石混合体细观结构的定量描述，可以在不同层面上对土石混合体的内部结构进行观察，小到微细观，大到宏观，同时土石混合体还表现出局部与整体相似的特征，在细观结构上具有明显的自组织性，借助经典孔隙分形的 Menger 海绵体模型概括土石混合体分形指标为块石表面形态、粒度分维和块石分布分维。对土石混合体加载条件下的应力-应变曲线进行合理分段并对曲线上特征点的细观结构劣化特征加以描述，提出“开裂应力”这一概念，对土石混合体开裂应力与粒度分形维数和含石量的关系进行探讨。

(7) 为了消除尺寸效应，对现有的大尺度电液伺服变水压渗透试验仪进行升级改造，增加了精确伺服注水模块，可顺利开展土石混合体大尺度渗流试验，通过布置微型传感器，可监测渗流过程中试样的渗流场及孔隙压力场的变化，同时采用大尺度渗流试验探讨土石混合体土体基质类型对渗流规律的影响。基于大尺度渗流试验，考虑到土石结构效应对渗流特征的影响，基于室内小尺度试样开展系统的流固耦合试验，包括无侧限渗流试验、围压卸载渗流试验、应力-应变-渗流耦合试验，以系统揭示土石混合体渗透特性的结构控制性机理。

(8) 为了探讨管涌这一渗流动力灾害的发生、发展机理，进行详细的土石混合体渗流-侵蚀-应力耦合管涌试验，力求揭示多因素共同影响下土石混合体管涌现象的渐进失稳机制，重点阐释含石量、应力状态、基质密实度及块石形状因子对管涌变形破坏的敏感依赖程度，并采用响应面优化算法对土石混合体抗渗变形进行优化设计。

参考文献

[1] Dearman W R. Description and classification of weathered rocks for engineering purposes: the Background to the BS5930: 1981 proposals[J]. Quarterly Journal of Engineering Geology and Hydrogeology, 1995, 28(3): 267-276.

[2] Hencher S R, Martin R P. The description and classification of weathered rocks in Hong Kong for engineering purposes[C]//Proceedings of the 7th South East Asian Geotechnical Conference, Hong Kong, 1982: 125-142.

[3] Medley E. Using stereological methods to estimate the volumetric proportions of blocks in mélanges and similar block-in-matrix rocks (bimrocks)[C]//Proceedings of the 7th Congress International Association of Engineering Geology, Lisboa, 1994: 1031-1040.

[4] Medley E. Then engineering characterization of melanges and similar rock-in-mixtrix rocks (bimrocks)[D]. Berkeley: University of California, 1994.

[5] 油新华. 土石混合体的随机结构模型及其应用研究[D]. 北京: 北京交通大学, 2001.

[6] 李晓, 廖秋林, 赫建明, 等. 土石混合体力学特性的原位试验研究[J]. 岩石力学与工程学报, 2007, 26(12): 2378-2384.

[7] 徐文杰. 土石混合体细观结构力学及其边坡稳定性研究[D]. 北京: 中国科学院地质与地球物理研究所, 2008.

[8] 丁秀美. 西南地区复杂环境下典型堆积(填)体斜坡变形及稳定性研究[D]. 成都: 成都理工大学, 2005.

[9] 殷坤龙. 滑坡灾害预测预报[M]. 武汉: 中国地质大学出版社, 2004.

[10] 殷跃平, 张加桂, 陈宝荪, 等. 三峡库区巫山移民新城址松散堆积体成因机制研究[J]. 工程地质学报, 2000, 8(3): 265-271.

[11] 许建聪. 碎石土滑坡变形解体破坏机理及稳定性研究[D]. 杭州: 浙江大学, 2005.

[12] 夏金梧, 郭厚桢. 长江上游地区滑坡分布特征及主要控制因素探讨[J]. 水文地质工程地质, 1997, 24(1): 19-22, 32.

[13] 张玉军, 朱维申. 小湾水电站左岸坝前堆积体在自然状态下稳定性的平面离散元与有限元分析[J]. 云南水利发电, 2000, 16(1): 36-39.

[14] 窦兴旺. 深覆盖层上高土石坝与地基静动态相互作用研究——冶勒土石坝静、动态数值分析和振动台试验研究[D]. 南京: 河海大学, 1999.
[15] Medley E, Lindquist E S. The engineering significance of the scale-independence of some Franciscan melanges in California USA[C]//Proceeding of the 35th US Rock Mechanics Symposium, Rotterdam, 1995: 907-914.
[16] Chandler R J. The inclination of talus, arctic talus terraces, and other slopes composed of granular materials[J]. The Journal of Geology, 1973, 81(1): 1-14.
[17] Casagli N, Ermini L, Rosati G. Determining grain size distribution of the material composing landslide dams in the Northern Apennines: Sampling and processing methods[J]. Engineering Geology, 2003, 69(1-2): 83-97.
[18] Harris S A, Prick A. Conditions of formation of stratified screes, Slims River Valley, Yuken Territory: A possible analogue with some deposits from Belgium[J]. Earth Surface Processes and Landforms, 2000, 25(5): 463-481.
[19] Sass O. Determination of the internal structure of alpine talus deposits using different geophysical methods (Lechtaler Alps, Austria)[J]. Geomorphology, 2006, 80(1-2): 45-58.
[20] Sass O, Krautblatter M. Debris flow-dominated and rockfall-dominated talus slopes: Genetic models derived from GPR measurements[J]. Geomorphology, 2007, 86: 176-192.
[21] Lanaro F, Tolppanen P. 3D characterization of coarse aggregates[J]. Engineering Geology, 2002, 65(1): 17-30.
[22] Garboczi E J, Liu X, Taylor M A. The 3-D shape of blasted and crushed rocks: From 20μm to 38mm[J]. Powder Technology, 2012, 229: 84-89.
[23] Lafond J A, Han L, Allaire S E, et al. Multifractal properties of porosity as calculated from computed tomography (CT) images of a sandy soil, in relation to soil gas diffusion and linked soil physical properties[J]. European Journal of Soil Science, 2012, 63(6): 861-873.
[24] Masad E, Saadeh S, Al-Rousan T, et al. Computations of particle surface characteristics using optical and X-ray CT images[J]. Computational Materials Science, 2005, 34(4): 406-424.
[25] Li X, Liao Q L, He J M. In-situ tests and astochastic structural model of rock and soil aggregate in the three gorges reservoir area, China[J]. International Journal of Rock Mechanics and Mining Sciences, 2004, 41(3): 494.
[26] 徐文杰, 胡瑞林, 岳中崎. 土-石混合体随机细观结构生成系统的研发及其细观结构力学数值试验研究[J]. 岩石力学与工程学报, 2009, 28(8): 1652-1665.
[27] 廖秋林. 土石混合体地质成因、结构模型及其力学特性、固流耦合特性研究[D]. 北京: 中国科学院地质与地球物理研究所, 2006.
[28] 油新华, 李晓, 贺长俊. 土石混合体实测结构模型的自动生成技术[J]. 岩土工程, 2003, (8): 60-62.
[29] 赫建明, 李晓, 吴剑波, 等. 土石混合体材料的模型构建及其数值试验[J]. 矿冶工程, 2009, 29(3): 1-4, 7.
[30] 丁秀丽, 李耀旭, 王新. 基于数字图像的土石混合体力学性质的颗粒流模拟[J]. 岩石力学与工程学报, 2010, 29(3): 477-484.
[31] 岳中琦. 岩土细观介质空间分布数字表述和相关力学数值分析的方法、应用和进展[J]. 岩

石力学与工程学报, 2006, 25(5): 875-888.
[32] 李世海, 汪远年. 三维离散元土石混合体随机计算模型及单向加载试验数值模拟[J]. 岩土工程学报, 2004, 26(2): 172-177.
[33] 丁秀丽, 张宏明, 黄书岭, 等. 基于细观数值试验的非饱和土石混合体力学特性研究[J]. 岩石力学与工程学报, 2012, 31(8): 1553-1566.
[34] 郭庆国. 粗粒土的工程特性及应用[M]. 郑州: 黄河水利出版社, 1998.
[35] 周中, 傅鹤林, 刘宝琛, 等. 土石混合体渗透性能的正交试验研究[J]. 岩土工程学报, 2006, 28(9): 1134-1138.
[36] 周中, 傅鹤林, 刘宝琛, 等. 土石混合体渗透性能的试验研究[J]. 湖南大学学报(自然科学版), 2006, 33(6): 25-28.
[37] 许建聪, 尚岳全. 碎石土渗透特性对滑坡稳定性的影响[J]. 岩石力学与工程学报, 2006, 25(11): 2264-2271.
[38] 顾金略. 土石混合体渗流特性的试验研究[D]. 北京: 中国科学院地质与地球物理研究所, 2010.
[39] Shafiee A. Permeability of compacted granule-clay mixtures[J]. Engineering Geology, 2008, 97(3-4): 199-208.
[40] 油新华, 李晓, 马风山, 等. 白衣庵滑坡原状土的渗透性试验研究[J]. 岩土工程学报, 2001, 23(6): 769-770.
[41] 邱贤德, 阎宗岭, 刘立, 等. 堆石体粒径特征对其渗透性的影响[J]. 岩土力学, 2004, 25(6): 950-954.
[42] 徐天有, 张晓宏, 孟向一. 堆石体渗透规律的试验研究[J]. 水利学报, 1998, (s1): 81-84.
[43] 孙陶. 无粘性粗粒土渗透系数的近似计算[J]. 四川水力发电, 2003, 22(2): 29-31.
[44] 饶锡保, 何晓民, 刘鸣. 粗粒含量对砾质土工程性质影响的研究[J]. 长江科学院院报, 1999, 16(1): 21-25.
[45] 朱建华. 面板堆石坝碎石垫层料的渗透稳定及反滤料设计[J]. 水利学报, 1991, (5): 57-63.
[46] Chen X B, Li Z Y, Zhang J S. Effect of granite gravel content on improved granular mixtures as railway subgrade fillings[J]. Journal of Central South University, 2014, 21(8): 3361-3369.
[47] 许建聪. 碎石土滑坡变形解体破坏机制及稳定性研究[J]. 岩石力学与工程学报, 2009, 28(8): 1730.
[48] 徐扬, 高谦, 李欣, 等. 土石混合体渗透性现场试坑试验研究[J]. 岩土力学, 2009, 30(3): 855-858.
[49] 郭庆国. 粗粒土的渗透特性及渗流规律[J]. 西北水电技术, 1985, (1): 42-47.
[50] 廖秋林, 李晓, 朱万成, 等. 基于数码图像土石混合体结构建模及其力学结构效应的数值分析[J]. 岩石力学与工程学报, 2010, 29(1): 155-162.
[51] 徐文杰, 王永刚. 土石混合体细观结构渗流数值试验研究[J]. 岩土工程学报, 2010, 32(4): 542-550.
[52] 高谦, 刘增辉, 李欣, 等. 露天坑回填土石混合体的渗流特性及颗粒元数值分析[J]. 岩石力学与工程学报, 2009, 28(11): 2342-2348.
[53] 刘杰. 土的渗透稳定与渗流控制[M]. 北京: 水利电力出版社, 1992.
[54] 朱崇辉, 王增红, 刘俊民. 粗粒土的渗透破坏坡降与颗粒级配的关系研究[J]. 中国农村水

利水电, 2006, (3): 72-74, 77.
[55] 冯树荣, 赵海斌, 蒋中明, 等. 向家坝水电站左岸坝基破碎岩体渗透变形特性试验研究[J]. 岩土工程学报, 2012, 34(4): 600-605.
[56] 葛畅, 张允亭. 本钢南芬拦水坝坝基渗透变形勘察: 关于碎石类土的渗透变形试验[J]. 油气田地面工程, 2003, 22(12): 37-38.
[57] 中华人民共和国工业和信息化部. 土工试验规程(YS/T 5225—2016)[S]. 北京: 中国计划出版社, 2016.
[58] 周中. 土石混合体滑坡的流-固耦合特性及其预测预报研究[D]. 长沙: 中南大学, 2006.

第 2 章　土石混合体细观数值试验研究

2.1　概　　述

土石混合体破坏的根本原因是块石与土体的弹性不匹配，是由土石界面的差异滑动造成的，破坏的实质是内部裂纹的产生、扩展、聚焦和贯通的过程。土石混合体计算细观力学要解决的问题主要是探讨介质内部细观损伤的扩展过程，寻找用于描述裂纹扩展规律的方法手段。探讨土石混合体计算细观力学的研究内容，将连续介质力学、统计损伤力学和计算力学相结合研究土石混合体细观尺度的变形、损伤和破坏过程，以发展较精细的细观本构关系和模拟土石混合体细观破坏的物理机制，可以更清楚地阐明土石混合体的损伤开裂机制，对防灾减灾起到一定的指导作用。

2.2　计算细观力学概念的提出

根据土石混合体的多物相结构特征，作者建议将土石混合体的研究尺度分为微观、细观和宏观，如图 2-1 所示。土石混合体宏观尺度力学性质的研究主要采取现场试验手段，如推剪试验、压剪试验及渗透试验等；细观尺度力学性质的研究主要通过数值模拟和室内试验；微观尺度一般指微米尺度，在这一数量级范围内主要涉及土石的骨架结构、原子及分子结构，根据土石混合体物质组成的受力特性，土体与块石的相互作用，以及在相互作用时产生的块石移动、转动和土体开裂是研究的重点，一般不进行土石混合体微观尺度的分析。徐文杰[1]首先提出“土石混合体细观结构力学”这一概念，侧重点在于研究内部块石形态、空间分布特征及含石量对宏观力学性质的影响。表征土石混合体结构数值模型的建立主要是基于地质结构模型和随机结构模型，地质结构模型的建立多采用数码成像技术以提取块石的结构特征，导入相应数值计算软件中进行计算；随机结构模型多采用蒙特卡罗等随机方法生成不同形态和空间分布的块石，使之逼近土石混合体的真实地质模型，然后进行模拟计算。这方面的研究成果主要有：油新华[2]通过建立土石混合体的有限差分计算模型，讨论了块石形状、分布及含石量对土石混合体变形破坏的影响，并得出了含石量与弹性模量的关系。赫建明等[3]采用 PFC3D

建立土石混合体细观力学模型，通过推剪数值试验系统地分析了含石量对土石混合体力学响应的影响，认为含石量对剪切强度的贡献很大，含石量与抗剪强度呈正相关。李世海等[4]提出了三维离散元土石混合体随机计算模型，在3D-NURBM (Northwestern University Rigid Block Model)面-面接触弹性模型块体单元划分的基础上描述土石非连续介质，进行了土石混合体的单轴压缩试验，认为土石混合比和岩石块度大小是影响其变形和破坏特性的两个重要因素。丁秀美[5]采用二维、三维颗粒流方法研究不同含石量、不同渗透压力、不同应力路径对土石混合体力学特性及变形破坏特征的影响。徐文杰[1]采用有限元模拟，借助ABAQUS软件系统模拟了不同块石形态、方位及含石量情况下的土石混合体破坏机制。然而，岩土工程灾变多是由地质体裂纹的产生、扩展、聚集及贯通引起的，上述土石混合体的模拟计算或视土体为连续介质或者用颗粒进行代替，均没有考虑土颗粒的真实细观强度分布规律。

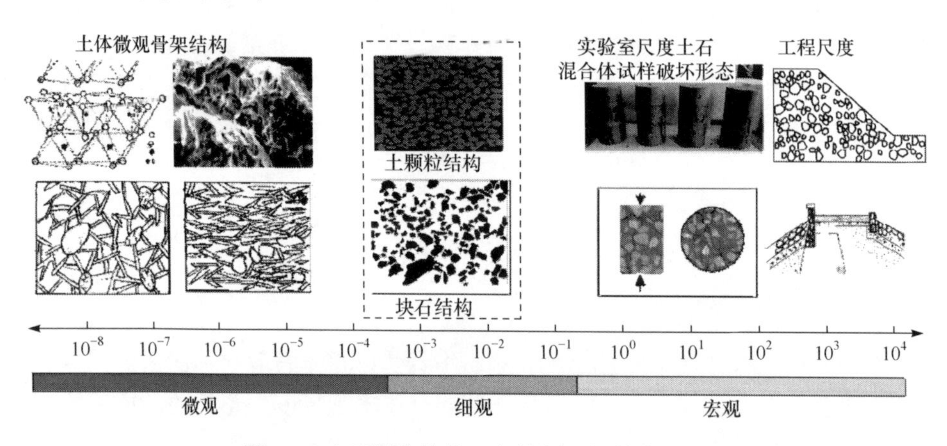

图 2-1 土石混合体的三个研究尺度(单位：m)

据本书的研究，土石混合体的破坏具有渐进性特征，主要分为三级：一是土石界面首先发生差异滑移破坏；二是土体中裂纹的扩展、聚集和贯通并最终导致试样的破坏；三是针对软弱片岩块石的穿石破坏。研究土石混合体的细观力学特性，土颗粒细观力学性质的研究也尤为重要，土体是裂纹扩展的基质，是内部孔隙及微裂纹分布的载体，其力学特性直接关系到裂纹的发展形态，决定着工程的稳定和安全。本书提出的土石混合体计算细观力学这一概念主要是指综合考虑土石混合体粗粒相块石的形态、空间分布、颗粒级配及含石量等结构特性，同时考虑细粒相土颗粒集合体结构和强度特性以及土石界面的发育特征，研究土石混合体细观结构对荷载及环境因素的响应、演化和实效机理，以及土石混合体细观结构与宏观力学性质的定量关系[6]。

2.3　细观数值模型的基本思路

土石混合体作为一种非均质、非均匀、非连续性介质，其开裂破坏的非线性特征受控于土石介质的相互作用。虽然人们很早就认识到土石混合体的离散性，但是从实际物理现象构建数学模型时却一直沿用连续介质力学的方法，将土、石作为单独的介质来考虑。但是该方法忽略了土石混合体内部结构的非均匀性，不足以表达土石混合体变形破坏过程所表现的复杂性。非连续介质变形的数值模拟方法主要有非连续变形分析(discontinuous deformation analysis，DDA)、离散元法(discrete element method，DEM)和基于离散元法的颗粒流法(particle flow code，PFC)法。颗粒流法计算方便简单，但假定颗粒形状为圆形或圆球，块石的生成与工程粗粒料的实际形状相距甚远。试验表明，球形颗粒集合体与一般粗粒料的变形特性存在明显差异，其宏观应力-应变关系表现为典型的理想弹塑性，期望通过圆盘或球形颗粒模型的数值分析来反映一般粗粒料的力学特性可能是不合适的[7,8]。非连续变形分析方法和离散元法假定颗粒形状为任意的多边形或多面体，适合于粗粒料(如块石)的力学特性研究[9]，但是土石混合体的细观物理模型又区别于一般的粗粒土，它实际上是由土体基质、块石和土石界面组成的三相复合材料，土体基质是介质开裂的载体，研究土体基质的非线性力学特性同样对试样的破坏具有重要意义，采用非连续变形分析方法和离散元法时，土体很难被划分成满足工程需要的精细单元。事实上，人们已经认识到土石混合体力学性质的弱化是内部结构在其受力后不断损伤导致裂纹产生而引起的，这实际上也就在土石混合体细观结构上找到了一条破坏机理。对于土石混合体力学性质的弱化，损伤力学是一种有效的解决方法。本书对于土石混合体细观结构的认识，假定土石混合体是由土体基质、块石和土石界面组成的三相复合材料，为了考虑各相组分的非均质性，各组分的材料按照某个给定的 Weibull 分布来赋值。细观单元满足弹性损伤的本构关系，应用弹性有限元法作为应力求解工具，分析计算对象的位移场和应力场的同时，采用最大拉应力准则和莫尔-库仑准则分别作为该损伤本构关系的损伤阈值，即单元的应力或应变状态达到最大拉应力准则和莫尔-库仑准则时，认为单元发生剪切或拉伸初始损伤。

2.4　土石混合体损伤开裂的非线性机制

2.4.1　土石混合体损伤机制分析

土石混合体变形破坏的根本原因在于内部土石的弹性不匹配，土石界面的差异滑动进一步引起土石结合裂隙的萌生、扩展和聚集，当裂纹扩展到土体时，土石混合体进入快裂阶段，此时土石混合体就很危险了，因为它进入了不可逆的非稳定开裂阶段。分析土石混合体细观损伤的开裂机理，归根结底属于土石混合体内部细粒相土体损伤模型的研究。土石混合体中细粒相土体中的孔隙和具有较弱结合力的颗粒或团块间的接触面被看成内部的缺陷，缺陷的存在导致土颗粒或团块的分散性及其结合力的非均匀性，土体强度的分散性决定了研究土石混合体的损伤必须考虑土体强度的衰减规律。从微观和细观角度出发，土颗粒或团块间的分散性决定了土体为多孔介质，土颗粒或团块间的胶结物质及颗粒形状的多样性表现出相互咬合的接触作用，使土体中存在类似于岩石中的微裂纹或微孔隙。在力场的作用下，土体内部不可逆的变形和剪切破坏是土颗粒或团块间产生了相对滑移和微小裂纹或裂纹扩展、聚集作用的结果。从损伤力学的观点分析，细粒相土体中的孔隙、颗粒或团块间的接触面及可能存在的不同类型、不同大小的微小裂纹、裂隙就是连续介质中的缺陷。在剪切带上，这种缺陷的破坏数量所构成的土体损伤累积最终使土体产生整体的剪切破坏。细粒相土体强度的非均匀性可由土体中存在的各种缺陷来直观表示，开裂的过程可视为土颗粒团聚的损伤破裂，因此可以借用脆性破坏统计理论对缺陷分布的研究结论[10,11]及其岩石统计损伤本构模型的思想，建立基于强度随机分布特性的土石混合体损伤本构模型是进行土石混合体细观损伤开裂计算的关键。

2.4.2 材料赋值的 Weibull 分布及参数估计

考虑块石在土石体试样中通常不发生破坏，并且基于 Weibull 分布的细观参数取值的研究也相对较多[12-14]，计算模拟时在不考虑其破坏的情况下，可以将其参数取大值。如果遇到工程上强度小的片板或板岩等软岩，可以用数值试验标定来确定其细观力学参数。因为土体作为裂纹发育的载体，裂纹的扩展、集聚乃至试样的破坏等一系列非线性力学行为都与土石混合体的土体基质有关，接下来集中介绍土体细观强度参数的取值问题。

早在 1939 年，Weibull 以最弱环假设为基本假定，提出了材料破坏强度统计理论，并在此基础上提出了材料局部强度的分布函数，Weibull 强度分布函数能够充分反映材料缺陷和应力集中源对材料可靠性的影响[15]。将 Weibull 分布用于土颗粒集合体脆性断裂的研究是从细观层面，结合统计概率理论进行土体损伤的计算，国内外很多学者已取得了显著的成就，有了土体细观损伤破坏的 Weibull 分布模型，结合土石混合体块石的结构特征，就可以对土石混合体进行损伤开裂的细观力学分析。罗晓辉等[16]采用脆性统计理论并结合结构性土体的损伤性质，提出基于 Weibull 分布的土体强度损伤演化方程和本构方程。谢星等[17]考虑黄土状土微元强度服从 Weibull 分布的特点，并考虑到黄土状土的含水率、损伤门槛的影响，结合统计损伤理论建立了考虑损伤门槛的损伤本构方程。孙强等[18]考虑了土体本构的应变硬化和应变软化两种模式，分析了基于 Weibull 分布应变软化方程的参数求解模式，并运用于实际工程。Perfect 等[19]通过土颗粒集合体 Weibull 统计参数的研究，认为土体颗粒中的缺陷是整体破坏的根本原因，土颗粒集合体的破坏是一种自身的多变现象，最好用 Weibull 最弱链理论结合分形理论来解决。他们采用 Weibull 概率统计模型，假定试样被破碎成小颗粒，颗粒大小相同，且服从同一分布，计算结果发现，研究尺寸的不确定性可能导致 Weibull 分布参数的偏差估计。为了解决这一问题，Perfect 等推导得出并且验证了用于估算 Weibull 分布参数的无偏估计方程，通过调整生存概率来计算适应于试样长度的细观参数，采用自然风干结构性细粒粉砂质土进行了 20 多个土样的断裂能测试以得到 Weibull 分布参数。结果表明，通过基于调整生存概率指标的参数估计方法可用于 20 个土样的参数估计，可为均质土颗粒材料脆性断裂 Weibull 参数估计提供计算参考。同时，Perfect 等[20]用土体断裂能 E 和抗拉强度 T 进行 Weibull 分布强度参数 s 的计算，试验采用 1400 个颗粒 5 种粒径分布，通过回归分析证明了采用断裂能 E 进行细观强度估计的可靠性与可行性。Munkholm 等[21]同样认为，土颗粒团块体的脆性断裂分析模型中，Weibull 最弱链模型最具可靠性。通常情况下，两参数的 Weilbull 分析模型采用双对数拟合获得模型参数，他们的研究目的是比较两参数和三参数 Weibull 分布模型的可靠性，参数估计采用线性回归、非线性回归和最大似然估计法。两种模型的对比分析基于砂土、粉砂土和粉质黏土三种土颗粒材料的断裂能数据。通过试验数据进行对比分析，发现三参数模型的拟合优度并没有高于两参数模型，模型的选择对参数估计结果有很大影响，三参数模型过低地估计了模型形状系数β，非线性回归得到的拟合优度最差，推荐使用两参数非线性回归进行 Weibull 模型参数的估算。

Weibull 最弱链模型应用于土颗粒团块体脆性断裂分析的合理性与可靠性已经得到广大学者的证明。风干土颗粒团体通常破碎成脆性材料，然而含水的土颗粒经常展现出塑性变形特性，从塑性到脆性的变化可以体现在应力-应变曲线上。颗粒集合体如果可以视为脆性材料，那么应力-应变曲线表现出很小的(或无)塑性变形，在低应变时发生破坏[22, 23]。为了表征材料的非均质性，假定组成土体材料的细观单元的力学性质满足 Weibull 分布，两参数的分布函数为

$$F(u)=1-\exp\left\{-\left(\frac{u}{u_0}\right)^m\right\} \tag{2-1}$$

密度函数为

$$f(u)=\frac{m}{u_0}\left(\frac{u}{u_0}\right)^{m-1}\exp\left(-\frac{u}{u_0}\right)^m \tag{2-2}$$

其中，m 为形状参数，反映了 Weibull 分布密度函数的形状；u 代表满足该分布参数(如强度、弹性模量、泊松比等)的数值；u_0 是一个与所有细观单元参数平均值有关的参数。本书将 u_0 和 m 称为材料的 Weibull 分布参数，对于材料的每个力学参数，都必须在给定的 Weibull 分布参数条件下按式(2-2)给定的随机分布赋值。当 u_0 取定值，形状参数取不同值时，Weibull 分布密度函数曲线如图 2-2 所示。

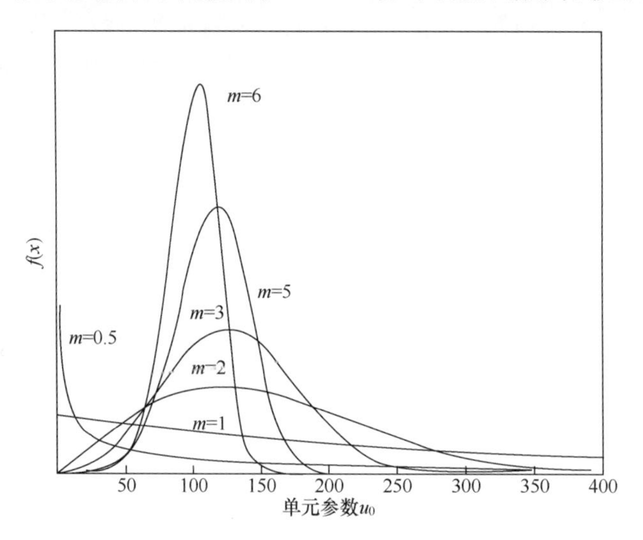

图 2-2　不同 m 值时 Weibull 分布密度函数曲线

引入断裂能，土颗粒集合体细观变形破坏的生存概率 Weibull 模型可表示为

$$P\left(E \leqslant E_i\right) = 1 - \exp\left[-\left(E_i / \alpha\right)^m\right] \tag{2-3}$$

其中，$P\left(E \leqslant E_i\right)$ 为累积概率密度分布函数；E 为断裂能；E_i 为第 i 个土颗粒的断裂能；α 为颗粒的特征强度表征，对应于累积概率密度分布曲线上断裂能为 0.63 时的值；m 用来表示断裂能扩展，Utomo 等[24]用 m 的倒数作为土体脆性特征的门槛值。

2.5　土石混合体细观损伤开裂计算

土石混合体的计算细观力学主要是指综合考虑内部粗粒相块石的形态、空间分布、颗粒级配及含石量等结构特性，同时考虑细粒相土颗粒集合体结构和强度特性以及土石界面的发育特征，研究土石混合体细观强度对荷载及环境因素的响应、演化和实效机理，以及土石混合体细观结构与宏观力学性能的定量关系。土石混合体内部存在孔隙、微裂纹等性质不同的缺陷，在力场作用下，土颗粒或团块间产生了相对滑移和微小裂纹或裂纹扩展、聚集行为，从而使内部发生不可逆变形和拉伸、剪切破坏。土石混合体的计算细观力学就是要考虑内部细观力学强度及缺陷分布对宏观试样变形破坏的影响，从根本上找到土石混合体变形破坏的原因。进行土石混合体细观开裂过程的数值模拟研究可以使人们更清楚地认识土石混合体开裂过程的发生机制，研究土石相互作用的机理对工程稳定性的影响，为防灾减灾及工程支护起到一定的指导作用；同时，数值模拟方法有利于解释试验中发生的一些非线性开裂现象，为进一步的试验设计提供力学基础，在证明数值模拟方法可靠和有效的前提下，其可以取代部分试验，从而加速该领域的研究过程。土石混合体细观损伤开裂计算流程如图 2-3 所示。

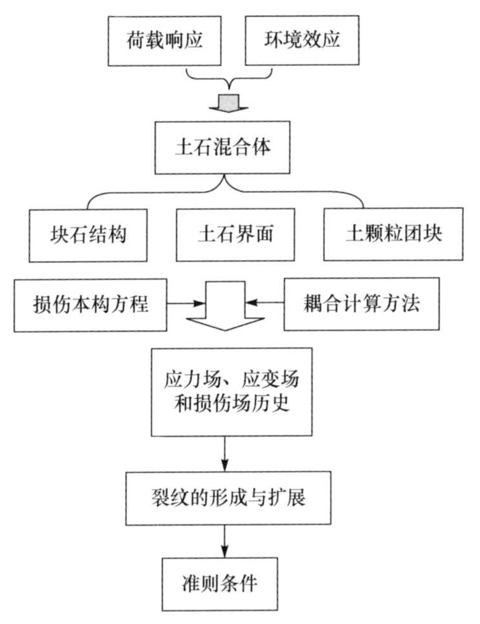

图 2-3　土石混合体细观损伤开裂计算流程

2.5.1　数值计算软件的选取

为了实现对土石混合体细观损伤开裂的计算模拟，本章选用力软科技(大连)股份有限公司唐春安教授团队开发的 RFPA2D 软件进行模拟。RFPA 是材料真实破裂过程分析(realistic failure process analysis)的简称，它是一种基于有限元应力分析和统计损伤理论的材料破裂过程分析数值计算方法，是一个能够模拟材料渐进破裂直至失稳全过程的数值试验工具。应力分析通过有限元法进行，破坏分析则根据最大拉应力准则和修正的莫尔-库仑准则检查材料中是否有单元破坏。对破坏单元采用刚度特性退化(处理分离)和刚度重建(处理接触)的办法进行处理。为模拟试验机的加载情况，可采用位移加载和应力加载。该软件的一个重要特色是考虑了材料的非均匀性，是一种通过非均匀性模拟非线性、通过连续介质力学方法模拟非连续介质力学问题的材料破裂过程新型数值分析方法。整个工作流程如图 2-4 所示，对于每个给定的位移增量，首先进行应力计算，然后根据相变准则来检查模型中是否有相变基元，如果没有，继续加载增加一个位移分量，进行下一步应力计算。如果有基元的相变，则根据基元的应力状态进行刚度弱化处理，然后重新进行当前步的应力计算，直至没有新的相变基元出现。重复上面的过程，直至达到所施加的荷载、变形或整个介质产生的宏观破裂。

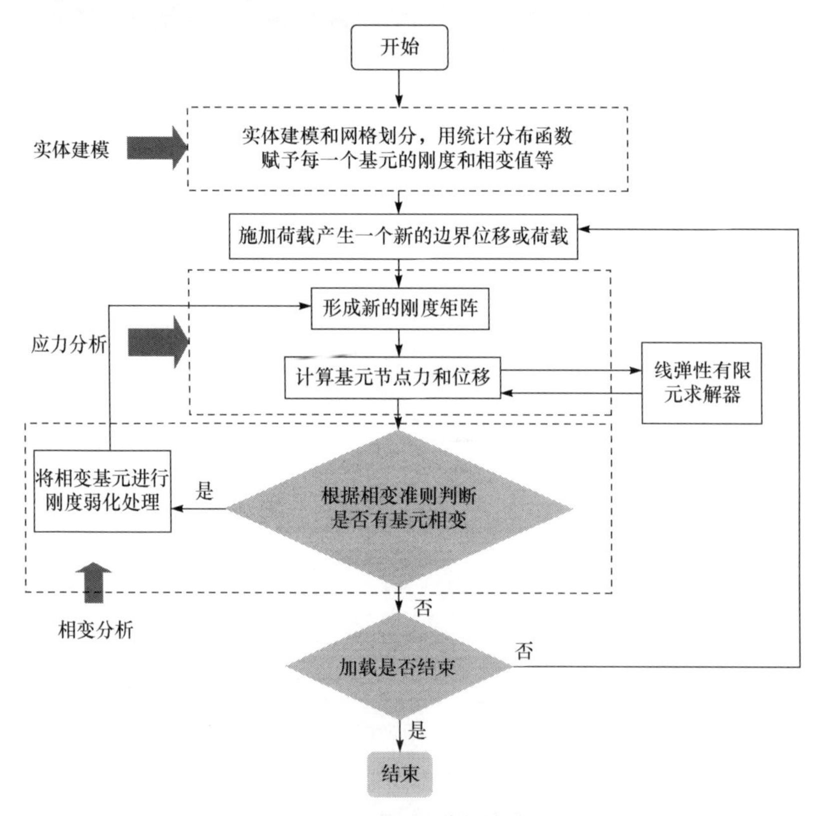

图 2-4　RFPA 分析流程

目前，考虑了材料细观强度参数服从 Weibull 分布的软件主要有 RFPA、DDARF 和 DDA-RFPA 三种，本书在软件选取时与 RFPA 系统创始人唐春安教授进行了请教与探讨，RFPA 软件能够有效地处理土石混合体试样变形开裂过程中的应力调整和变迁规律，块石的非线性变化可以很好地反映在试样渐进破坏的模型中。土石混合体试样中块石和土颗粒团块细观强度参数的分布在该软件中均服从 Weibull 分布，软件中将影响分布函数形态的形状参数 m 称为均质度，它反映了数值模型中材料结构的均质性，m 越大，组成材料的细观单元越趋近于均匀。土石混合体受力变形破裂过程中，微破裂不断产生的原因除了荷载不均匀、块石随机分布且形态各异等结构因素导致应力集中外，更主要的是土体基质细观单元力学性质的不均匀性，可以认为材料的非线性特征与其细观非均匀性有直接联系。

2.5.2　土石混合体细观强度参数的标定

为了获取与研究试样一致的细观强度参数，本节进行数值计算结果与室内宏观应力-应变曲线的标定。室内试验过程所用的土体取自中国科学院大气物理研究所水净化基坑，土质为硬黏土。一般来说，重塑样的强度要小于同等条件下原状试样的强度，天然状态土体与重塑状态土体表现出不同的变形和破坏特性。天然状态试样中水常以强结合水形式存在于土颗粒表面，水分子和化学离子排列得非常紧密，土颗粒呈强胶结状，而重塑样制备过程中需要补入一定的自由水，因此试样制备完毕后必须进行养护。试模内壁上均匀涂抹机油，以减少试样与筒壁之间的摩擦，将制备好的样品放入一定规格的试模内(本次试验为 50mm×100mm)，分三层击实，每层试样高度宜相等，击实次数由密度击实曲线决定(本书取 20 次)，交界处的土石混合体进行刨毛处理。试样进行养护风干后，进行土体强度测试。单轴压缩变形试验采用引伸计测量试样的轴向和径向变形，采用力传感器动态测量轴向力，试验采用轴向变形闭环伺服控制的方式加载，变形速率为 0.08mm/min。

数值计算模型尺寸与室内试验相同，试样尺寸为 50mm×100mm，用一个 Weibull 分布随机生成 100×200 个细观单元组成的数值试样，单元尺寸为 0.5mm。由室内试验得到的应力-应变曲线(图 2-5)可知，试样宏观应力为 2.727MPa，弹性模量为 247MPa。细观强度均质度 m 是数值计算中的重要参数，参数的确定综合考虑两种方法：一是参考细观单元细观与宏观力学参数的计算公式(式(2-4)和式(2-5))以及细观单元数与脆性指数的关系(图 2-6)；二是参考 Munkholm 等[21]关于土颗粒集合体脆性断裂 Weibull 分布参数的试验结果。砂质土、粉砂土和粉质黏土 Weibull 分布参数的回归分析结果如表 2-1 所示。经过反复试算，综合确定土体均质度 m=1.5，弹性模量和抗压强度的均值分别为 500MPa 和 24MPa，计算结果见图 2-5。从图中可以看出，数值计算结果与室内试验结果基本吻合，只是峰后曲线有所区别。有了标定参数便可以进行土石混合体损伤开裂的模拟。

$$\frac{f_{cs}}{f_{cs0}} = 0.2602\ln m + 0.0233 \quad (1.2 \leqslant m \leqslant 50) \tag{2-4}$$

$$\frac{E_s}{E_{s0}} = 0.1412\ln m + 0.6476 \quad (1.2 \leqslant m \leqslant 10) \tag{2-5}$$

其中，E_{s0} 和 f_{cs0} 分别为细观单元服从 Weibull 分布时的弹性模量和抗压强度的均值；E_s 和 f_{cs} 分别为数值试样宏观的弹性模量和抗压强度。

以上关系是在假定材料的弹性模量和强度的均质度相同，分别服从两个独立的 Weibull 分布条件下得出的，这与实际情况是相吻合的。

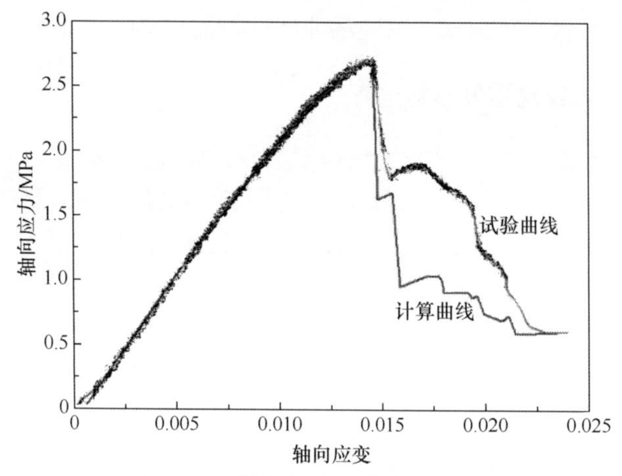

图 2-5 土样应力-应变曲线标定结果

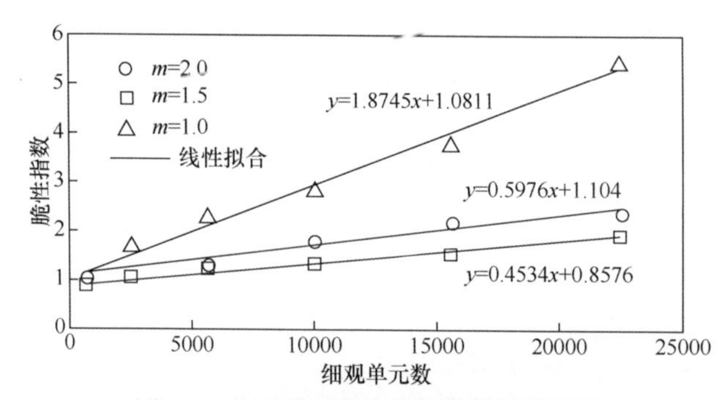

图 2-6 细观单元数与脆性指数的关系[13]

脆性指数为应力-应变曲线韧性的表征，定义为峰值应变所包围的面积与峰值应变到 2 倍峰值应变所包围的面积的比值

表 2-1 土颗粒团块 Weibull 分布参数回归分析结果

土质	参数	方法				
		LIN-2	NLIN-2	ML-2	NLIN-3	ML-3
砂质土	α/(J/kg)	3.77	3.56	3.77	3.53	3.55
	m	1.82	1.87	1.73	1.45	1.34
	E_0/(J/kg)	—	—	—	0.62	0.65
粉砂土	α/(J/kg)	7.90	7.61	7.87	7.56	7.39
	m	1.49	1.48	1.48	1.30	1.19
	E_0/(J/kg)	—	—	—	0.56	0.80
粉质黏土	α/(J/kg)	14.85	14.67	14.66	14.61	13.75
	m	1.40	1.44	1.49	1.35	1.18
	E_0/(J/kg)	—	—	—	0.56	1.26

注：LIN-2 表示两参数线性回归 Weibull 分布，NLIN-2 表示两参数非线性回归 Weibull 分布，NLIN-3 表示三参数非线性回归 Weibull 分布，ML-2 表示两参数最大似然估计 Weibull 分布，ML-3 表示三参数最大似然估计 Weibull 分布。

2.5.3　土石胶结性质对试样开裂的影响分析

土石界面的胶结强度对试样的破坏形态影响较大。胶结类型有比较弱的泥质、钙质胶结，胶结层的硬度小，用小刀容易刻动，胶结物易碎；胶结较强的硅质、铁质胶结；强度很大的铁锰质胶结等。界面胶结物类型不同，裂纹的扩展形态也有所区别。由于土石混合体三相细观结构的复杂性，本书仅研究包含一个似圆形块石的开裂特征，在块石的周围生成一层黏结带，以模拟胶结带对土石混合体开裂的影响。数值计算试样尺寸为 80mm×80mm，用 Weibull 分布随机生成包含 160×160 个细观单元的数值试样。试验过程中假定土体细观单元的力学性质是不变的，仅变化块石和土石界面的细观强度参数，分析块石强度的土石界面对试样开裂的影响。数值计算模型如图 2-7 所示，模型的右侧和下侧水平方向固定，左侧施加位移控制荷载，考虑到土体的强度较低，试验时左侧边界受力沿试样高度均匀施加，加载速率为 0.002mm/步，避免土体集中受力突然破坏而得不到裂纹扩展的情况。模型中预置一条宽度为 1mm 的裂纹，计算裂纹扩展对块石和土石界面性质的响应。土石混合体试样的 Weibull 分布参数如表 2-2 所示。

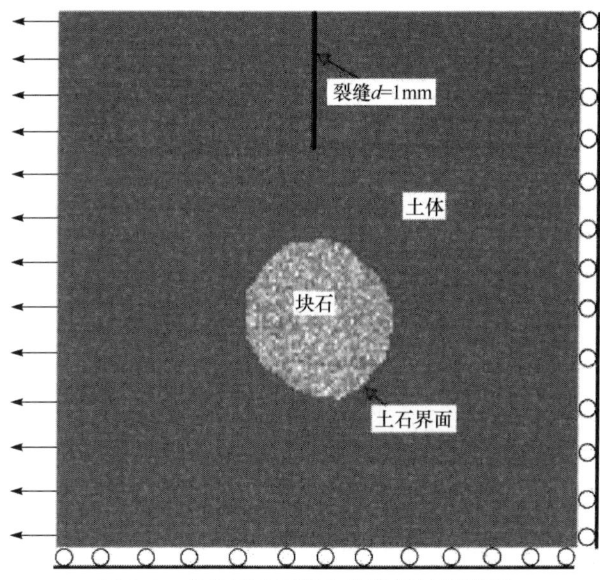

图 2-7　单块石土石混合体数值计算模型

表 2-2　土石混合体试样的 Weibull 分布参数

组分	均质度	单轴抗压强度均值/MPa	弹性模量均值/MPa
土体	1.5	30	450
硬块石	6.0	100	50000
软块石	6.0	25	1000

为了模拟胶结带对试样开裂及破坏形态的影响，设计块石分别为硬、软两种情况，模拟裂纹扩展形态与块石及胶结面的关系。

(1) 硬块石情形。当块石强度高时，胶结带被认为与块石具有相同的均质度，其细观参数(弹性模型和抗压强度)与块石的比值用 R 表示，当 R 取不同值(R=0.01，0.2，0.6 和 1)时得到不同的试样破坏形态，如图 2-8 所示，加载点荷载-位移曲线如图 2-9 所示。

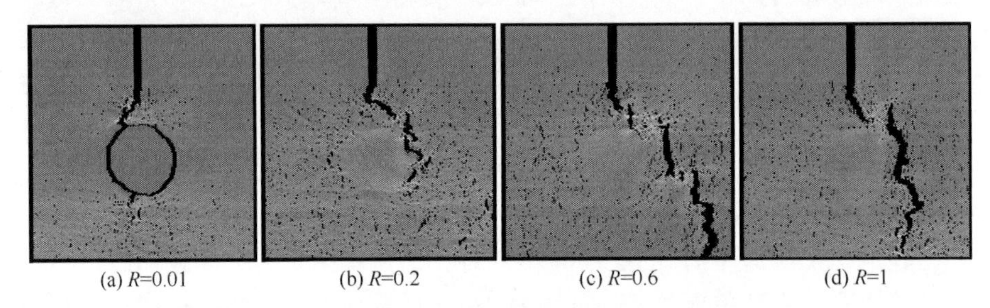

图 2-8　硬块石条件下土石界面性质对裂纹形态影响的数值计算结果(变形放大 20 倍)

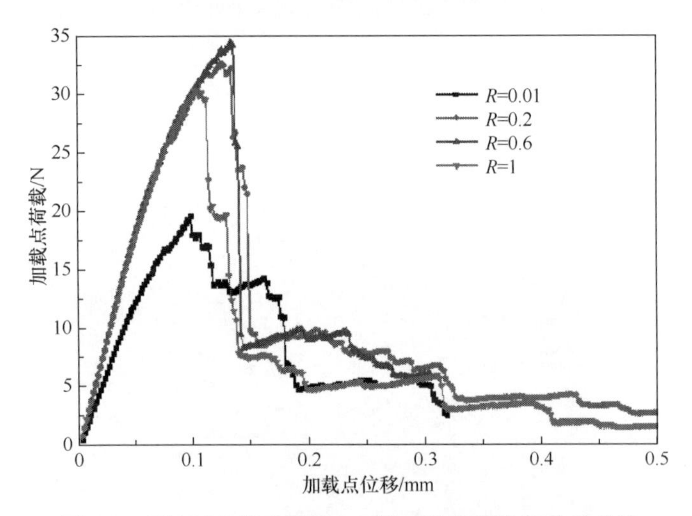

图 2-9　硬块石条件下不同土石界面强度的荷载-位移曲线

(2) 软块石情形。当块石强度较低时，胶结带的强度要比土体的低，当 R=0.2，0.4 和 0.8 时，分别计算不同土石界面强度对裂纹扩展的影响，计算结果如图 2-10 所示，加载点荷载-位移曲线如图 2-11 所示。

从以上计算结果可以看出，土石混合体胶结带的强度对试样破坏形态和裂纹扩展的影响很大。当块石为硬骨料时，四种计算条件下裂纹均是绕石发展，且根据土石界面强度的不同，裂纹的绕石发展形态也不尽相同；当块石为极弱骨料时，三种计算条件下土石界面强度的差异导致裂纹的穿石发展形态有所不同，当界面强度最弱时，裂纹直线扩展穿过块石，随土石界面强度的增大，裂纹偏离直线穿石经过。两种情况下，不同胶结带强度时得到的试样单轴抗压强度也有所差异。

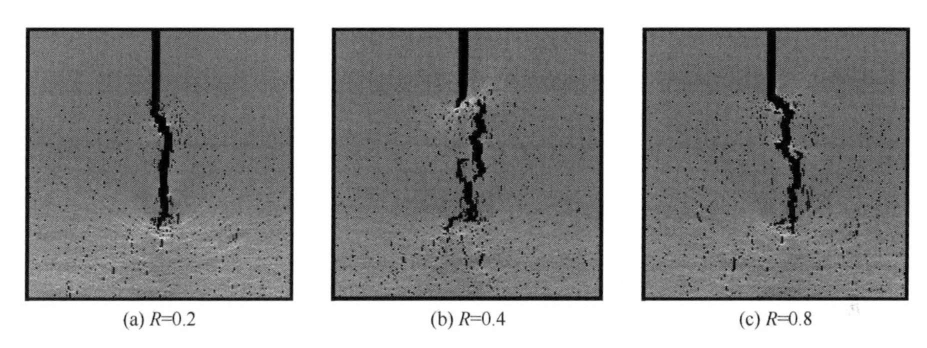

图 2-10　软块石条件下土石界面性质对裂纹形态影响的数值计算结果(变形放大 20 倍)

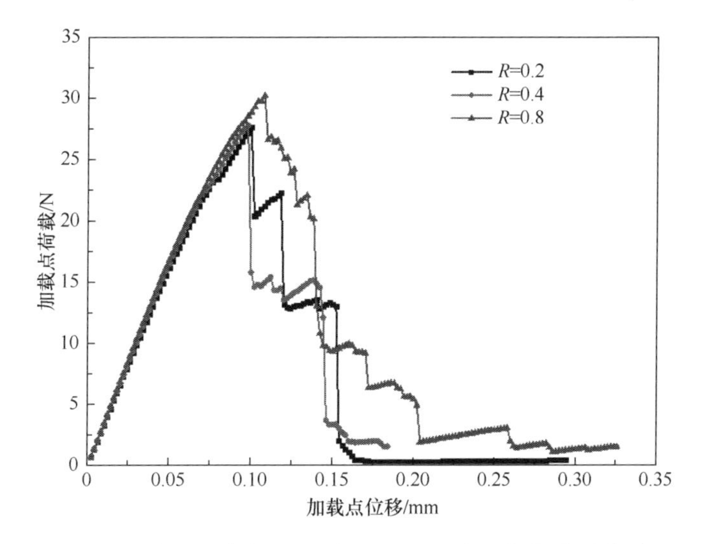

图 2-11　软块石条件下不同土石界面强度的荷载-位移曲线

2.5.4　试样破坏形态及强度分析

1. 块石方位的影响分析

随机分布于土石混合体中的块石形态和分布对其宏观破裂模式具有重要影响。对土石混合体细观结构特征的研究发现，内部块石倾角在宏观统计层次上呈现一定的方向性。为便于说明问题，从最简单的情况出发，设计数值计算模型仅含有单个椭圆块石的单轴压缩试验，试样尺寸为 50mm×100mm，被分成 100×200 个细观单元。椭圆短轴与最大主应力方向分别成 0°、30°、60°和 90°。土石混合体由三相复合材料组成，土体和块石的细观参数服从 Weibull 分布，考虑块石强度大，计算过程中不会发生破坏，参数见表 2-2。土石界面强度取硬块石强度的1/100，加载速率为 0.01mm/步，含有不同方位椭圆的试样裂纹起裂、稳定扩展、加速扩展至试样破坏的过程如图 2-12 所示。

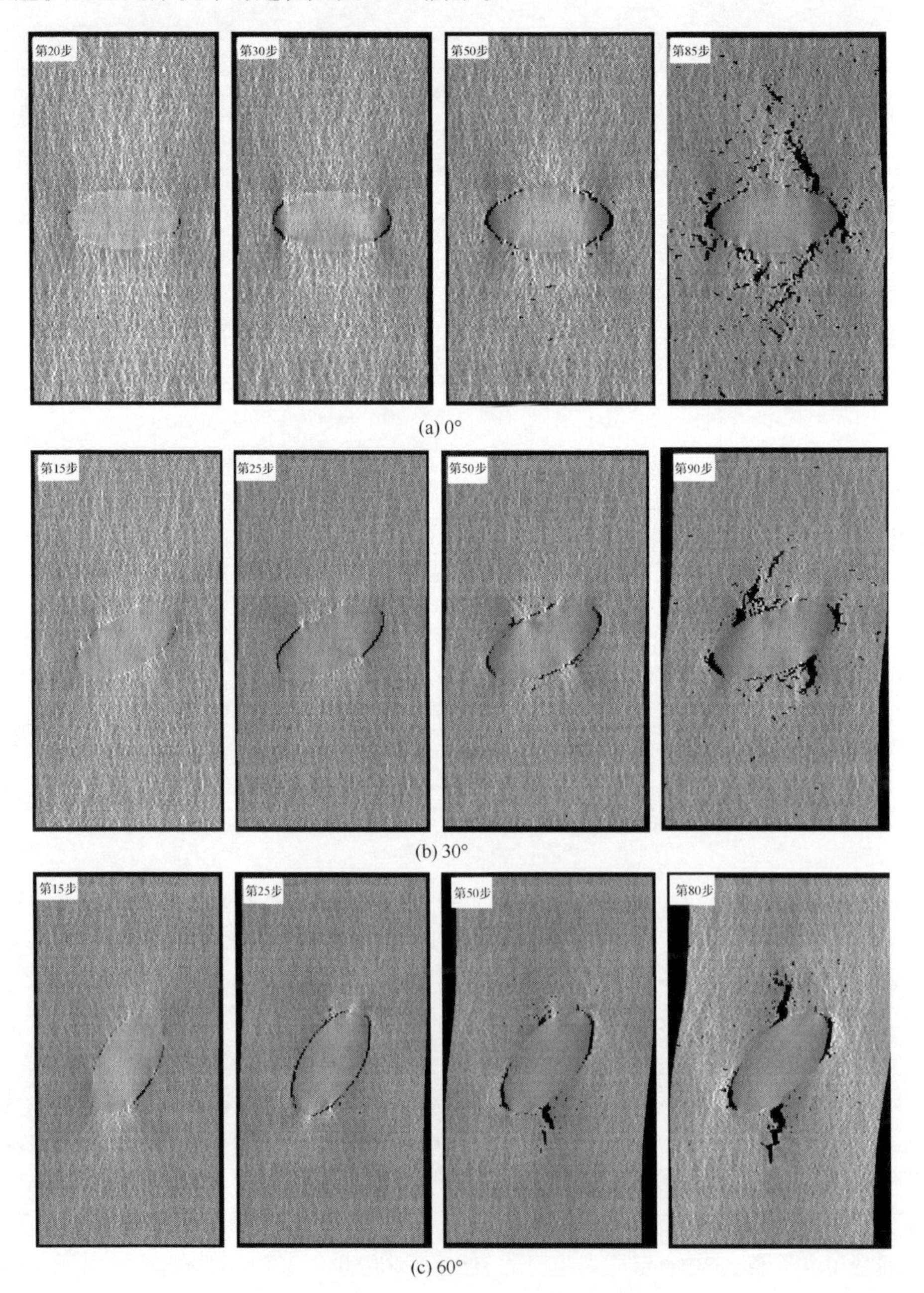

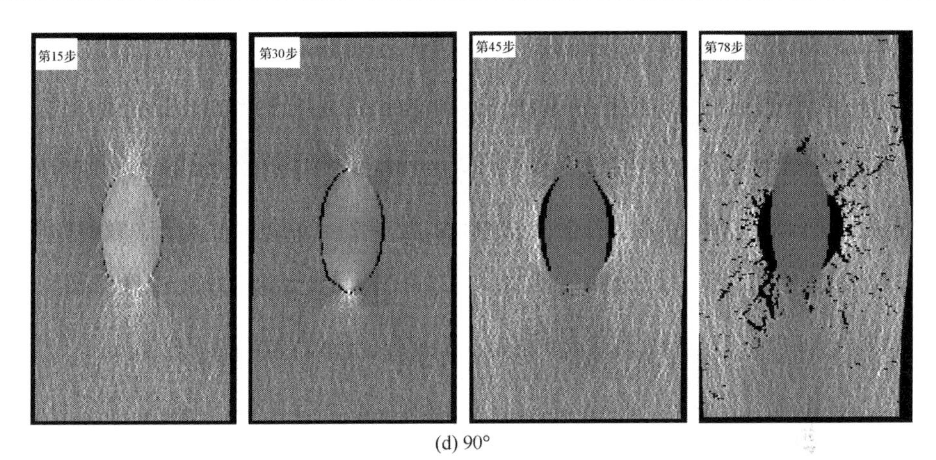

(d) 90°

图 2-12　不同方位椭圆试样裂纹起裂、稳定扩展、加速扩展至试样破坏的过程
(变形放大 20 倍)

从试样的开裂过程来看，当试样长轴与最大主应力方向正交时，即 0°情形，试样最先在椭圆两长轴端部开裂，起裂后，裂纹沿椭圆扩展，且此时裂纹扩展速率较慢，属于裂纹稳定扩展阶段，即慢裂阶段；当裂纹沿椭圆块石贯通时，此时进入快裂阶段，试样很快发生破坏，为裂纹不稳定扩展阶段。当椭圆短轴与最大主应力方向成 30°时，裂纹最先出现在椭圆的长轴端点，且两条裂纹相互平行，随着变形的加大，两条裂纹绕块石相互贯通，裂纹稳定扩展，当裂纹贯通以后，迅速向土体中扩展，进入快裂阶段，此后试样破坏。从试样的开裂过程中可以观察到数值模型沿试样长轴发生扭转，侧向变形增大，椭圆块石的旋转量增大，试验结果也表明，土石混合体试样径向的变形受块石的影响要大于轴向，试样的横向变形更加敏感。当椭圆短轴与最大主应力方向成 60°时，试样横向变形更加明显，开始裂纹缓慢地稳定增长，当裂纹沿椭圆接触面贯通后，进入裂纹快速不稳定增长阶段，直至试样破坏。当椭圆短轴与最大主应力方向成 90°时，试样的变形破坏过程要短于其他三种情况，裂纹经过短时的稳定扩展，很快贯通于土石接触面，进入快裂阶段，紧接着试样破坏，横向变形显著扩容明显。

以上计算结果表明，块石在土石混合体内部的方位对试样的变形破坏过程影响显著，不同的块石方位试样从裂纹萌生、稳定扩展、非稳定扩展到试样破坏的发展速度也不相同，因此开展土石混合体细观破坏机制的数值计算研究，块石的形态方位是一个重要的因素，同时在地质模型概化时，块石的方位不容忽略。块石方位对试样的强度也有影响，当块石方位为 0°时，单轴抗压强度最大；当块石方位为 60°时，单轴抗压强度最小。不同块石方位的土石混合体试样应力-应变曲线如图 2-13 所示。

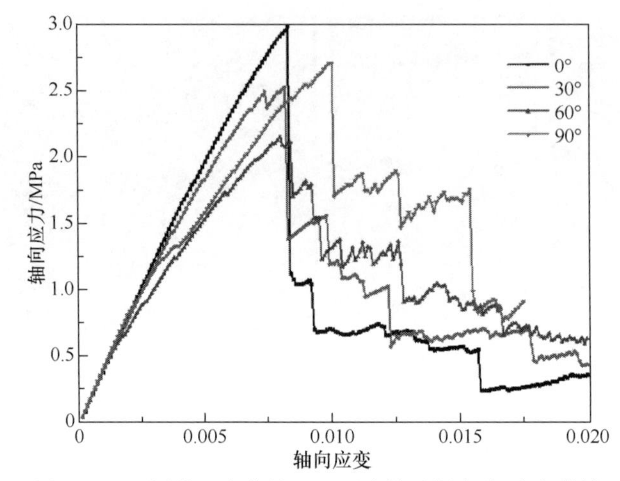

图 2-13　不同块石方位的土石混合体试样应力-应变曲线

2. 块石分布的影响分析

关于土石混合体破坏过程的数值模拟试验已经开展了许多相关性的研究，但是在含石量相同的条件下，块石形态相同，仅分布形态不同如何影响试样的强度及破坏形态的报道还不常见。由于 RFPA 软件在进行数值计算时，细观基元的强度服从 Weibull 分布，且每生成一次数值模型，细观基元的强度分布也是不一样的，这与客观实际情况相吻合。因为即使试样在实验室进行测试，每个试样也是有差异的(孔隙、裂纹等缺陷分布有很大区别)，空间单元的随机性与客观情况十分接近；另外，软件在随机生成块石时，块石符合均匀分布，与室内制样情形也相似，室内试样制备时不能保证每个试样内部块石的分析完全相同。因此，选用 RFPA 软件来进行数值计算是科学合理的。正是因为土石混合体是一种复杂的非均匀材料，开裂是一种高度局部化的现象，土石混合体开裂行为测试的离散性是这种地质材料固有的特性。本书考虑含石量为 20%，为忽略块石长短轴不同对试样变形的影响，块石颗粒概化为圆形(直径 6mm)且在土体中均匀随机分布，计算相同含石量下不同的排列分布形态对土石混合体强度及变形的影响。不同块石随机分布的土石混合体试样应力-位移曲线如图 2-14 所示。

通过 10 个数值试样的计算结果，土石混合体试样破坏时峰值强度平均值为 3.25MPa，标准差为 0.15214，最小值为 3.05MPa，最大值为 3.57MPa。有了这一计算结果，在进行室内制样时，只要是在块石形态基本相同、含石量一定的条件下，就认为可以不忽略块石空间随机分布对试样强度的影响，当然应当尽可能保证块石均匀分布于试样中。试样开裂规律和前面的结论相同，试样破坏过程中裂纹起始于土石界面，裂纹扩展经历了慢裂(沿土石接触面稳定扩展)、快裂(向土体中扩展)及裂纹贯通破坏几个阶段，如图 2-15 所示。

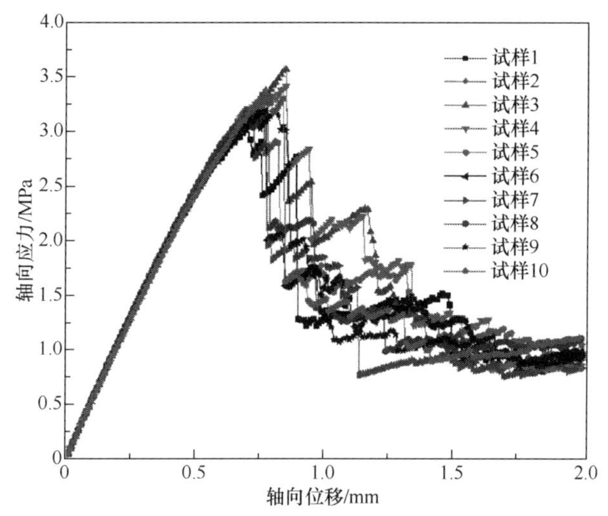

图 2-14　不同块石随机分布的土石混合体试样应力-位移曲线

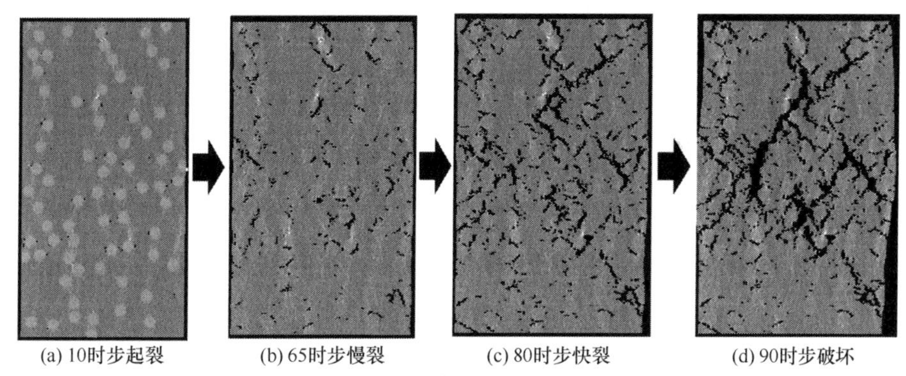

(a) 10时步起裂　(b) 65时步慢裂　(c) 80时步快裂　(d) 90时步破坏

图 2-15　含石量 20%的土石混合体试样裂纹发展过程(变形放大 20 倍)

3. 含石量的影响分析

含石量作为影响土石混合体物理力学性质最重要的指标，控制着土石混合体的强度特性与变形破坏特征。考虑土石胶结界面的强度系数 R=0、块石直径为 8mm 的情形，分别设计试样含石量为 20%、30%、40%和 50%的数值计算试验，同一含石量的数值试样随机生成 5 个计算模型，采用统一的土体、块石和界面强度进行数值试验，加载速率为 0.01mm/步。不同含石量土石混合体试样单轴压缩条件下的应力-加载时步曲线如图 2-16 所示，峰值强度和峰值应变如表 2-3 所示。

由以上数值试验计算结果可以得出以下结论：

(1) 对于本书所研究的试样，当土石界面完全未胶结时，随着含石量的增加，试样的强度有所减小，含石量为 20%时试样的强度最大，含石量为 50%时试样的强度最小。这一结论和一些学者的研究结果相反，但认为也是合理的，因为土石

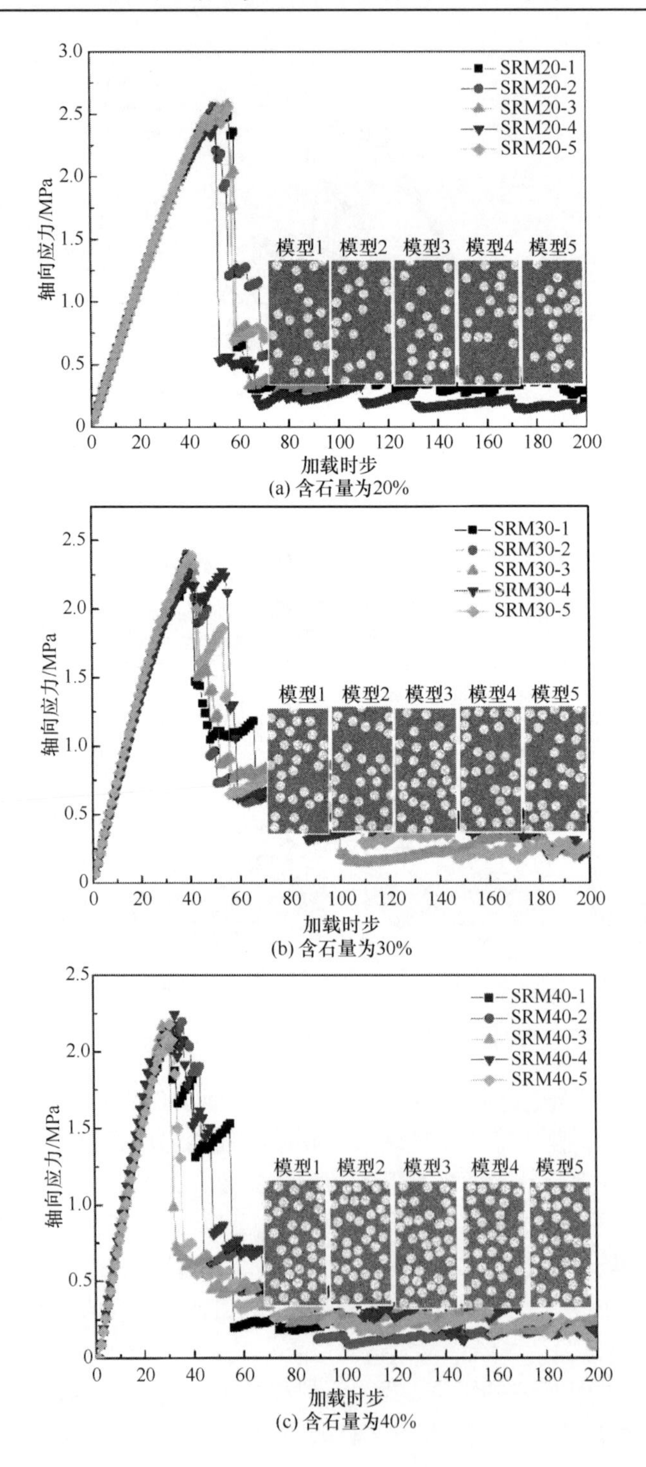

(a) 含石量为20%

(b) 含石量为30%

(c) 含石量为40%

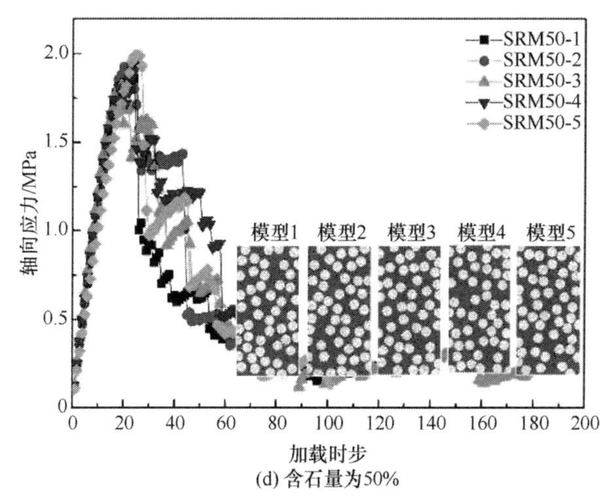

(d) 含石量为50%

图 2-16　不同含石量土石混合体试样单轴压缩条件下的应力-加载时步曲线

混合体为一个开放的系统，受应力历史、环境效应的影响大，土石间的相互作用是力学强度差异的根本原因，土石的弹性不匹配是试样开裂的根本原因，不同的土石强度性质、不同的胶结特征计算得出的结果很难一致。

(2) 与土体相比，土石混合体的单轴抗压强度要低于纯土试样。其原因可能是土石间的胶结强度为 0，单轴压缩时没有侧限约束，土石混合体此时沿着土石胶结面破坏，块石不断向径向移动，试样的径向变形不断加大，在整体结构上导致试样更容易发生破坏。

(3) 同一含石量下的 5 次数值计算结果表明，试样的峰值强度和应变相差并不大。

(4) 试样的破坏模式为劈裂-滑移复合型，当含石量为 20%和 30%时，试样以剪切滑动型破坏模式为主，当含石量为 40%和 50%时，试样破坏模式为与加载方向平行的劈裂破坏。

(5) 从试样的破坏形态分析，试样最容易破坏的部位是土石接触面，其次是含石量较少的土体部位，块石较集中的区域并不是最先破坏的地方。这可能是因为在块石密集区域，块石间的接触咬合更强，所以不容易发生破坏。

表 2-3　不同含石量条件下试样的峰值强度和峰值应变统计

含石量/%	峰值强度/MPa				峰值应变/10^{-2}			
	最大值	最小值	均值	方差	最大值	最小值	均值	方差
0	2.947	2.568	2.769	0.030	1.123	1.076	1.103	0.011
20	2.451	2.451	2.513	0.055	0.570	0.540	0.554	0.013
30	2.385	2.272	2.349	0.044	0.410	0.400	0.404	0.005

续表

含石量/%	峰值强度/MPa				峰值应变/10^{-2}			
	最大值	最小值	均值	方差	最大值	最小值	均值	方差
40	2.180	2.009	2.112	0.063	0.340	0.280	0.304	0.022
50	1.993	1.811	1.895	0.075	0.250	0.180	0.216	0.033

4. 土石胶结强度的影响分析

当土石间胶结界面的强度系数取不同值时(R=0.01，0.1，0.3，0.5，1)，对不同含石量的试样进行细观数值计算，以分析胶结性质对其强度和变形破坏的影响。

图 2-17 为土石胶结界面强度系数取不同值时土石混合体试样的应力-应变曲线，不同含石量的土石混合体试样轴向应力并不随土石界面强度的增大而增加。当含石量为 20%和 30%时，界面胶结强度的增大导致试样的抗压强度有减小的趋势；当含石量为 40%和 50%时，试样的抗压强度随界面胶结强度的增大而增加。这是因为土石混合体作为一种土-石-界面三者共同作用的介质，试样抵抗界面变形的能力由三者协同决定，单纯提高界面的胶结强度并不能达到抗压强度一味增大的效果，在低含石量情况下，块石在试样中起填充作用，试样的强度大部分由土体基质来承担，土体的强度是决定抗压强度的最主要因素，所以界面强度虽然增大了，但是试样的抗压强度并没有增加；然而，在高含石量情况下，块石在试样中起到骨架作用，块石间的接触咬合随界面胶结强度的增大而变强，从而造成试样的抗压强度有所提高。因此，土石混合体作为一个开放的系统，由土-石-界面的协同作用来抵抗变形破坏，这也是其区别于土体与岩石的一个重要特性。

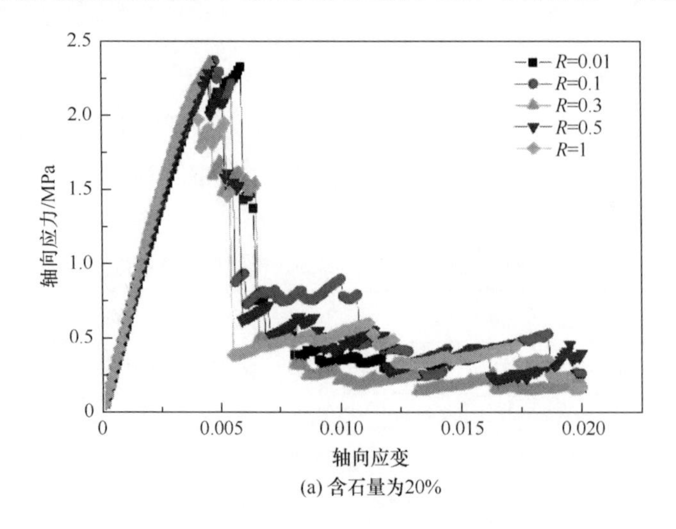

(a) 含石量为20%

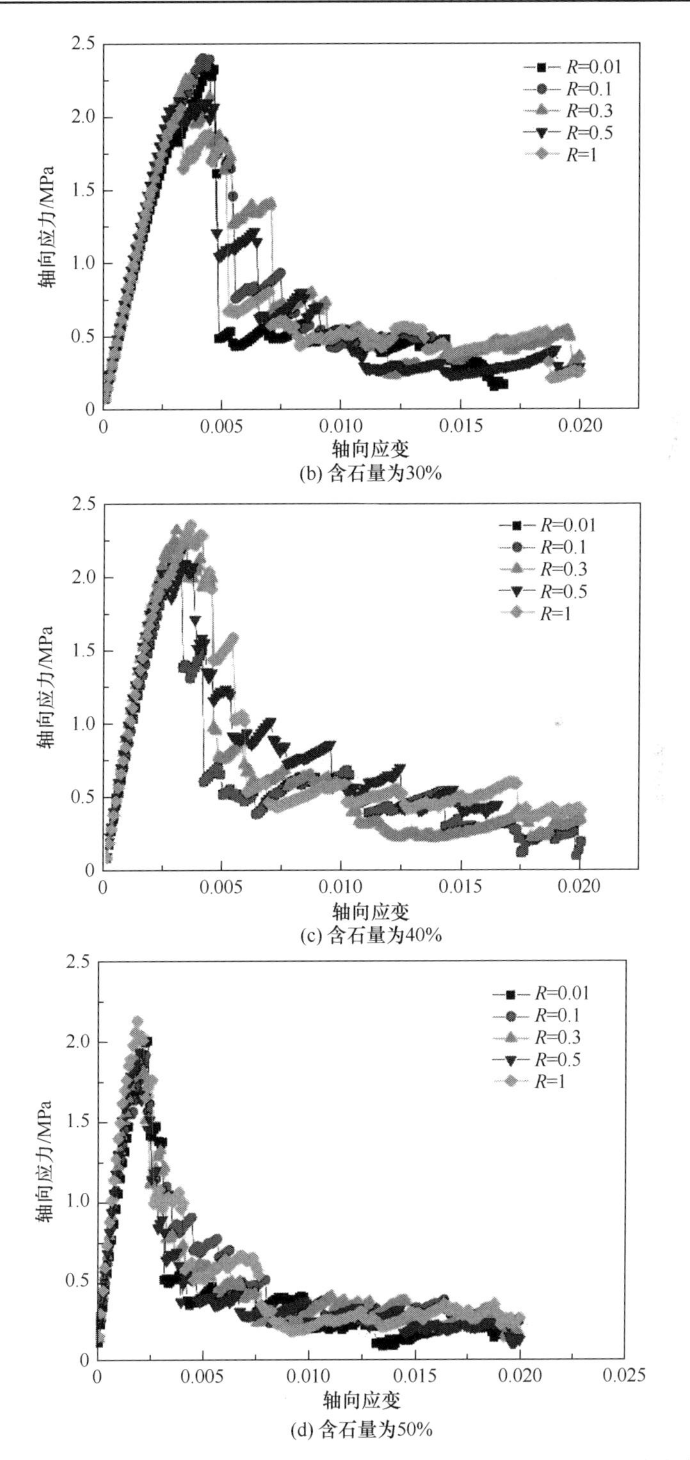

(b) 含石量为30%

(c) 含石量为40%

(d) 含石量为50%

图 2-17　土石胶结界面强度系数取不同值时土石混合体试样的应力-应变曲线

2.5.5 土石混合体渐进性破坏特征分析

土石混合体试样单轴加载条件下的变形破坏具有渐进性特点(图 2-18)。一般来讲，土石界面是试样中力学性质最薄弱的部位，破坏首先发生在土石界面处；随荷载的增大，裂纹不断增长，在单轴作用下，轴向微破裂占主导，先是沿块石边界发展，增长方向沿最大主应力方向，此时应力集中最明显，应力调整最为剧烈，大量单元发生破坏；随着应力的增大，裂纹逐渐向土体中扩展且裂纹的长度和宽度不断增大，该过程有一个明显的现象就是裂纹的互锁(图 2-18 中圆圈 A)，块石的存在在很大程度上限制了裂纹的扩展，裂纹发展受到限制后将会向强度更弱的土体中扩展，随后大量裂纹集聚贯通(图 2-18 圆圈 B)至试样发生破坏。

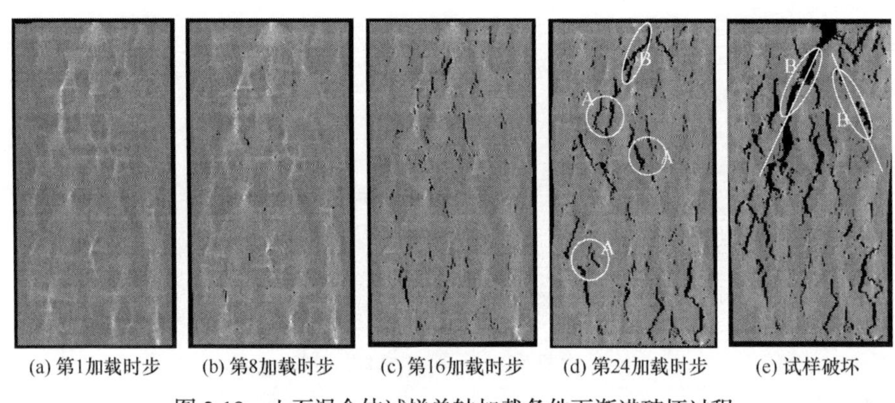

图 2-18 土石混合体试样单轴加载条件下渐进破坏过程

从试样的破坏过程来看，土石混合体作为一种特殊的地质体，失稳并不是一蹴而就，而是一种渐进性的由土石界面弱化、裂纹自锁与扩展、试样扩容、裂纹贯通等一系列行为最终导致破坏的过程，其破坏是一个复杂的结构变化过程。荷载较低时，土石界面出现拉张裂纹，随着大量微裂纹的扩展、联结形成剪切破裂面，呈 X 形或楔体形状。图 2-18 中，第 24 加载步时，圆圈 A 示意此时试样中由于土体与块石的相互作用而产生了较大的空隙，由于受块石形态和块石分布的影响，试样内出现互锁现象，且在块石分布密集的地方，这种现象更为明显。为裂纹的扩展提供了空间，并且可以发现试样破坏时所形成的最大宏观空隙伴随着剪切面的形成而产生。如图 2-18 中圆圈 B 所示，当块石周围大的空隙被裂纹贯通后，形成宏观的剪切破坏面，此时试样失效而破坏。剪切破坏面产生的位置位于几何形态急剧发生变化的部位，如块石密集区。土石混合体渐进破坏的计算过程表明，裂纹的扩展及由互锁现象导致的块石周围大的空隙的出现为剪切面的形成提供了空间。加载过程中，土石混合体内部裂纹的变化情况可参见图 2-19[25]。图 2-20

给出了加载过程中试样单元损伤情况与加载时步的关系。在加载初期，试样被压密，此时没有单元损伤；随着荷载的增加，相对较弱的土石界面单元的应力或应变满足受拉或剪切的损伤阈值，开始损伤，这些单元破裂后缓和了应力集中并恢复平衡状态，由于微裂纹产生的能量较小，应力-应变曲线呈线性发展，对应于 a 点；过了 a 点后，土石界面差异滑动明显，于是结合裂纹开始增长，长度、宽度和数量开始随应变的增加而增加，达到 b 点；此后，块石的形态分布特征导致的裂纹互锁现象变得更加明显，裂纹只能向强度低的土体中发展，直到试样破坏，对应于峰值点 c；过了峰值点后，由于试样软化，出现一次较明显的应力降，大量单元一并损伤破坏，对应于 d 点。

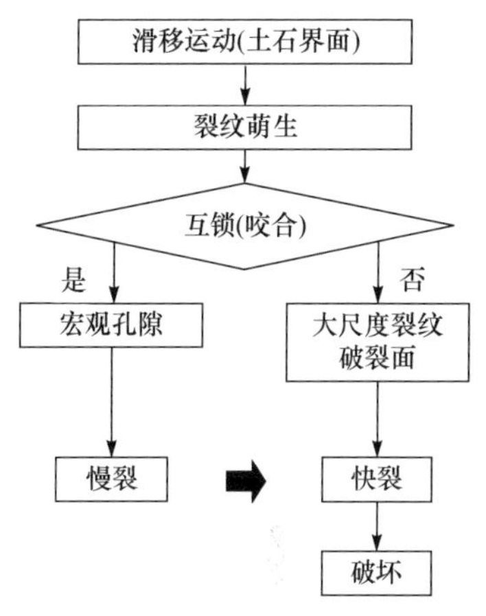

图 2-19　土石混合体试样微裂纹发展演化简图

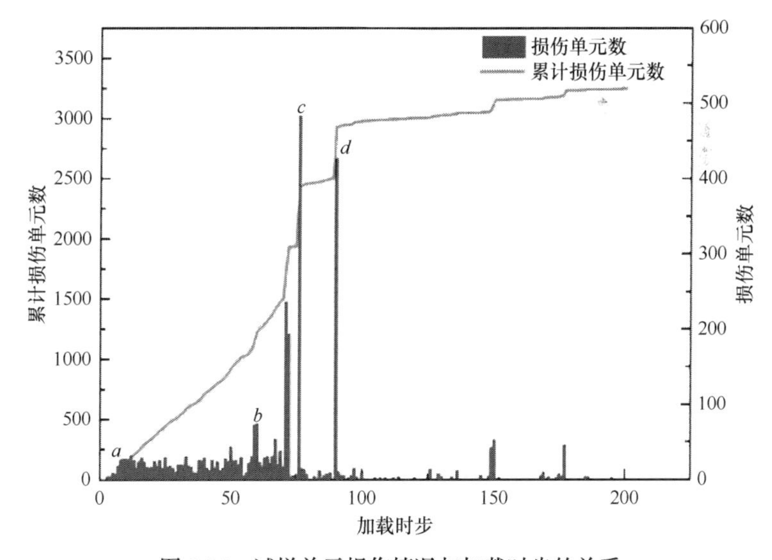

图 2-20　试样单元损伤情况与加载时步的关系

为了更好地描述试样含石量不同时土石混合体单轴加载条件下的损伤演化特征，可以由 RFPA 软件记录加载过程中损伤单元的数量。图 2-21 给出了含石量分别为 20%、30%、40%和 50%时试样相对累计损伤单元数(加载过程中累计损伤单元数与总单元数的比值)与加载时步的关系。可以发现，相对累计损伤单元数是加载时步的函数，随着含石量的增加，相对累计损伤单元数不断增大，暗示出随着含石量的增大，土石接触面积增大，试样破坏时优先在土石接触处开裂。

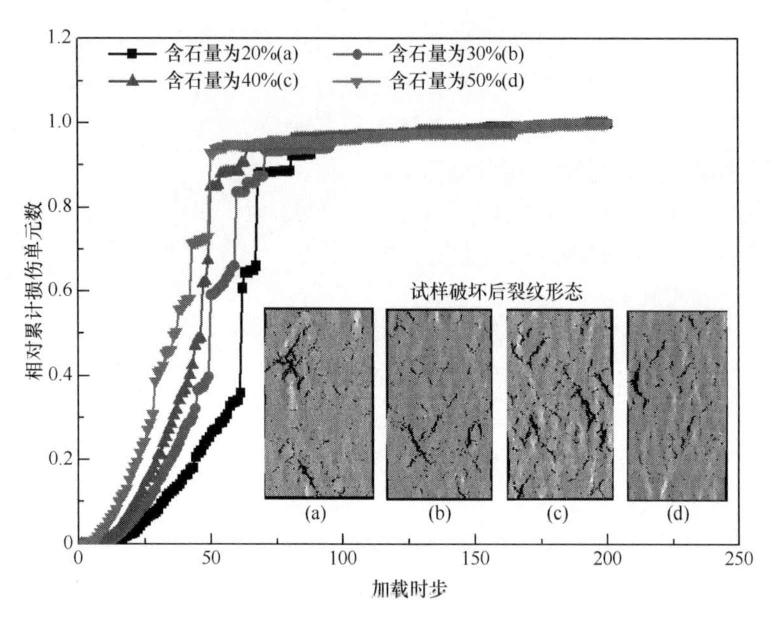

图 2-21　不同含石量试样的相对累计损伤单元数与加载时步的关系

从数值计算结果分析，土石混合体破坏的实质就是裂纹的萌生、扩展和失稳的过程，破坏过程中裂纹经历了萌生、慢裂、快裂及裂纹贯通至破坏几个典型的阶段。为了对试样的变形过程进行系统的分析，同时分析了加载过程中泊松比与轴向应变的关系，如图 2-22 所示。应力-应变曲线非线性变化的实质是由泊松比的弹性行为和块石运动的剪胀行为造成的。由图可以看出，开始加载的小范围内，

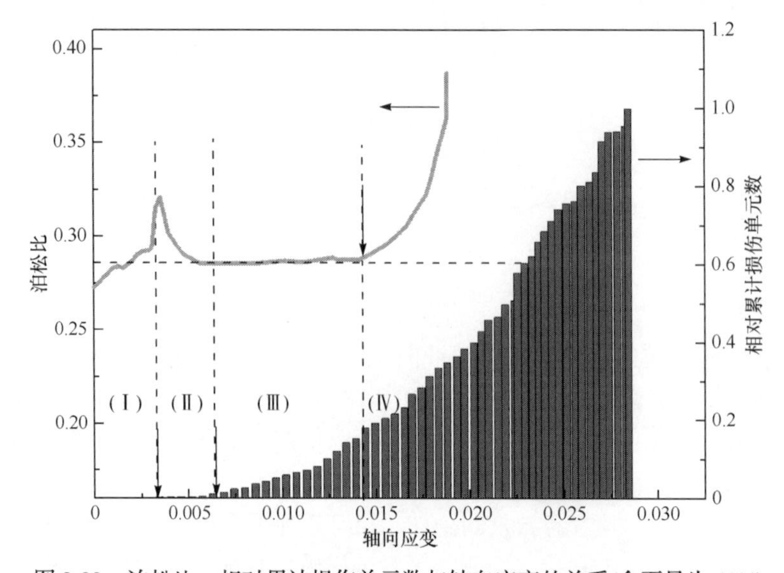

图 2-22　泊松比、相对累计损伤单元数与轴向应变的关系(含石量为 40%)

由于微裂纹及孔洞的压密，泊松比在增大；当应力达到某一值时，泊松比几乎保持不变；当应力超过某一门槛值时，泊松比迅速增加。泊松比的变化情况反映了试样的非线性结构变化特征。根据数值计算结果，将试样的破坏过程分为以下几个阶段：

(1) 土体及结合裂隙压密阶段(Ⅰ)。土石混合体由于在风干过程中体积收缩，在土石界面形成的裂隙称为结合裂隙。加载刚开始时，微裂纹及孔隙被压密，应力-应变曲线出现非线性变形阶段，试样刚度有增加的趋势。

(2) 弹性变形阶段(Ⅱ)。试样被压密后，内部某些孤立单元上产生拉应力集中，这些单元破裂后缓和了应力集中并恢复平衡状态，由于微裂纹出现产生的损伤所释放的能量很小，土石混合体的应力-应变曲线具有很好的线性，为一条直线。

(3) 裂纹稳定发展阶段(慢裂，Ⅲ)。过了线弹性阶段后，随着荷载的增加，由于土石界面的强度低，土体和块石沿开裂面产生了相对滑动，裂纹沿块石表面扩展，且有的裂纹开始向土体中扩展，此时的裂纹扩展很慢，如果停止加载，裂纹的扩展也将停止。

(4) 裂纹不稳定发展应变局部化阶段(快裂，Ⅳ)。进入该阶段后，荷载再增加，块石周围的结合裂纹快速向土体中扩展，这些裂纹快速贯通，形成控制试样强度的宏观裂纹。裂纹扩展的结果，形成土体主裂纹和绕石分岔裂纹两种典型的形态。

(5) 应变软化阶段。达到峰值强度后，由于裂纹的贯通及块石的移动和转动，试样强度降低，曲线下降。

2.5.6　土石混合体三轴压缩数值试验

地质环境中孕育的土石混合体多处于三轴压缩条件下，探讨在三轴应力作用下土石混合体的细观变形特征更能反映其真实的受力情况。前面对土石混合体在单轴压缩条件下的变形破坏特征及影响强度特性的关键因素进行了讨论，本节将对土石混合体三轴加载条件下的细观力学特性进行研究。土体的破坏特性取值为：内摩擦角 20°，压拉比 12，单轴抗压强度 24MPa，均质度 m=1.5；弹性力学特性取值为：均质度 m=1.5，弹性模量 500MPa，泊松比 0.31。块石的破坏特性取值为：内摩擦角 45°，压拉比 10，单轴抗压强度 200MPa，均质度 m=6；弹性力学特性取值为：均质度 m=6，弹性模量 50000MPa，泊松比 0.22。试样尺寸为 50mm×100mm，被分成 100×200 个细观单元，施加边界条件为：模型两侧施加围压，分步施加直到目标值，同时模型轴向也施加荷载，使整个模型处于静水压力状态，进行等围压固结；达到预定围压时，侧向围压保持不变，施加轴向荷载，使用位移控制，以 0.1mm/步的加载速率施加直到试样破坏。三轴压缩条件下土石混合体计算模型如图 2-23 所示，细观试验参数如表 2-4 所示。

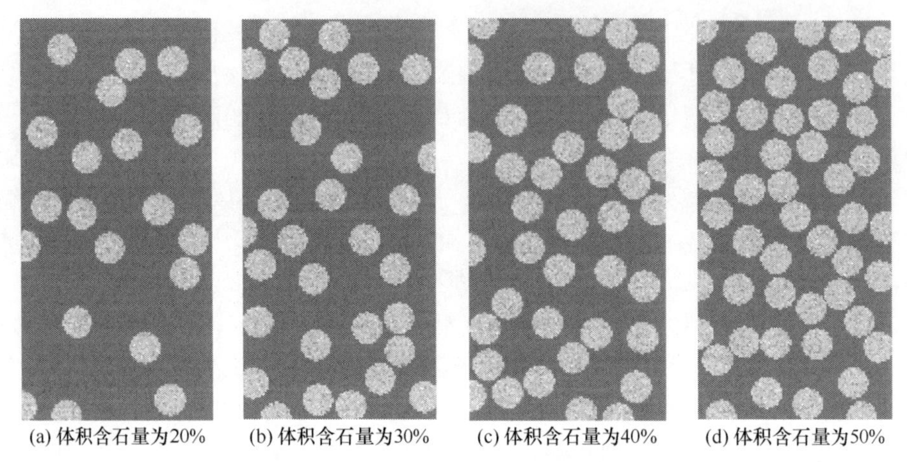
(a) 体积含石量为20%　(b) 体积含石量为30%　(c) 体积含石量为40%　(d) 体积含石量为50%

图 2-23　三轴压缩条件下土石混合体计算模型

表 2-4　土石混合体三轴压缩试验参数

试样编号	体积含石量/%	质量含石量/%	围压条件
SRM20	20	23.6	0.2MPa、0.4MPa、0.6MPa、0.8MPa、1MPa
SRM30	30	34.1	
SRM40	40	43.9	
SRM50	50	53.5	

土石胶结界面强度系数 R 取 0.1，进行试样的三轴压缩试验，图 2-24 给出了围压分别取 0.2MPa、0.4MPa、0.6MPa、0.8MPa 和 1MPa 时，不同含石量土石混合体试样的应力-应变曲线。由图 2-24 可以得出以下结论：

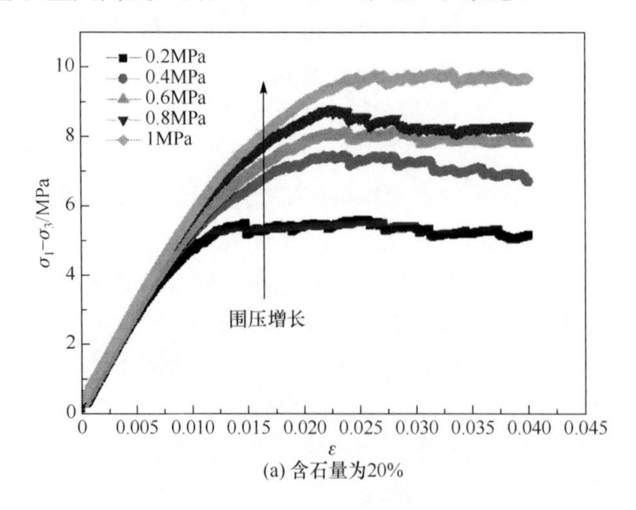

(a) 含石量为20%

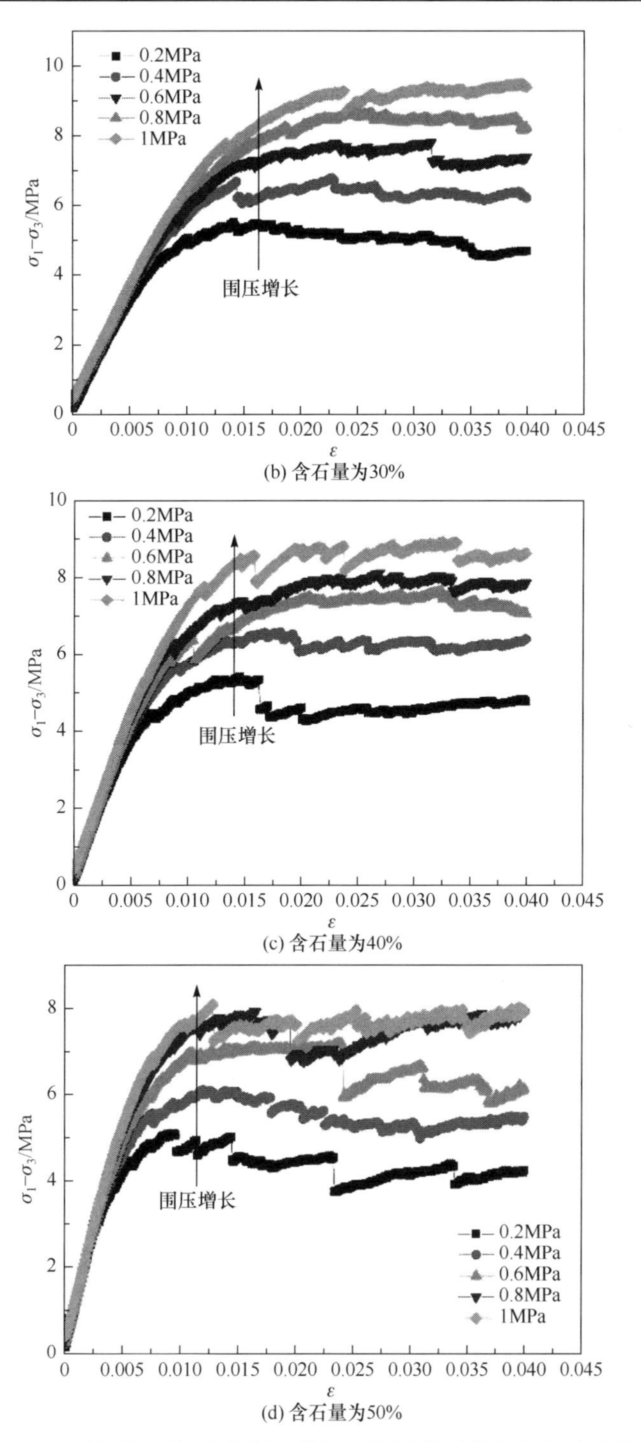

图 2-24　三轴压缩条件下不同含石量土石混合体试样的应力-应变曲线

(1) 不同含石量试样的抗压强度均随着围压的增加而增大，试样强度呈现出应变硬化的特征。

(2) 应力跳跃现象的出现。随着含石量的增大，应力-应变曲线的形态有所差异，出现应力跳跃现象。低含石量情况下，应力-应变曲线较光滑；高含石量情况下，应力-应变曲线跳跃现象较为明显。含石量较低时，土体与块石共同抵抗轴向压应力，在试样的变形破坏过程中主要是土体压密，导致块石平动、翻转变得较为剧烈，块石相互接触、咬合的程度较低，伴随着试样的开裂破坏，在轴向压力作用下不断调整其相应的位置，但相对于土体压密来说，这种非线性变化过程较弱。含石量较高时，块石基本起主导作用，形成骨架结构，这时土体充当填充作用，并出现局部悬空现象。轴向荷载主要由块石来承担，块石间绝大多数相互接触、咬合，块石的相对位置随着加载的进行调整得更加剧烈，反映到应力-应变曲线上表现为不连续跳跃点的出现。

(3) 从不同试样的三轴应力-应变曲线同样也可以看出，随着含石量的增加，土石混合体的结构效应和非均质效应增强。当含石量为20%时，曲线平滑，土石混合体系统整体的耦合作用较好，并没有出现应力跳跃点；当含石量为30%时，出现局部的应力跳跃点；当含石量为40%时，应力跳跃点较为明显；当含石量为50%时，应力-应变曲线完全不连续，出现大量的应力跳跃点，试样的非均质程度达到最大，土石混合体系统的耦合作用变得最差。这一结论和室内三轴压缩试验得出的结论相吻合。

(4) 应力跳跃现象受围压变化的影响较大，在高围压作用下，颗粒之间的相互作用更加紧密，试样的契合度、咬合力和摩擦力都会出现较高的水平，促使试样的承载力升高。

(5) 试样变形过程中为什么会产生应力跳跃呢？试样在受剪破坏过程中，块石构成的骨架结构是轴向荷载的主要承担者，应力跳跃现象在含石量较高的情况下更容易表现出来。在有块石区域存在的土体中，由于孔隙大量存在，随着轴向荷载逐渐增加到某一程度，块石之间的咬合力和摩擦力会突然消除，细颗粒无法起到稳定结构的作用。这种破坏方式类似于岩体的脆性破坏，当前稳定的承载结构会突然丧失，从而发生应力突然卸除的现象。骨架的结构此时开始发生重组，在新的结构形成之前，试样的承载能力会持续大幅度下降，同时块石和砂粒位置发生改变。当新的结构逐渐形成并稳定之后，试样承载力开始回升。通过分析试验结果发现，回升的承载力大小基本维持下降前的水平，新结构的承载能力很难高于应力跳跃现象发生之前。

(6) 需要指明的是，应力跳跃现象并不只是在三轴试验中可以观察到。实际上，应力跳跃现象在单轴试验中也会出现。单轴条件下，试样不受侧限的作用，应变软化现象明显，强度降低的幅度较快，单轴受压时剪胀现象明显，并且试样破坏后有大量张性裂缝出现，而三轴压缩条件下，张性裂缝明显减少，从而也为块石在试样中的运动提供了空间，为应力跳跃的发生提供了条件。

(7) 相同的土石细观参数设置情况下，当含石量从 20%增加到 50%时，三轴压缩条件下试样的应力跳跃现象逐渐增强，说明土石混合体的结构性和非均匀性变强。

参 考 文 献

[1] 徐文杰. 土石混合体细观结构力学及其边坡稳定性研究[D]. 北京: 中国科学院地质与地球物理研究所, 2008.

[2] 油新华. 土石混合体的随机结构模型及其应用研究[D]. 北京: 北京交通大学, 2001.

[3] 赫建明, 李晓, 吴剑波, 等. 土石混合体材料的模型构建及其数值试验[J]. 矿冶工程, 2009, 29(3): 1-4.

[4] 李世海, 汪远年. 三维离散元土石混合体随机计算模型及单向加载试验数值模拟[J]. 岩土工程学报, 2004, 26(2): 172-177.

[5] 丁秀美. 西南地区复杂环境下典型堆积(填)体斜坡变形及稳定性研究[D]. 成都: 成都理工大学, 2005.

[6] 王宇, 李晓. 土石混合体损伤开裂计算细观力学探讨[J]. 岩石力学与工程学报, 2014, 33(z2): 4020-4031.

[7] 程展林, 吴良平, 丁红顺. 粗粒土组构之颗粒运动研究[J]. 岩土力学, 2007, 28(s1): 29-33.

[8] 程展林, 丁红顺, 吴良平, 等. 粗粒土试验研究[C]//第一届中国水利水电岩土力学与工程学术讨论会, 昆明, 2006: 41-47.

[9] 郭培玺, 林绍忠. 粗粒料力学特性的 DDA 数值模拟[J]. 长江科学院院报, 2008, 25(1): 58-60, 69.

[10] 殷跃平, 张加桂, 陈宝荪, 等. 三峡库区巫山移民新城址松散堆积体成因机制研究[J]. 工程地质学报, 2000, 8(3): 265-271.

[11] 许建聪. 碎石土滑坡变形解体破坏机理及稳定性研究[D]. 杭州: 浙江大学, 2005.

[12] 唐春安. 岩石破裂过程中的灾变[M]. 北京: 煤炭工业出版社, 1993.

[13] 唐春安, 朱万成. 混凝土损伤与断裂——数值试验[M]. 北京: 科学出版社, 2003.

[14] Wong T F, Wong R H C, Chau K T, et al. Microcrack statistics, Weibull distribution and micromechanical modeling of compressive failure in rock[J]. Mechanics of Materials, 2006, 38(7): 664-681.

[15] Weibull W. A survey of “statistical effects” in the field of material failure[J]. Applied Mechanics Reviews, 1952, 5(11): 449-451.

[16] 罗晓辉, 卫军, 白世伟. 脆性统计损伤模型在岩土工程中的应用研究[J]. 华中科技大学学报(自然科学版), 2004, 32(9): 82-85.

[17] 谢星, 王东红, 赵法锁. 基于 Weibull 分布的黄土状土的单轴损伤模型[J]. 工程地质学报, 2013, 21(2): 317-323.

[18] 孙强, 胡秀宏. 岩土本构中应变软化与 Weibull 分布的思考[J]. 金属矿山, 2008, (10): 39-42, 47.

[19] Perfect E, Zhai Q, Blevins R L. Estimation of Weibull brittle fracture parameters for heterogeneous materials[J]. Soil Science Society of America Journal, 1998, 62(5): 1212-1219.
[20] Perfect E, Kay B D. Statistical characterization of dry aggregate strength using rupture energy[J]. Soil Science Society of America Journal, 1994, 58(6): 1804-1809.
[21] Munkholm L, Perfect E. Brittle fracture of soil aggregates: Weibull models and methods of parameters estimation[J]. Soil Science Society of America Journal, 2005, 69: 1565-1571.
[22] Christensen O. An index of friability of soils[J]. Soil Science, 1930, 29(2): 119-136.
[23] Dexter A R. Strength of soil aggregates and of aggregate beds[C]//Proceedings of the 1st Workshop on Soilphysics and Soilmechanics, Impact of Water and External Forces on Soil Structure, Hannover, 1988: 35-52.
[24] Utomo W H, Dexter A R. Soil friability[J]. Journal of Soil Science, 1981, 32(2): 203-213.
[25] Wang Y, Li X, Wu Y F. Damage evolution analysis of SRM under compression using X-ray tomography and numerical simulation[J]. European Journal of Environmental and Civil Engineering, 2014, 19(4): 1-18.

第3章　土石混合体实时超声波试验研究

3.1　概　　述

岩土介质超声波测试技术是近30多年发展起来的一种新技术，它通过测定超声波透射岩土后的声波信号的声学参数变化，间接地了解岩土体的物理力学特性、结构构造特征及应力状态。由于超声波同时具有几何声学和物理声学的特性，声波的方向性好，能量高，并且在介质传播时能量损失小，传播距离大，穿透力极强，对岩石(体)或土体具有一定的分辨力，声波作为一种良好的信息载体，与岩土体相互作用时，在接收波中携带了与介质物理力学参数及微结构变化相关的信息，因此在岩土测试领域表现出强有力的优势。土石混合体作为一种不同于土体与岩石的特殊地质材料，大量学者已开展了一系列的试验研究和数值计算分析，得到了许多有意义的结论，但是关于土石混合体试样在荷载作用下声学特征的变化规律，以及由声学参数反演出的细观结构特性和物理力学性质还没有相关报道。作者尝试将超声波测试技术拓宽到土石混合体研究领域，以填补现阶段将声波技术应用于土石混合体测试的空白。从声学角度反映出不同含石量试样在单轴压缩作用下的应力依赖性和损伤开裂特性。通过这一研究，对进一步认识土石混合体荷载作用下的变形破坏机制、土石混合体的地球物理勘探、地质体加固防护及地震响应特征等起到一定的指导意义。

3.2　超声波测试试验系统

超声波测试试验系统由三部分组成：刚性加载装置、超声波测试仪和高灵敏度的超声波换能器。测试过程中的轴向荷载由液压千斤顶施加，可提供的最大轴力为100kN，应力传感器进行轴向荷载的量测，荷载控制器记录压缩过程每个阶段的轴向力，精度为0.01kN；轴向变形由千分表量测，精度为0.01mm。根据试验要求，超声波测试时换能器分别安置在试样的轴向和径向，换能器的频率分别为130kHz和500kHz，相对应的试样系统分别如图3-1和图3-2所示。超声波测试仪采样长度为1024，采样周期为0.1μs，激励电压为1000V，发射脉宽为0.04ms，采样时间间隔为0.1μs。测试时采用自行研发的高灵敏度超声波换能器(图3-3)，频率为130kHz的换能器用于试样加载前的初始声波检测，频率为500kHz的换

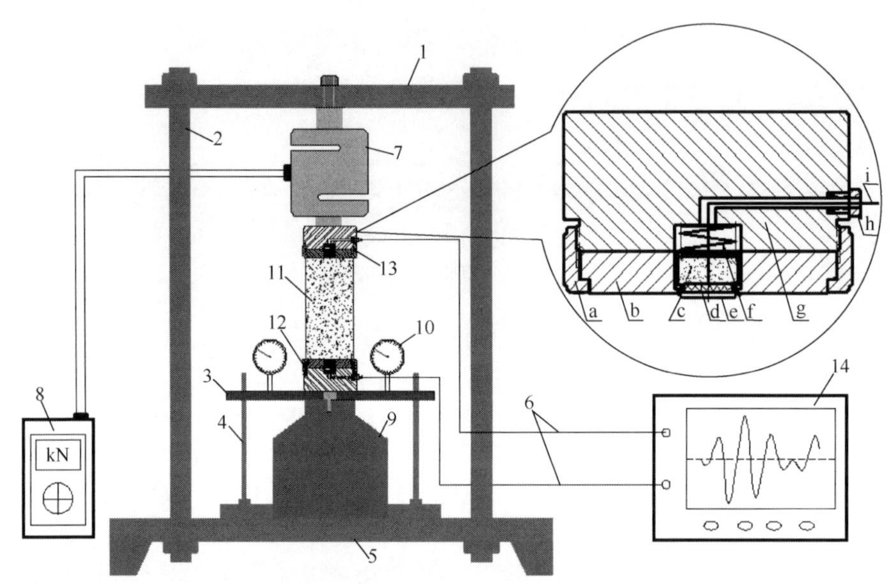

1-上横梁；2-刚性立柱；3-托盘；4-导向杆；5-底座；6-电导线；7-力传感器；8-荷载控制器；9-液压千斤顶；10-百分表；11-试样；12-发射换能器；13-接收换能器；14-超声波仪；a-锁紧环；b-底板；c-钨粉后配层；d-压电陶瓷片；e-换能器底壳；f-弹簧；g-圆柱基座；h-密封顶丝；i-电缆

图 3-1　单轴压缩条件下土石混合体轴向超声波测试试验装置系统

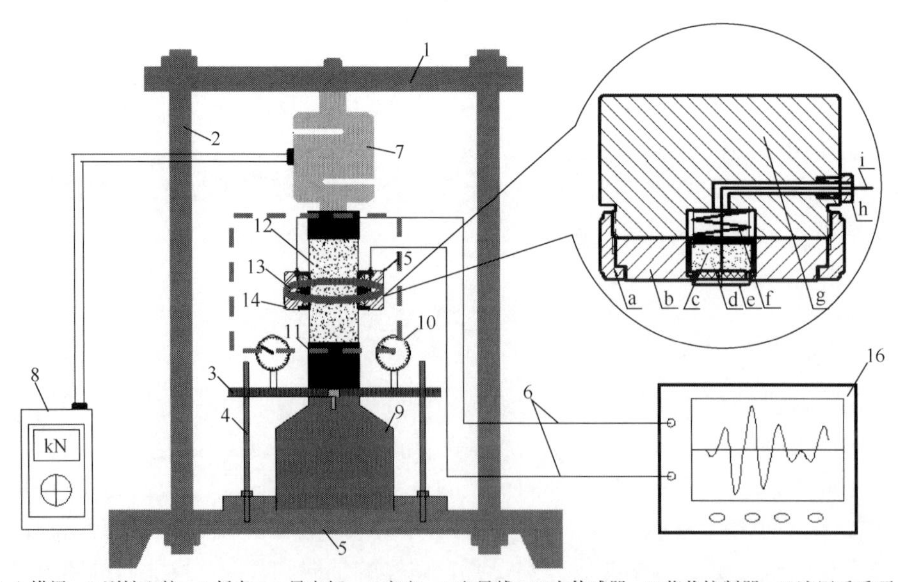

1-上横梁；2-刚性立柱；3-托盘；4-导向杆；5-底座；6-电导线；7-力传感器；8-荷载控制器；9-液压千斤顶；10-百分表；11-刚性垫块；12-试样；13-橡皮条；14-发射换能器；15-接收换能器；16-超声波仪；a-锁紧环；b-底板；c-钨粉后配层；d-压电陶瓷片；e-换能器底壳；f-弹簧；g-圆柱基座；h-密封顶丝；i-电缆

图 3-2　单轴压缩条件下土石混合体径向超声波测试试验装置系统

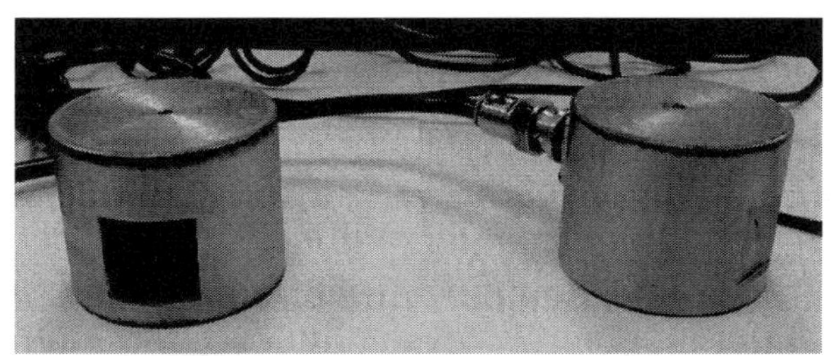

(a) 130kHz 超声波换能器(用于轴向超声试验)

(b) 500kHz 超声波换能器(用于轴向超声试验)

图 3-3　土石混合体超声波试验过程中所使用的超声波换能器

能器用于试样开裂变形的测试，将换能器固定在试样中部，换能器与试样间用润滑脂(凡士林)进行耦合。由于试验目的不同，试验系统的差别仅在于换能器在试样的安放部位。

3.3　超声波测试试样描述

影响土石混合体试样力学性质的因素有很多，包括细粒相土的结构特性，以及粗粒相块石的形态、空间分布特征及含石量等。在试验时，考虑到所有因素的影响有一定困难，因此应当抓住主要因素，并以此建立试验模型。由于含石量是影响土石混合体结构力学特性的最主要因素，在进行超声波测试时，所制备的试样块石成分采用直径为 8mm 的刚玉元球(图 3-4)，以忽略块石形态对试验结果的影响。试样制备时土体基质成因为第四纪冲洪积，10 次筛分得到的土颗粒级配曲线如图 3-5 所示，它属于黏性土。试样材料的物理力学参数如表 3-1 所示。

试样制备前，严格计算好每个试样用土和块石的质量，尽可能控制试样的均匀性。所用的刚玉元球密度为 2.67g/cm^3，单个质量为 0.72g。土颗粒相对密度为 2.72，击实后干密度为 2.308g/cm^3。试样制备时需要补入一定量的自由水，土石混合体的最优含水量由土的击实试验确定(图 3-6)，为 9%左右。不同含石量条件下试样的土石配比如表 3-2 所示。试样编号为 SRM(x)y-z，其中 SRM 表示土石混合体，x 表示块石粒径，y 表示含石量，z 表示试样号。

图 3-4　块石元球形态

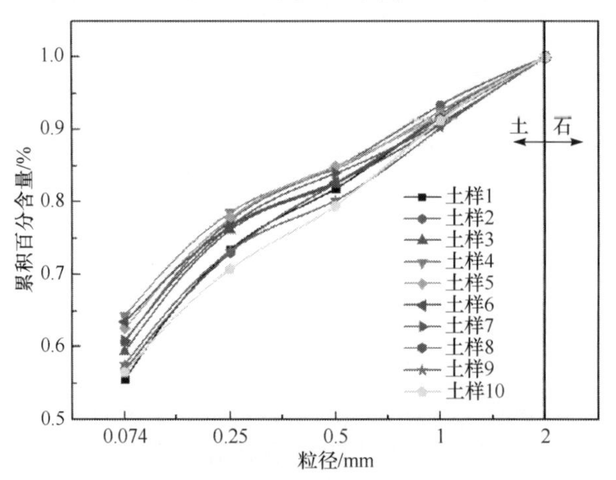

图 3-5　土颗粒级配曲线

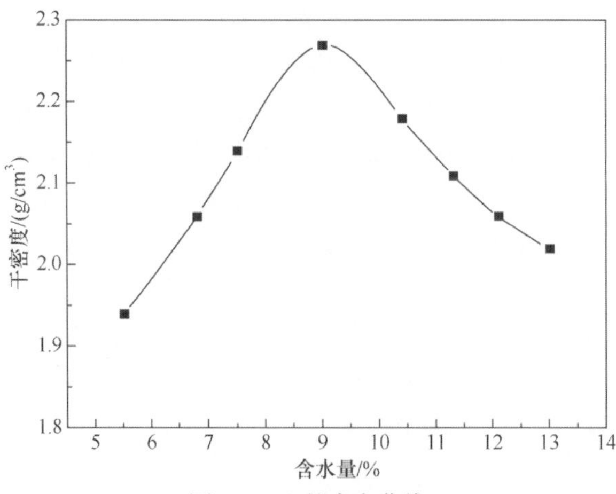

图 3-6　土的击实曲线

表 3-1　试样材料的物理力学参数

参数	土体	块石
天然密度/(g/cm^3)	1.66	2.67
干密度/(g/cm^3)	2.03	—
含水量/%	9.5	—
颗粒相对密度	2.72	—
含水试样单轴抗压强度/MPa	0.56	2.72
干燥试样单轴抗压强度/MPa	50.65	100.74

表 3-2　土石混合体单个样品土石用量计算表

含石量/%	干土质量/g	干土+水(9%)质量/g	块石质量/g	元球数	试样数
20	337.475	371.221	82.1822	110	30
30	303.579	333.937	124.9778	170	36
40	267.727	294.499	168.9736	240	32
50	229.7410	252.715	214.2206	300	30

本节试验研究的 4 种不同含石量的试样，取干土质量均为 100g，击实过程中由压密锤击数-密度曲线确定最佳锤击数为 20 次(因为随含石量的增加，当锤击数过大时，块石会被击碎，力学强度将会受到影响)。不同含石量试样的锤击数-密度曲线如图 3-7 所示。

为检验试样的均匀性，分别抽取含石量 20%的试样 14 个、含石量 30%的试样 13 个、含石量 40%的试样 12 个、含石量 50%的试样 10 个，同时抽取纯土样 5 个，进行样品干密度统计分析，如表 3-3 所示。从表中可以看出，同一含石量

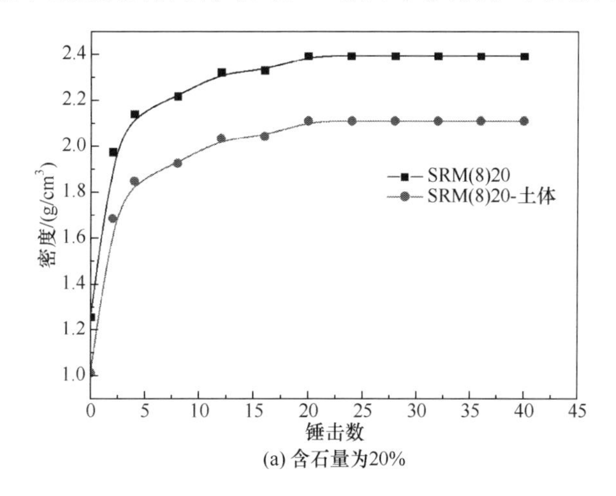

(a) 含石量为20%

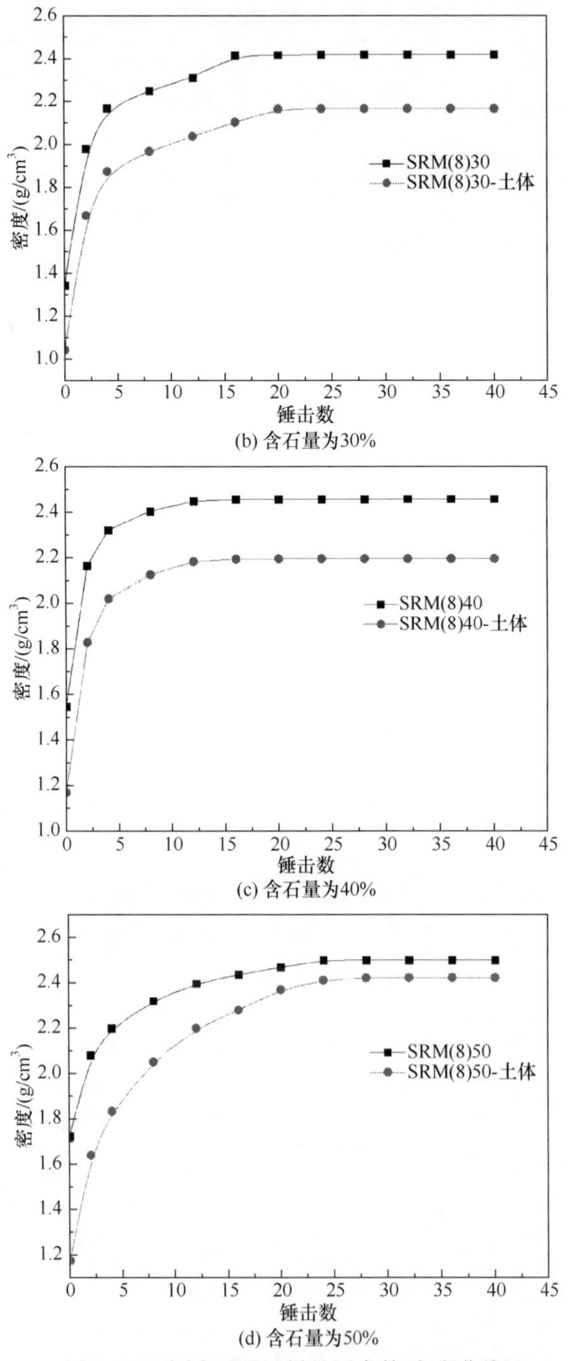

图 3-7　不同含石量试样的锤击数-密度曲线

的样品干密度差别不大，且随含石量的增大，试样的密度也不断加大。

表 3-3　试样干密度的统计性描述

含石量/%	检验个数	最小值/(g/cm³)	最大值/(g/cm³)	平均值/(g/cm³)	标准差
20	14	2.051	2.126	2.084	0.0213
30	13	2.087	2.193	2.125	0.0317
40	12	2.121	2.179	2.152	0.0201
50	10	2.188	2.259	2.227	0.0250
0	5	2.003	2.078	2.039	0.0284

3.4　试验设计思路

土石混合体的超声波测试试验从两个方面进行开展：一是超声波换能器轴向安置时，研究加载条件下试样的应力依赖性(土石耦合效应)，分析不同含石量试样 P 波波速、衰减系数、透射系数、孔隙率等与应力的关系；二是超声波换能器径向安置时，探讨不同含石量的土石混合体试样在单轴压缩条件下的力学特征和损伤开裂机制，建立土石混合体的损伤演化方程和本构模型。试验过程中，轴向荷载由液压千斤顶提供，保持恒定加载速率为 0.1kN/步，声学参数由超声波测试仪获得，实时记录加载过程中声波走时和振幅，据此计算超声波波速(ultrasonic pulse velocity，UPV)、衰减系数和透射系数(transmission radio，TR)。试验设计思路如图 3-8 所示。

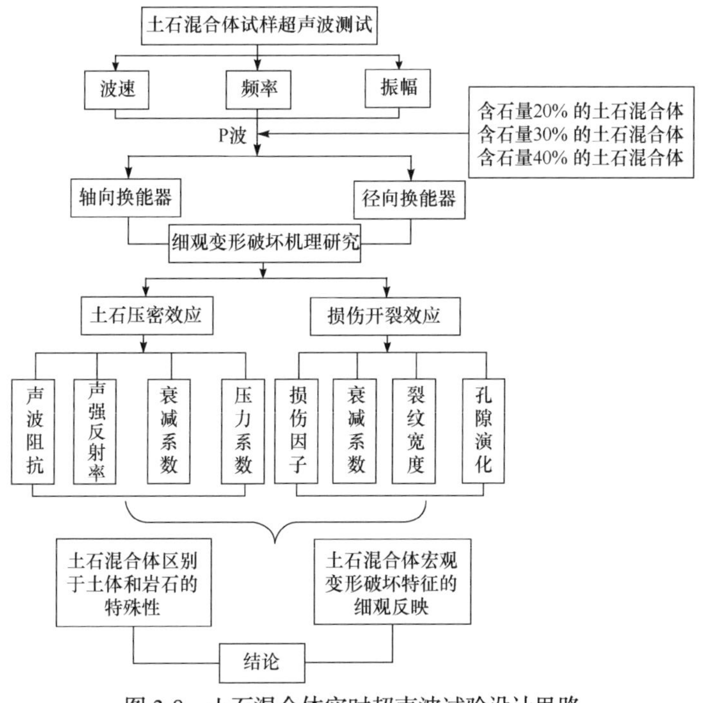

图 3-8　土石混合体实时超声波试验设计思路

根据以上思路，研究土石混合体压缩条件下声学参数与强度特性的关系，弥补现阶段声波测试应用于土石混合体领域的空白，研究成果有助于推动土石混合体细观变形破坏机制的研究，为土石混合体的地质物理勘探、地质体加固及地震动力响应提供一定的支持。

3.5 干燥试样单轴压缩轴向超声波试验研究

3.5.1 试样干密度对波速和衰减系数的影响

根据声波传播的密度效应(最小时间原理)，通常来讲，波速与密度呈正相关，土样或均质岩块的测试结果基本符合这一规律。如图 3-9 所示，土石混合体试样的波速要大于土样的波速，符合声波密度效应。然而，随着含石量的增大，土石混合体试样的干密度增大，但是波速却变小，即波速与试样干密度(含石量)呈负相关，这一结果与土体或岩块的超声检测结果正好相反。同样，从图 3-10 可以看出，随着含石量的增加，声波衰减系数在不断加大。

为什么土石混合体试样的声学参数会与土或岩石存在相异的规律？究其原因：首先，土石混合体作为一种极为不均匀的地质材料，由土、块石及孔隙等组成，它们具有不同的声阻抗，声波绕射到达所需要的声时要大于均匀固体介质中直线传播所需要的时间；其次，试样内部存在复杂的随机界面，如土石界面、孔隙及裂纹形成的界面等，声波在试样内部传播时，散射衰减十分明显，声波能量消耗较大；再次，声波传播指向性差，试样内部存在众多的声学界面，导致声波发生折射和反射，众波相互叠加而产生大量的漫射声能；最后，由于块石的随机分布，声波的传播路程复杂曲折，波线因界面的反射和折射造成等效传播路程的

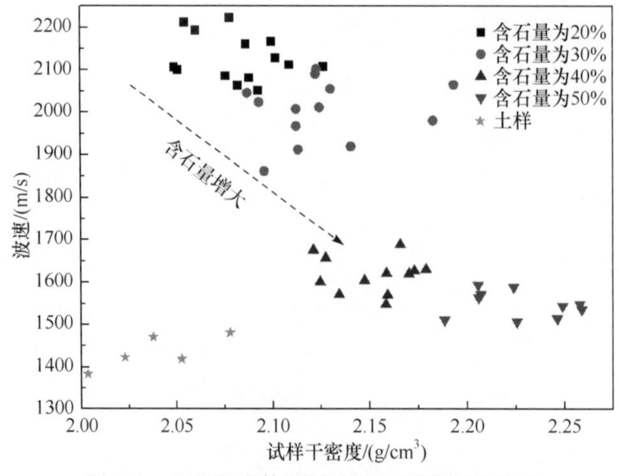

图 3-9　土石混合体试样波速与干密度的关系

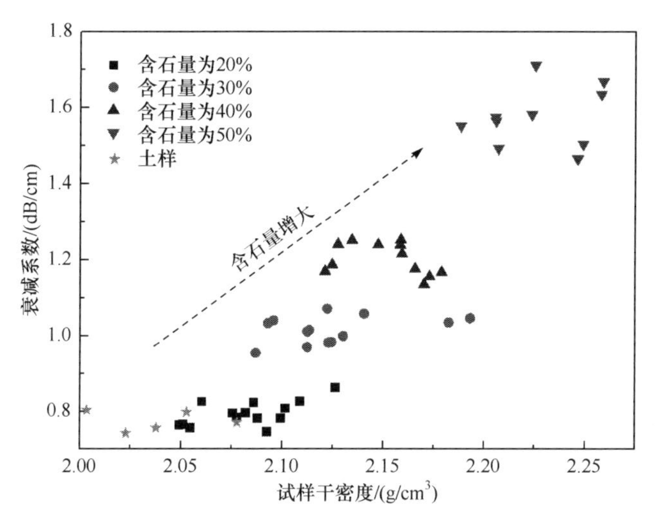

图 3-10 土石混合体试样声波衰减系数与干密度的关系

增大和能量的大幅度损失。总之，由于土石混合体内部组织结构的非均匀性、内部缺陷的存在及复杂随机界面的存在，探测脉冲在传播过程中的反射、折射现象突出，导致声波的传播路径增大，传播能量减小，从而导致试样内部声波的走时增长，波速降低，衰减系数随界面增加而减小的幅度更为明显。

3.5.2 单轴抗压强度与含石量的关系

图 3-11 是典型试样 SRM20-4、SRM30-1、SRM40-9 和 SRM50-4 的峰前应力-应变曲线。从图中可以看出，随着含石量的增大，试样的单轴抗压强度减小，且峰值点对应的应变也随之减小。因为土石混合体作为一种土、石共同相互作用的介质，系统具有高度的开放性，不同的土、石特性导致力学性质的不同。本书采用击实法制备试样时，土体已经被击实，此时加入块石，块石与土体处于未胶结状态，由于土石接触面是土石混合体中力学性质最薄弱的部位，土石接触面积随着含石量的增大而加大，因此试样的力学强度随着含石量的增加而减小。同时，根据前面的数值试验计算结果，也可得出类似的结果，随含石量的增大，土石混合体试样的抗压强度不断减小。所测试试样的峰值应力和峰值应变统计如表 3-4 所示。

表 3-4 轴向超声波试验试样的峰值应力和峰值应变统计

含石量/%	峰值应力/MPa		峰值应变/10^{-2}	
	均值	标准差	均值	标准差
20	5.941	0.549	1.055	0.014
30	4.946	0.485	1.021	0.033
40	3.445	0.117	0.936	0.027
50	2.413	0.147	0.978	0.081

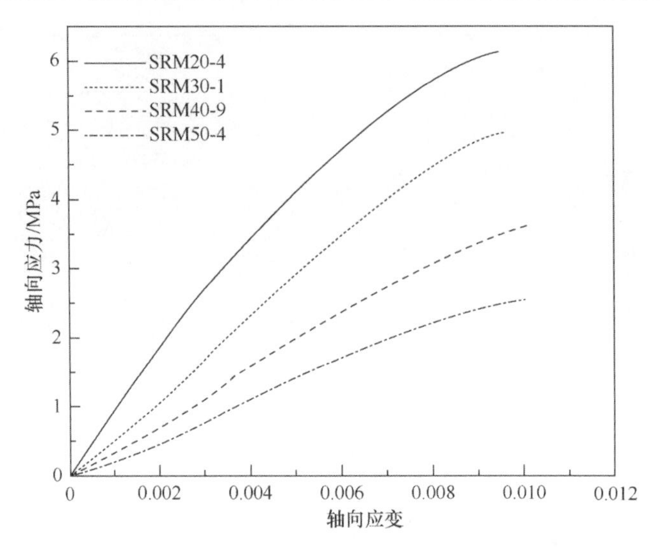

图 3-11　典型试样的峰前应力-应变曲线

3.5.3　试样破坏模式

由于土体与块石的弹性不匹配，试样中土石界面基本处于未胶结状态，不能承受拉应力作用，在荷载作用下土石界面的变形具有不协调性，差异变形引起土与石在接触界面处的差异滑动、块体的旋转及移动，从而使土体在块石周围局部地区产生应力集中现象，引起土石接触面处土体的拉张破坏及裂纹的进一步扩展、贯通等一系列非线性变化，最终在试样内部形成贯通的破裂带。图 3-12 为试样在单轴压缩时的破坏形态，可以看出，试样的破坏模式为拉张-滑移复合型，含石量较低时(20%和 30%)以剪切滑移为主，含石量较高时(40%和 50%)以拉张劈裂为主。单轴压缩过程中不受侧向压力的约束，伴随着土石界面扩展及块石转动、平动，试样破坏时形成许多与加载方向成 0°～10°的拉张裂隙。试样破坏时出现主裂纹和绕石次生裂纹两种不同形态的裂纹，主裂纹贯通于土体基质中，次生裂纹多沿块石轮廓边界扩展。

图 3-12　土石混合体试样单轴压缩时的破坏形态

3.5.4　超声波波速与应力的关系

图 3-13 给出了土石混合体试样波速随应力的变化曲线。从图中可以得出：

(1) 几种试样的纵波速度随着应力的增加呈上升趋势，但并不是单调增长，而是呈增长→降低→再增长的波动式模式，这与试样在压缩过程中内部结构的变化有关。随着应力的增加，试样出现压密、界面开裂、块石转动、移动等一系列非线性变化，波速的增加说明在某一应力点上，土石间的耦合作用变强。

(2) 纵波速度随着试样含石量的增大而减小，顺序为 SRM20-4>SRM30-1>SRM40-9>SRM50-4。

(3) 几种试样的纵波速度增长幅度不同，含石量 50%的试样增长幅度最大，含石量 20%的试样增长幅度最小，这与试样内部的结构变化有关。

(4) 低应力水平下波速的增长较快，当到达某一应力水平时，波速随应力的增长速率变慢，这说明低应力时压密效应对波速的贡献较大，土石的相互作用随着应力的增加而逐渐变弱，密实度变化幅度越来越小，从而导致高应力水平时曲线变得平缓。国内外的学者普遍认为波速与应力成正比，岩土体所处的应力越高，其波速也越高，这一规律对于均质的土体或岩块可能是成立的，但是对于土石混合体这类特殊的土石耦合介质来讲并不成立。作者认为弹性波速与应力并没有直接的关系，影响波速的直接原因是岩土体细观结构的变化，孔隙、缺陷的闭合，各组相的耦合程度才是影响波速的最根本因素。结合土石混合体变形破坏的特点，受力过程中块石出现旋转、移动等非线性变化，土体基质区域有的地方被压密，有的地方变得松散，非线性的土石相互作用致使波速随应力的增加出现波动式增长。

当采用对数函数拟合波速与应力的关系时，可以推断更高应力条件下的波速。Ket 等[1]采用线性方程拟合试验测得的压力系数，但是只能拟合试验数据中相对高压部分的线性增大结果，摒弃了低压时由裂纹大量闭合引起的波速非线性增大的数据。本节采用的对数关系式与线性关系式的不同是考虑了低应力水平时孔隙、裂纹闭合对波速的非线性影响，拟合结果如表 3-5 所示。

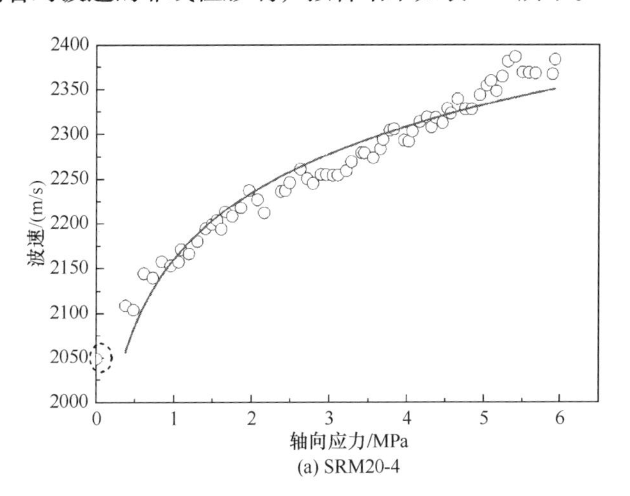

(a) SRM20-4

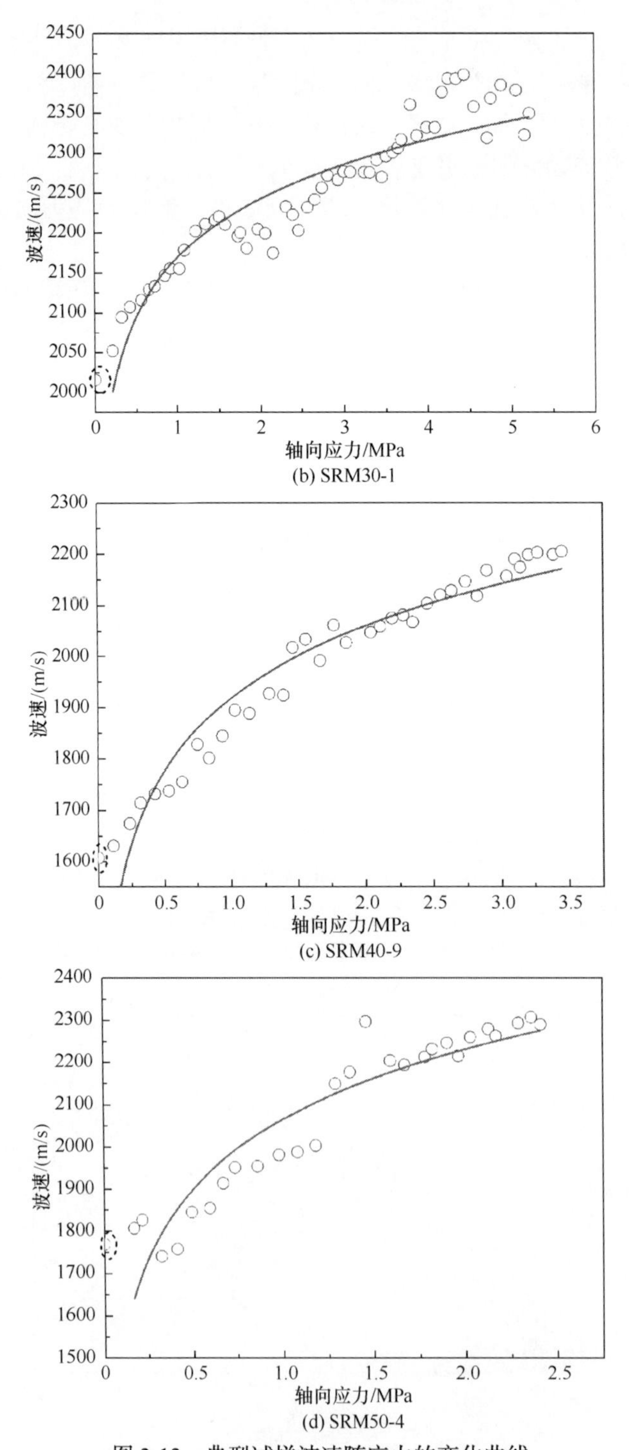

(b) SRM30-1

(c) SRM40-9

(d) SRM50-4

图 3-13　典型试样波速随应力的变化曲线

表 3-5　纵波波速随应力变化的拟合结果

试样编号	应力/MPa	$V_P=a\ln P+b$		R^2
		a	b	
SRM20-4	0～6	106.942	2160.700	0.931
SRM30-1	0～5	106.760	2168.966	0.853
SRM40-9	0～4	204.058	1919.785	0.923
SRM50-4	0～3	237.883	2066.617	0.861

3.5.5　透射系数与应力的关系

透射系数定义为初始入射波的振幅和声波透过试样后的振幅之比。初始入射波振幅为声波换能器直接耦合时的振幅值，确定为 200dB(以分贝表示)。振幅测量时让发射电压、脉宽调节、增益等旋钮处在合适的位置上，以后每次试验均估计在同一状态，以保证换能器试验条件件的一致性和结果的可对比性。本节主要分析超声波波峰处振幅的变化来反映加载过程中试样内部的结构和性质。

在单轴压缩过程中，伴随着裂纹的出现，试样内部同时存在土石界面和裂纹两种形态的界面。在界面上声波垂直入射时，声压反射率和声强反射率分别为

$$R=\frac{\rho_R C_R-\rho_S C_S}{\rho_R C_R+\rho_S C_S} \tag{3-1}$$

$$\beta=\left(\frac{\rho_R C_R-\rho_S C_S}{\rho_R C_R+\rho_S C_S}\right)^2 \tag{3-2}$$

其中，ρ_R、ρ_S 分别为块石和土体的密度；C_R、C_S 分别为超声波在块石和土体中的传播速度。若土体和块石的声阻抗相等($\rho_R C_R=\rho_S C_S$)，即 R 和 β 均为 0，此时超声波全透射；若 $\rho_S C_S/\rho_R C_R$ 趋于∞或 0 时，则超声波全反射。在加载过程中，试样内部结构不断演化，伴随着块石的转动、移动形成宏观的破碎带而失稳破坏。然而，试样破坏前，由于内部块石的运动，部分土体与块石的耦合越来越好，造成超声波在该处传播时的能量衰减减小。同样，从式(3-1)和式(3-2)也可以看出，块石运动造成 ρ_S 和 C_S 的非线性变化，会使 R 或 β 随着应力的增加发生波动性变化，从而透射系数随应力的增加而呈非线性增加。图 3-14 为典型试样超声波透射系数随应力的变化曲线。

从图 3-14 可以得出以下结论：

(1) 土石混合体试样含石量不同时，透射系数随应力的变化具有相似的趋势，均呈现出波动式增长，且增长速率降低。这一结果是由土石的相互作用引起的，在某一应力水平下，土石系统的耦合性增强，使超声波的透射性变强、反射性降低。

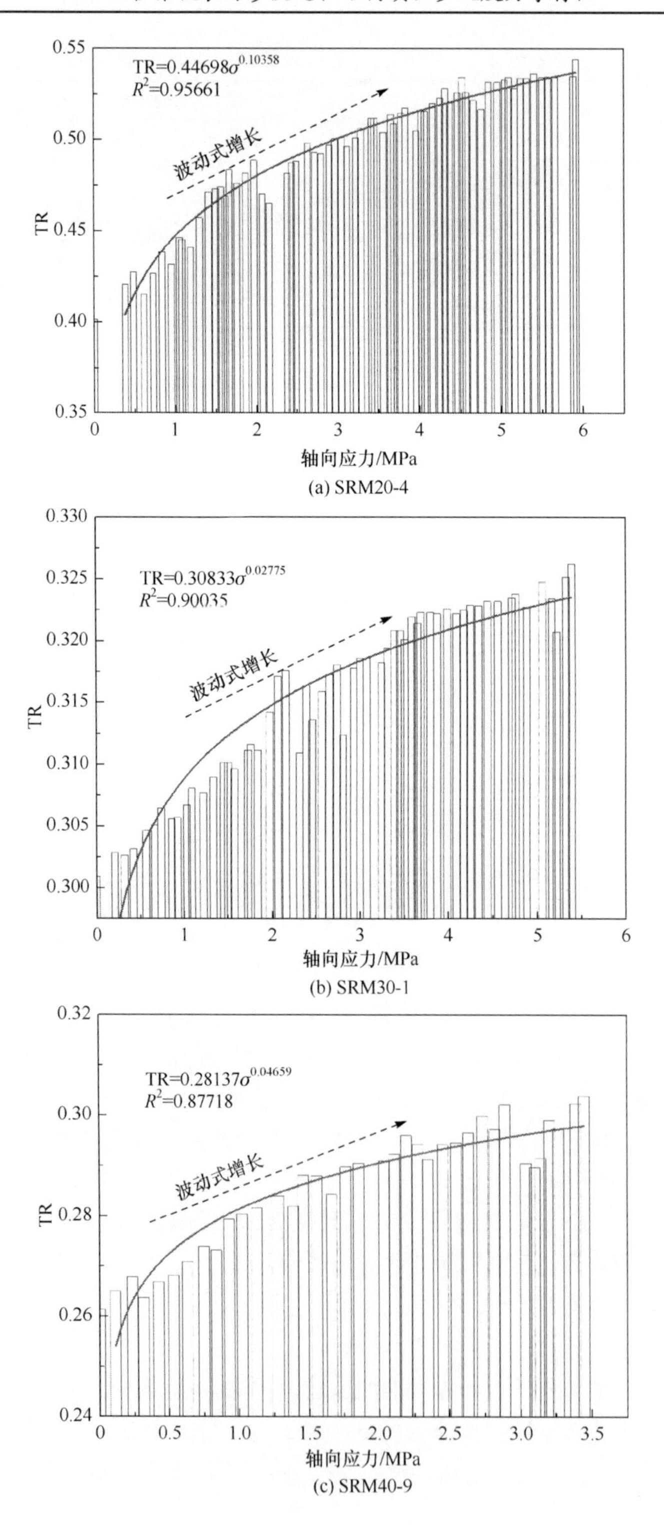

TR=0.44698σ^0.10358
R²=0.95661
波动式增长
TR
轴向应力/MPa
(a) SRM20-4
TR=0.30833σ^0.02775
R²=0.90035
波动式增长
TR
轴向应力/MPa
(b) SRM30-1
TR=0.28137σ^0.04659
R²=0.87718
波动式增长
TR
轴向应力/MPa
(c) SRM40-9

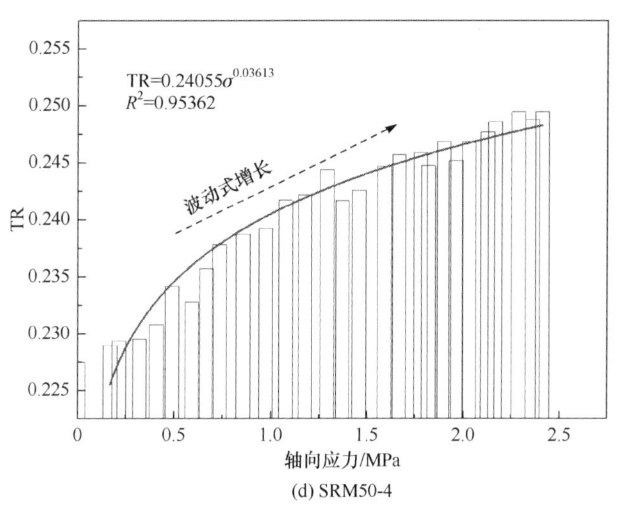

(d) SRM50-4

图 3-14　典型试样超声波透射系数随应力的变化曲线

当应力小于某一值时，在这个应力区间内块石的运动比较剧烈，部分土体区域的密度变大，土石间的耦合作用在这一应力区间内增强，从而透射系数增加速率较大；当应力超过某一水平时，试样内块石的运动变得微弱至稳定，土石间的耦合程度随之降低。因此，随法向应力的增大，透射系数增长速率在小于某一应力水平时较快，当超过该应力水平时变慢并趋近于一个稳定的最大值，直到试样发生破坏。

(2) 透射系数随着含石量的增加而降低，顺序为 SRM20-4>SRM30-1>SRM40-9>SRM50-4。

(3) 透射系数的增长速率随试样含石量的不同而不同，当试样含石量为 20%时，透射系数总体增长速率最快，当试样含石量为 50%时，透射系数总体增长速率最慢。

3.5.6　孔隙演化分析

土石混合体在压缩过程中，由于块石与土体相互作用的非线性强度变化，块石产生平动、旋转及裂纹的演化发展等一系列非线性行为，导致在轴向方向孔隙的变化具有明显的应力依赖性。孔隙率定义为试样中孔洞体积与试样总体积的比值，即

$$\phi = \frac{\Omega_{\mathrm{v}}}{\Omega} \tag{3-3}$$

其中，ϕ 为孔隙率；Ω_{v} 为孔洞体积；Ω 为试样总体积。

当应力作用于试样上时，试样内部结构将会发生变化(土石结合裂隙闭合、孔洞闭合、块石的运动等)。大量学者推导并建立了超声波波速和孔隙率的经验

公式，用来反映试样的渗透特性，但是这些经验公式都是建立在试样没有受力的情况下，并不能反映应力状态下试样波速与孔隙率的关系[2-6]。本节尝试推导试样在加载条件下的应力与波速的关系。假定加载过程中，在某一应力水平下，试样的孔洞体积为Ω_v，根据介质弱变形条件下声波走时相等这一原理，有如下关系式：

$$\frac{\Omega}{V_0}=\frac{\Omega-\Omega_\text{v}}{V}+\frac{\Omega_\text{v}}{V_\text{a}} \tag{3-4}$$

式(3-4)等价于

$$\frac{1}{V_0}=\frac{1-\Delta\phi}{V}+\frac{\Delta\phi}{V_\text{a}} \tag{3-5}$$

因此，可以得到应力状态下孔隙率的变化量为

$$\Delta\phi=\frac{V_\text{a}\left(V-V_0\right)}{V\left(V-V_\text{a}\right)} \tag{3-6}$$

其中，$\Delta\phi$为孔隙率的变化量(减小量)；V_0为加载前试样的 P 波波速；V为对应于任一应力水平的波速；V_a为超声波在空气中的传播速度，取 340m/s。

值得注意的是，式(3-6)的推导是基于试样在不断加密的条件下进行的，得出的是孔隙率的减小值。然而，我们知道试样在破坏全过程中，体积先减小后增大，并以扩容点为分界。式(3-6)之所以是关于由体积减小造成的孔隙率减小量，是与本书的声波测试方法有关，在试样轴向进行 P 波测试时，由于 P 波的传播符合最小时间原理，其沿着最短的路径、介质密度最大的地方传播，因此式(3-6)只能计算压缩过程中的孔隙率减小值。

根据式(3-6)，计算得出典型土石混合体试样压缩过程中的孔隙率变化特征，如图 3-15 所示。从图中可以得出以下结论：

(1) 不同试样的孔隙率减小量随应力的变化趋势大体相同。孔隙率减小量随应力的增加而不断增大，但是减小的速率与试样的含石量有关。当含石量为 20%时，孔隙率减小的速率最慢，当含石量为 50%时，孔隙率减小的速率最快。

(2) 孔隙率减小量随应力的增加并不是单调增大，而是出现波动性变化，即出现增加→减小→增加→……的无规律变化。这一现象归根还是由土石的相互作用造成的，块石的非线性运动导致土体的密度不断发生变化。

(3) 低应力水平时，孔隙率减小量随应力增加较快，当超过某一应力值时，孔隙率减小量增加速率变慢。这一现象表明，低应力水平时，块石的运动有很大的发展空间，平动、转动的强度比较剧烈；随着试样的变形破坏，承载力变低，块石相对运动的幅度变小。

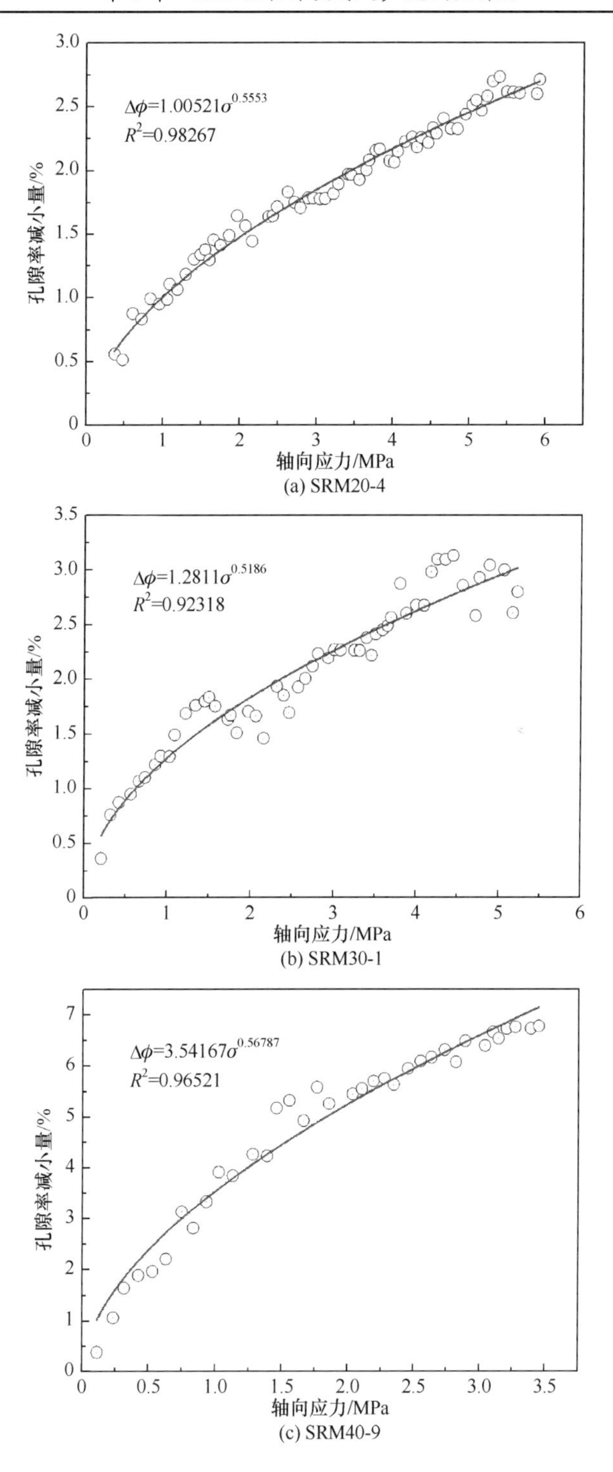

(a) SRM20-4

(b) SRM30-1

(c) SRM40-9

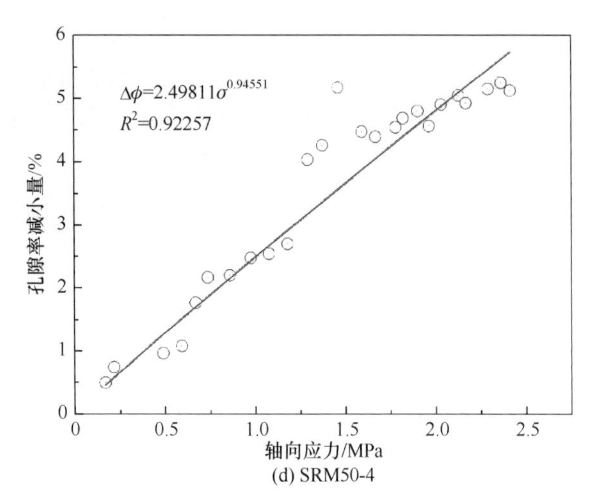

(d) SRM50-4

图 3-15　典型试样孔隙率变化与应力的关系

3.5.7　单轴抗压强度与超声波波速关系探讨

关于岩石和混凝土强度参数与超声波波速的关系已有不少学者进行了分析，大量数据证实了抗压强度与波速的相关性。据加载前试样的超声探测可知，波速与含石量密切相关，随着含石量的增加，土石界面的数量增多；当超声波在试样中传播时，散射衰减增强，超声能量降低并且走时增大，从而导致波速随含石量的增大而减小。本书尝试用最小二乘回归法对单轴抗压强度与超声波波速的关系进行探讨，回归方程分别选取线性方程($y=ax+b$)、对数方程($y=a+\ln x$)、指数方程($y=ae^x$)和幂函数方程($y=ax^b$)。分析结果表明，对所有的试样，单轴抗压强度与超声波波速表现出良好的线性关系(图 3-16)，相关系数为 0.871，回归方程为

$$\mathrm{UCS} = 0.00437V_{\mathrm{P}} - 3.7689, \quad R^2=0.871 \tag{3-7}$$

由式(3-7)可知，单轴抗压强度随着波速的升高而增加，二者相关性较好。通过 F 检验和 t 检验，也证实了二者存在相关性。

3.5.8　土石混合体声学特征的特殊性分析

前面通过土石混合体试样的超声波测试论证了土石相互作用的非线性行为导致试样内部的非线性结构变化。为了进一步说明土石混合体的应力依赖性与土体和块石的区别，本节同样进行土样加载条件下的超声波试验，分别从波速、透射系数和孔隙率等几个方面来展现土样与土石混合体试样相关性质的差异。

图 3-17～图 3-19 是土样 1 和土样 2 超声波波速、透射系数和孔隙率减小量与应力的关系。可以看出，三者随应力的增大呈现出单调增加的趋势。由于土颗粒集合体的结构差异较小，加载过程中不会出现波速波动式增长的情况。作为一

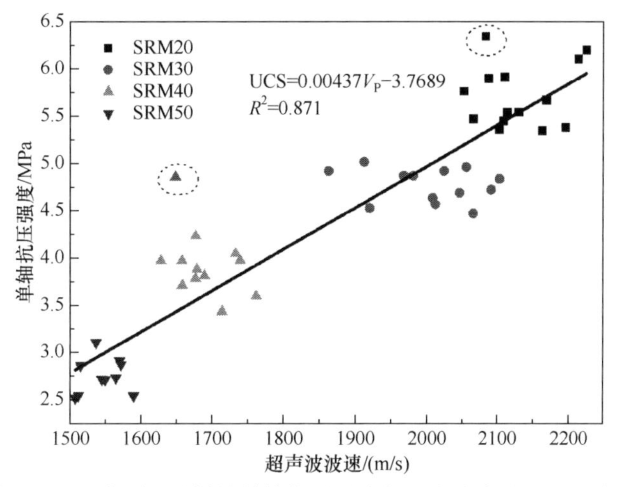

图 3-16　所有测试试样的单轴抗压强度与超声波波速的回归关系

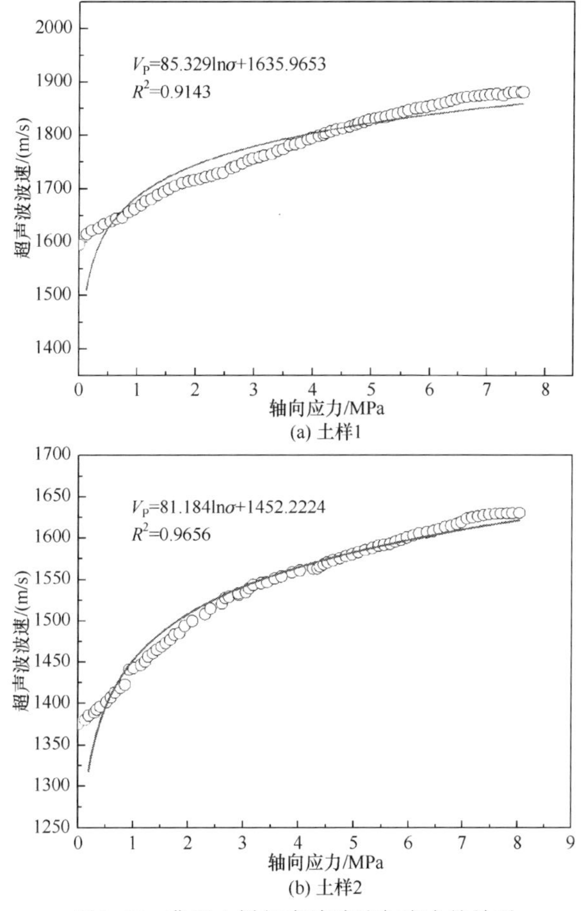

图 3-17　典型土样超声波波速与应力的关系

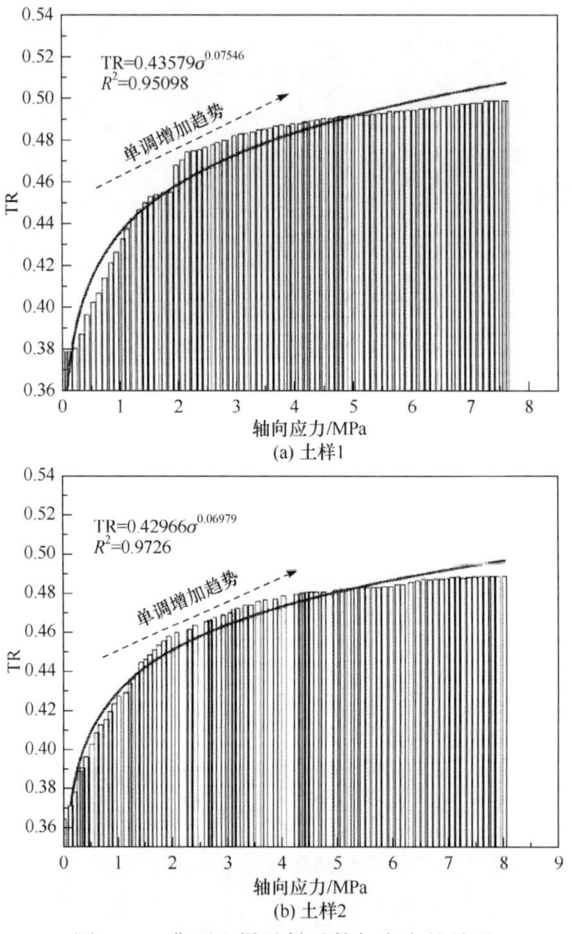

(a) 土样1

(b) 土样2

图 3-18　典型土样透射系数与应力的关系

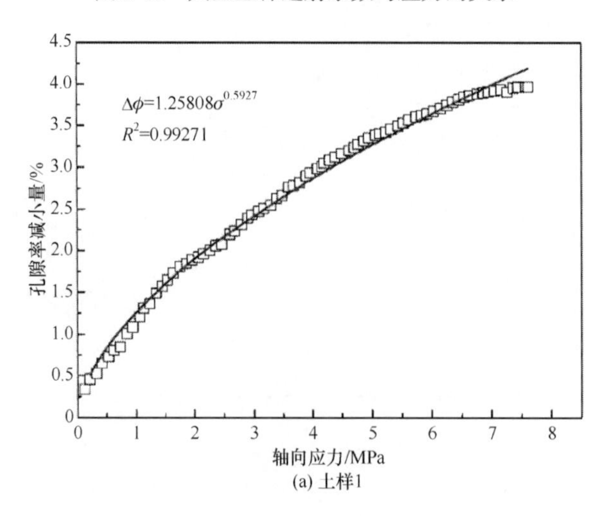

(a) 土样1

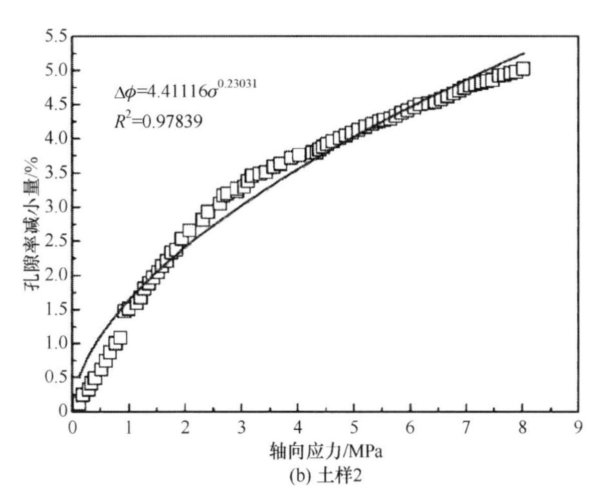

(b) 土样2

图 3-19　典型土样孔隙率减小量与应力的关系

种典型的地质材料，土石的非线性相互作用对土石体的强度、变形特性具有很大的影响。

国内外许多学者同样进行了不同岩性的岩样超声波测试研究(图 3-20～图 3-23)，通过分析波速、振幅、品质因子、衰减系数等与应力的关系来反映岩石的超声特征[7-9]。振幅、品质因子、衰减系数实际上反映了试样对超声脉冲的衰减特性，而本书定义的透射系数也是用来反映土石混合体对超声波的衰减特性，它们在本质上反映的问题是一致的。

从图 3-20 可以看出，石灰岩、大理岩、玄武岩和砂岩试样超声波波速随应力的增加呈单调增长趋势。图 3-21～图 3-23 表明，不同岩性试样的衰减特性随应力的变化呈单调变化，不会出现像土石混合体那样的波动式变化。

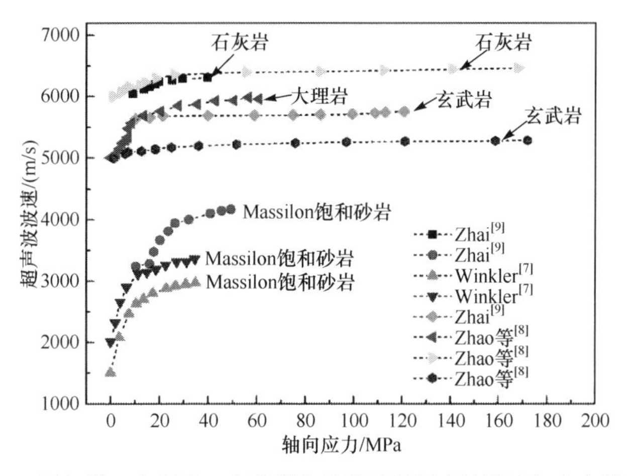

图 3-20　石灰岩、大理岩、玄武岩和砂岩试样超声波波速与应力的关系[8]

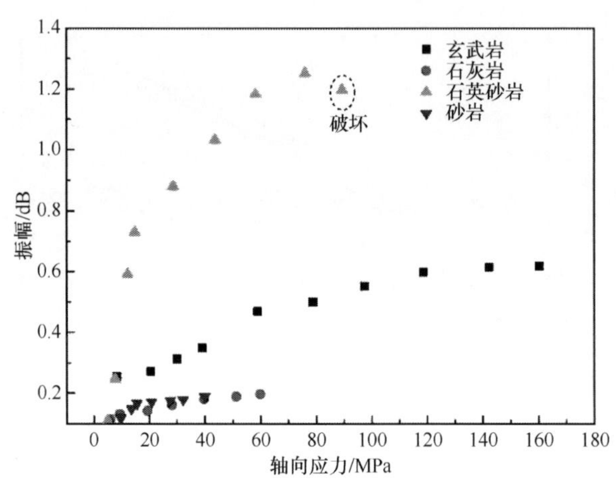

图 3-21　玄武岩、石灰岩、石英砂岩和砂岩试样超声波振幅与应力的关系[9]

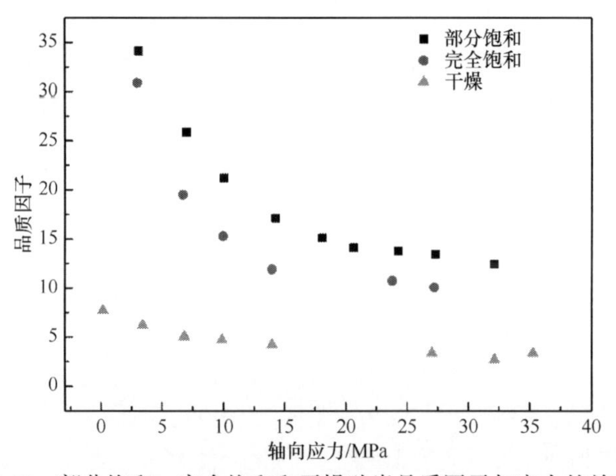

图 3-22　部分饱和、完全饱和和干燥砂岩品质因子与应力的关系[7]

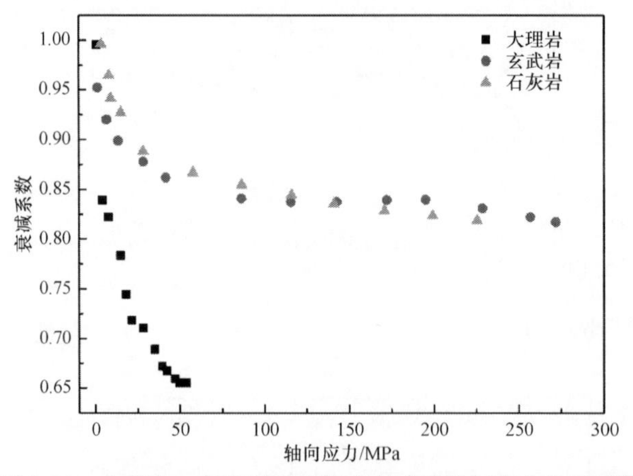

图 3-23　大理岩、玄武岩和石灰岩衰减系数与应力的关系[8]

3.6　干燥试样单轴压缩径向超声波试验研究

通过径向超声波测试来研究土石混合体试样的损伤开裂特性，从声学角度建立试样的损伤演化方程和本构方程。

3.6.1　单轴抗压强度与含石量的关系

图 3-24 是典型试样(SRM20-1、SRM30-4、SRM40-7 和 SRM50-10)的峰前应力-应变曲线。试样抗压强度达到峰值前，试样整体上呈较完整状态，裂纹平行或次平行于加载方向。径向超声波试验试样的应力和应变统计如表 3-6 所示。图 3-25 表明，随着含石量的增加，试样的抗压强度降低，同时应变也减小(这与轴向超声波测试结果是相同的)，同一含石量的试样强度和应变并不相同，这与试样内块石的分布特征有关，本章的数值试验结果也印证了这一结论。

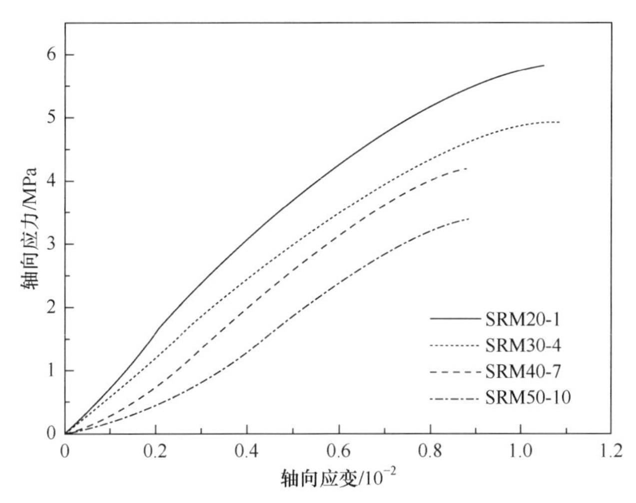

图 3-24　典型试样的峰前应力-应变曲线

表 3-6　径向超声波试验试样的应力和应变统计

含石量/%	应力/MPa		应变/10^{-2}	
	均值	标准差	均值	标准差
20	5.897	0.449	1.081	0.014
30	4.676	0.385	1.037	0.033
40	4.549	0.087	0.885	0.027
50	3.212	0.185	0.798	0.081

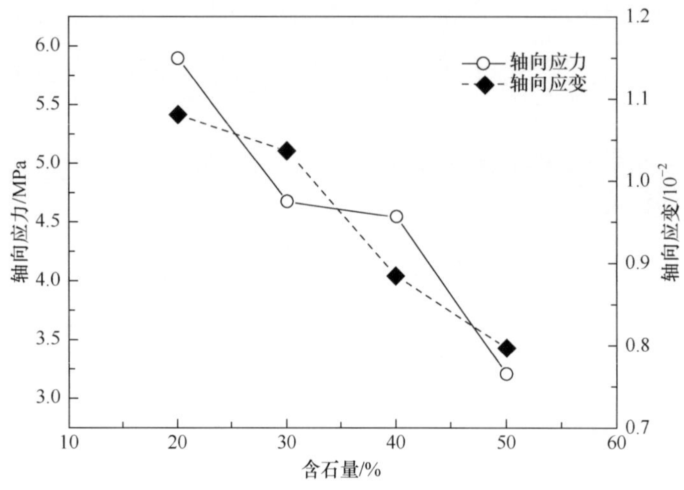

图 3-25　土石混合体试样应力、应变与含石量的关系

3.6.2　试样破坏模式

由于土石界面处于未完全胶结状态，且在单轴压缩条件下没有侧向应力的约束，随着法向应力的增加，在变形初期先发生土石界面处的拉张破坏，而后由于块体的转动、平移及土体的变形，块体周围的土体进入塑性状态。这种土石界面处的延伸、块石非线性运动及土体的破坏随着荷载的增大而相互影响，最终在土体内形成贯通的破碎带。图 3-26 和图 3-27 分别为试样破坏后的形态和裂纹分布素描图。裂纹与加载方向成 0°～10°，表现出拉张滑移复合式破坏模式。在单轴压缩条件下，土石混合体具有明显的剪胀现象，试样破坏后主要发育两种形态的裂纹：一是穿土主裂纹，贯穿于土体，裂纹宽度大，延伸较远；二是绕石次生裂纹，该裂纹发育曲折，沿块石轮廓延伸，宽度小，延伸有限，在主裂纹上向外辐射。

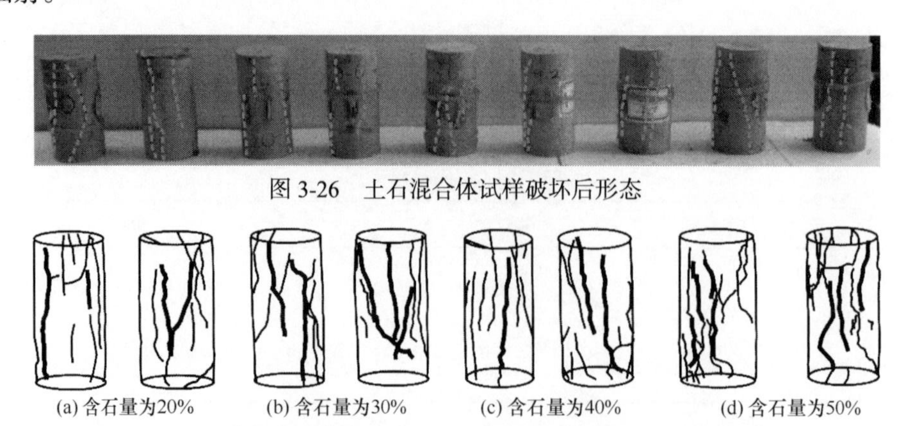

图 3-26　土石混合体试样破坏后形态

图 3-27　单轴压缩作用下土石混合体试样破坏模式及形态素描图

3.6.3　超声波波速与应力的关系

由试样破坏模式分析可知，试样多发生张拉劈裂，随着荷载的加大，试样内裂纹规模逐渐积聚，裂纹被空气所填充，由于声波在空气中的传播速度要比基质中慢得多，土石混合体中声波传播速度会明显下降，并且随着裂纹宽度和密度的增加，其下降的幅度也加大。图 3-28 为典型试样超声波波速与应力的关系。从图中同样可以得出，在同一应力下，随含石量的增加，波速不断降低，这一现象暗示出试样含石量对力学性质影响最为严重。表 3-7 是径向测试试样加载前与破坏后的波速统计，同样可以看出，随着含石量的增加，波速不断减小。

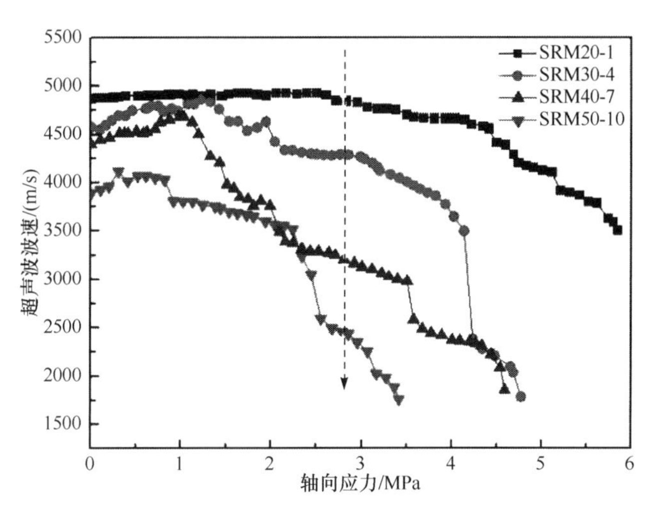

图 3-28　典型试样超声波波速与应力的关系

表 3-7　径向测试试样加载前与破坏后波速统计

含石量/%	加载前波速/(m/s)		破坏后波速/(m/s)	
	均值	标准差	均值	标准差
20	4859.946	26.380	3536.056	26.258
30	4563.342	35.957	1795.870	9.921
40	4332.505	39.399	1678.357	20.694
50	3769.232	44.642	1533.664	17.408

3.6.4　裂纹演化特征分析

由于试样内块石与土体的弹性不匹配，块石和土体间呈弱胶结状态，在荷载作用下土石界面处的差异变形引起土石在接触界面处的差异滑动、块体的旋转及移动，从而使土体在块石周围局部地区产生应力集中，引起土石接触面处土体的张拉破坏，以及裂纹的扩展、贯通等一系列非线性变化。当试样内部裂纹萌生和扩展时，裂纹会被空气所填充，由于声波在空气中的传播速度要比基质中慢得多，土石混合体中声波传播速度会明显下降，随着荷载的增大，裂纹的宽度和密度也在不断增加，波速和振幅降低的幅度也在不断增大。由于加载过程中裂纹宽度或密度能够在波速中体现出来，这样就可以推导出超声波波速和裂纹宽度的关系，对试样的开裂特征进行分析。对试样进行加载条件下的超声波测试，将频率为500kHz的换能器固定在试样的中部(图3-29)，由超声波测试仪记录不同加载阶段的波形图。图3-30为试样SRM30-4加载前和破坏后的波形图，试验过程中仅对首波的走时和振幅进行分析，以此来反映加载过程中试样的损伤开裂机制。

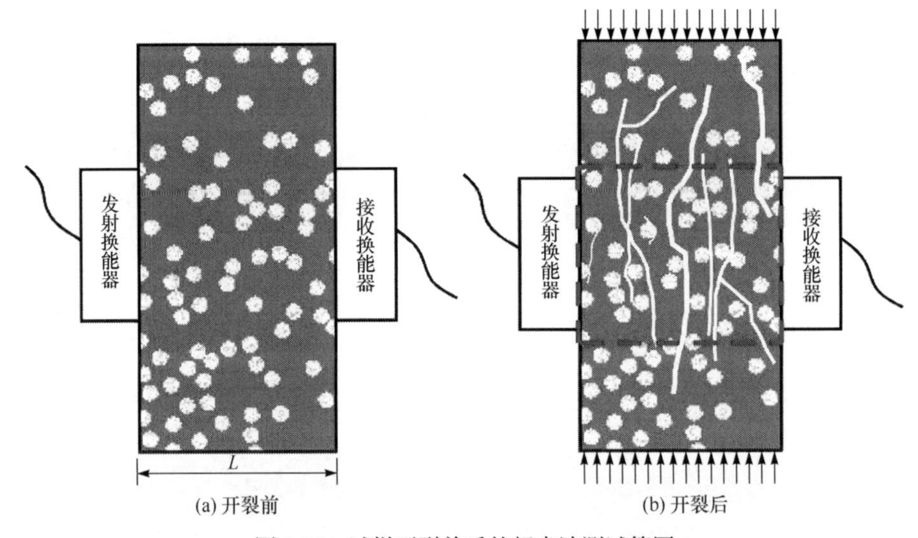

(a) 开裂前　　(b) 开裂后

图3-29　试样开裂前后的超声波测试简图

假设裂纹的累计宽度为w，试样直径为L，由介质弱变形条件下声波走时相等的原理推导出裂纹累计宽度计算公式，即

$$w=L\left(\frac{1}{V}-\frac{1}{V_0}\right)\Big/\left(\frac{1}{V_a}-\frac{1}{V_0}\right) \tag{3-8}$$

其中，w为平行于加载方向的裂纹累计宽度，mm；V为每一级荷载下的波速，m/s；V_0为试样未加载前的波速；V_a为声波在空气中的传播速度，取340m/s；L为试样直径。

式(3-8)物理意义为：加载过程中，超声波通过试样基质时间的增量等于压力作用下内部裂隙被空气填充导致的走时变化量。(注：式(3-8)是在试样压缩过程中有裂纹的情况下推导出来的，若w为正值，表明试样处于损伤开裂状态；若w为负值，表明试样处于压密阶段。)

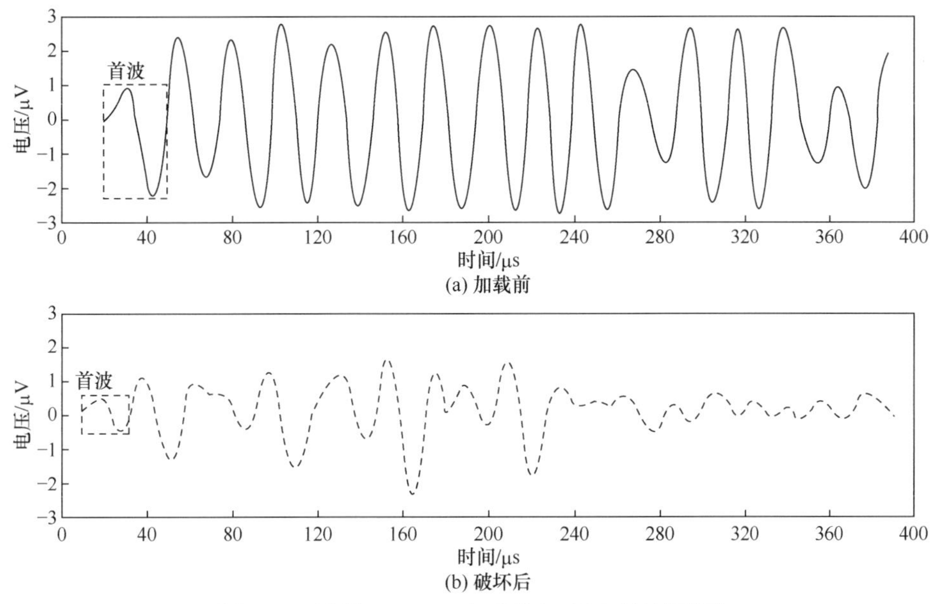

(a) 加载前

(b) 破坏后

图 3-30　试样 SRM30-4 加载前与破坏后的波形图

根据上面推导的裂纹累计宽度计算公式，对典型试样(SRM20-1、SRM30-4、SRM40-7 和 SRM50-10)的裂纹演化情况进行分析。加载过程中试样内部裂纹累计宽度与应力水平(每一步的加载应力与峰值应力的比值)的关系如图 3-31 所示。

图 3-31 清楚地描述了加载过程中内部裂纹的发展规律，加载过程中土石混合体的峰前应力-应变曲线可分为 3 个阶段。

(1) 线弹性阶段。该阶段土石混合体试样被加密，孔洞、结合裂隙在轴压作用下被加密，几乎没有弹性应变能释放。

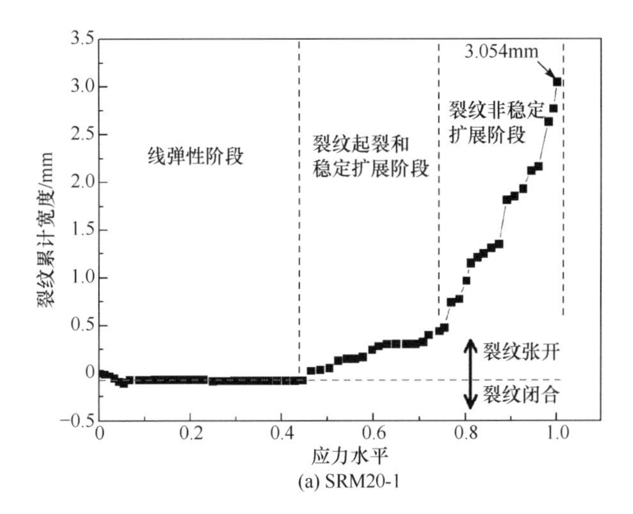

(a) SRM20-1

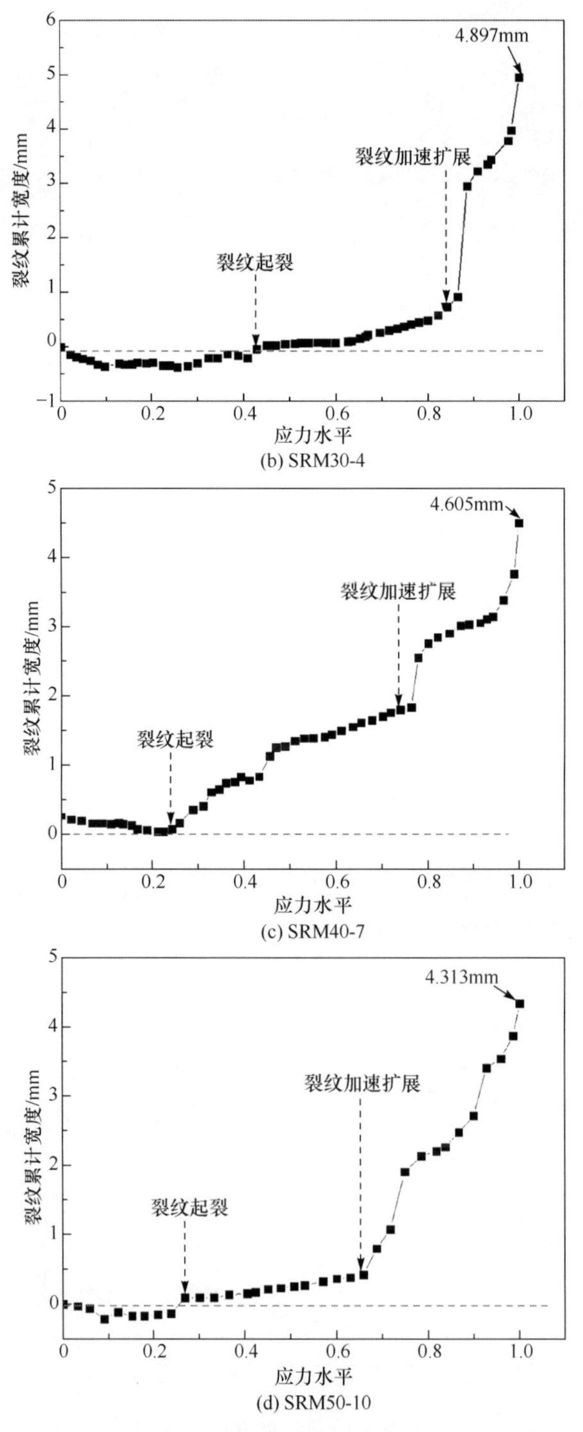

(b) SRM30-4

(c) SRM40-7

(d) SRM50-10

图 3-31　典型试样裂纹累计宽度与应力水平的关系

(2) 裂纹起裂和稳定扩展阶段。该阶段的非线性活动可因为一系列的应变局部化行为，如土石结合裂隙的开裂、大的孔洞的互锁及多裂纹的分叉等。该阶段土石混合体开裂较慢，主要表现出裂纹的稳定扩展。

(3) 裂纹非稳定扩展阶段。该阶段裂纹非稳定扩展，试样中裂纹贯通，应力增加速率慢于应变，软化效应明显。

结合岩石力学的研究方法，压缩过程中峰前应力-应变曲线包含两个特征应力点：开裂应力 σ_{ci} 和裂纹损伤应力 σ_{cd}(也称为扩容起始应力)，如图 3-32 所示。微裂纹的起裂扩展对应于开裂应力，试样由体积压缩变为膨胀时，对应于扩容起始应力。开裂应力在应力-应变曲线上对应于曲线由直线部分转变为曲线的拐点，主要根据声发射法和裂纹体积应变曲线来获取，扩容应力点则对应于最大体积应变 V_r。

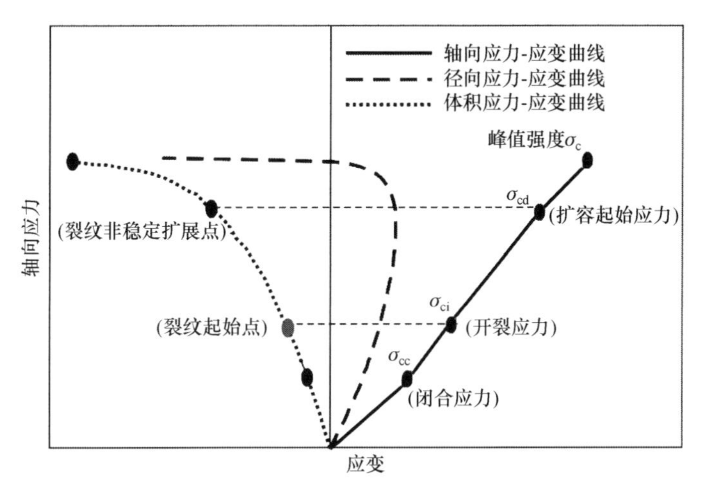

图 3-32　脆性岩石典型应力-应变曲线特征

根据土石混合体裂纹总宽度与相对应力的关系曲线，同样计算得到加载过程中开裂应力(σ_{ci})和扩容起始应力(σ_{cd})，如表 3-8 所示。通过对比发现，试样的开裂应力随含石量的增大而减小，开裂水平为 20%～40%。

加载过程中试样裂纹累计宽度与相对波速(每一加载步的径向波速与初始波速的比值)的关系如图 3-33 所示，计算裂纹宽度为负值，说明试样处于压密阶段。从图中可知，裂纹累计宽度与波速的相关性强，随着相对波速的降低，裂纹累计宽度不断增大。同样，从图 3-34 可以看出，试样加载初始阶段相对波速变化较小，当应力水平超过某一值时，相对波速的下降速率开始增大，当应力水平达到 0.8 左右时，波速快速下降至试样破坏。波速的变化趋势与试样中裂纹累计宽度的变化趋势是一致的，这也证明了本节提出的累计裂纹计算方法的可靠性，由裂纹的宽度来划分应力-应变曲线是可行的。

表 3-8　开裂应力、扩容应力及最终的裂纹宽度统计

试样编号	σ_{ci}/MPa	σ_{cd}/MPa	w/mm
SRM20-1	0.463	0.768	3.054
SRM20-3	0.481	0.794	2.756
SRM20-4	0.443	0.773	2.934
SRM30-1	0.427	0.736	3.728
SRM30-2	0.403	0.772	4.651
SRM30-4	0.435	0.865	4.897
SRM40-5	0.337	0.653	4.327
SRM40-6	0.332	0.711	4.003
SRM40-7	0.261	0.763	4.605
SRM50-8	0.231	0.682	4.751
SRM50-9	0.226	0.645	4.855
SRM50-10	0.208	0.717	4.343

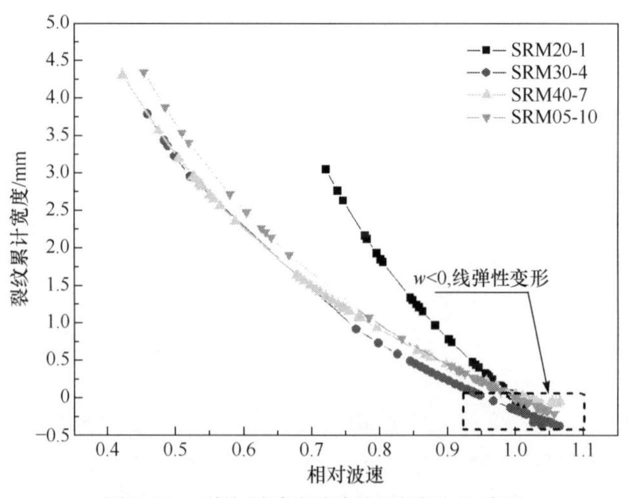

图 3-33　裂纹累计宽度与相对波速的关系

3.6.5　损伤本构模型的建立

近年来，国内外一些学者成功地将连续介质损伤力学用于分析岩石裂纹的形成与发展，取得了显著成效，但是土石混合体在受载过程中的损伤特性还未曾有人报道过。土石混合体试样在经过应力作用后，内部细观结构会发生改变，强度、变形特性也将相应改变。超声波测试应用方便，且测试过程中不会引起材料新的损伤，因而波速与试样损伤的关系得到广泛应用。经典损伤力学中损伤因子定义为

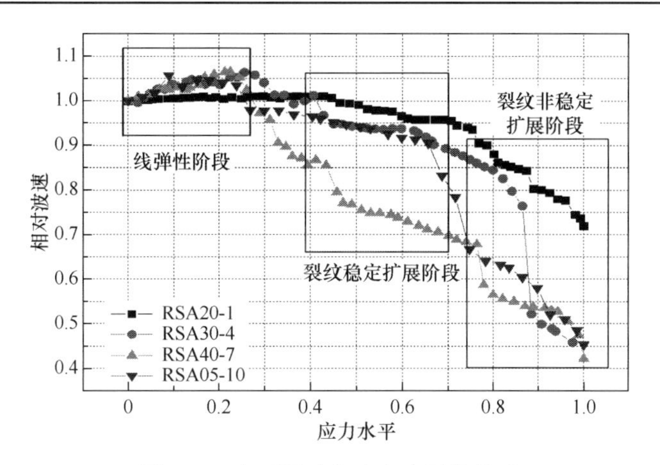

图 3-34　相对波速与应力水平的关系

$$D = 1 - \tilde{E} / E \tag{3-9}$$

其中，$\tilde{E}$ 为损伤材料的弹性模量。

当一定频率的纵向超声波穿过土石混合体试样时，波速 V 和介质的质量密度 ρ、弹性模量 E 及泊松比 ν 有如下关系：

$$V^2 = \frac{E}{\rho} \frac{1-\nu}{(1+\nu)(1-2\nu)} \tag{3-10}$$

若忽略加载过程中泊松比和质量密度变化的影响，对于受损试样，有

$$\tilde{V}^2 = \frac{\tilde{E}}{\rho} \frac{1-\nu}{(1+\nu)(1-2\nu)} \tag{3-11}$$

联合式(3-10)和式(3-11)，可以得到以波速定义的损伤因子为

$$D = 1 - \tilde{V}^2 / V^2 \tag{3-12}$$

其中，V 和 $\tilde{V}$ 分别为无损材料和损伤材料的波速。

这种定义方法依据的假设为：土石混合体试样初始损伤为 0，试样开裂破坏时损伤为 1。由于加载过程中超声波波速变化可以综合反映出试样内部结构的变化，裂纹的起裂、扩展和贯通可以反映到波速的变化上，因此由土石混合体超声波波速定义的损伤因子完全可以表达试样微裂纹的宏观力学效果。

采用式(3-12)计算损伤因子带来的问题是，试样在压密阶段波速会有所增大，此时计算出的损伤因子小于 0，但是损伤因子小于 0 是不可能的，因此若计算得到 $D<0$，将其指定为 $D=0$。

图 3-35 为试样 SRM20-1、SRM30-4、SRM40-7 和 SRM50-10 压缩过程中应力水平与损伤因子的关系。可以看出，在加载过程中，试样损伤并不是均匀变化

的，而会在某一应力水平发生突变，这与裂纹宽度与应力的关系曲线有相同的变化规律。

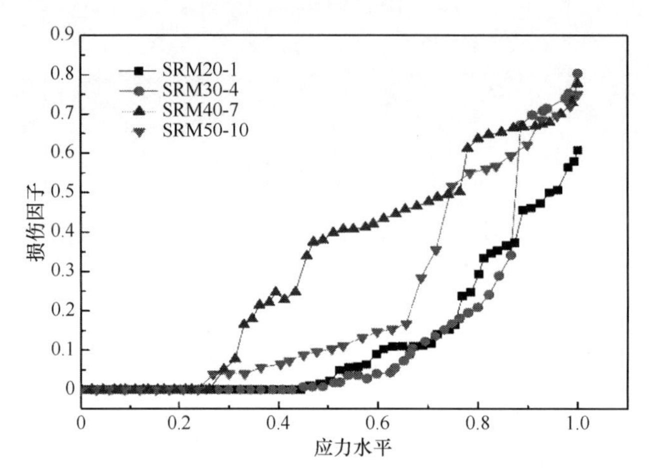

图 3-35　典型试样压缩过程中应力水平与损伤因子的关系

岩土体损伤力学特性研究是岩土力学研究中一项基础性的前沿课题，岩土介质损伤力学扩展特征的试验分析及其本构关系是保证岩土工程数值模拟结果可靠实用性的条件之一。已有的损伤本构模型可以分为连续函数和分段函数两大类，由于声学参数携带了与试样裂纹演化相关的信息，从超声波测试得到的物理机制出发，土石混合体的损伤演化是一个非线性过程，很难用统一的连续函数来描述裂纹演化全过程的损伤机制，采用分段函数是一种可行的方法。基于单轴压缩土石混合体应力-应变曲线的分析结果，并结合裂纹扩展特征及试样损伤计算结果，将土石混合体峰前应力-应变曲线分为线性阶段、损伤开始演化和稳定发展阶段和损伤加速发展阶段。

不同块石含量的三段式损伤演化方程拟合过程如图 3-36 所示。仅以试样 SRM30-4 为例，给出具体计算过程。

(1) 线性阶段。本构模型取为线性的，经拟合，SRM30-4 试样在该阶段的本构模型为

$$\sigma_1 = 0.0808 + 5.59408\varepsilon_1, \qquad 0\text{MPa} < \sigma_1 < 2.44076\text{MPa} \tag{3-13}$$

而该阶段的损伤演化方程为

$$D=0 \tag{3-14}$$

(2) 损伤开始演化和稳定发展阶段。由等效应变原理，本构模型为

$$\sigma_1 = E(1-D)\varepsilon_1 \tag{3-15}$$

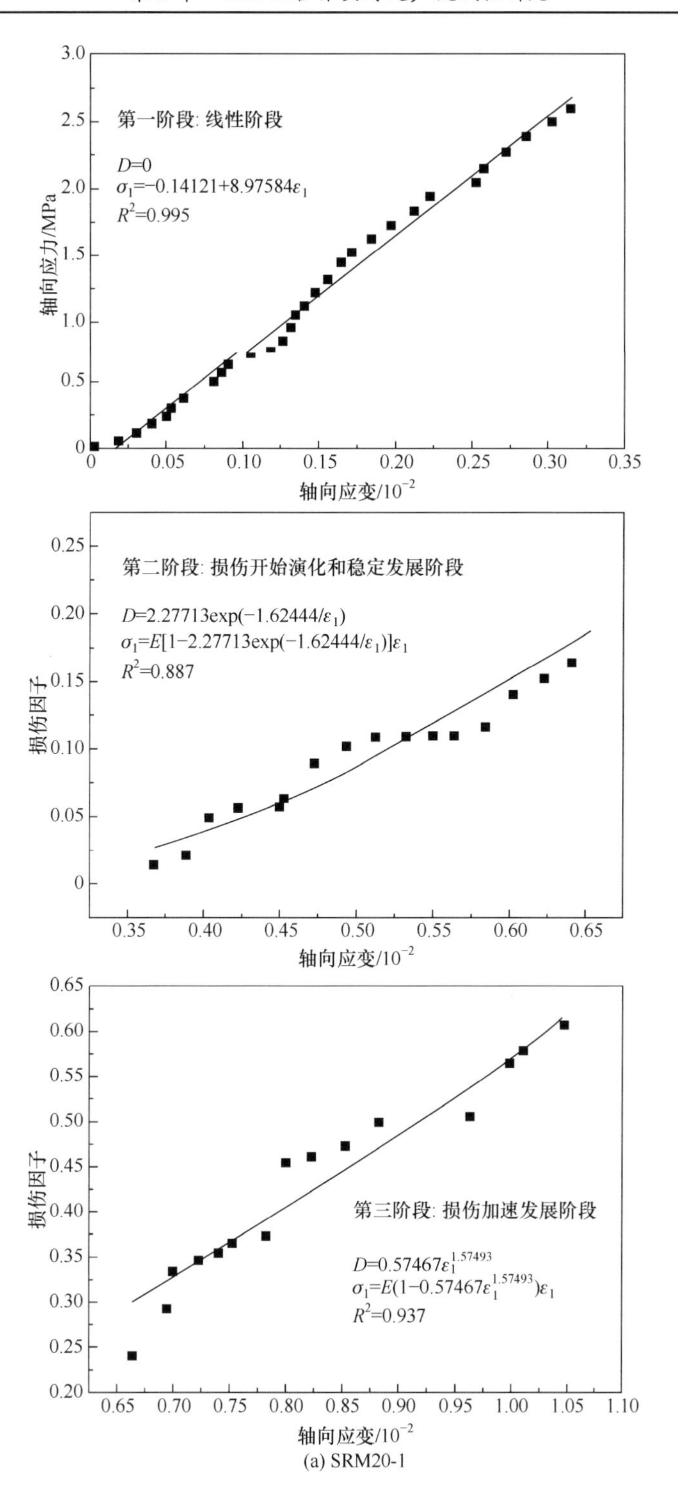

第一阶段: 线性阶段
D=0
σ1=−0.14121+8.97584ε1
R2=0.995
轴向应力/MPa
轴向应变/10−2
第二阶段: 损伤开始演化和稳定发展阶段
D=2.27713exp(−1.62444/ε1)
σ1=E[1−2.27713exp(−1.62444/ε1)]ε1
R2=0.887
损伤因子
轴向应变/10−2
第三阶段: 损伤加速发展阶段
D=0.57467ε1^1.57493
σ1=E(1−0.57467ε1^1.57493)ε1
R2=0.937
损伤因子
轴向应变/10−2

(a) SRM20-1

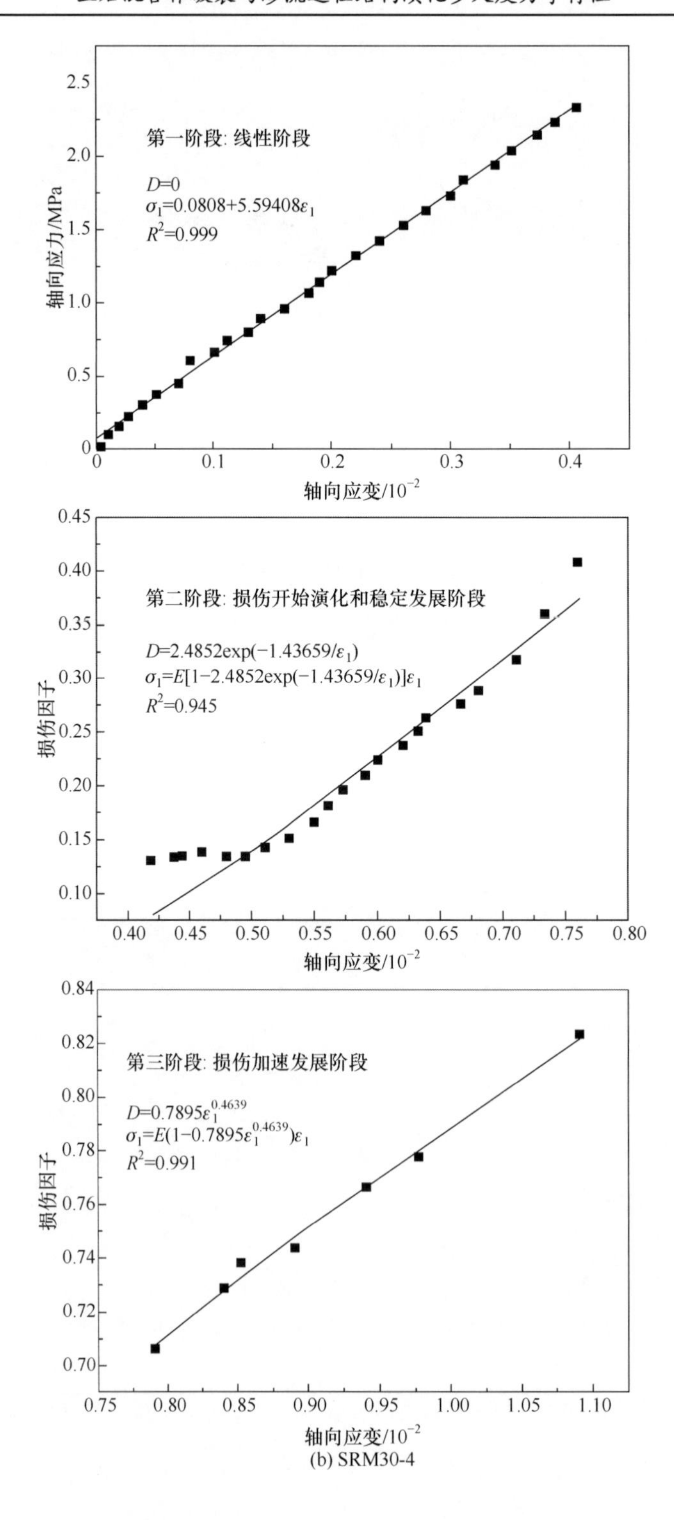

第一阶段: 线性阶段
D=0
σ_1=0.0808+5.59408ε_1
R^2=0.999
轴向应力/MPa
轴向应变/10^{-2}
第二阶段: 损伤开始演化和稳定发展阶段
D=2.4852exp(−1.43659/ε_1)
σ_1=E[1−2.4852exp(−1.43659/ε_1)]ε_1
R^2=0.945
损伤因子
轴向应变/10^{-2}
第三阶段: 损伤加速发展阶段
D=0.7895$\varepsilon_1^{0.4639}$
σ_1=E(1−0.7895$\varepsilon_1^{0.4639}$)ε_1
R^2=0.991
损伤因子
轴向应变/10^{-2}

(b) SRM30-4

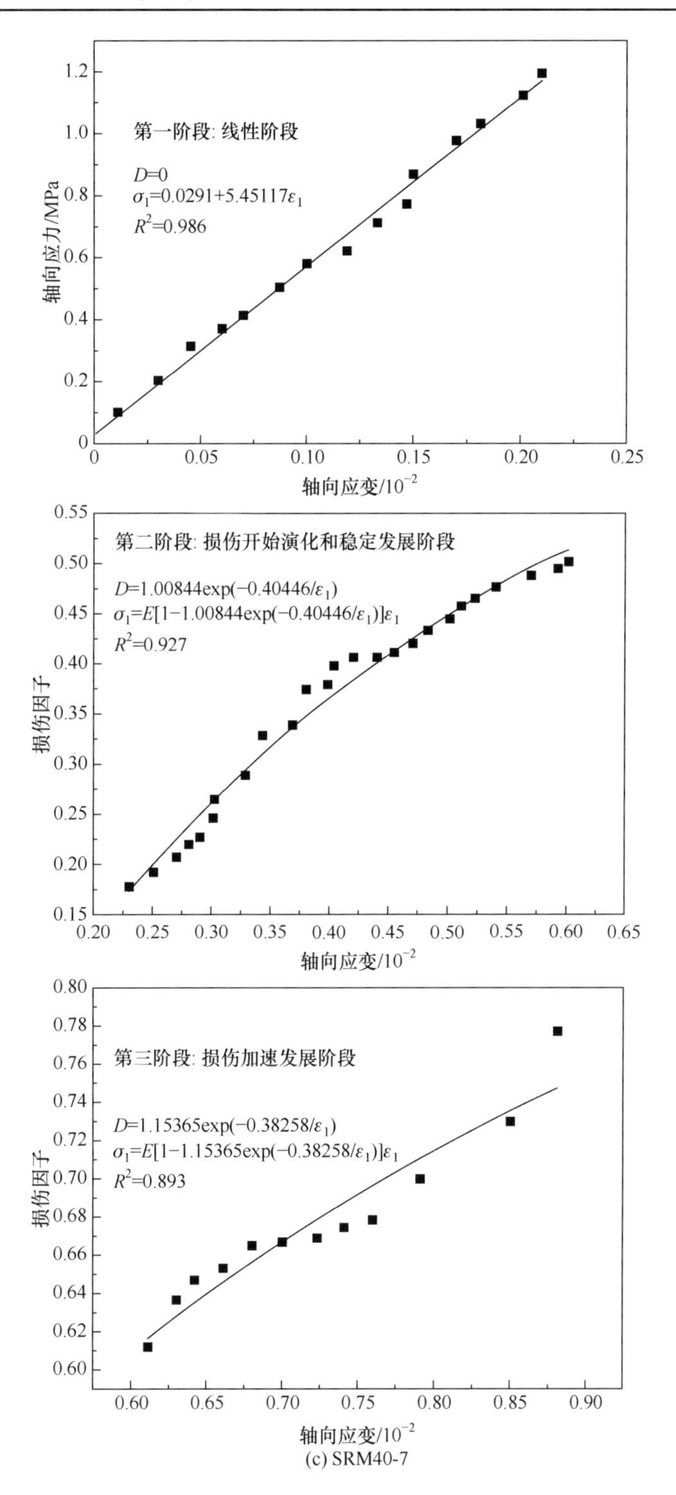
第一阶段: 线性阶段
D=0
σ1=0.0291+5.45117ε1
R2=0.986
轴向应力/MPa
轴向应变/10−2
第二阶段: 损伤开始演化和稳定发展阶段
D=1.00844exp(−0.40446/ε1)
σ1=E[1−1.00844exp(−0.40446/ε1)]ε1
R2=0.927
损伤因子
轴向应变/10−2
第三阶段: 损伤加速发展阶段
D=1.15365exp(−0.38258/ε1)
σ1=E[1−1.15365exp(−0.38258/ε1)]ε1
R2=0.893
损伤因子
轴向应变/10−2
(c) SRM40-7

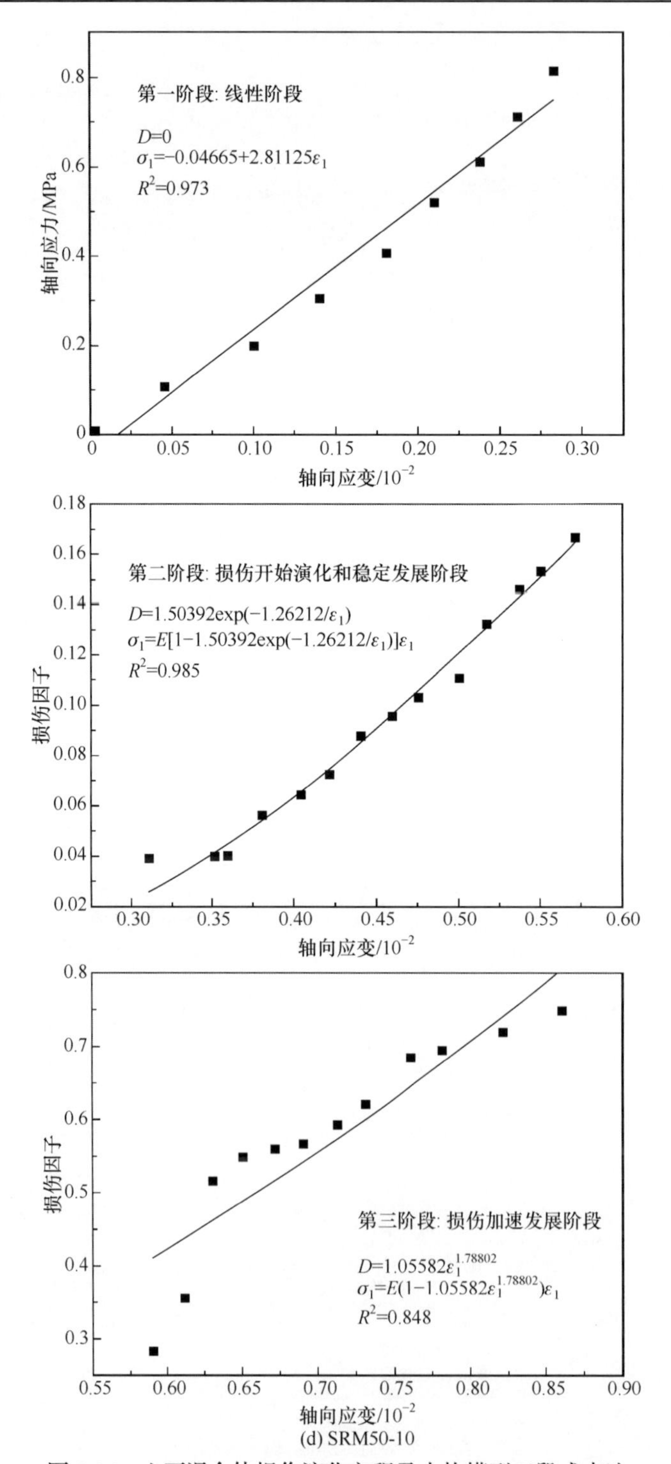

(d) SRM50-10

图 3-36　土石混合体损伤演化方程及本构模型三段式表达

根据由波速定义的损伤因子计算公式，计算出加载过程中的损伤因子，并且拟合得到 D 与 ε_1 的关系，即损伤演化方程：

$$D = 2.4852\exp(-1.43659/\varepsilon_1) \tag{3-16}$$

将式(3-16)代入式(3-15)，得到该阶段 SRM30-4 试样的本构模型为

$$\sigma_1 = E\left[1 - 2.4852\exp\left(-1.43659/\varepsilon_1\right)\right]\varepsilon_1,\quad 2.44076\text{MPa} \leqslant \sigma_1 \leqslant 4.13248\text{MPa} \tag{3-17}$$

(3) 损伤加速发展阶段。分别用线性函数、幂函数和指数函数等进行拟合，结果表明，按幂函数拟合得到的相关系数最大，且误差较小，故取幂函数的拟合结果作为此段的损伤演化方程，即

$$D = 0.7895\varepsilon_1^{0.4639} \tag{3-18}$$

将式(3-18)代入式(3-15)，得到该阶段的本构模型为

$$\sigma_1 = E\left(1 - 0.7895\varepsilon_1^{0.4639}\right)\varepsilon_1,\quad 4.13248\text{MPa} < \sigma_1 < 4.77452\text{MPa} \tag{3-19}$$

用同样的方法得出单轴压缩试样 SRM20-1、SRM40-7 和 SRM50-10 峰前损伤演化的分段损伤演化方程和损伤本构模型，具体拟合参数列于表 3-9 中。从表中可以看出，拟合方程的相关系数较高，但是也不一定说明方程是优度拟合。相关系数的显著性和回归方程的显著性分别采用 t 检验和 F 检验来检验。根据所检测的样本，提出零假设，分别计算出 t 和 F 统计量，选取 95%($P \leqslant 0.05$)的置信度作为检测标准，统计结果均可否定零假定，从而证明了相关系数和回归方程的显著性。

将实测得到的试样应力-应变曲线和对应的理论计算值绘于图 3-37 中。比较发现，总体上讲，计算值与实测值比较吻合。

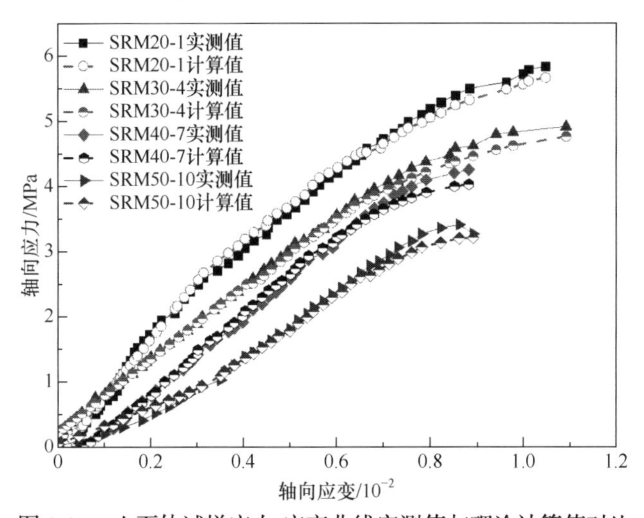

图 3-37　土石体试样应力-应变曲线实测值与理论计算值对比

表 3-9 试样损伤演化方程和本构模型汇总

试样编号	演化阶段	损伤演化方程	损伤本构模型	相关系数 R^2
SRM20-1	第一阶段	$D=0$	$\sigma_1=-0.14121+8.97584\varepsilon_1$	0.995
	第二阶段	$D=2.27713\exp(-1.62444/\varepsilon_1)$	$\sigma_1=E[1-2.27713\exp(-1.62444/\varepsilon_1)]\varepsilon_1$	0.887
	第三阶段	$D=0.57467\varepsilon_1^{1.57493}$	$\sigma_1=E(1-0.57467\varepsilon_1^{1.57493})\varepsilon_1$	0.937
SRM30-4	第一阶段	$D=0$	$\sigma_1=0.0808+5.59408\varepsilon_1$	0.999
	第二阶段	$D=2.4852\exp(-1.43659/\varepsilon_1)$	$\sigma_1=E[1-2.4852\exp(-1.43659/\varepsilon_1)]\varepsilon_1$	0.945
	第三阶段	$D=0.7895\varepsilon_1^{0.4639}$	$\sigma_1=E(1-0.7895\varepsilon_1^{0.4639})\varepsilon_1$	0.991
SRM40-7	第一阶段	$D=0$	$\sigma_1=0.0291+5.45117\varepsilon_1$	0.986
	第二阶段	$D=1.00844\exp(-0.40446/\varepsilon_1)$	$\sigma_1=E[1-1.00844\exp(-0.40446/\varepsilon_1)]\varepsilon_1$	0.927
	第三阶段	$D=1.15365\exp(-0.38258/\varepsilon_1)$	$\sigma_1=E[1-1.15365\exp(-0.38258/\varepsilon_1)]\varepsilon_1$	0.893
SRM50-10	第一阶段	$D=0$	$\sigma_1=-0.04665+2.81125\varepsilon_1$	0.973
	第二阶段	$D=1.50392\exp(-1.26212/\varepsilon_1)$	$\sigma_1=E[1-1.50392\exp(-1.26212/\varepsilon_1)]\varepsilon_1$	0.985
	第三阶段	$D=1.05582\varepsilon_1^{1.78802}$	$\sigma_1=E(1-1.05582\varepsilon_1^{1.78802})\varepsilon_1$	0.848

3.6.6 基于声学特性的土石混合体本构关系与土体的区别

土石混合体中由于块石的非线性运动造成试样开裂，前面分别从波速、透射系数和孔隙率等几个方面通过轴向超声波测试手段证明了土石混合体的应力依赖性与土体和块石的区别。本小节将从土石混合体本构关系区别于均质土体的特征性方面做进一步的认证。所分析的土体试样为土样 3 和土样 4，据式(3-8)得出单轴压缩过程中土体试样裂纹累计宽度与应力水平的关系，如图 3-38 所示。可以看出，随着应力水平的增加，裂纹累计宽度呈单调递增趋势，当应力水平达到 0.85 时，呈现加速开裂破坏的趋势。裂纹累计宽度与相对波速的关系如图 3-39 所示，可以发现，裂纹累计宽度与相对波速密切相关，相对波速随着加载的持续而稳定减小，直到达到某一值(0.8～0.85)时出现急剧下滑趋势。波速的减小反映了试样内部微裂纹的出现，径向超声波波速携带了试样压缩过程中内部结构变化的相关信息。图 3-40 给出了加载过程中损伤因子与应力水平的关系，曲线的变化相对平缓，直到应力水平达到 0.85 时，损伤因子突然增大，试样发生破坏。从以上分析结果可以看出，均质土体加载过程中声学信息或由声学信息所反映的裂纹宽度不会出现像土石混合体试样那样的阶段式变化，而是呈现出光滑连续的单调增加或减少。分析土样 3 和土样 4 的损伤演化方程，发现当取连续的指数函数时，方程拟合度最好，相关系数分别为 0.98425 和 0.99078，如图 3-41 所示。这说明均质土体试样的内部结构变化是相对连续的，连续的损伤演化方程和本构关系就可以表征试样加载过程中的损伤特性，而不像土石混合体那样，由于块石的非线性变化必须用分段式损伤演化方程和本构关系来反映加载过程中的结构变化特性。将土样 3 和土样 4 的损伤演化方程分别代入式(3-15)，可得到其损伤本构方程为

$$\sigma_1 = E\left[1 - 0.0968\exp\left(2.95929\varepsilon_1\right)\right]\varepsilon_1 \tag{3-20}$$

$$\sigma_1 = E\left[1 - 0.01219\exp\left(2.71384\varepsilon_1\right)\right]\varepsilon_1 \tag{3-21}$$

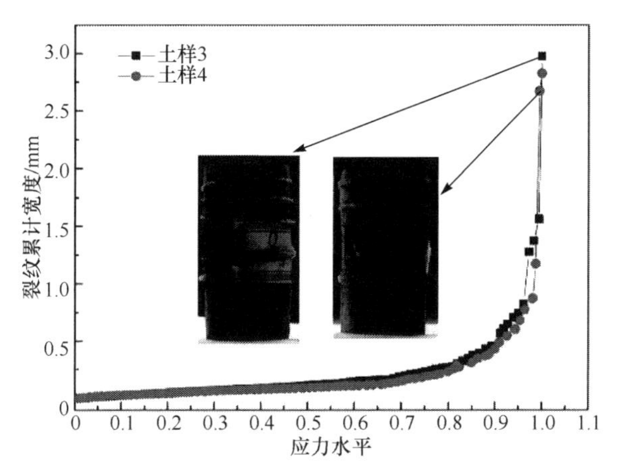

图 3-38　土体试样裂纹累计宽度和应力水平的关系

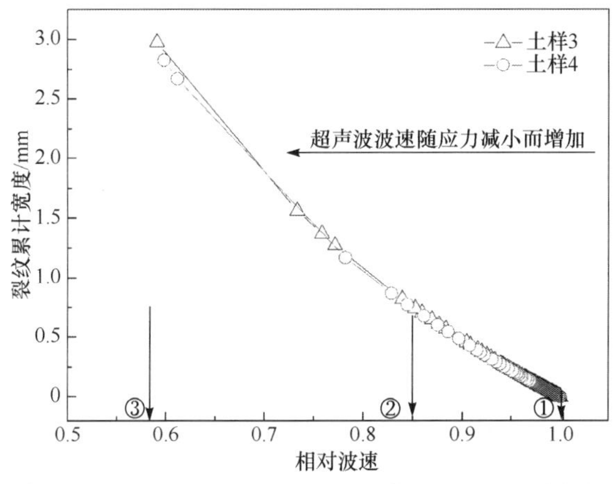

①加载前；②在应力水平为 0.85 时裂纹加速发展；③试样破坏，裂纹宽度达到最大值

图 3-39　土体试样裂纹累计宽度与相对波速的关系

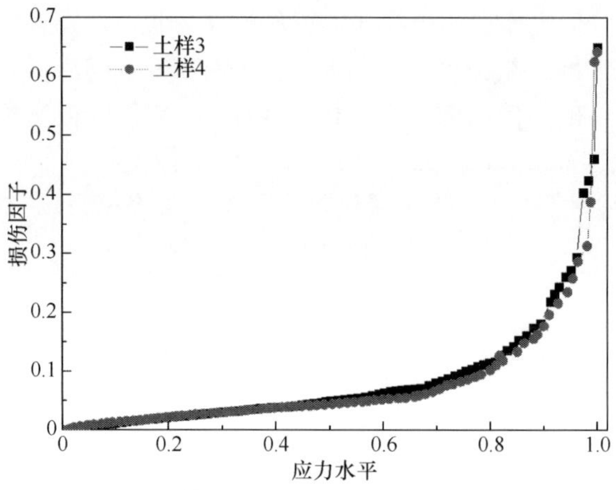

图 3-40　土体试样损伤因子与应力水平的关系

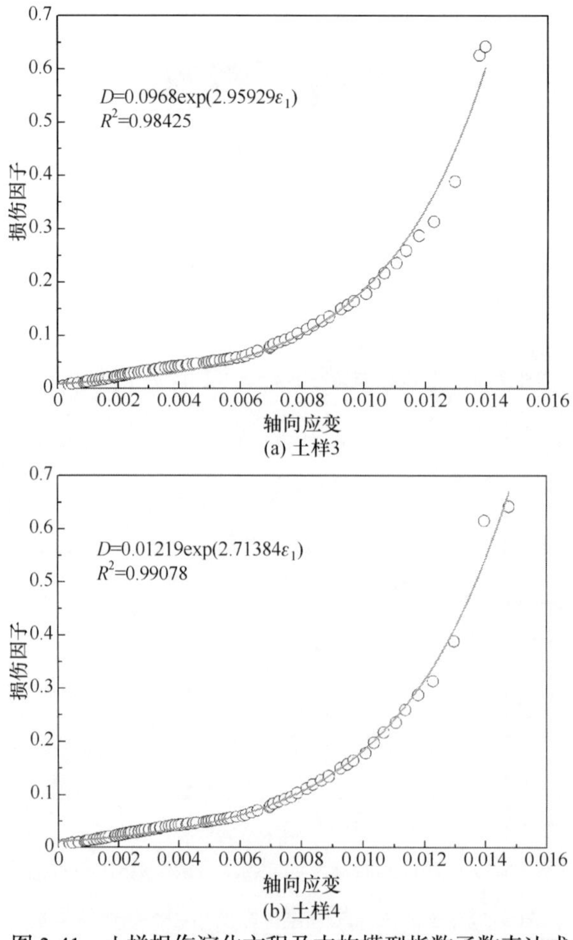

图 3-41　土样损伤演化方程及本构模型指数函数表达式

3.7　干燥试样三轴压缩超声波试验研究

3.7.1　土石混合体三轴压缩声压特性测试方法介绍

众所周知，土石混合体中的含石量一直被认为是影响试样变形及强度特性的最基本因素，前面考虑了块石形态为 8mm 圆球的情形，并对试样在单轴压缩应力路径下的声压特性进行了研究。本节考虑碎块石的情形，可以比较真实地反映土石形态对土石混合体力学性质的影响,并且在试样制备过程中保证含石量不同的土体基质密度相同。图 3-42(a)为试样制备过程中不同含石量情况下锤击数与试样密度的关系，为了确保土体基质的密实度相同，对含石量为 20%、30%、40%和 50%

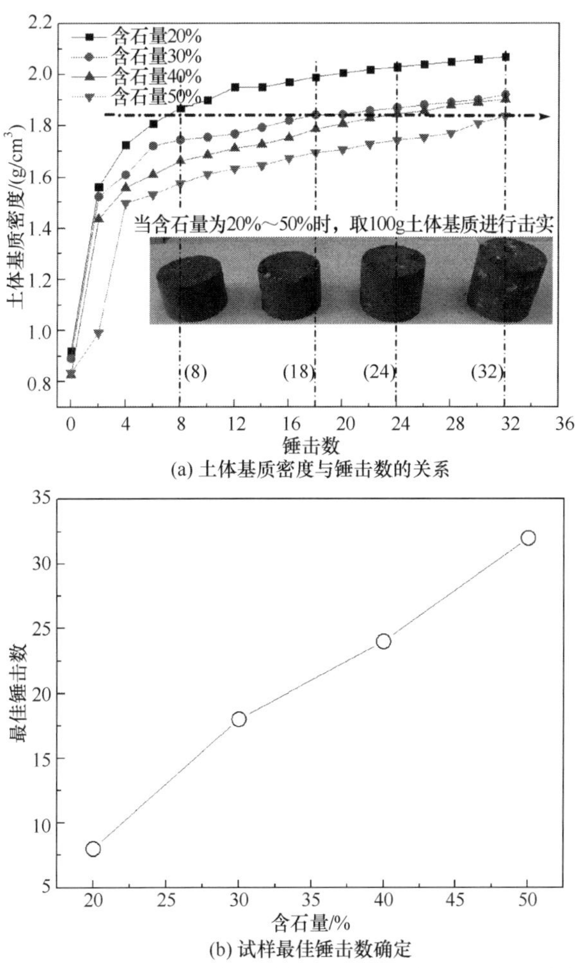

(a) 土体基质密度与锤击数的关系

(b) 试样最佳锤击数确定

图 3-42　不同含石量土石混合体锤击数与密度的关系及最佳锤击数的确定

的试样分别进行 8 次、18 次、24 次和 32 次击实制样，如图 3-42(b)所示。试样击实过程中分三层完成，将试样在阴凉处自然风干后用于声压相关性测试(图 3-43)。通过自行设计的加载装置来实现荷载、位移的施加与记录，通过自制气囊式 Hoek 压力室来实现加载过程中围压的施加，试验装置如图 3-44 所示。自行设计的气囊式 Hoek 压力室可施加的最大围压为 600kPa，精度为 0.5kPa，压力由增加器来实现。

(a) 分层击样示意图　　(b) 包裹保鲜膜自然风干后土石混合体试样

图 3-43　制备完成的用于声压相关性测试的部分试样

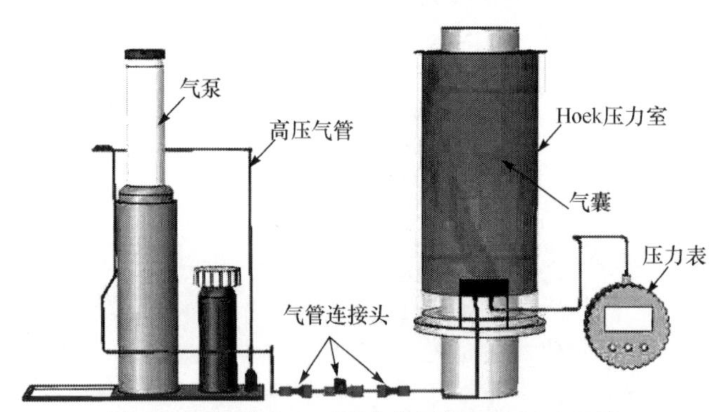

图 3-44　气囊式土石混合体围压加载试验系统

实时超声波试验测试系统包括加载装置、一对超声波换能器、一个超声波测试仪和施加围压的三轴 Hoek 压力室，如图 3-45 所示。加载装置主要由刚性立柱、导向杆、荷载控制器、力传感器、液压千斤顶、百分表等组成。轴向应力和轴向变形可由荷载控制器和测微计读出，精度分别为 0.01kN 和 0.001mm。超声波换能器是测试系统的关键部件，它包括发射换能器和接收换能器。换能器的中心频率为 300kHz，并特别设计了一个灵活的接触压头，探头内部和弹簧连接，以保证与土石混合体的紧密接触。超声波换能器由锁紧环、底板、钨粉后配层、压电陶瓷片等部件组成。超声波测试仪的作用是记录超声波走时和振幅，可以直接读取出超声纵波波速，声波走时读取精度为 0.05μs，采样间隔为 0.05μs，范围为 0.05～4000μs。在试验过程中，传感器与土石混合体试样的接触面涂有一层偶联剂薄膜，以保证传感器与土石混合体试样充分接触，消除任何空隙，以减少声波在界面处的衰减。

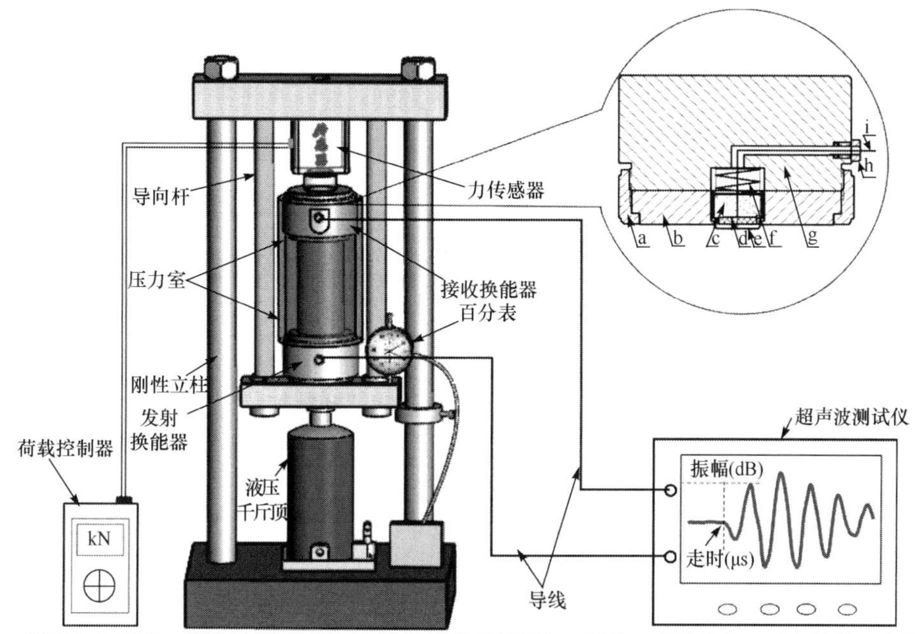

a-锁紧环；b-底板；c-钨粉后配层；d-压电陶瓷片；e-换能器底壳；f-弹簧；g-圆柱基座；h-密封顶丝；i-电缆

图 3-45　三轴压缩条件下土石混合体试样实时超声测试装置

3.7.2　加载前土石混合体试样波速测定

在试验过程中，首先将试样安装到 Hoek 压力室中，试样的顶部和底部与超声波换能器连接。采用超声波透射(T-T)模式对样品进行超声检测。然后将 Hoek 压力室置于加载装置上，对试样施加 0.01kN/s 的轴向荷载，同时记录轴向位移、超声波传播时间、振幅和波形。超声波波速为样品长度(L)与走时(t)之比，即 UPV(L,t)=L/t。

在相同的超声传感器和接触条件下，第一个周期波是稳定的、可再现的。初始脉冲很容易从较晚到达的波中识别出来，而较晚到达的波不会对第一个周期波造成污染。因此，通常选择第一个周期波作为初始波，以获得声波走时和振幅。图 3-46 给出了围压为 60kPa、120kPa 和 200kPa 情况下，加载前不同含石量土石混合体

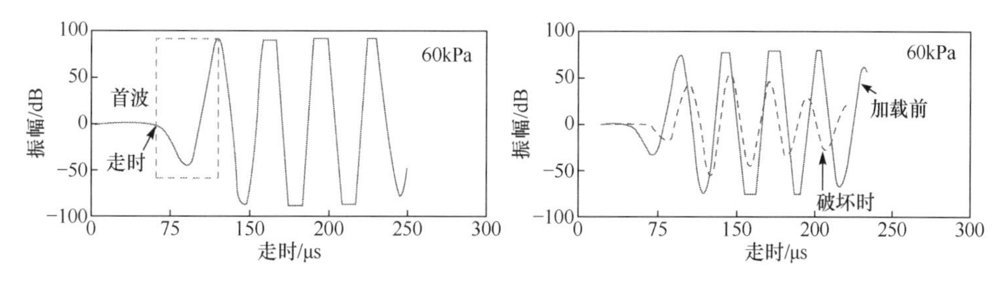

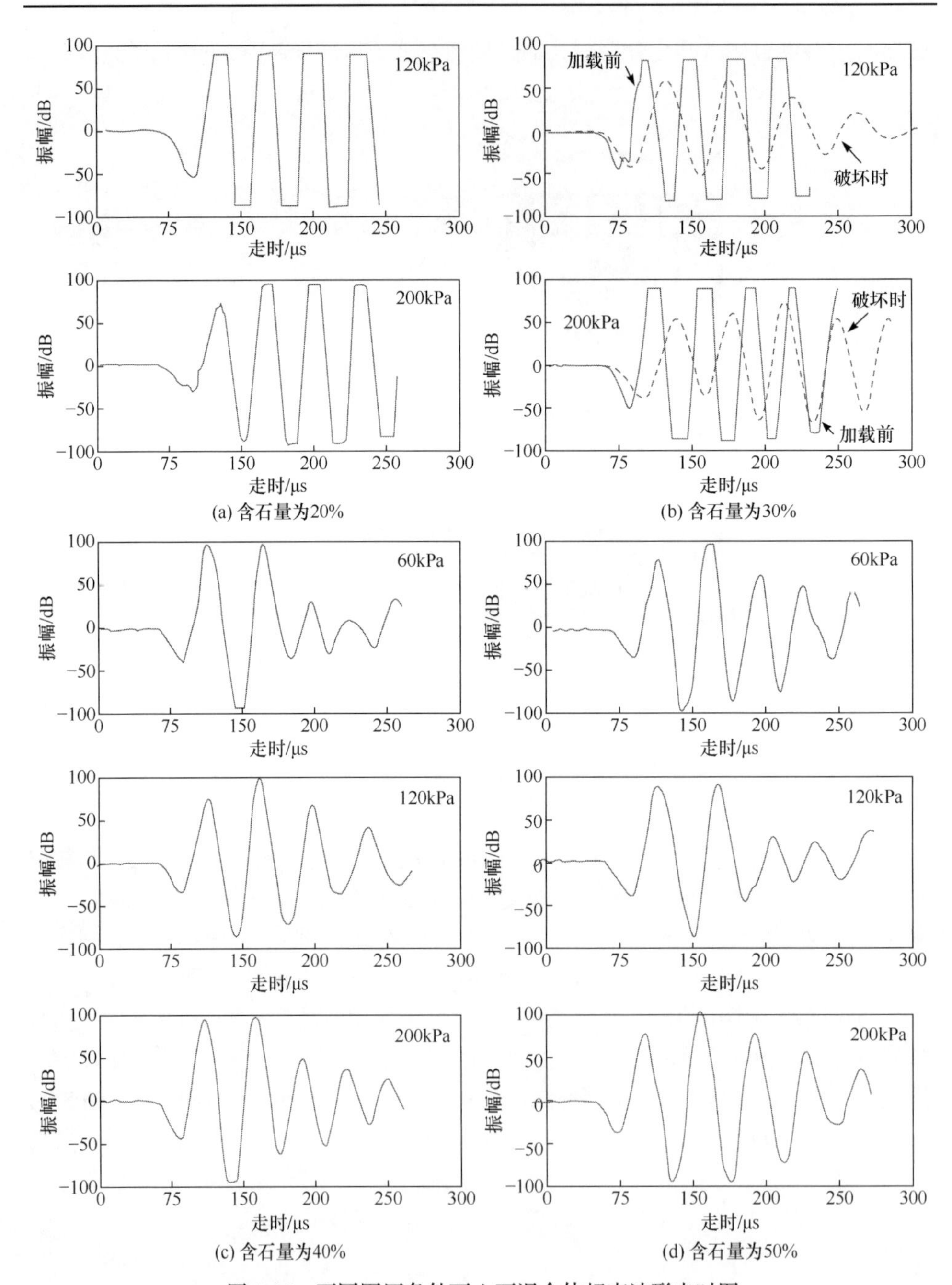

(a) 含石量为20%
(b) 含石量为30%
(c) 含石量为40%
(d) 含石量为50%

图 3-46　不同围压条件下土石混合体超声波形走时图

试样的接收波形。波形的重复显示表明在一定期间内重复触发，显示为一致的读数，从初始脉冲可以得到传播时间和振幅。

3.7.3 应力应变响应分析

图 3-47 为土石混合体试样的典型三轴压缩应力-应变曲线。曲线呈现出应变软化特性。对于块石比例一定的试样，峰值应力随围压的增大而增大。含石量为50%时峰值应力最大，含石量为 20%时峰值应力最小。结果表明，在高围压下，土石混合体试样中岩块的运动受到限制，岩块形成的骨架对提高试样强度的作用最大；此外，对于岩块比例较高的土石混合体试样，岩块间的互锁进一步提高了土石混合体的整体刚度，这些影响都导致试样强度的提高。

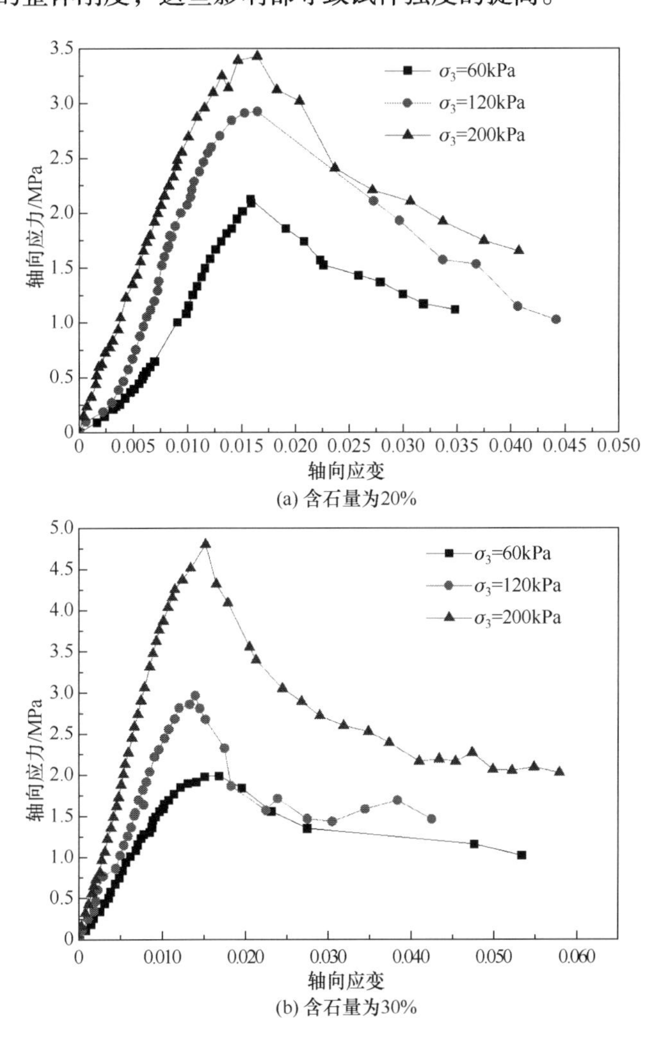

(a) 含石量为20%

(b) 含石量为30%

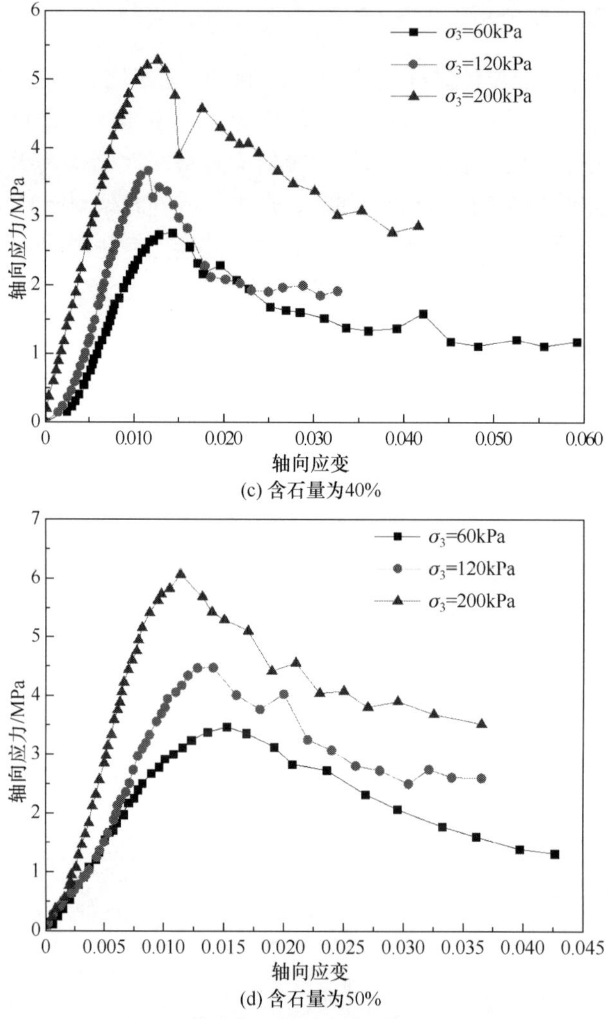

(c) 含石量为40%

(d) 含石量为50%

图 3-47　土石混合体试样三轴压缩应力-应变曲线

3.7.4　试样变形过程中超声波波速变化特征

本小节分析试样变形过程中超声波波速的变化规律，以便于研究波速随轴向应力的变化情况。超声波波速、轴向应力与轴向应变的关系如图 3-48～图 3-51 所示。从试验结果中可以得出以下结论：

(1) 可以观察到的最显著现象是超声波波速曲线随轴向应变的增加呈波动变化趋势。超声波波速的变化间接反映了土石混合体试样在变形过程中密度的变化。这一结果表明压实度受块体与土体基质相互作用的影响。块体运动和旋转的非线性力学行为改变了土石混合体的密实度。变形过程中会发生一系列非线性力学行为，包括土体固结、土石界面开裂、块体运动、裂纹扩展以及软弱基体与刚

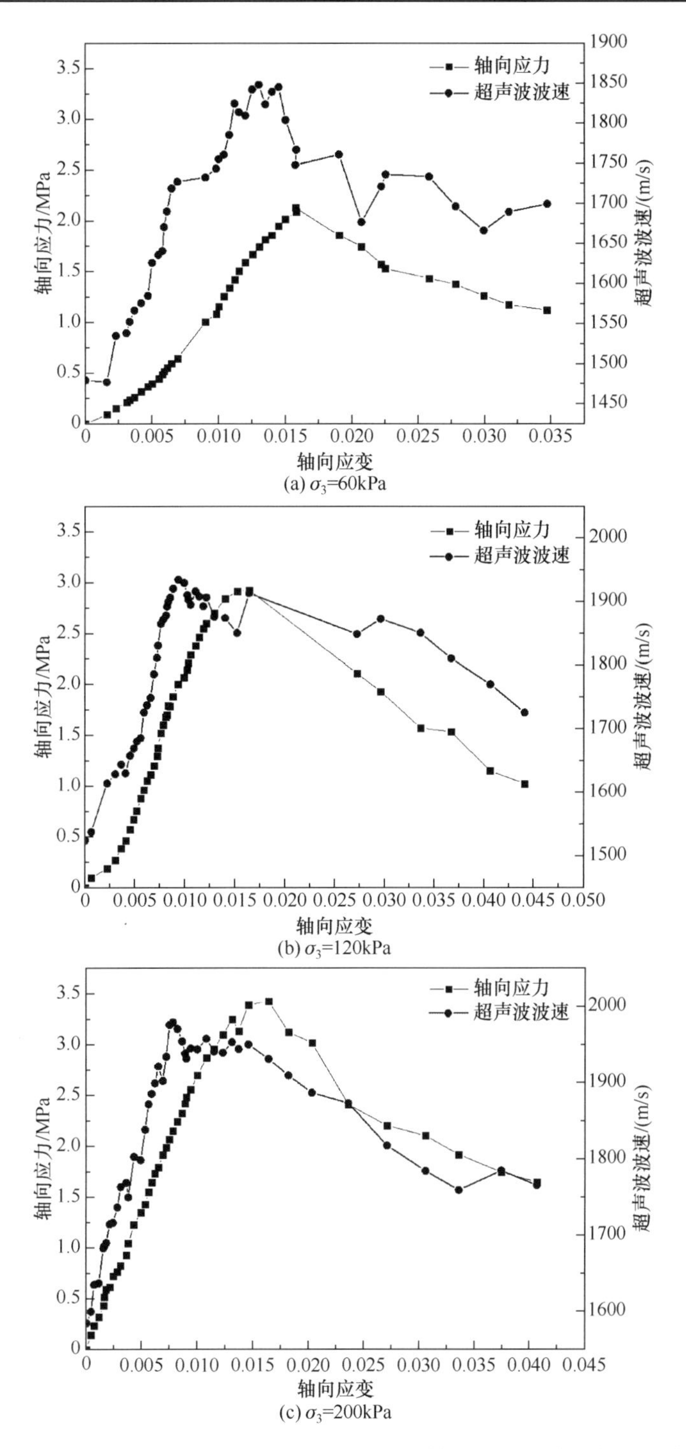

图 3-48　试样含石量为 20%时超声波波速、轴向应力与轴向应变的关系

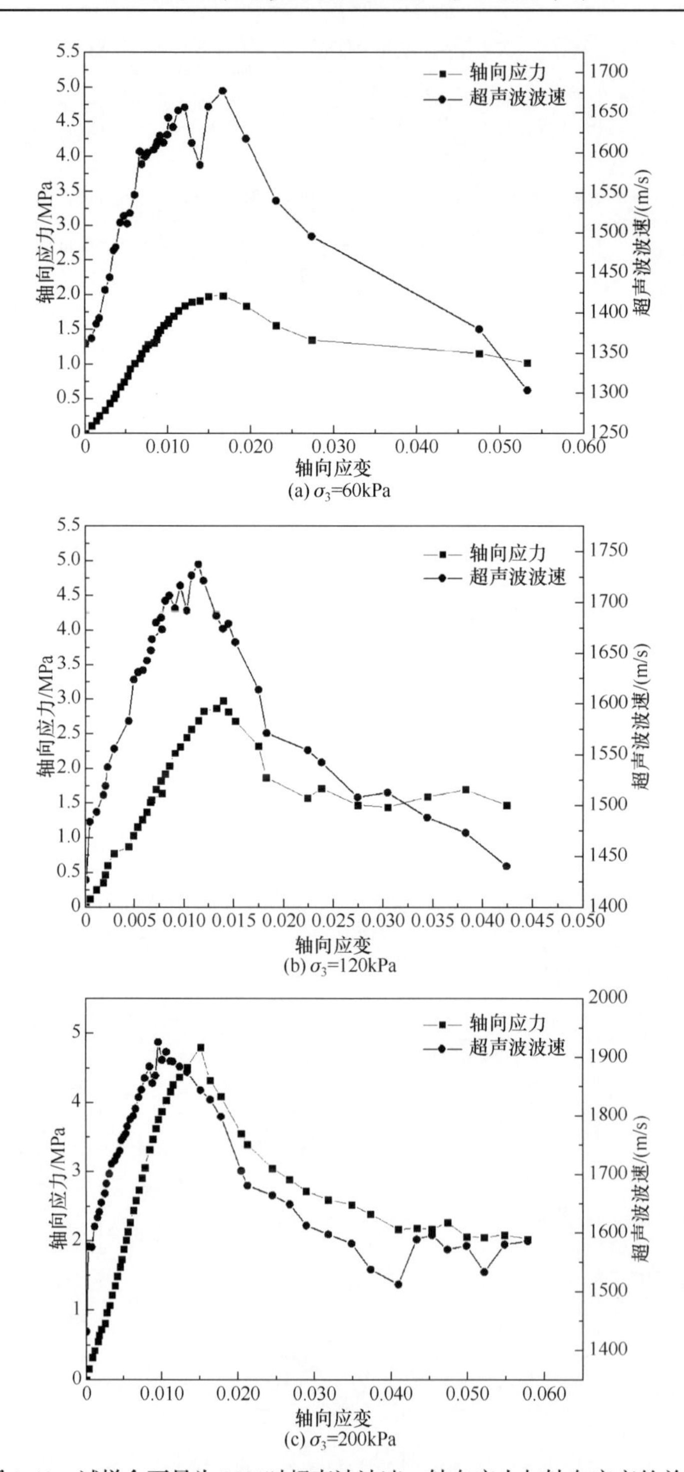

图 3-49　试样含石量为 30%时超声波波速、轴向应力与轴向应变的关系

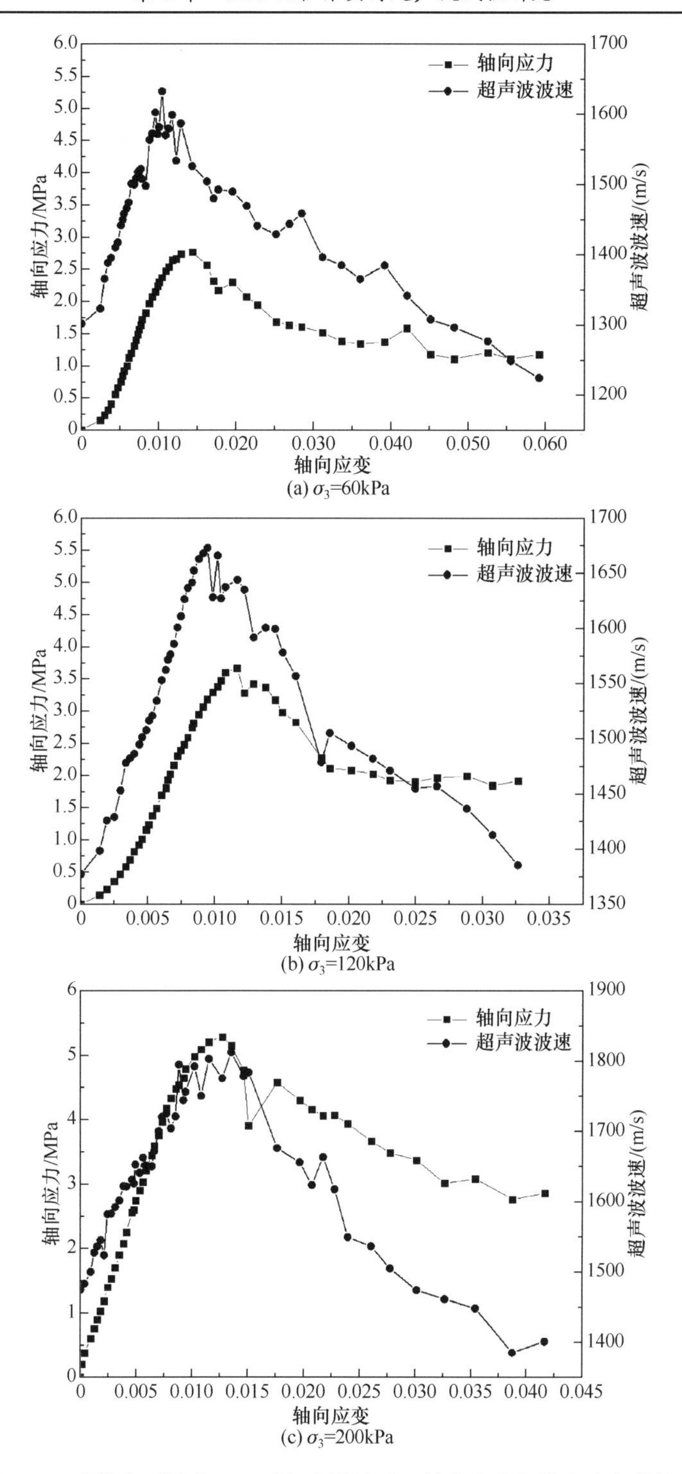

图 3-50　试样含石量为 40%时超声波波速、轴向应力与轴向应变的关系

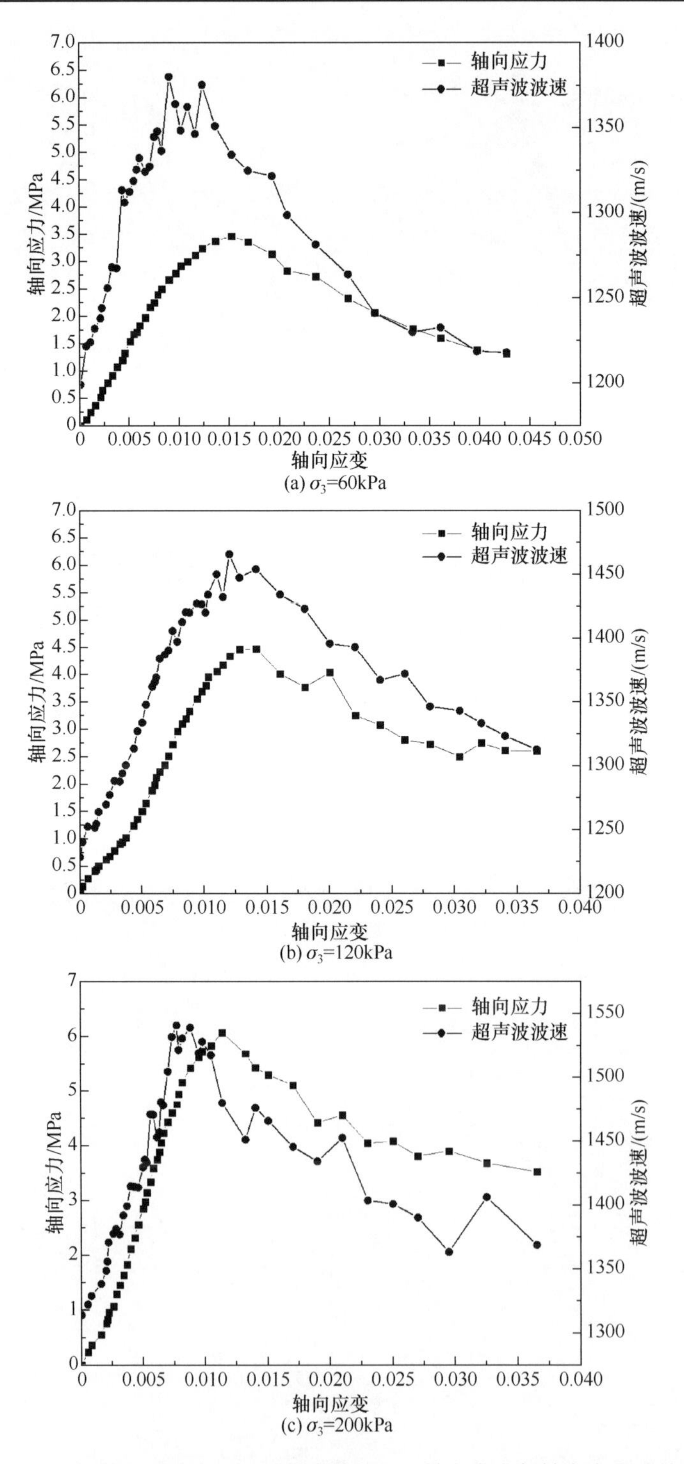

图 3-51　试样含石量为 50%时超声波波速、轴向应力与轴向应变的关系

性块体之间的反复接触分离。

(2) 超声波波速曲线随围压的增大呈上升趋势。结果表明，在较高应力条件下，土体基质与块石之间的黏结程度增大。此外，对于相同围压下的试样，超声波波速随着含石量的增加呈下降趋势。第一，这一结果可能与土石混合体试样中各组分(如土、块、孔、裂缝等)的声阻抗差有关，衍射和散射效应导致高含石量试样的声波走时增加。第二，由于土石混合体中存在复杂的随机界面，如土石界面，超声波通过试样时散射衰减严重，导致超声能量损失较大。第三，在土体基质中添加块石，其传播路径随着含石量的增大而增加，导致传播时间增加。一般情况下，土石混合体中细观结构的非均质性和土石界面的随机分布，导致超声传播路径的增加和传输能量的降低。上述因素均导致超声波在土石混合体中的传播时间增加。

(3) 峰后应力阶段，超声波波速减小，但不为零。超声波波速随轴向应力的变化趋势与王宇等的试验结果不同，在他们的研究中，土石混合体在单轴压缩下的超声波波速降为零[10]。结果表明，虽然整个试样被破坏，但岩块与土体基质之间的黏结作用仍然存在。应力-应变曲线也反映了土石混合体存在残余强度的现象，岩石块体骨架具有抗变形能力，因此在此阶段仍可测量超声波波速。

(4) 从超声波波速的峰前曲线可以看出，双峰土的超声波波速随着轴向应力的增大而增大，但增加速率逐渐减小。在低应力水平下，块石与土体的黏结程度较弱，超声波波速增长较快；但由于试样的致密性，在高应力水平时，边界度减小；超声波波速增量比下降。

(5) 超声波波速曲线表明，在峰值应力附近，超声波波速波动最为明显。在此应力水平下，块石与土体基质的相互作用较强，岩块的运动和旋转最为严重。

3.7.5　土石混合体声压相关性分析

如上所述，超声波波速受应力状态的影响较大。尽管如此，在一定的应力水平下，试样内部结构也会影响试样变形过程中超声波波速的变化特征。为了获得任意应力水平下的超声波波速，通常采用曲线拟合方法来实现[1,10]。当采用曲线拟合逼近法研究超声波波速与轴向应力的关系时，可以推导出高地应力下的超声波波速。有学者使用线性曲线拟合近似得到压力相关系数，但只可以在相对高的应力水平下拟合试验数据，并且超声波波速与应力呈线性关系，忽略了孔隙和微裂纹闭合导致超声波波速非线性增长的情形[1]。本次研究采用幂函数(考虑非线性)拟合试验数据，发现由于刚性块石与软弱基质土体的相互作用，超声波波速呈现非线性变化趋势。图 3-52 和图 3-53 分别给出了峰前和峰后轴向应力阶段，不同含石量条件下土石混合体试样曲线拟合结果。表 3-10 和表 3-11 列出了拟合方程的详细参数。从图中可以看出，超声波波速随含石量的增大呈减小趋势，这

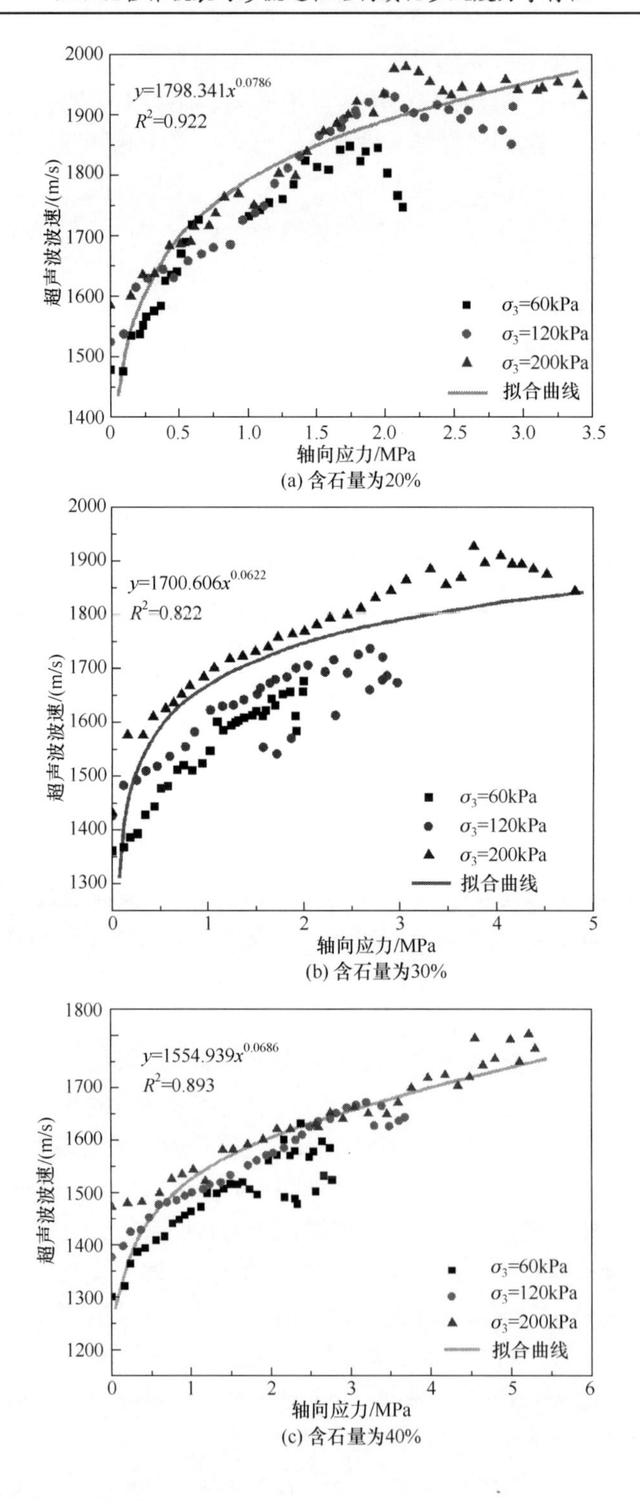

y=1798.341x^0.0786
R^2=0.922
超声波波速/(m/s)
轴向应力/MPa
σ3=60kPa
σ3=120kPa
σ3=200kPa
拟合曲线
(a) 含石量为20%
y=1700.606x^0.0622
R^2=0.822
超声波波速/(m/s)
轴向应力/MPa
σ3=60kPa
σ3=120kPa
σ3=200kPa
拟合曲线
(b) 含石量为30%
y=1554.939x^0.0686
R^2=0.893
超声波波速/(m/s)
轴向应力/MPa
σ3=60kPa
σ3=120kPa
σ3=200kPa
拟合曲线
(c) 含石量为40%

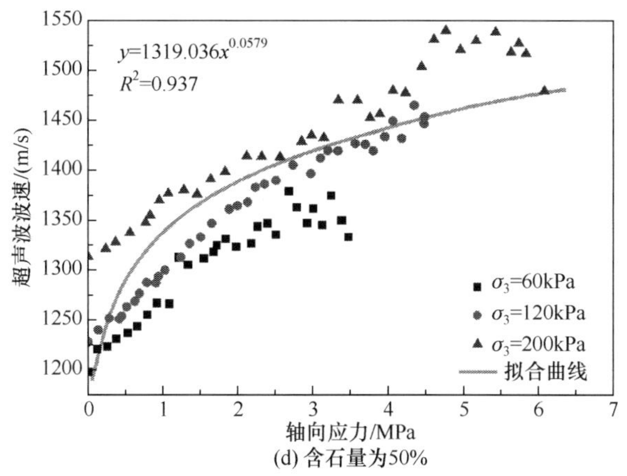

(d) 含石量为50%

图 3-52　超声波波速与峰前应力相关性分析

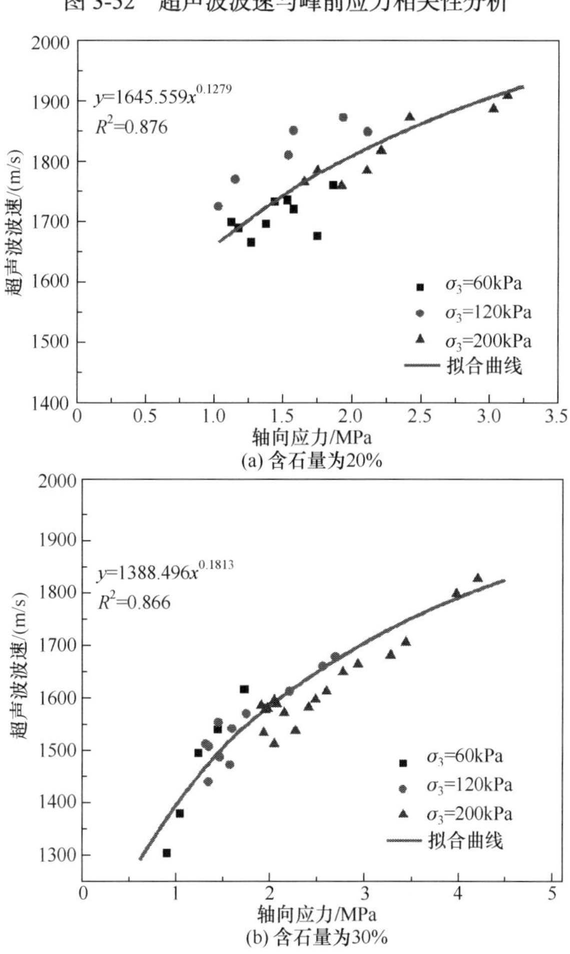

(b) 含石量为30%

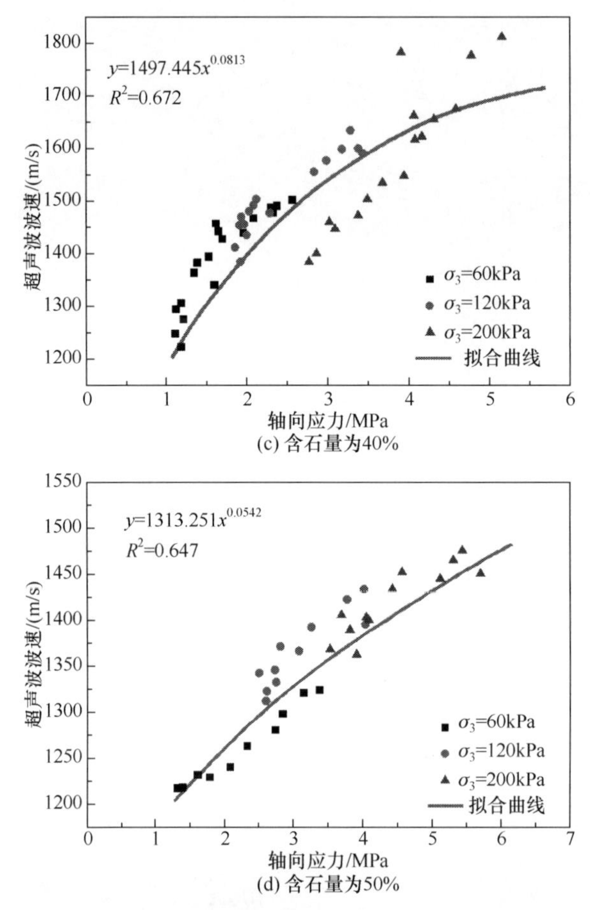

(c) 含石量为40%

(d) 含石量为50%

图 3-53　超声波波速与峰后应力相关性分析

说明当超声波在含石量较高的试样中传播时，超声能量会减小，这导致走时的增加。

表 3-10　不同含石量土石混合体试样峰前声压相关性函数拟合关系

含石量/%	轴向应力/MPa	超声波波速/(m/s)	$V_P=ax^b$		R^2
			a	b	
20	0～3.44	1479～1980	1798.341	0.0786	0.922
30	0～4.83	1362～1910	1700.606	0.0622	0.822
40	0～5.32	1302～1820	1554.939	0.0686	0.893
50	0～6.08	1200～1540	1319.036	0.0579	0.937

表 3-11　不同含石量土石混合体试样峰后声压相关性函数拟合关系

含石量/%	轴向应力/MPa	超声波波速/(m/s)	$V_P=ax^b$		R^2
			a	b	
20	1.11～3.12	1666～1910	1645.559	0.1279	0.876
30	1.02～4.33	1304～1830	1388.496	0.1813	0.866
40	1.17～5.15	1224～1814	1497.445	0.0813	0.672
50	1.31～5.69	1218～1478	1313.251	0.0542	0.647

3.7.6　土石混合体抗剪强度参数分析

对于不同含石量的土石混合体试样，计算抗剪强度参数(黏聚力 c、内摩擦角 φ)，如表 3-12 所示。抗剪强度参数与含石量的关系如图 3-54 所示。可以看出，内摩擦角随含石量的增大而增大，黏聚力随含石量的增大而减小。拟合结果表明，它们之间分别符合幂函数关系和线性关系，相关系数分别为 0.913 和 0.991，表明抗剪强度参数与含石量具有较高的相关性。试验结果再次证明了土石混合体的抗剪特性受土体基质与块石相互作用的控制。Lindquist 等[11]、Coli 等[12]、Sonmez 等[13,14]的试验结果也发现，在土体基质中添加石块会导致摩擦角增加，黏聚力降低。超声波波速-轴向应力曲线随试样变形呈波动增大趋势，反映了块石与土体基质之间复杂的相互作用，在峰值应力附近变化更为明显。在应变软化阶段，对于高含石量、低围压的土石混合体试样，超声波波速的变异性更加明显，说明超声波波速变异性越强，反映出土石相互作用越强。对于含石量较高的土石混合体试样，块石之间的互锁和摩擦效应进一步导致内摩擦角增大。然而，对于含石量较低的试样，虽然存在很小的块石间互锁现象，但其强度的增加可能是与弯曲破坏面传播有关的地质力学效应所致。

表 3-12　不同含石量土石混合体抗剪强度参数分析

含石量/%	内摩擦角/(°)	黏聚力/MPa
20	54.53	0.256
30	63.85	0.181
40	65.07	0.072
50	70.45	0.021

3.7.7　土石混合体破裂机理分析

对土石混合体试样的破坏形态进行直接观察，如图 3-55 所示，同样对试样

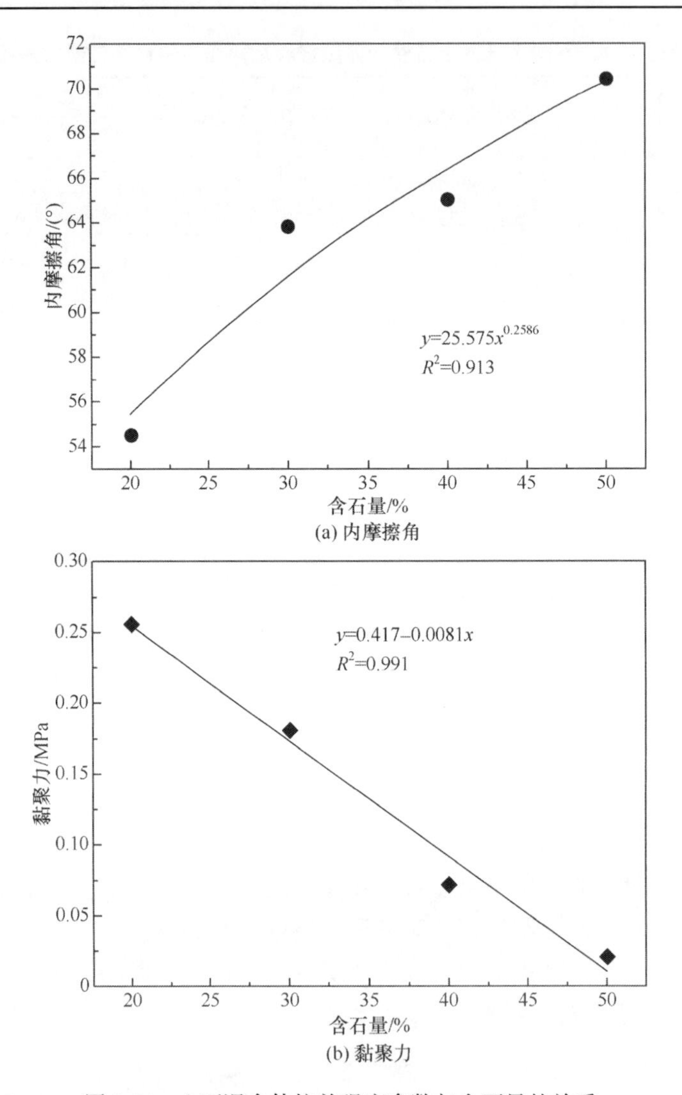

(a) 内摩擦角

(b) 黏聚力

图 3-54　土石混合体抗剪强度参数与含石量的关系

外表面发育的裂纹进行了素描。破坏形态表明，土石混合体的破坏机理比纯土和岩石材料更为复杂，如图 3-56 所示。由于块石的存在，土石混合体试样的裂缝形态较为复杂，其中拉伸裂缝与剪切裂缝并存，说明土石混合体试样的破裂机理是剪切和拉伸混合作用的结果。从裂纹素描图可以看出，裂缝形状并不平直，呈多条曲折的扩展路径。可以推断，破坏面呈弯曲形状，与块石发生过接触扩展，随着土石混合体试样中块石比例的增加，裂缝的数量和规模也相应增加。

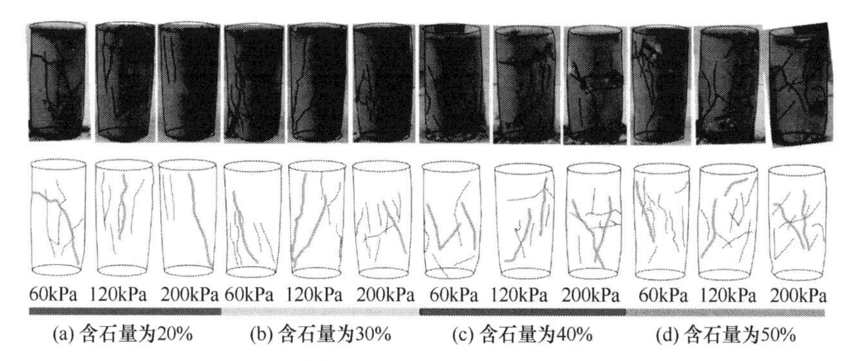

图 3-55　实时声压试验后土石混合体破裂形态描述

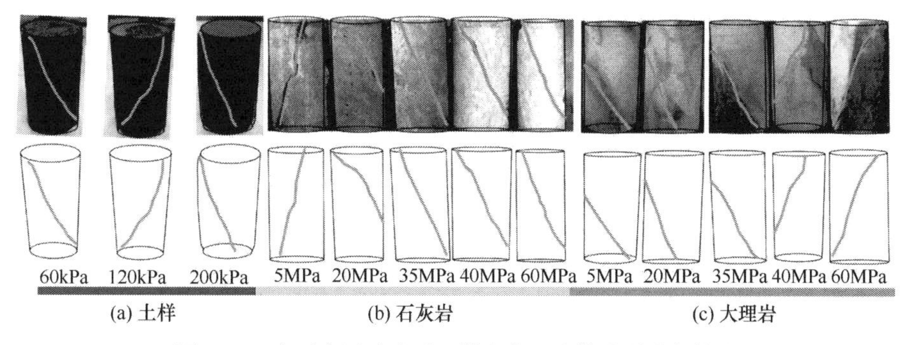

图 3-56　实时声压试验后土样和岩石试样破裂形态描述

为了进一步揭示土石混合体试样的细观破裂机理，采用 X 射线 CT 技术对试验后试样内部的裂纹形态进行了可视化研究。以含石量为 30%、围压为 120kPa 的试样为例，图 3-57 给出了其二维重建 CT 图像。扫描位置位于样品底部 20mm 至顶部 80mm，扫描间隔设置为 10mm，每个样本共获得 7 张图像。对 CT 扫描图像进行分析，目的是在图像中提取裂缝和块石特征。首先使用中值滤波算法来判别目标边界(中值滤波对降低斑点噪声、盐噪声和胡椒噪声特别有效)，该算法具有边缘保持性，能够有效地检测土石混合体中不规则裂纹等模糊边缘，将每个输出像素的值作为对应输入像素的邻域值进行分析。以含石量为 30%、围压为 120kPa 的试样为例，提取的块石和裂纹如图 3-57 所示。CT 图像显示，裂纹形态受块石位置的影响严重，大部分裂纹在块石周围传播，绕过块石。此外，由于岩石块体与土体基质之间的高刚性比，土石界面也会产生大量裂纹，裂缝的非均匀分布表明了土石混合体试样应变局部化的特点。应变局部化带可以在多个曲折平面上形成，其形状与块石的分布、形状、大小和方向有关。从 CT 图像可以看出，土石混合体的破坏机理与纯土和岩石材料的破坏机理有明显的不同，说明块石的作用控制着破坏模式。观察提取得到的裂纹形态，有两种裂纹并存，一种是主裂缝(图 3-55 中的粗线所示)，它绕过块石进入土体基质中；另一种是次生裂纹，它在块石周围萌生并扩展(图 3-55 中的细线所示)。

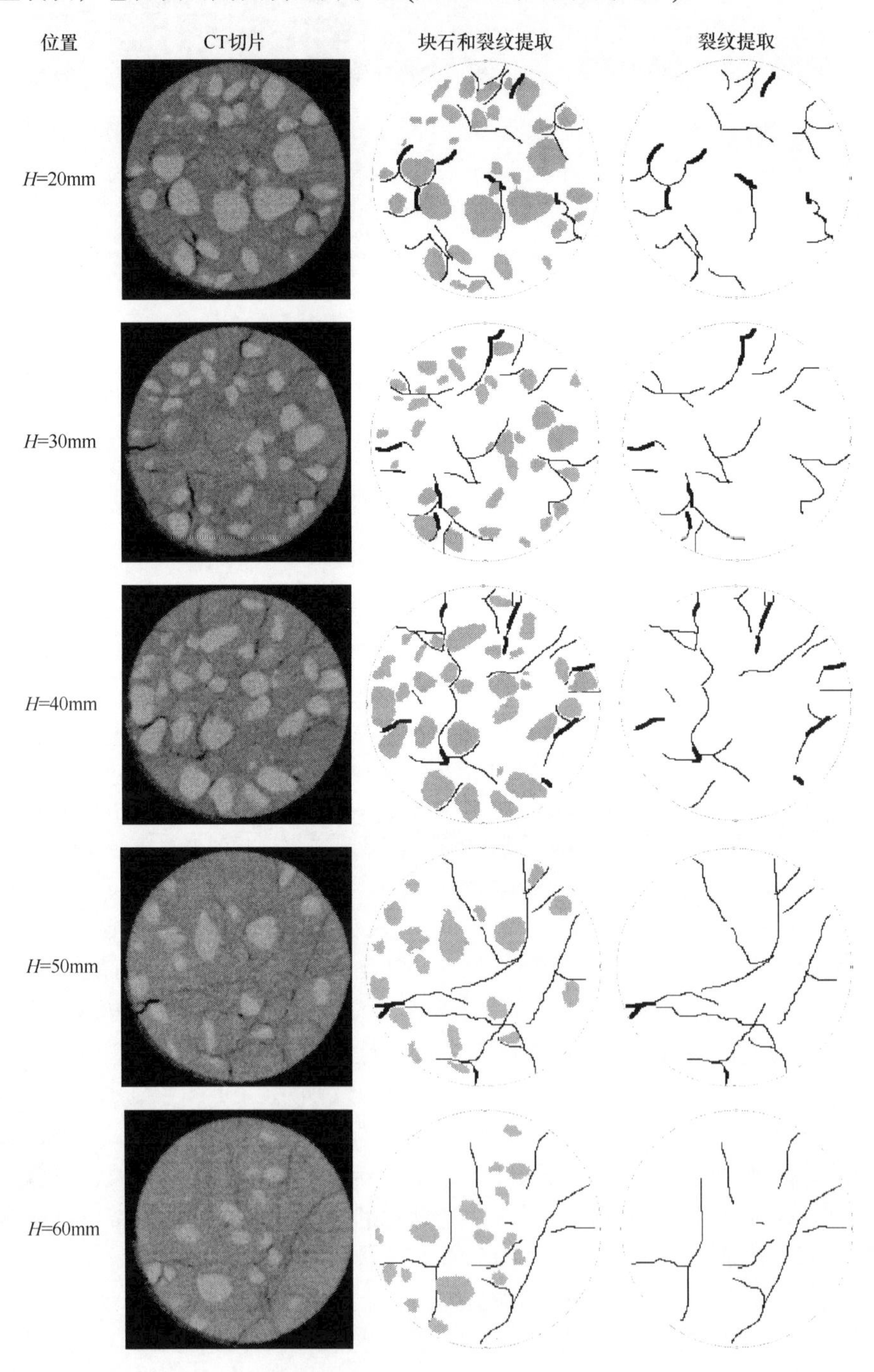

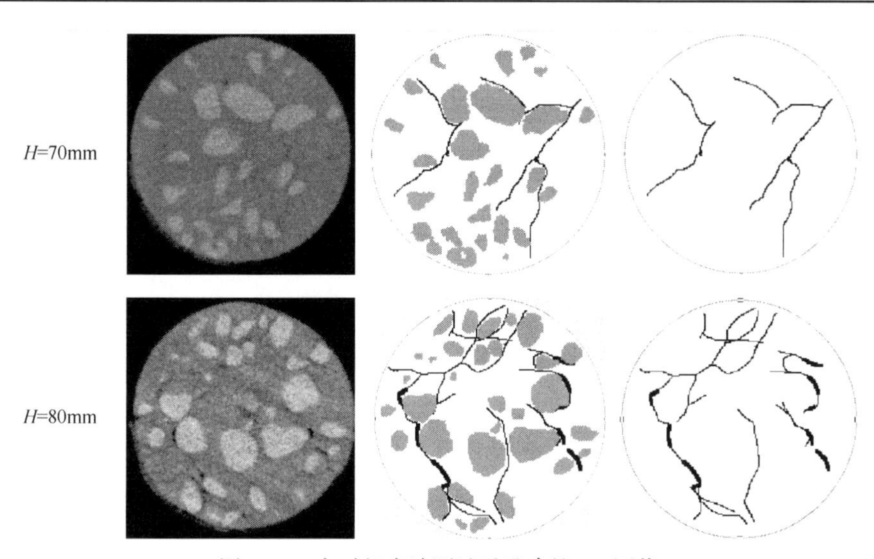

图 3-57　实时超声波测试后重建的 CT 图像

土石混合体作为一种特殊的非均质岩土材料，主要由刚性块石和相对较弱的土体基质组成。大量的室内试验和数值模拟结果均表明，在力场作用下，土石混合体的应力分布、应变分布和破坏模式与一般岩土材料有很大区别。本节采用实时超声测量方法研究三轴变形条件下土石混合体的力学行为。土石混合体变形过程中的非线性力学响应可以归结为土体基质与块石之间的相互作用，这种相互作用也可以间接反映到破坏过程中超声波波速的变化上。土体基质压实、土石界面开裂、块石运动等一系列非线性力学响应改变了超声波的传播规律，引起了传播时间和相关波速的变化。有趣的是，超声波波速在整个变形过程中波动较大，无论是在试样破坏的峰前阶段还是峰后阶段，相应的应力-应变曲线上的应力跳跃同样反映了土石的非线性作用。土体基质与块石的耦合程度与土石混合体试样在变形过程中的力学状态有关。试验结果进一步表明，土石混合体的超声特性不仅受应力水平的影响，还受内部结构因素的影响。通过对试样表面裂纹形态的观察和 CT 成像可视化分析，揭示了试样破裂的宏细观机制，表明多个局部剪切带明显受块石的影响。由于土体基质与块石的刚度差异，裂纹总是发生在相对较弱的土石界面处，然后以曲折的扩展路径绕过块石向土体基质中传播。CT 图像进一步表明，块石的分布、方向和形状除了影响应力状态外，还影响裂纹的传播路径。应力-波速相关性分析对土石混合体边坡加固及边坡稳定性评价具有重要的理论意义，对今后进行土石混合体原位地球物理勘探具有重要的指导意义。试验结果表明，超声测试技术是在实验室尺度上了解土石混合体力学状态和行为的有效工具。在今后的研究中，应采用更多的超声参数(如衰减系数、质量因子、主导频率等)来探讨土石混合体在加载过程中的力学响应。

3.8 非饱和试样三轴压缩超声波试验研究

3.8.1 非饱和试样波速-应力-应变分析

图 3-58 为不同含石量土石混合体试样的应力-应变-超声波波速曲线。可以看出，应力-应变曲线呈现应变硬化特性。在含石量相同的情况下，峰值强度随围压的增大而增大；在相同围压作用下，土石混合体的峰值强度随含石量的增大而增大。从应力-应变曲线中可以观察到一个有趣的现象，应力-应变曲线出现了多

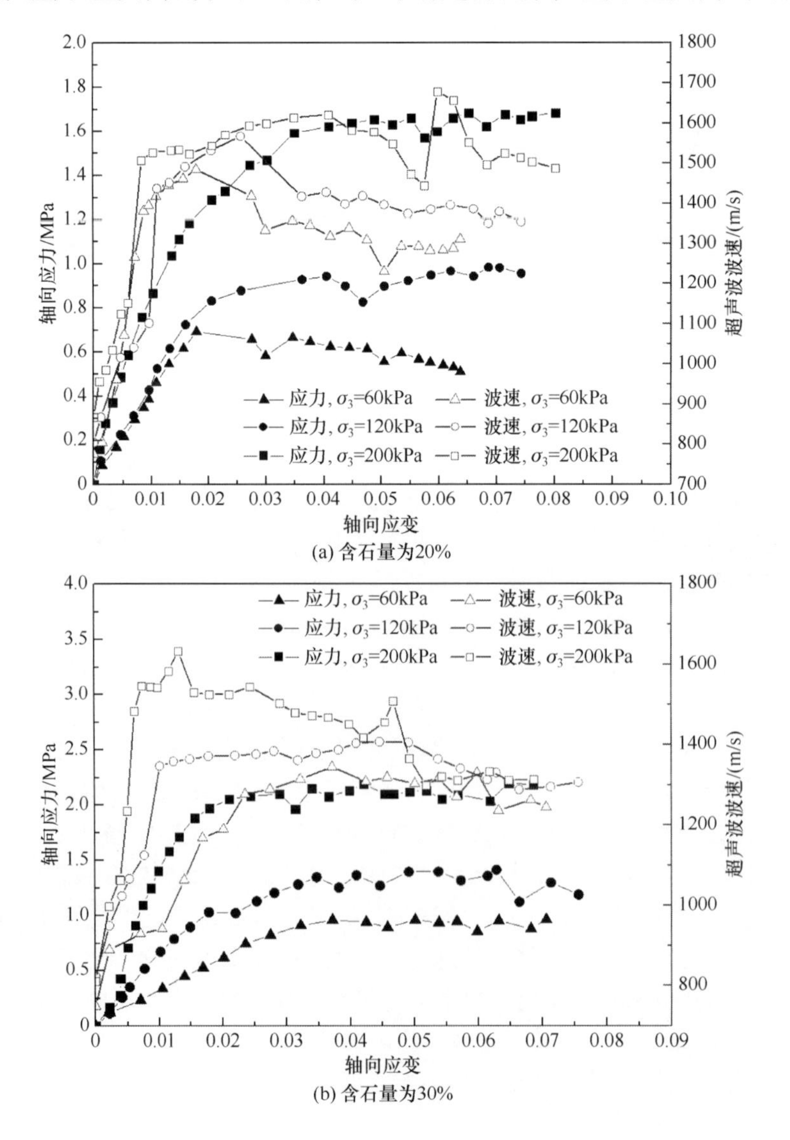

(a) 含石量为20%

(b) 含石量为30%

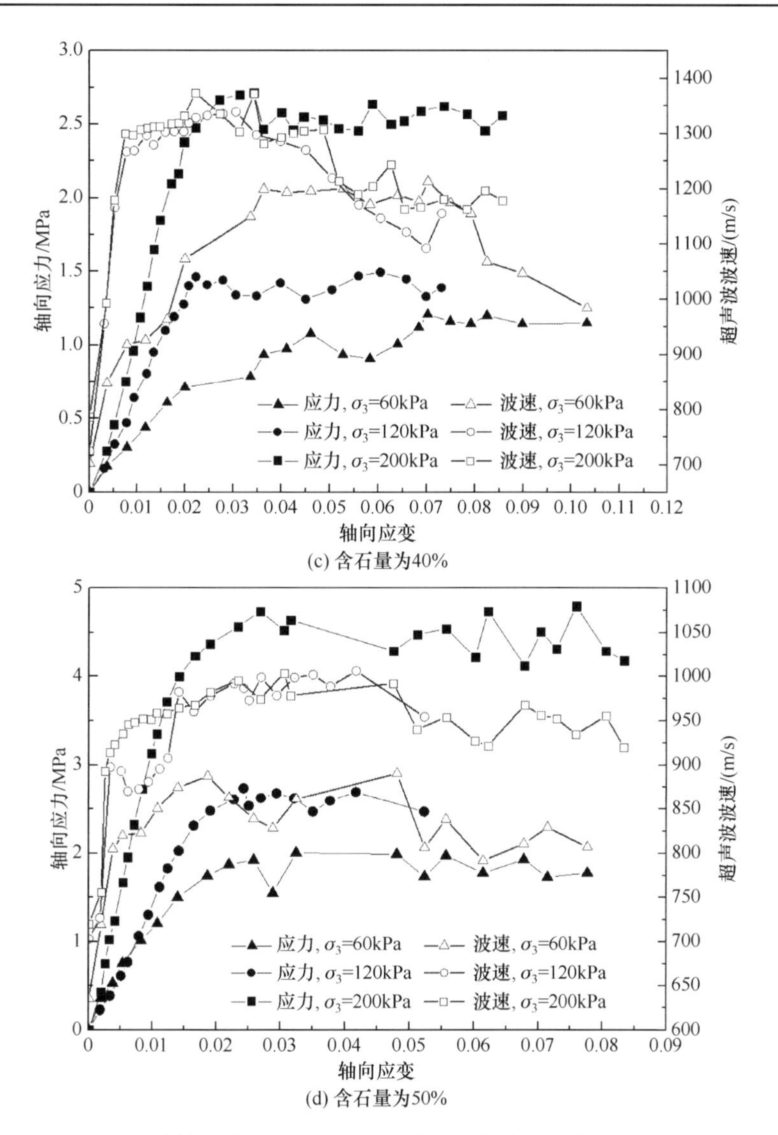

图 3-58　土石混合体三轴压缩过程中轴向应力、轴向应变与超声波波速的关系

次应力的增大和减小，称为应力跳跃。随着含石量的增大，应力跳跃也在加大，应力-应变曲线的形态大不相同。在含石量较低时，土体基质与块石共同抵抗轴向变形，变形过程主要是由土体基质压实引起的，岩体的运动、旋转相对较弱，岩体之间的接触程度和互锁程度随着试样的开裂而减小，因此在含石量较低时，应力-应变曲线相对光滑。然而，但在含石量较高的情况下，块石骨架起到抵抗轴向变形的能力，大多数块石集中区域致密，互锁作用强烈。随着轴向载荷的增加，块石的位置会发生剧烈的调整，导致应力-应变曲线上的应力跳跃较强。此

外，随着围压的增大，试样的变形受到制约，剪切效应更为明显，块体间的接触摩擦和互锁效应也有所增加，应力-应变曲线上的应力跳跃也变得更为强烈。

从图 3-58 还可以看出，在三轴加载过程中，超声波波速随着含石量的增加而减小。结果表明，随着含石量的增加，超声脉冲在试样中传递时的反射和折射现象越来越明显，导致声波传播路径增加，从而透射声波的能量降低，这些因素导致超声走时的增加和超声波波速的降低。同时，不同含石量试样的超声波波速随轴向应力的增大呈上升趋势，但并不是单调增加，而是呈波动上升趋势。随着轴向应力的增大，试样中出现初始固结、界面开裂、块石旋转和移动等一系列非线性变化，超声波波速的增大表明在一定应力水平下，土石耦合得到较好的改善。图 3-58 还显示超声波波速的振荡点与应力跳跃点对应，超声波波速的变化反映了土石混合体内部结构的变化。在接近峰值强度时，块石的非线性运动最为剧烈，超声波波速在应力峰值附近的波动也最为明显。

3.8.2 非饱和试样声压相关性分析

图 3-59 给出了轴向应力与超声波波速的关系。采用曲线拟合法研究超声波波速与轴向应力的关系可以帮助我们推导出高地应力下的超声波波速。Kem 等[1]使用线性函数，近似拟合得到了压力系数，但是线性函数拟合在相对较高的应力水平下较为适用，它忽略了超声波波速非线性增加阶段孔隙和微裂纹压密阶段应力对超声波的影响。为此，本书采用幂函数拟合研究土体基质与块石相互作用引起的超声波波速非线性增长过程。表 3-13 列出了不同含石量试样超声波波速与轴向应力关系的拟合结果，超声波波速随着含石量的增大而减小，块石的存在增强了土石混合体试样中超声波的衰减，延长了超声波的传播时间，从而导致波速降低。

表 3-13 典型试样超声波波速与轴向应力关系拟合结果

含石量/%	轴向应力/MPa	$V_P=ax^b$		R^2
		a	b	
20	0.7～2	1441.2355	0.2123	0.8431
30	0.8～2.5	1325.2917	0.1499	0.7314
40	1～3	1184.7033	0.0928	0.6008
50	1.5～5	851.9230	0.0860	0.6221

3.8.3 土石混合体抗剪强度特性

根据三轴压缩试验结果绘制莫尔圆，可以得出不同含石量(20%、30%、40%

和 50%)的土石混合体试样的抗剪强度参数，如图 3-60 所示。从图 3-60(a)可以看出，土石混合体的内摩擦角随着含石量的增大而增大。结果表明，块石的接触、摩擦和互锁作用逐渐增强，土石混合体内摩擦角的增加与含石量的变化呈近似线性关系。从图 3-60(b)可以看出，黏聚力随着含石量的增加而逐渐减小。Xu 等[15]的研究结果表明，当含石量低于 25%时，土石混合体的黏聚力受土体基质控制；当含石量大于 25%时，土石混合体的黏聚力是土与块石相互作用的结果，块石的存在削弱了试样的黏聚力。在应变硬化阶段，超声波波速波动较大，说明土石相互作用增强，块石间的摩擦和互锁作用进一步导致内摩擦角增大。

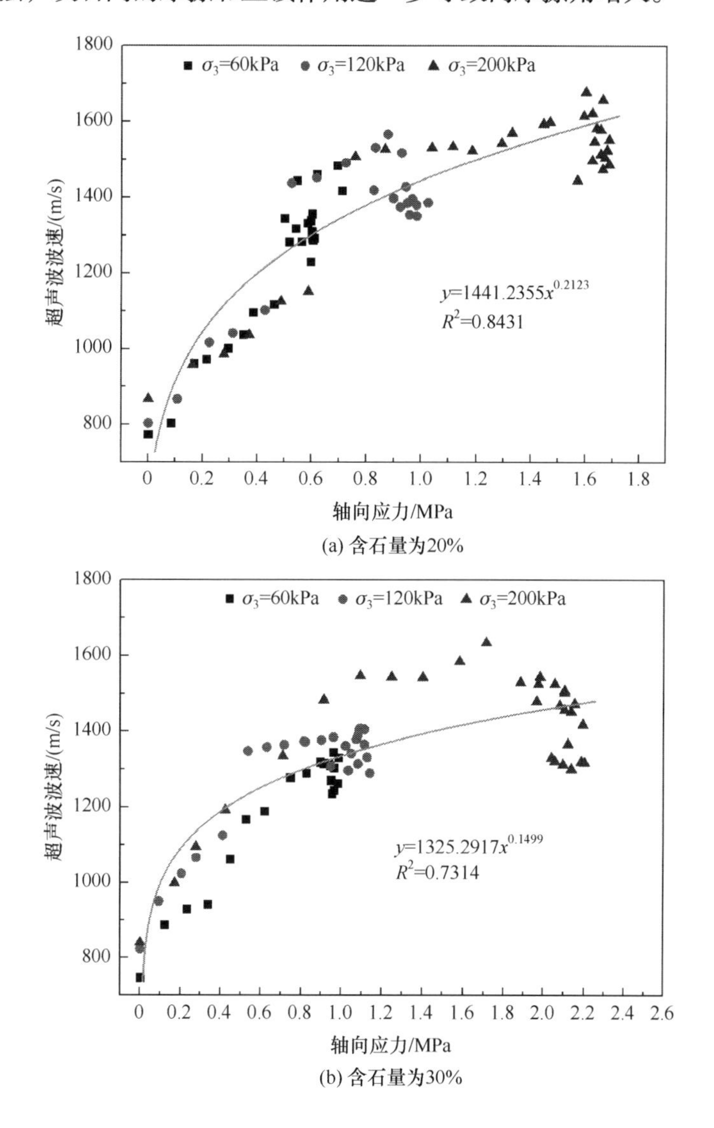

(a) 含石量为20%

(b) 含石量为30%

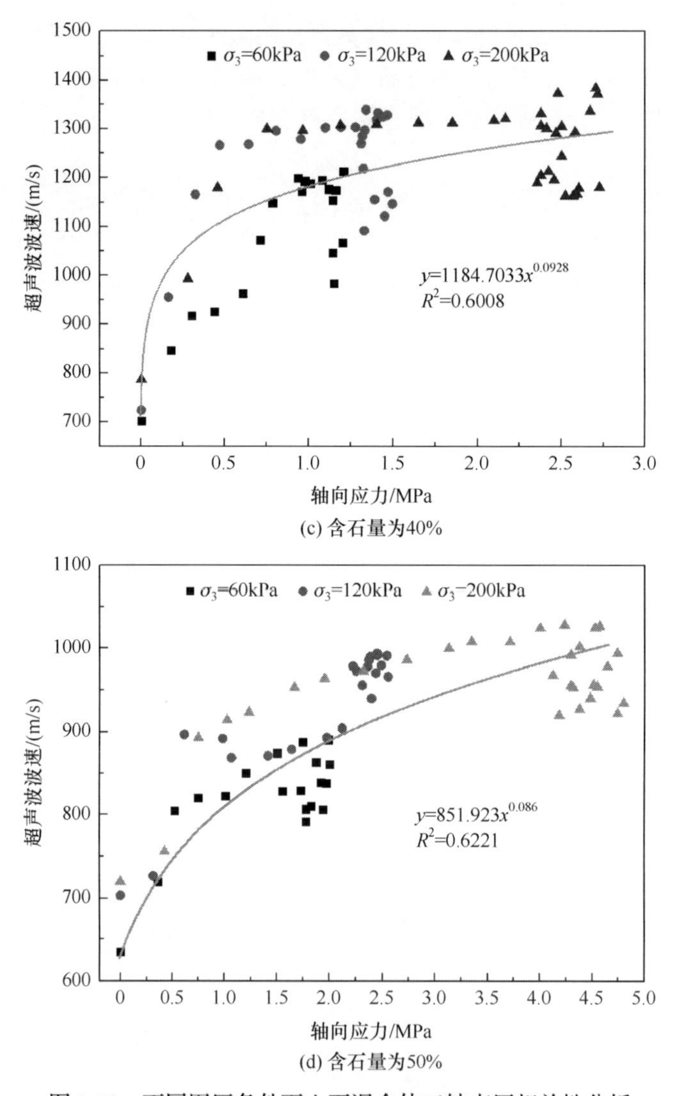

(c) 含石量为40%

(d) 含石量为50%

图 3-59　不同围压条件下土石混合体三轴声压相关性分析

3.8.4　土石混合体破坏形态分析

图 3-61 为土石混合体试样的破坏形态和表面裂纹示意图。随着土石混合体中块石比例的增加，试样的破坏模式由剪切破坏向鼓胀破坏转变。土石混合体的破坏过程是土体和块石颗粒的重新排列过程。在此过程中，块石和土体基质以其各自不同的方式承受轴向荷载，抵抗变形。含石量是影响土石混合体破坏形态的一个最重要因素，随着含石量的增加，应力跳跃(超声波波速波动)现象越来越明显，块石间的互锁作用导致试样的侧向变形和相应的鼓胀变形破坏。

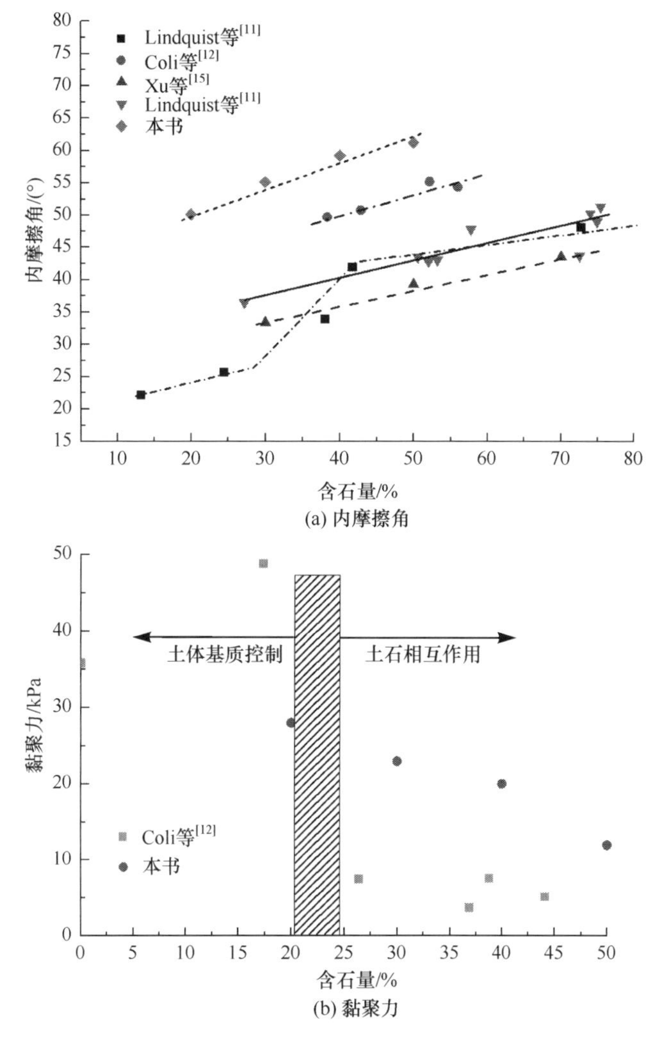

(a) 内摩擦角

(b) 黏聚力

图 3-60　土石混合体试样的抗剪强度参数随含石量的变化关系

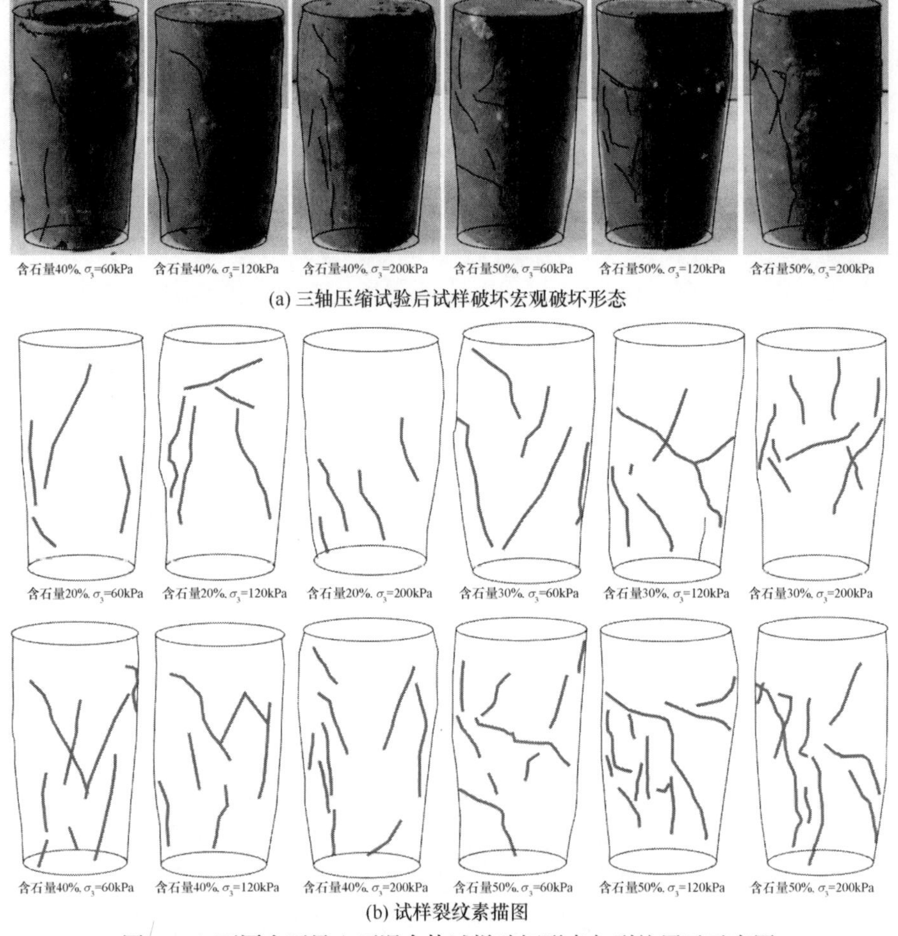

(a) 三轴压缩试验后试样破坏宏观破坏形态

(b) 试样裂纹素描图

图 3-61　不同含石量土石混合体试样破坏形态与裂纹展示示意图

3.9　干燥试样拉伸劈裂实时超声波试验研究

3.9.1　土石混合体间接拉伸声压特性测试方法介绍

试验中采用的基质土体为黏性土，通过电子显微镜扫描和 X 射线衍射测试，获得了典型基质土体的表面形貌及矿物组成和含量。电子显微镜扫描可以观察到许多被黏土矿物包裹的不规则棒状石英颗粒，大部分颗粒大小为 0.001～0.003mm。通过 X 射线衍射测试得到了土体的矿物组成，土体基质中存在大量黏土矿物，如蒙脱石(61.51%)、高岭石(26.73%)、伊利石(6.26%)和绿泥石(5.5%)。试验中所用块石为白色大理岩碎石，颗粒尺寸小于 5mm。

采用重塑土石混合体进行间接拉伸超声波测试，根据《土工试验规程》(YS/T

5225—2016)[16]，当制备直径为 50mm、高度为 100mm 的圆柱体时，土体基质和块石颗粒阈值为 2mm，块石直径应小于试样高度的 1/10(即 10mm)。样品制备采用常用的击实制样法[17-19]，根据密实度与锤击数的关系，确定最佳锤击数，如图 3-62 所示。在制备过程中，需要在土体和块石混合物中加入一定量的水，根据压实曲线，确定最佳含水量为 9.5%。将块石与土体基质按一定比例混合，密封在容器中，静置 24h，以保证水分在混合物中均匀分布。然后，根据设计的含石量，在搅拌器中将所需要的土体和块石混合均匀。然后，将混合物倒入直径为 50mm、高度为 100mm 的钢模筒中，用标准击实仪分三层压实。如图 3-62(a)所示，

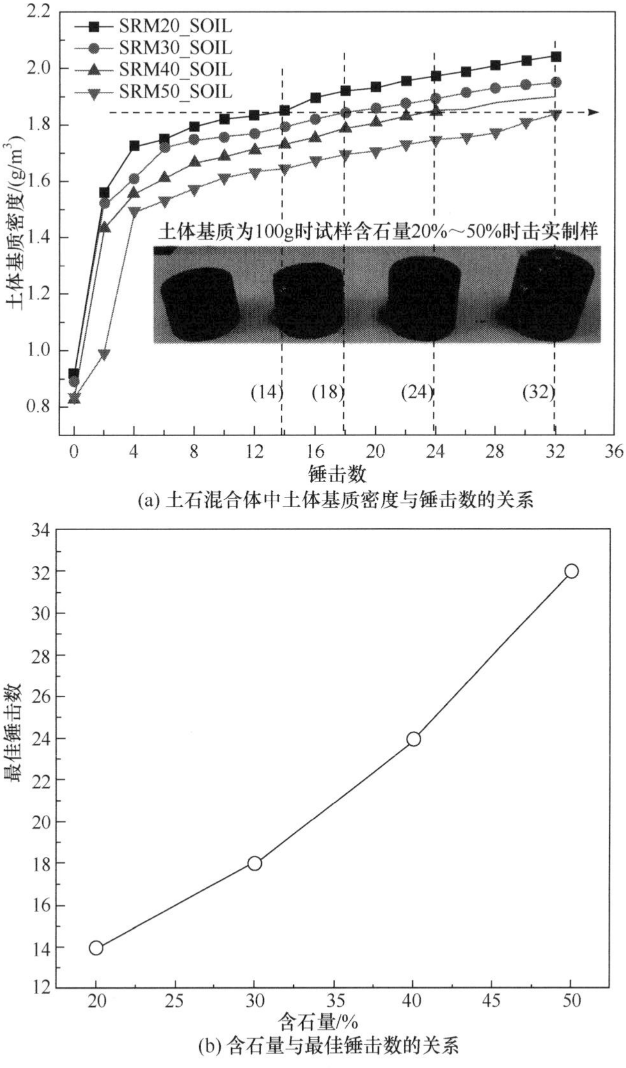

(a) 土石混合体中土体基质密度与锤击数的关系

(b) 含石量与最佳锤击数的关系

图 3-62　不同含石量试样最佳锤击计数的确定

含石量为 20%～50%的土石混合体试样中土体基质密度随锤击数的增加而增大。为使土石混合体试样保持相同的密度，我们画一条虚线与图 3-62(a)中的曲线相交，确定横坐标值为最佳锤击数。如图 3-62(b)所示，土石混合体试样的最佳锤击数确定为 14 次、18 次、24 次和 32 次。

测试系统是专门为本次测试而设计的，包括一台伺服控制的测试机、一台超声波测试仪、一对超声波换能器(f=200kHz)和一套为此测试而专门设计的劈裂夹具，如图 3-63 所示。轴向力由应力传感器测量，轴向力可由各加载点的载荷控制器获得，其精度为 0.01kN。试验中采用精度为 0.001mm 的千分尺测量轴向变形。超声波探测器可以准确地记录波信号，具有良好的精度，可以提供 1000V 的最大电压，峰值持续时间为 20～200μs。在整个试验中，采样长度为 1024，采样间隔时间为 0.1μs，每个脉冲的到达时间为 0.05μs。超声波波速可由发射换能器与接收换能器之间的距离和超声走时计算得到，具体如下：

$$\mathrm{UPV}(L, t)=L/t \tag{3-22}$$

其中，UPV(L, t)为超声波通过土石混合体试样的波速；L 为接收换能器与发射换能器之间的距离；t 为超声波通过试样的传播时间。

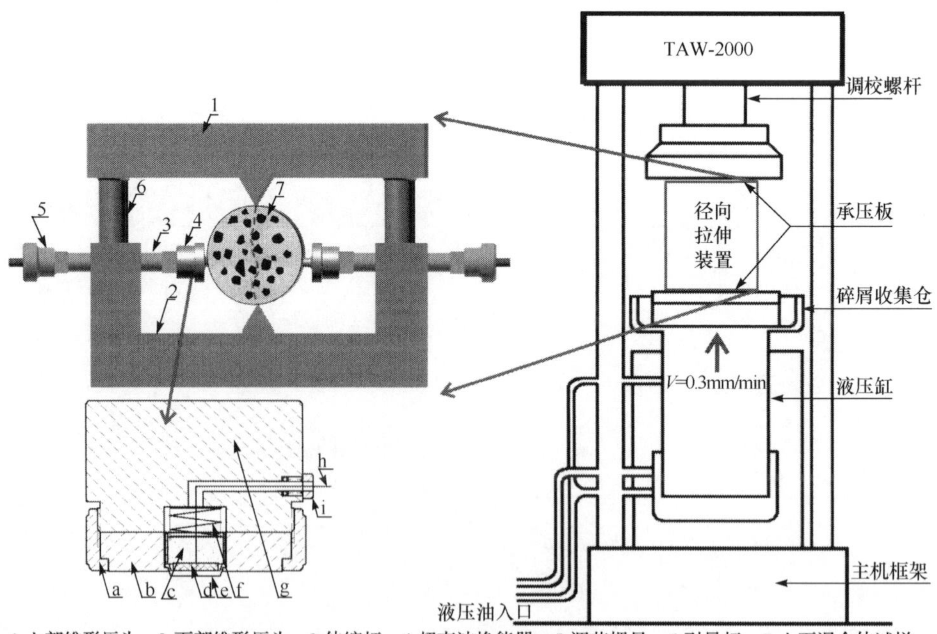

1-上部锥形压头；2-下部锥形压头；3-伸缩杆；4-超声波换能器；5-调节螺母；6-引导杆；7-土石混合体试样；a-锁紧环；b-底板；c-钨粉后配层；d-压电陶瓷片；e-换能器底壳；f-弹簧；g-圆柱基座；h-密封顶丝；i-电缆

图 3-63　土石混合体径向劈裂试验实时超声测试系统

岩土体间接拉伸最常用的方法是径向劈裂试验，也称为巴西试验，它被认为是一种间接强度测试最有效的试验方法[20-24]。该专用夹具的工作原理与巴西试验夹具相同，其目的是实现土石混合体在压应力作用下产生拉张应力。试验过程中，在两个压缩锥板之间水平放置一个圆柱形试样(图 3-63)。根据弹性理论，得到土石混合体试样的劈裂应力为

$$\sigma_{\mathrm{t}} = 2Q/(\pi DL) = 0.637Q/(DL) \tag{3-23}$$

其中，Q 为轴向荷载，N；D 为试样直径，m；L 为试样长度，m。

Davies 等[25]利用有限元法，基于线性弹性理论证明了式(3-23)的可靠性。实际上，当使用式(3-23)时，他假定被测材料是均匀的和各向同性的，试样破坏时，圆盘试样中心处的劈裂拉伸应力分布与加载直径垂直，裂纹从试样中心开始，沿加载方向向外扩展。

3.9.2　土石混合体拉伸破裂过程研究思路

本节研究土石混合体在劈裂荷载作用下的宏细观破坏机理。首先，以 0.3mm/min 的恒定速率加载试样，直至试样失效，在此过程中记录劈裂应力、位移和超声波参数(如速度、衰减系数等)。试样破坏后，观察破坏形态，研究超声波波速、劈裂应力与位移的关系。此外，Wang 等[26,27]研究了裂缝宽度与劈裂应力之间的关系。为了研究土石混合体试样在拉伸应力下的力学性质，采用图 3-64 所示的流

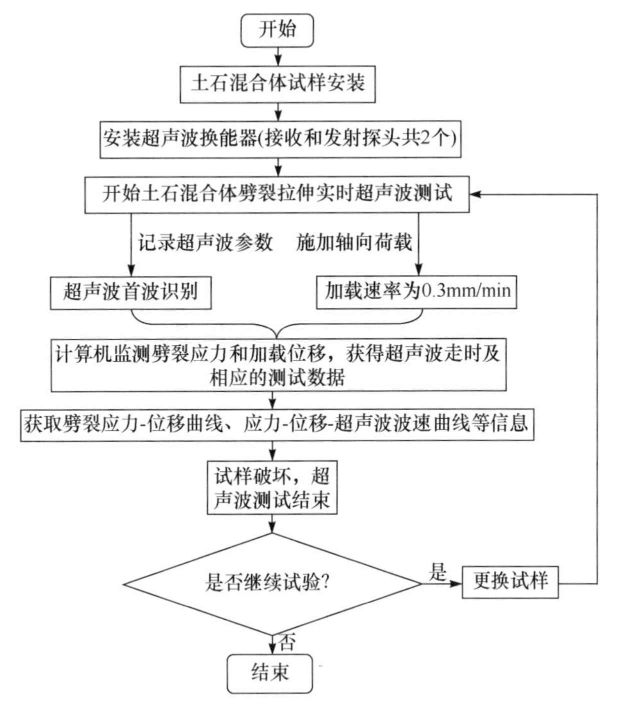

图 3-64　土石混合体试样超声拉伸相关性试验研究技术流程图

程图。在宏观描述的基础上，利用三维激光扫描仪对土石混合体断口进行扫描，获得断口形貌；然后计算破坏面分形维数，研究细观破坏机理。三维激光扫描仪方法比扫描电子显微镜方法有很大的优势，因为扫描电子显微镜方法只能获得断口表面的部分形貌[26]。因此，选择 Win3DS-VM 三维激光扫描仪对试样表面进行扫描(图 3-65)。单张图片扫描距离为 300mm×210mm～100mm×80mm，扫描时间小于 3s。扫描分辨率为 0.04～1.1mm，可以满足试样的平均土粒度。Win3DS-VM 设备的相机分辨率为 130 万像素。

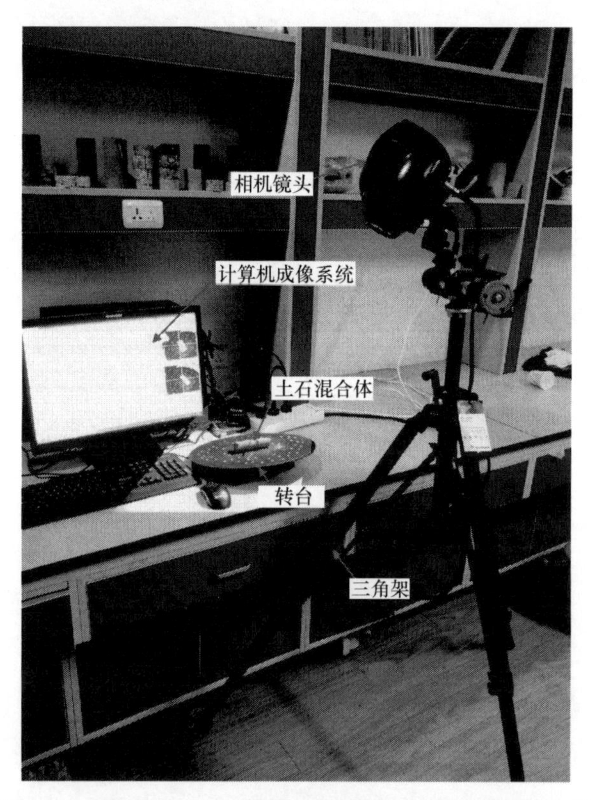

图 3-65　Win3DS-VM 三维激光扫描仪对试样表面进行扫描

3.9.3　劈裂应力-位移曲线

图 3-66(a)为典型土石混合体试样的劈裂应力-加载位移曲线。可以看出，土石混合体试样的劈裂应力随着含石量的增大而减小；随着含石量的增加，峰值加载位移逐渐增大。由于土石混合体试样由土体基质和块石两部分组成，其抗拉能力实际上是由基质土体提供的。随着土石混合体试样含石量的增加，在某一破裂截面上，土体基质与块石的有效接触面积减小，因此劈裂应力也相应减小。对于含石量较少的试样，形成断口形貌较平滑的张拉破裂面。但当含石量较多时，破

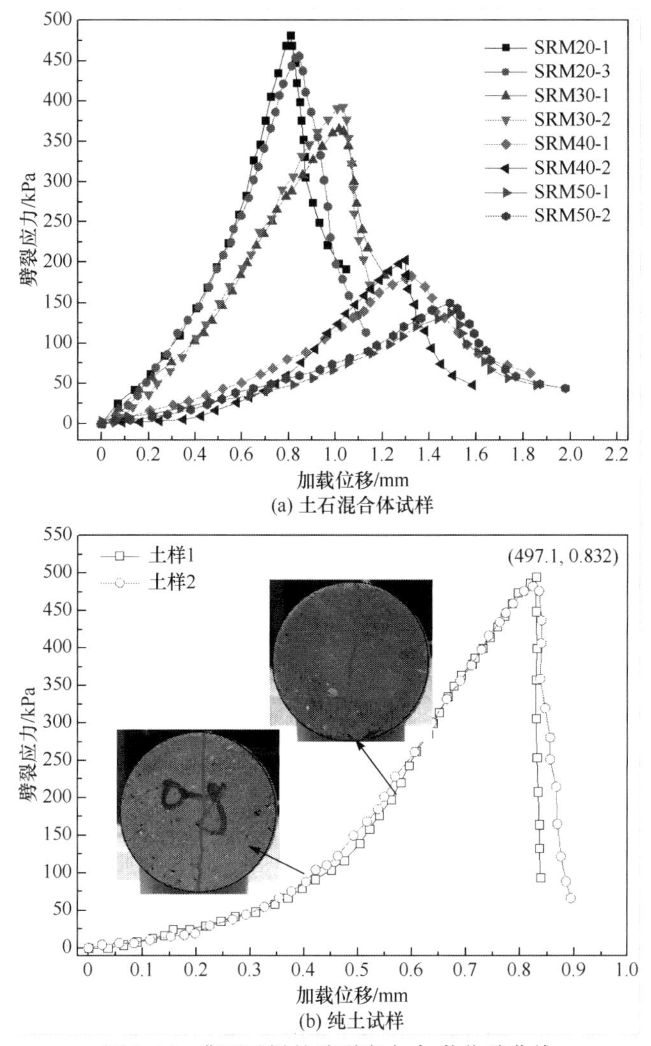

(a) 土石混合体试样

(b) 纯土试样

图 3-66　典型试样的劈裂应力-加载位移曲线

裂面处的裂纹明显不是劈裂裂纹，而表现出剪切张拉耦合特征。需要注意的是，当含石量低于 50%时，土石混合体试样的剪切效应非常小，多为张拉破坏[28]。但在一定的劈裂截面上，土体基质与块石的总接触面积随着含石量的增大而增大，岩土界面处的差异变形和滑动变得严重，在形成相互连接的破坏面之前，总变形量在峰值强度之前缓慢增加。结果表明，含石量为 20%～50%时，土石混合体试样的峰值加载位移增大。相比土石混合体试样，图 3-66(b)为纯土体试样的劈裂应力-荷载位移曲线，试验中土的密实度与土石混合体试样基本相同。可以发现，土样的劈裂应力大于土石混合体试样的劈裂应力。这主要是由土体基质的接触面积不同造成的，土石混合体的劈裂应力主要受土体基质控制，由于土体基质与块石的界面是土石混合体中最薄弱的部分[29]，对于处于弱胶结状态的土石混合体试样，土石界面对土石混合体劈裂应力的贡献可以忽略不计。

3.9.4 劈裂应力-位移-超声波波速曲线

图 3-67 为含石量分别为 20%、30%、40%和 50%时土石混合体试样的典型劈裂应力-位移-超声波波速曲线。由于试样破坏后出现宏观裂纹，无法获得超声波信息，此时停止试验，为此，超声波测试是在峰值劈裂应力之前进行的。如图 3-66 所示，峰值劈裂应力随着含石量的增大而减小，结果表明，土石混合体的抗拉能

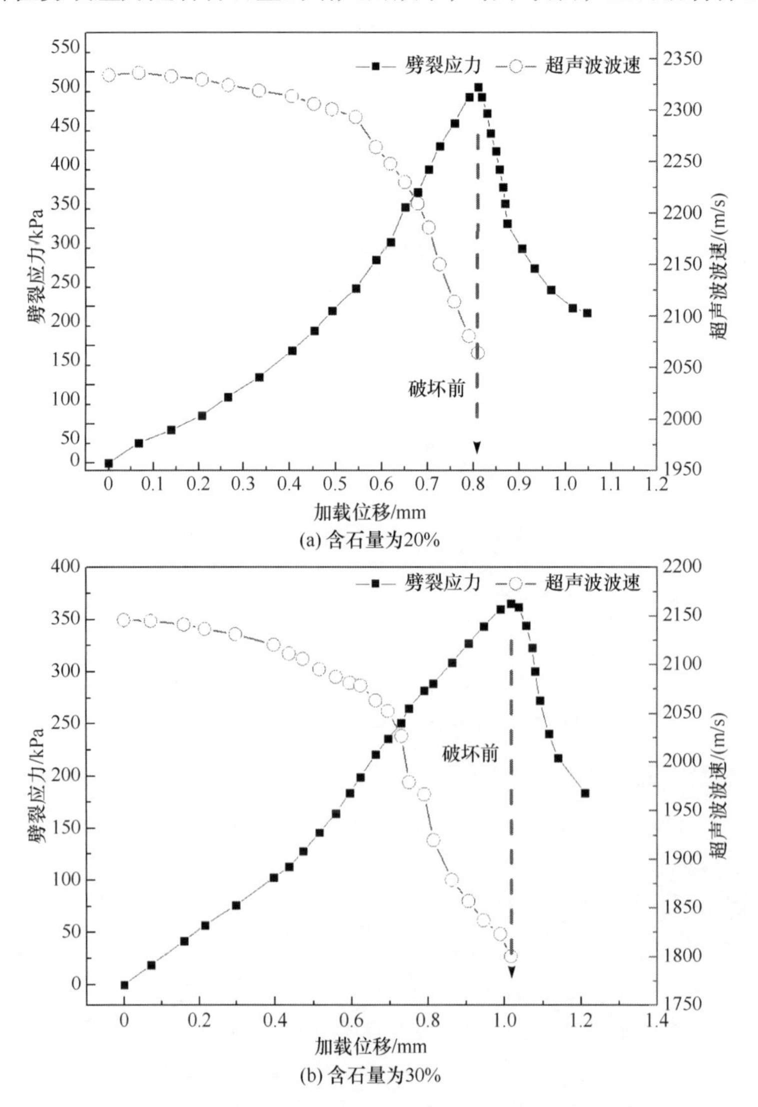

(a) 含石量为20%

(b) 含石量为30%

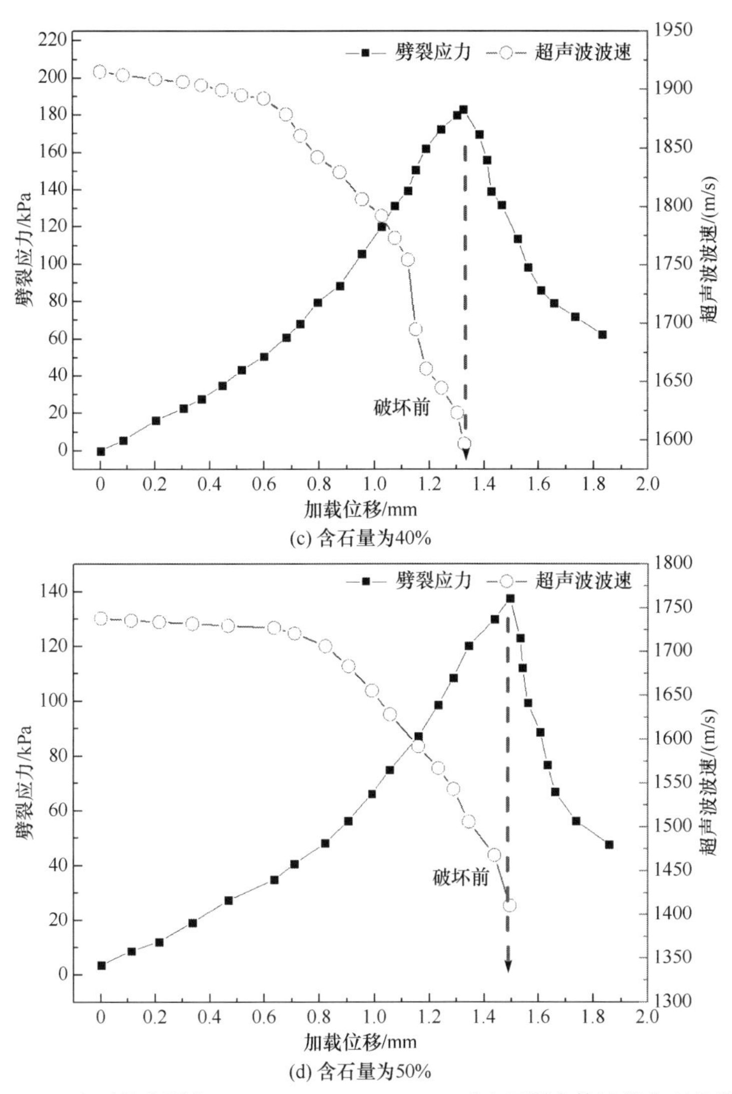

(c) 含石量为40%

(d) 含石量为50%

图 3-67　含石量分别为 20%、30%、40%、50%时土石混合体试样典型的劈裂应力-加载位移-超声波波速曲线

力实际上是由土体基质提供的。在土石混合体试样中加入块石以后，土体基质间的接触面积减小，导致劈裂应力减小。虽然土体基质与岩体接触面积增大，但弱的胶结土石界面对提高试样抗劈裂荷载的能力并不大。在达到峰值位移之前，超声波波速随含石量的增加而减小。由于岩土混合料内部结构的不均匀性、缺陷性和多随机复杂界面性，超声脉冲传播过程中出现的反射和折射现象明显，导致声波传播路径增加，传输能量降低。因此，超声波在试样中的传播时间增加，超声波通过试样后能量变弱。

3.9.5 劈裂拉伸过程声压相关性分析

通过曲线拟合的方法可以研究超声波波速与轴向应力的关系，如图 3-68 所示。利用该方法可以推导出任意地应力水平下土石混合体的超声波波速。为了研究超声波波速与应力的关系，有学者采用线性曲线拟合近似方法，得到了单轴压缩下岩石试样的压力系数[1]；此外，Wang 等[30]利用幂函数拟合方程分别研究了单轴和三轴压缩下基质土体与块石相互作用引起的超声波波速非线性增加，但关于土石混合体材料在劈裂荷载作用下的应力和超声波波速相关性的报道还未曾见过。Wang 等的结果表明，如果采用线性拟合方法，只能拟合相对高应力水平下的试验数据，超声波波速与轴向应力的线性关系较好；然而，由于土体基质与块

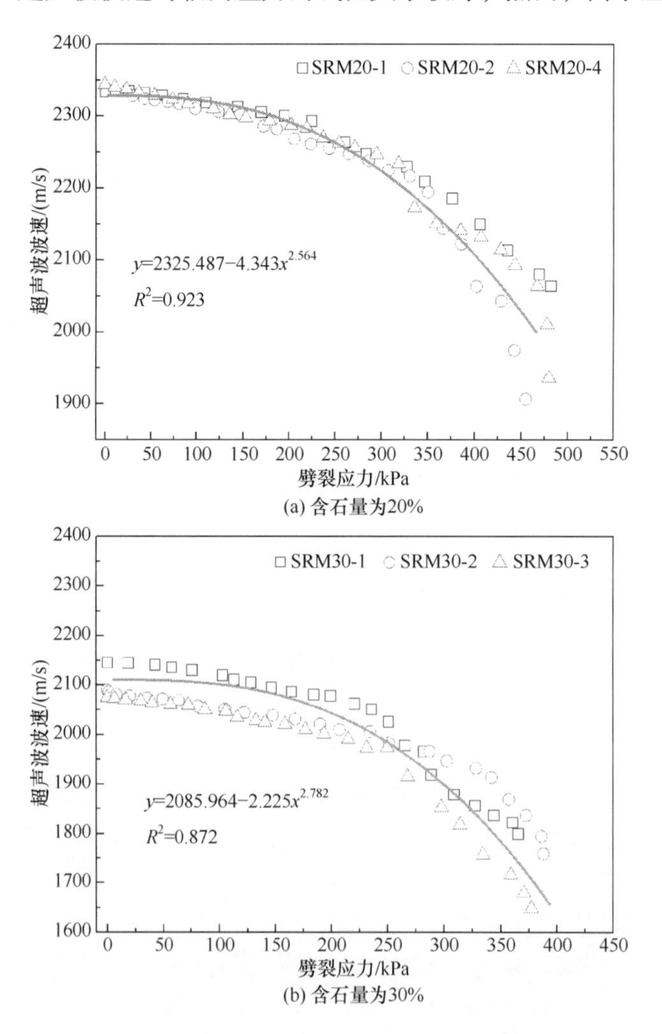

(a) 含石量为20%

(b) 含石量为30%

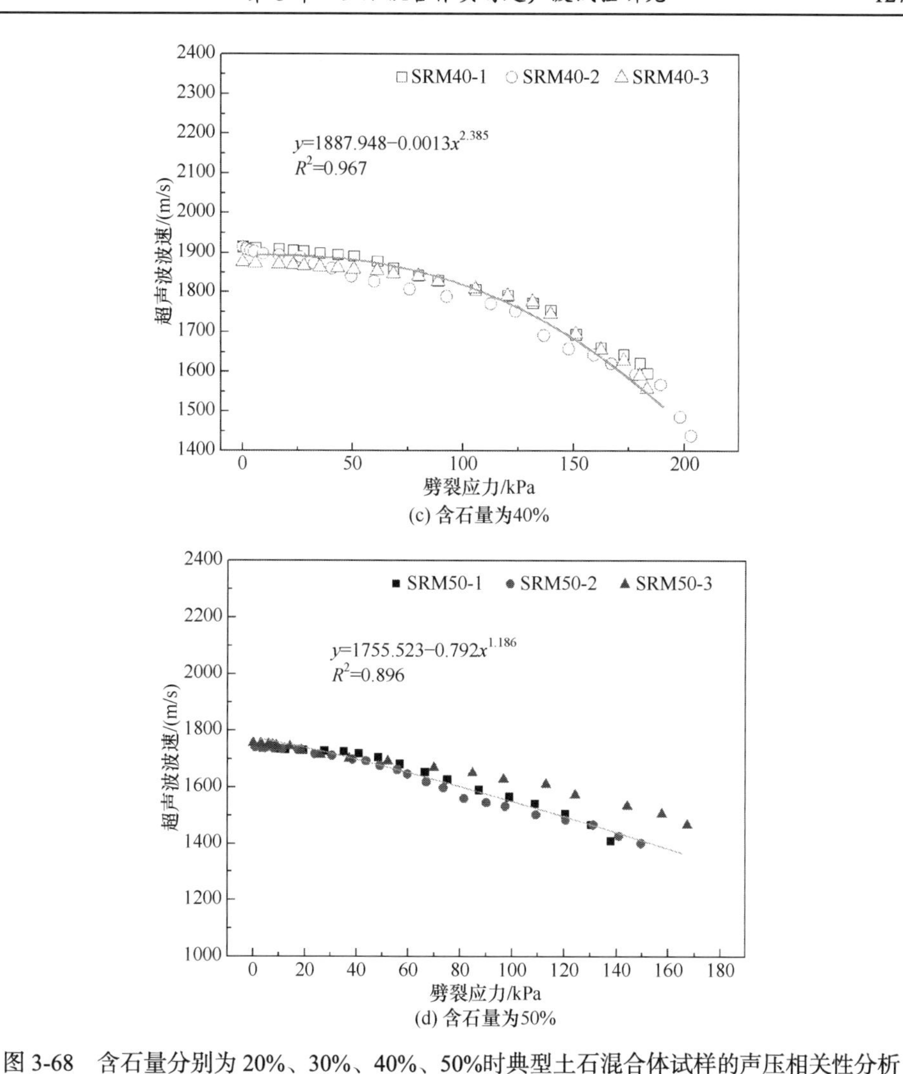

(c) 含石量为40%

(d) 含石量为50%

图 3-68　含石量分别为 20%、30%、40%、50%时典型土石混合体试样的声压相关性分析

石之间的非线性作用，一些试验数据被忽略，不能考虑超声波波速的非线性变化。故本次采用幂函数拟合方程研究超声波波速在劈裂荷载作用下的非线性衰减特性。由表 3-14 所列方程也可以看出，超声波波速随着含石量的增加而减小，这说明岩石块体的存在加剧了试样中超声波的衰减，延长了超声波的传播时间。式中系数 c 表示零劈裂荷载作用下土石混合体的超声波波速，其值与实测结果(2294.233m/s、2033.73m/s、1902.12m/s 和 1764.23m/s)基本一致，进一步证明了采用幂函数研究超声波波速与劈裂应力拟合关系的可靠性。

表 3-14　典型试样超声波波速与加载应力关系的拟合结果

试样编号	含石量/%	应力/MPa	$V_P=c-ax^b$			R^2
			a	b	c	
SRM20-1	20	0.484	4.343	2.564	2325.487	0.923
SRM30-1	30	0.366	2.225	2.782	2085.694	0.872
SRM40-1	40	0.187	0.0013	2.385	1887.948	0.967
SRM50-1	50	0.137	0.792	1.186	1755.532	0.896

3.9.6　裂纹损伤演化过程

在劈裂加载过程中，土石接触处岩石块体周围发生了拉伸断裂。由于在土石界面处的软弱胶结特性，界面的抗拉强度低于土体基质，裂纹在土石界面处萌生。随着荷载和位移的增加，土体基质开始发生相应的断裂。因此，裂纹的演化可分为两个典型阶段：①裂纹起裂于土石界面；②裂纹向土体基质中扩展。已有的研究表明，超声波波速的变化可定量描述土石混合体在劈裂荷载作用下的宏观破坏形态，揭示裂纹的扩展过程，即裂缝宽度。根据 Wang 等的研究成果，裂纹累计宽度的计算公式为[27,30]

$$w=L\left(\frac{1}{V}-\frac{1}{V_0}\right)\Big/\left(\frac{1}{V_a}-\frac{1}{V_0}\right) \tag{3-24}$$

其中，w 为裂纹累计宽度；V 为任意应力水平下土石混合体中的超声波速度；V_0 为土石混合体中的初始速度；V_a 为声波在空气中的传播速度，取 340m/s；L 为垂直于加载方向的试样横向长度。

图 3-69 分别绘制了典型试样 SRM20-1、SRM30-1、SRM40-1 和 SRM50-1 的裂纹累计宽度与劈裂应力的关系。从图中曲线斜率的变化可以看出，随着劈裂应力的增加，裂纹累计宽度先趋于稳定后急剧增加，该图清晰地描述了裂纹的演化规律，将裂纹的演化分为两个典型阶段：

(1) 土石界面开裂和裂纹稳定增长阶段。该阶段裂纹扩展是由于土体基质与块石在接触界面处的弱胶结特性。在块石与土体的接触部位，拉应力导致裂纹绕块体扩展，试样发生扭转破坏，一些剪切分支裂纹扩展到邻近土体基质中，从而影响试样的破裂形态。

(2) 裂纹加速扩展并向土体基质扩展阶段。当试样接近极限强度时，由于第一阶段产生的微裂纹相互联结，裂纹不稳定扩展，最终形成宏观裂纹。

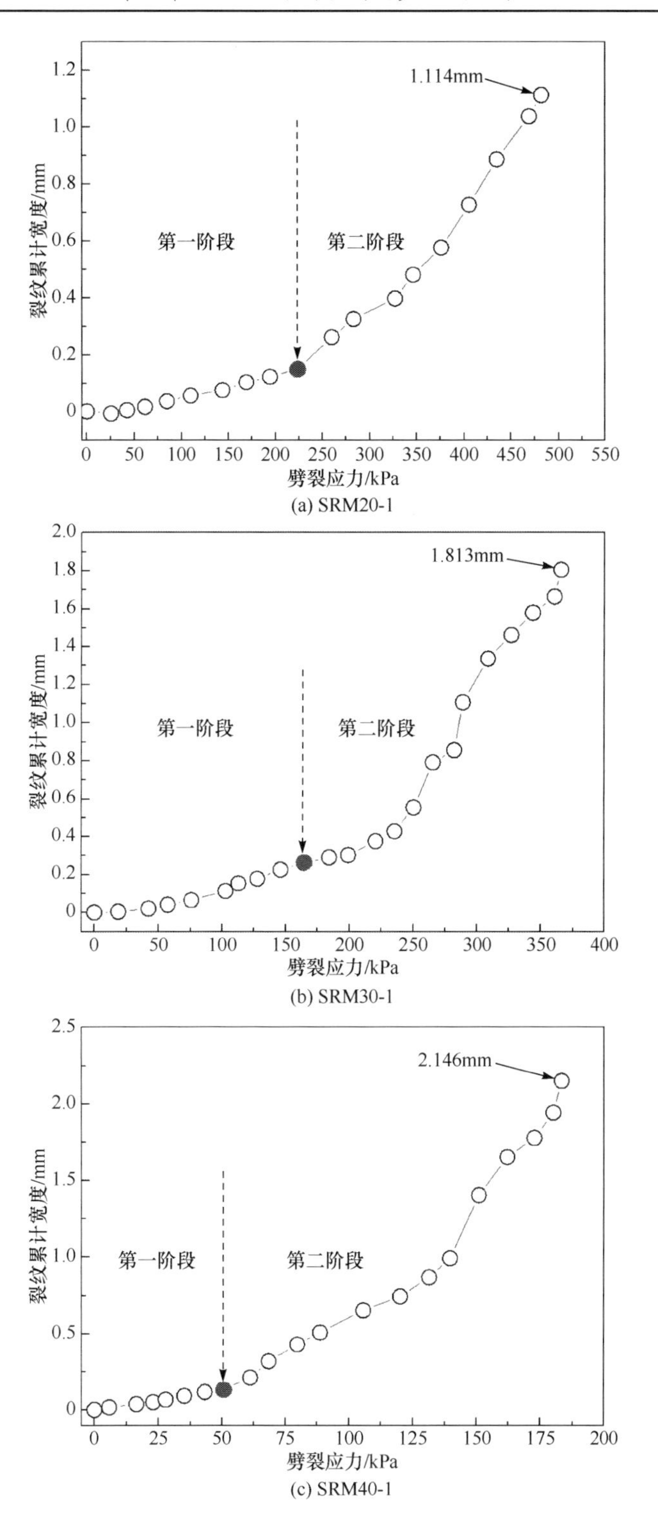

(a) SRM20-1

(b) SRM30-1

(c) SRM40-1

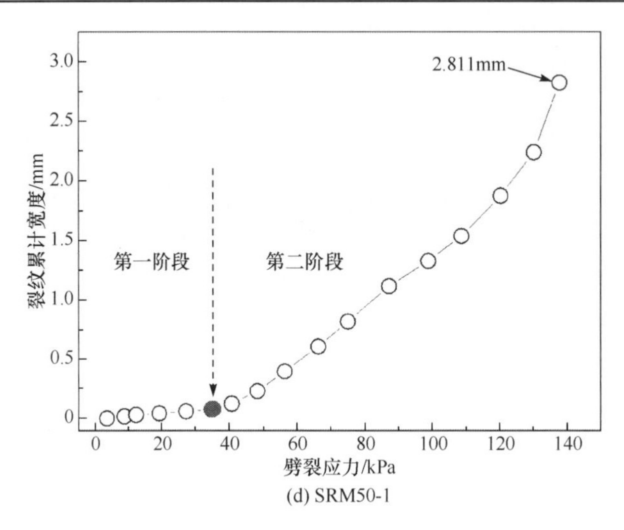

(d) SRM50-1

图 3-69　含石量分别为 20%、30%、40%、50%时典型土石混合体试样裂纹累计宽度与劈裂应力的关系

块石的存在明显地改变了土石混合体的应力分布，随着加载位移的增加，主要产生拉伸裂纹，其次是剪切裂纹。裂纹累计宽度与含石量密切相关，且随着含量的增大而增大。所研究的典型试样的最大裂纹宽度分别为 1.114mm、1.813mm、2.146mm 和 2.811mm。曲线上拐点对应裂纹萌生应力(定义为土石混合体中应力诱导损伤的第一阶段，这一阶段裂纹萌生于土石混合体中最薄弱的岩土界面处)。从图 3-69 可以看出，随着含石量的增加，裂纹萌生应力减小。

3.9.7　劈裂拉伸作用下破裂面宏细观形态研究

对试验后试样断口处的宏观裂纹进行提取和分析，如图 3-70 所示。试验结果表明，在基质土体与块石的接触处，岩石块体周围存在拉伸断裂，可以观察到两种类型的裂纹，它们是主要的拉伸裂纹和次生剪切裂纹。从断口形貌上可以归纳出拉伸破坏和拉剪混合破坏两种破坏模式。如图 3-70 所示，随着含石量的增大，主裂纹的弯曲程度增大。当含石量为 50%时，裂纹的弯曲程度最为明显；当含石量为 20%时，主裂纹要相对平直。岩石块体的存在明显地改变了混合物的应力分布。在外荷载作用下，混合料块体与土体基质之间的岩土界面处应力集中[27-30]。此外，岩体的刚度大于土体的刚度，因此岩石块体能够更好地承受施加到土基上的荷载所产生的力，结果产生了差异变形，岩石块体与细颗粒之间的界面区域成为混合料内部的薄弱区域，裂纹开始萌生和扩展，造成不同程度的内部变形，直至土体基质最终破坏。

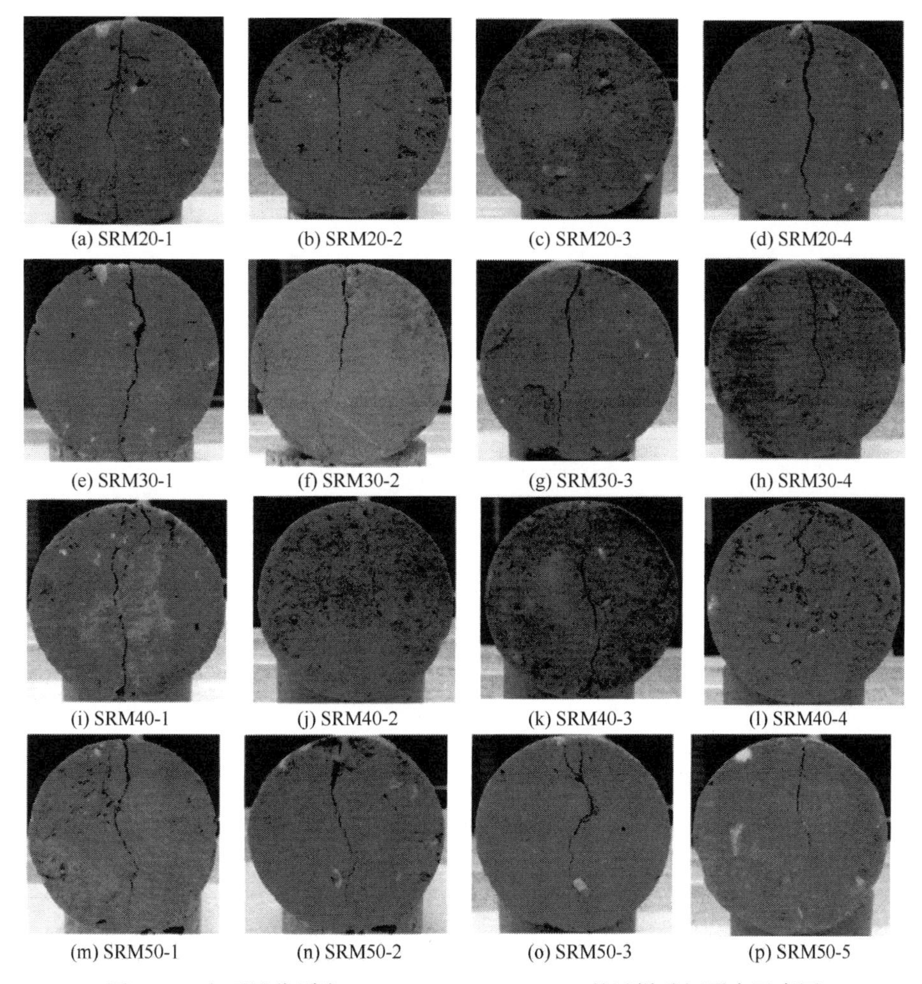

(a) SRM20-1　(b) SRM20-2　(c) SRM20-3　(d) SRM20-4

(e) SRM30-1　(f) SRM30-2　(g) SRM30-3　(h) SRM30-4

(i) SRM40-1　(j) SRM40-2　(k) SRM40-3　(l) SRM40-4

(m) SRM50-1　(n) SRM50-2　(o) SRM50-3　(p) SRM50-5

图 3-70　含石量分别为 20%、30%、40%、50%的试样破坏形态示意图

在间接劈裂荷载作用下，四种不同压差的土石混合体模型中，压差的变化和岩块的相对位置控制着主裂缝的弯曲程度。从图 3-71 中可以看出，试样并没有出现均质脆性土和岩石材料中那样的锐裂破坏面，而是出现了一条或多条弯曲裂

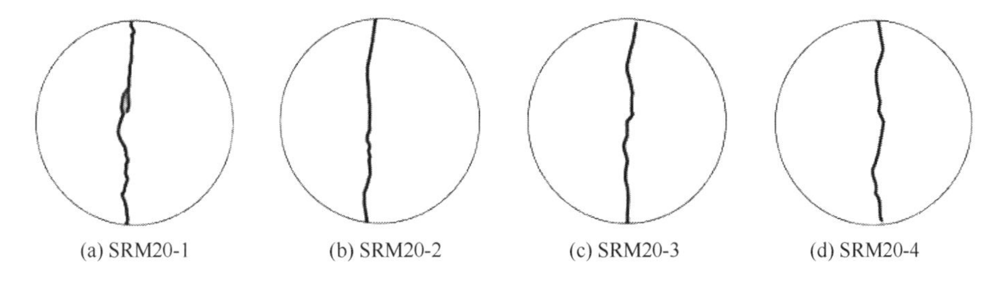

(a) SRM20-1　(b) SRM20-2　(c) SRM20-3　(d) SRM20-4

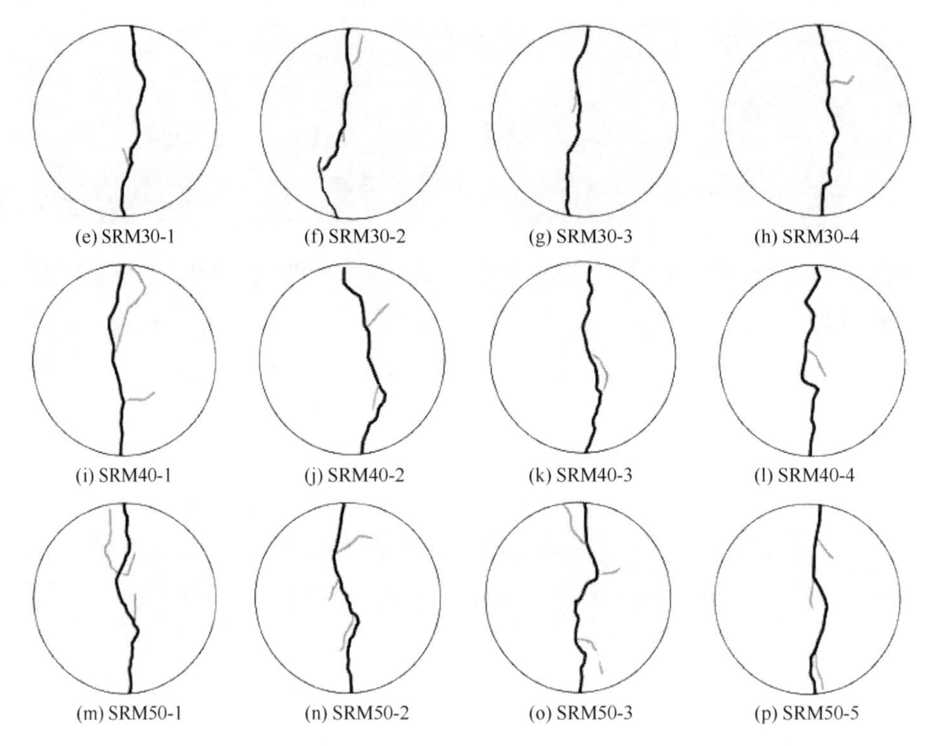

图 3-71　含石量分别为 20%、30%、40%、50%的试样裂纹素描图

缝。此外，含石量的增加改变了试样中合成裂缝的总体形态。试验过程中，裂缝从岩土界面处开始扩展，裂缝通过基体传播。粗糙的岩石块阻止了裂纹的扩展，产生了弯曲和裂纹的分支。该试验结果与 Afifipour 等[28]的数值结果一致。

深入了解断裂面的形貌对于更好地理解细观破坏机理是很重要的。利用三维激光扫描仪对土石混合体的断口进行扫描，获得断口形貌，并对断口形貌进行宏观描述。扫描完成后，利用 Geomagic-studio 软件包将原始坐标数据点重构为数字副本。从每个试样的整个断裂面得到一个大于 300000 个数据点的二值体(数字副本)。从每个试样中选取 50mm×100mm(150000 个数据点)的矩形采样窗口，表征其表面粗糙度。试样断口扫描结果如图 3-72 所示。

采用 Zhou 等[31]提出的立方覆盖法，得到断口的断裂尺寸为

$$N(\delta)=\sum_{i,j=1}^{n-1}N_{i,j} \tag{3-25}$$

其中，$N(\delta)$为覆盖整个表面裂缝所需数据点个数；δ 为网格单元大小。如果断裂表面似乎是一个分形，$N(\delta)$和 δ 的关系为

$$N(\delta)=\delta^{-D} \tag{3-26}$$

其中，D 为裂缝面分形维数。通常采用分形维数 D 描述断裂表面粗糙度随应变率增加而变化的情况。

图 3-72　试样断口扫描结果

立方覆盖法避免了对断裂面上四个点围成的真实面积进行近似估计的问题，它被认为是一种比三角棱镜表面积和射影覆盖法更可靠的直接测定断裂面分形维数的方法[32,33]。图 3-73 为双对数坐标系下，典型土石混合体试样破裂面的分形维数计算结果。可以看出，随含石量的增加，断口的分形维数增大。含石量与分形维数呈幂函数关系，相关系数为 0.9987。结果表明，在含石量较低的情况下，断口由张拉破坏形成，断口相对光滑。随着含石量的增加，裂缝表面由混合拉伸破坏和剪切破坏形成；土体基质中形成多个局部剪切破坏面。岩体与土体基质之间的相互作用导致裂隙表面粗糙度增加。

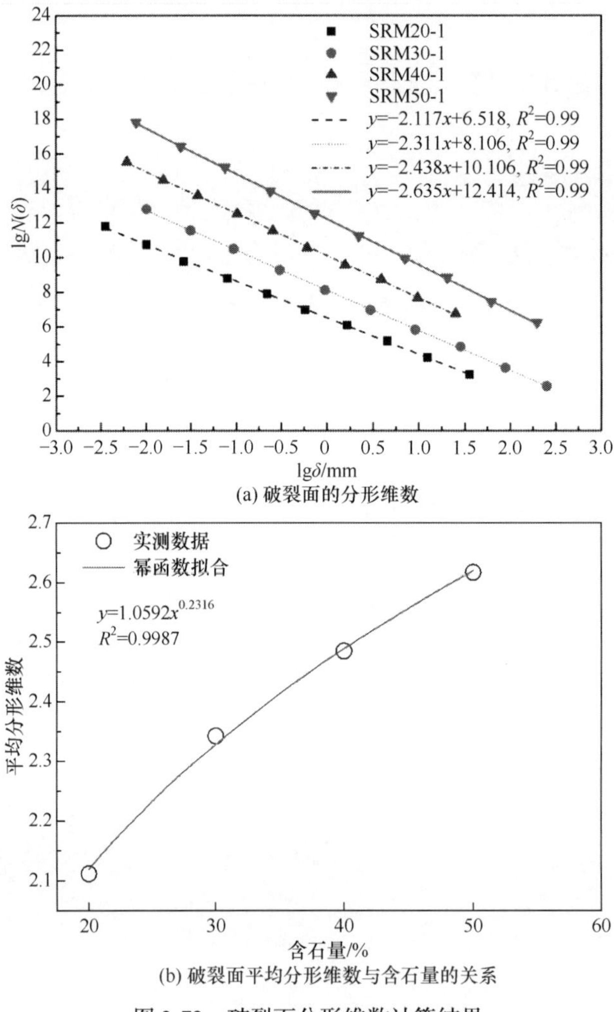

(a) 破裂面的分形维数

(b) 破裂面平均分形维数与含石量的关系

图 3-73　破裂面分形维数计算结果

参 考 文 献

[1] Kem H, Tubia J M. Pressure and temperature dependence of P-and S-wave velocities, seismic anisotropy and density of sheared rocks from the Sierra Alpujata massif(Ronda peridotites, Southern Spain)[J]. Earth and Planetary Science Letters, 1993, 119(1-2): 191-205.

[2] Wyllie M R J, Gregory A R, Gardner L W. Elastic wave velocities in heterogeneous and porous media[J]. Geophysics, 1956, 21(1): 41-70.

[3] Berryman J G. Long-wavelength propagation in composite elastic media I. Spherical inclusions[J]. The Journal of the Acoustical Society of America, 1980, 68(6): 1809-1819.

[4] Digby P J. The effective elastic moduli of porous granular rocks[J]. Journal of Applied Mechanics, 1981, 48(4): 803-808.

[5] Walton K. The effective elastic moduli of a random packing of spheres[J]. Journal of the Mechanics and Physics of Solids, 1987, 35(2): 213-226.
[6] Hudson J A. Overall elastic properties of isotropic materials with arbitrary[J]. Geophysical Journal International, 1990, 102(2): 465-469.
[7] Winkler K W. Seismic attenuation: Effects of pore fluids and frietional sliding[J]. Geophysics, 1998, 47(1): 1-15.
[8] Zhao M J, Wu D L. Ultrasonic properties of rock under loading and unloading: Theoretical model and experimental research[J]. Chinese Journal of Geotechnical Engineering, 1999, 21(5): 541-545.
[9] Zhai X J. The experimental research of ultrasonic characteristics for rock under uniaxial load[D]. Chengdu: Chengdu University of Technology, 2008.
[10] Wang Y, Li X, Hu R L, et al. Experimental study of the ultrasonic and mechanical properties of SRM under compressive loading[J]. Environmental Earth Sciences, 2015, 74(6): 5023-5037.
[11] Lindquist E S, Goodman R E. The strength and deformation properties of a physical model[C]//Proceedings of the 1st North American Rock Mechanics Conference, Rotterdam, 1994: 843-850.
[12] Coli N, Berry P, Boldini D. In situ non-conventional shear tests for the mechanical characterisation of a bimrock[J]. International Journal of Rock Mechanics and Mining Sciences, 2011, 48(1): 95-102.
[13] Sonmez H, Tuncay E, Gokceoglu C. Models to predict the uniaxial compressive strength and the modulus of elasticity for Ankara Agglomerate[J]. International Journal of Rock Mechanics and Mining Sciences, 2004, 41(5): 717-729.
[14] Sonmez H, Gokceoglu C, Medley E W, et al. Estimating the uniaxial compressive strength of a volcanic bimrock[J]. International Journal of Rock Mechanics and Mining Sciences, 2006, 43(4): 554-561.
[15] Xu W J, Xu Q, Hu R L. Study on the shear strength of soil-rock mixture by large scale direct shear test[J]. International Journal of Rock Mechanics and Mining Sciences, 2011, 48(8): 1235-1247.
[16] 中华人民共和国工业和信息化部. 土工试验规程(YS/T 5225—2016)[S]. 北京: 中国计划出版社, 2016.
[17] Rücknagel J, Gotze P, Hofmann B, et al. The influence of soil gravel content on compaction behaviour and pre-compression stress[J]. Geoderma, 2013, 3: 226-232.
[18] Wang Y, Li X. Experimental study on cracking damage characteristics of a soil and rock mixture by UPV testing[J]. Bulletin of Engineering Geology and the Environment, 2015, 74(3): 775-788.
[19] Wang Y, LI X, Wu Y F, et al. Experimental study on meso-damage cracking characteristics of RSA by CT test[J]. Environmental Earth Sciences, 2015, 73(9): 5545-5558.
[20] Akazawa T. New test method for evaluating internal stress due to compression of concrete: the splitting tension test[J]. Journal of Japan Society of Civil Engineers, 1943, 29: 777-787.
[21] Fairhurst C. On the validity of the 'Brazilian' test for brittle materials[J]. International Journal of Rock Mechanics and Mining Sciences & Geomechanics Abstracts, 1964, 1(4): 535-546.

[22] ISRM. Suggested methods for determining tensile strength of rock materials[J]. International Journal of Rock Mechanics and Mining Sciences & Geomechanics Abstracts, 1978, 15(3): 99-103.

[23] Markides C F, Pazis D N, Kourkoulis S K. The Brazilian disc under non-uniform distribution of radial pressure and friction[J]. International Journal of Rock Mechanics and Mining Sciences, 2012, 50: 47-55.

[24] Jiang X G, Cui P, Ge Y G. Effects of fines on the strength characteristics of mixtures[J]. Engineering Geology, 2015, 198: 78-86.

[25] Davies J D, Bose D K. Stress distribution in splitting tests[J]. ACI Journal, 1968, 65: 662-669.

[26] Wang Y, Li X, Zheng B, et al. Macro-meso failure mechanism of soil-rock mixture at medium strain rates[J]. Géotechnique Letters, 2016, 6(1): 28-33.

[27] Wang Y, Li X. Experimental study on cracking damage characteristics of a soil and rock mixture by UPV testing[J]. Bulletin of Engineering Geology and the Environment, 2015, 74(3): 775-788.

[28] Afifipour M, Moarefvand P. Failure patterns of geomaterials with block-in-matrix texture: Experimental and numerical evaluation[J]. Arabian Journal of Geosciences, 2014, 7(7): 2781-2792.

[29] Wang Y, Li X, Zhang B, et al. Meso-damage cracking characteristics analysis for rock and soil aggregate with CT test[J]. Science China Technological Sciences, 2014, 57(7): 1361-1371.

[30] Wang Y, Li X, Zheng B, et al. Real-time ultrasonic experiments and mechanical properties of soil and rock mixture during triaxial deformation[J]. Géotechnique Letters, 2015, 5(4): 281-286.

[31] Zhou H W, Xie H. Direct estimation of the fractal dimensions of a fracture surface of rock[J]. Surface Review and Letters, 2003, 10(5): 751-762.

[32] Clarke K C. Direct fractal measurement of fracture surfaces[J]. Computers and Geosciences, 1986, 12: 713-717.

[33] Xie H P, Wang J A, Stein E. Direct fractal measurement and multifractal properties of fracture surfaces[J]. Physics Letters A, 1998, 242 (1-2): 41-50.

第 4 章　土石混合体实时 CT 扫描试验研究

4.1　概　　述

土石混合体作为一种典型的两相颗粒材料，由粗粒相和细粒相组成，颗粒材料表现出与单个颗粒相互接触作用相关的多尺度行为，目前对变形破坏过程中粗细颗粒之间及细颗粒内部表现出的变形破坏特征还没有开展过系统的专门研究。在应力作用下颗粒结构引起复杂的、与应力有关的不同力学响应及变形规律，多表现为局部各向异性的变形破坏现象。现阶段可采用多种力学模型来描述颗粒材料的力学特性，包括高阶连续介质方法，如应变局部化、离散元模型等尝试着从颗粒尺度模拟颗粒系统等。然而，这些模型需要在适当的尺度，由试验结果提供表征控制颗粒材料力学响应的描述，以提供模型正确的输入参数。遗憾的是，传统的试验方法不能为细观模型提供必要的试验数据，更不能建立由宏观到细观的定量关系，它们能提供的信息仅局限于宏观尺度上的响应，不能提供材料内部结构演化及变形力学特征上的信息，如剪切带的发展、单个颗粒的运动及岩土介质损伤开裂等。近十年来，X 射线 CT 技术被用于分析天然岩石材料的三维颗粒分布和孔隙分布，已经呈现出大量的研究成果[1-4]。除了天然岩石材料外，X 射线 CT 技术同样被应用于类岩石材料，如石灰膏和混凝土[5, 6]。不少学者在将 X 射线 CT 技术分析岩土类材料的损伤、裂纹等方面提出了许多定性[7]或定量[8]的关系描述方法，对材料细观结构和裂纹演化起到了积极的推动作用[9]。然而，将 CT 技术应用于土石混合体材料的研究却很少，只有采用可视化技术手段，打开土石混合体内部的黑箱，使试样内部像玻璃一样透明可见，才是真正解决土石混合体细观变形破坏机制的所在。

4.2　单轴压缩条件下 CT 扫描试验(含水量 0%)

4.2.1　试验方法

计算机断层 X 射线测试系统为中国科学院高能物理研究所的 450kV 通用型工业 CT 试验机(GY-450-ICT)(图 4-1(a))，CT 扫描基本原理示意图如图 4-1(b)所示，CT 试验机的性能指标如表 4-1 所示。单轴压缩试验的加载仪器采用自行设计的数显式点荷载仪(图 4-2)，能够实现与高能工业 CT 试验机相配套，实现岩土单轴加载测试过程中试样的实时扫描。其特征是借助工业 CT 试验机的高能量 X 射线和高精度旋转转台，实现单轴试验过程中岩土介质的高精度实时扫描，研究岩土介质在单向受压应力状态下内部裂纹萌生、分叉、发展、断裂、卸载全过程的演化规律，从细观尺度上揭示岩土介质的破坏机理。便携式简易加载装置由反力柱、位移测量系统和荷载测量系统组成。反力柱是核心部件，轴压部分为系统提供轴向荷载，材质是尼龙玻璃纤维增强树脂(PA66+GF30)，这种材料添加了 30%增强玻璃纤维，其耐热性、强度、刚度性能好，受拉伸时变形小，耐蠕变性和尺寸稳定性、耐磨等性能强，它的最大允许使用温度较高，直径为 2.5cm。尼龙玻璃纤维增强树脂(PA66+GF30)的物理力学指标为：密度 1.38g/cm^3，抗拉强度 75.46～83.3MPa，屈服强度约 54.88MPa，压缩强度约 103.88MPa，弹性模量约 330MPa。采用精确的位移和荷载测量装置，实现试验时宏观特性和其扫描一致的试验记录，加载装置和位移控制系统采用无线智能操控，解决了测试时测量连接系统在 CT 转台上旋转过程中的线路缠绕问题。岩土试样测试过程中，将整个装置放于 CT 试验机转台上，进行试样的单轴压缩试验，同时 X 射线源发出高能量的 X 射线，高能量 X 射线穿透压力室容器壁和试样，由探测器接收透射射线，从而实现试样加载过程中的高精度实时扫描。

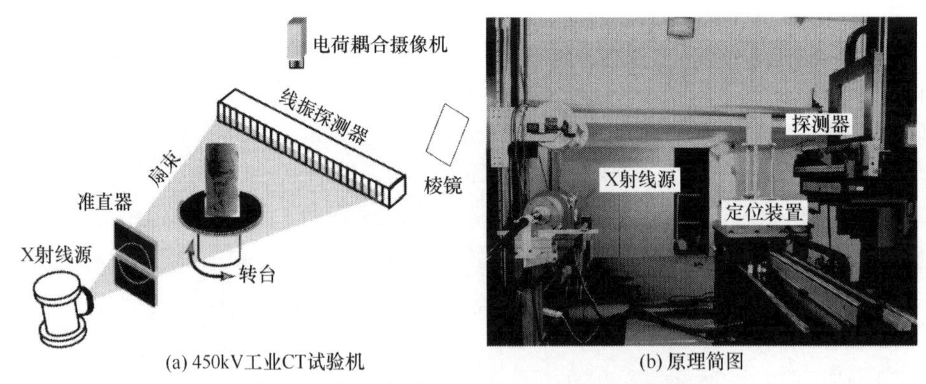

(a) 450kV工业CT试验机　　(b) 原理简图

图 4-1　450kV 射线源工业 CT 试验机及其原理

表 4-1　450kV 通用型工业 CT 试验机性能指标

项目	指标
有效扫描口径	800mm
有效扫描高度	1000mm
射线穿透最大厚度	等效 50mm Fe 厚度
工件最大质量	200kg
空间分辨率	0.083mm×0.083mm×0.083mm
透视相对灵敏度	1%

续表

项目	指标
密度分辨率	0.1%(3σ)
扫描层厚	0.13mm
每层扫描时间	最快 1min
图像重建时间	30s
气孔分辨能力	ϕ0.3mm
夹杂物分辨能力	ϕ0.1mm
裂纹分辨能力	0.05mm×15mm
工作台平移定位精度	±0.02mm
工作台旋转定位精度	±5 角秒

(a) 与6mV高能CT试验机相配套

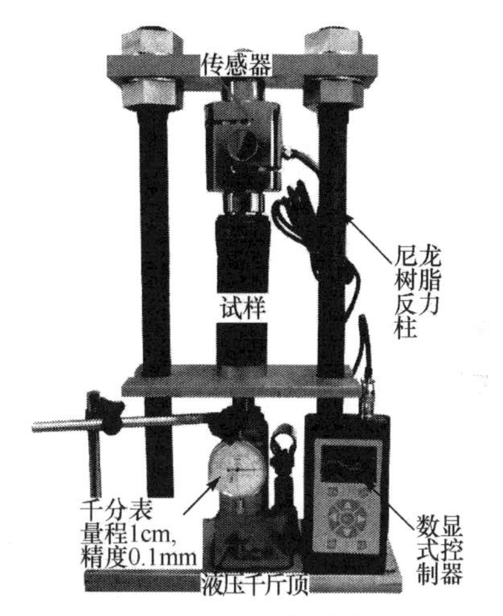

(b) 与450kV工业CT试验机相配套

图 4-2　CT 试验机配套土石混合体试样简易加载装置

试验时所使用的试样为土石混合体重塑试样，重塑试样的制备方法同前面。本次试验共制备 10 个试样，设计试样含石量为 40%，其中土体为硬黏土，块石岩性为石灰岩，粒径为 6～8mm(图 4-3)。因为粗集料的形态特征对土石混合体试样的宏观力学性能影响较大，一般来讲，体积越大，力学强度越大，因此很有必要对制样时采用的块石形态特征进行描述，将块石形态加权量化处理，块石的形态特征加权指标分别为：①轮廓性指标——针度 1.1274，扁平度 0.841，形态因子 0.943，球度 0.873；②棱角性指标——凸度 0.872，棱角性 0.988。重塑土石混合体试样的制备分三层击实，根据试样击实曲线确定最佳锤击数为 20 次，击实后土体的干密度为 2.01g/cm^3，块石密度为 2.55g/cm^3，由干密度和含水量曲线确定最优含水量为 8%。为保证点荷载仪加载的可行性，CT 试验将 5 个试样用于单轴压缩强度测试，加载速率保持基本恒定，从开始加载到破坏历时 20min，等效加载速率为 0.08mm/s，测试得平均单轴抗压强度为 3.62MPa。CT 试验的扫描范围为从顶部到下部 50mm，分层扫描，层厚 2mm(图 4-4)，轴向应力-应变曲线与扫描次数的关系如图 4-5 所示。本书中定义的荷载水平指当前加载应力与峰值应力的比值，即 $k=\sigma_{\mathrm{i}}/\sigma_{\mathrm{f}}$。

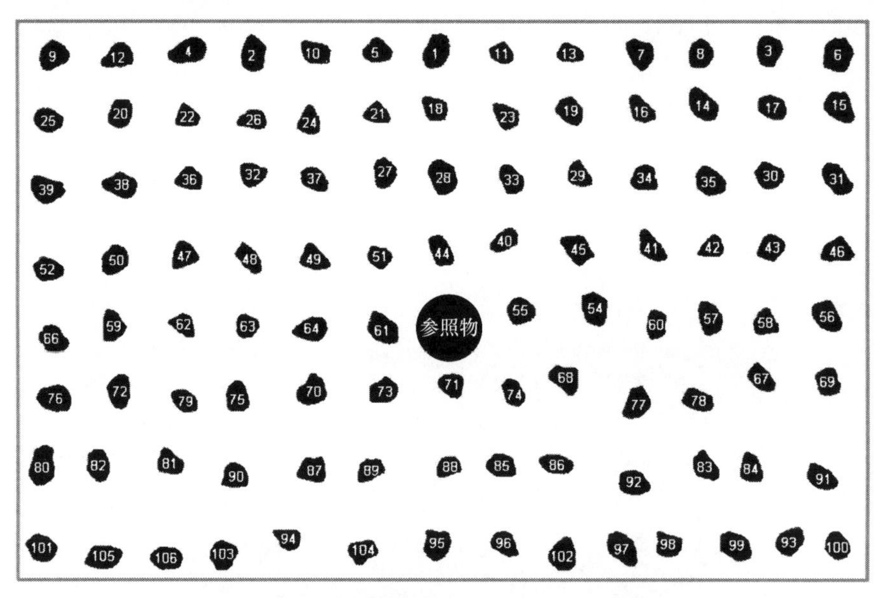

图 4-3　土石混合体试样中所用块石形态特征提取

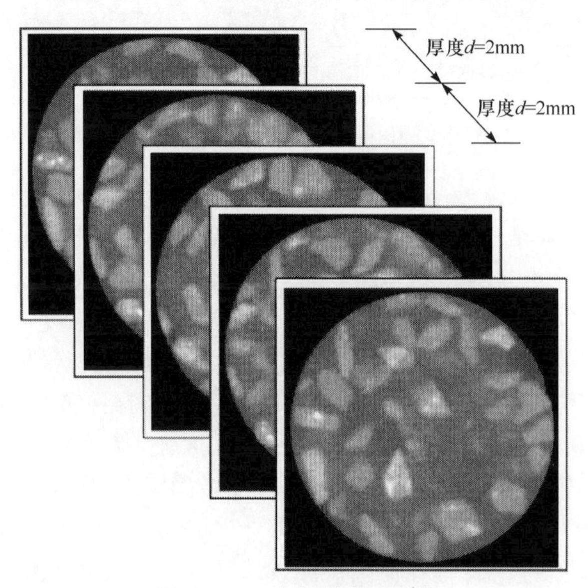

图 4-4　CT 扫描横截面图像

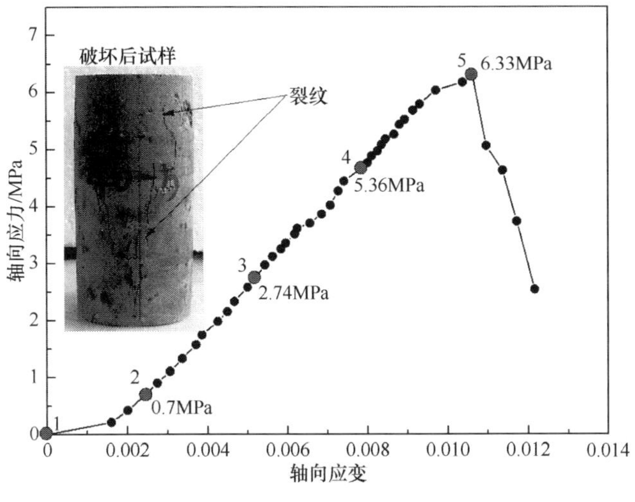

图 4-5　应力-应变曲线

4.2.2　设计含石量标定

前面对试样的制备进行了简单的描述，设计试样含石量为 40%。为了进一步说明试样制备的可靠性，结合 CT 图像对含石量进行统计，由于篇幅限制，仅给出 8 层切片的块石统计图件(图 4-6)，由图像分割获得块石轮廓并对块石进行编号。去除第 1 层和第 50 层，统计 48 层的质量含石量平均值为 39.25%，体积含石量平均值为 37.72%，与制样结果基本吻合。典型 CT 图像块石形态结构统计结果如表 4-2 所示。

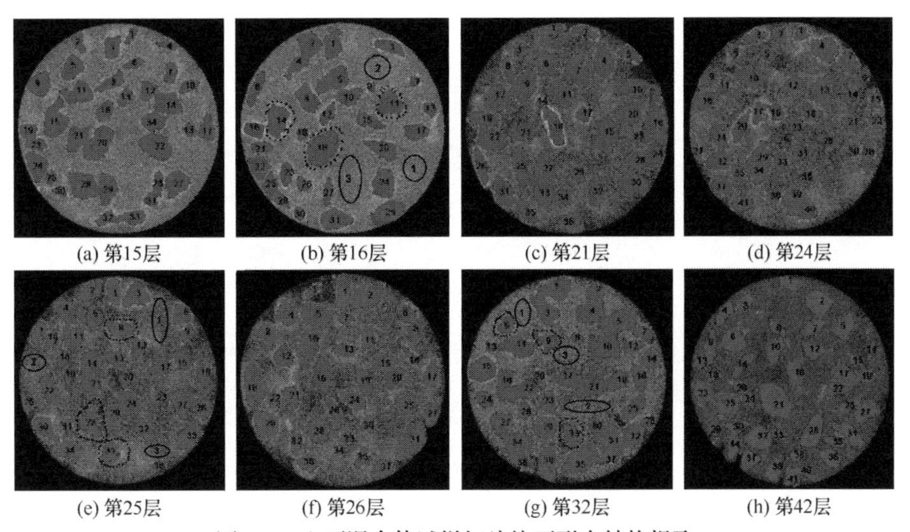

图 4-6　土石混合体试样切片块石形态结构提取

表 4-2　土石混合体部分切片块石结构参数统计

切片编号	针度	扁平度	球度	棱角性	块石数/个	土/石密度/(g/cm³)	体积含石量/%	质量含石量/%
15	1.132	0.832	0.773	0.924	30	2.01/2.55	29.45	35.76
16	1.114	0.842	0.735	0.882	31	2.01/2.55	28.65	33.97
21	1.173	0.856	0.802	0.946	36	2.01/2.55	35.06	44.45
25	1.271	0.903	0.806	0.911	35	2.01/2.55	28.94	36.79
26	1.266	0.884	0.791	0.907	37	2.01/2.55	29.64	33.71
32	1.219	0.825	0.774	0.924	37	2.01/2.55	33.67	47.58
42	1.223	0.792	0.772	0.892	41	2.01/2.55	30.76	40.29

4.2.3　损伤开裂的 CT 数分析

CT 分辨单元上的 CT 数本身代表了特征微元体及其特征参数，对其进行统计描述为试样开裂细观机理的分析问题提供了一条有效的途径，随后定义基于 CT 数的损伤因子，或者对具有相似性质的单元做归并处理进行分区描述，便可以实现细观参数向宏观参数的自然量化和过渡。本次 CT 试验扫描层数为 50 层，试样 CT 数定义为各扫描层 CT 数的均值(第 1 层和第 50 层不进行 CT 数统计)，CT 数及其方差与应变的关系如图 4-7 所示。

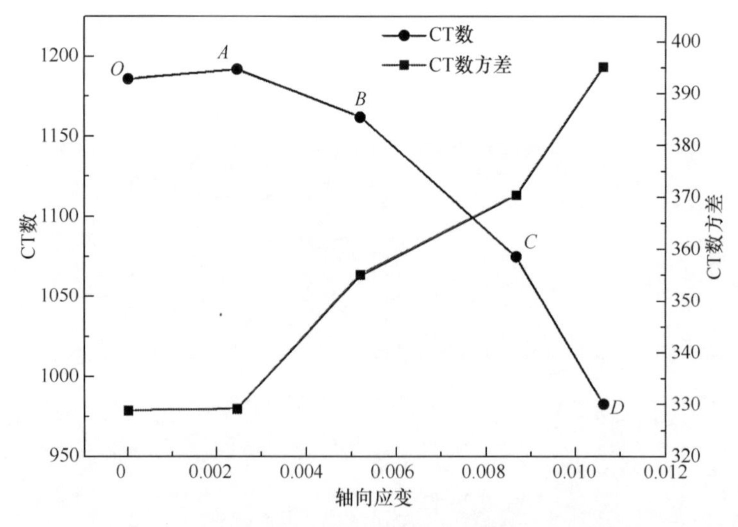

图 4-7　加载过程中试样 CT 数及其方差与应变的关系

从图 4-7 可以看出，土石混合体试样在压缩过程中，峰前曲线大致经历了微裂纹压密阶段 *OA*、线弹性阶段 *AB*、土石结合裂隙萌生阶段 *BC*、土体开裂扩展局部变形快速发展阶段 *CD*。

(1) 微裂纹压密阶段 OA：各扫描层有轻微的压密变化，试样的 CT 数有所上升，由 1186.01 上升到 1191.85，但变化不大。

(2) 线弹性阶段 AB：该阶段试样 CT 数基本不变，方差变化也很小，微裂纹闭合后，应力-应变呈线弹性关系。

(3) 土石结合裂隙萌生阶段 BC：从整体上看，土石结合裂隙有所损伤，试样整体 CT 数下降为 1074.82。

(4) 土体开裂扩展局部变形快速发展阶段 CD：整体 CT 数下降剧烈，下降至 982.2，此时试样整体的方差不断增大，试样的各向异性明显增强，局部变形快速发展至破坏。

4.2.4　试样的扩容特征分析

试样的扩容分析采用不同扫描层位、不同加载阶段试样的横截面面积变化情况来反映，分别取试样上、中、下三段各两层的切片面积变化量，如表 4-3 所示。从表中可以看出，试样中部扩容现象要明显大于上部和下部，中部块石在试样中的运动(平动和转动)要更加剧烈。在第 5 次扫描时，试样的面积变化量达到最大，此时试样内部结构的变化不但有块石运动的贡献，而且裂纹的形态对横截面面积的影响也很大。

表 4-3　土石混合体试样 5 单轴压缩扩容分析

扫描次序	面积变化量Δs/cm^2					
	第 12 层	第 17 层	第 22 层	第 25 层	第 36 层	第 42 层
1						
2						
3			21.04	20.88		
4	37.23	34.53	33.79	12.05	29.31	41.11
5	96.23	87.76	89.02	115.02	122.72	86.45

分析试样中部第 25 扫描层，计算 4 个扫描阶段的径向应变分别为：ε_{3A}=0.0977×10^{-2}，ε_{3B}=0.8378×10^{-2}，ε_{3C}=1.9549×10^{-2}，ε_{3D}=3.1538×10^{-2}；体积应变分别为：ε_{VA}=0.0455×10^{-2}，ε_{VB}=1.156×10^{-2}，ε_{VC}=3.043×10^{-2}，ε_{VD}=5.242×10^{-2}。

4.2.5　ROI_CT 数特征分析

为了进一步揭示荷载作用下土石混合体试样的开裂破坏细观机理，对土体 CT 数及块石包裹体感兴趣区域的 CT 数变化情况进行统计描述，选取第 16 层、25 层和 32 层为研究层位。第 16 层选取块石包裹体区域为 11、14 和 19，选择三个土体区域为感兴趣区域；第 25 层选取块石包裹体区域为 8、28 和 35，选择三个土体区域为感兴趣区域；第 32 层选取块石包裹体区域为 15、19 和 33，同样选取三个土体区域为感兴趣区域。块石包裹体编号见图 4-3，不同层位、不同感兴趣区域的 CT 数均值及方差变化情况如表 4-4～表 4-6 所示。

表 4-4　第 16 层 CT 切片感兴趣区块石包裹体与其邻近土体区 CT 数均值和方差分析

应变 $/10^{-2}$	包裹体 11 ($58.82cm^2$)		包裹体 14 ($61.63cm^2$)		包裹体 19 ($77.12cm^2$)		土体 1 ($34.56cm^2$)		土体 2 ($25.51cm^2$)		土体 3 ($71.71cm^2$)	
	均值	方差	均值	方差	均值	方差	均值	方差	均值	方差	均值	方差
0	1426.22	226.13	1588.71	287.7	1511.65	266.38	1254.68	91.00	1157.17	94.43	1186.62	95.96
0.2455	1430.53	223.09	1590.14	284.6	1521.07	262.57	1256.08	90.76	1159.65	92.57	1188.97	94.03
0.5195	1247.52	230.47	1495.92	286.01	1338.25	254.36	1179.03	85.98	1119.42	92.5	1113.66	97.85
0.8665	1116.64	233.25	1400.82	290.01	1215.86	262.86	1148.54	93.03	1082.06	95.04	1036.9	108.02
1.0615	1033.04	258.37	1306.02	372.87	1117.88	294.34	1071.23	95.84	840.72	98.42	865.83	141.09

表 4-5　第 25 层 CT 切片感兴趣区块石包裹体与其邻近土体区 CT 数均值和方差分析

应变 $/10^{-2}$	包裹体 8 ($58.82cm^2$)		包裹体 28 ($61.63cm^2$)		包裹体 35 ($77.12cm^2$)		土体 1 ($34.56cm^2$)		土体 2 ($25.51cm^2$)		土体 3 ($71.71cm^2$)	
	均值	方差	均值	方差	均值	方差	均值	方差	均值	方差	均值	方差
0	1213.14	284.51	1072.52	244.88	1242.83	319.99	904.38	91.79	937.08	95.55	969.08	98.43
0.2455	1217.66	280.08	1074.35	241.22	1245.95	312.76	921.37	96.61	941.61	89.72	977.46	90.39
0.5195	1111.02	288.12	1023.23	241.85	1185.05	320.92	889.84	109.24	892.91	102.36	915.38	110.78
0.8665	1080.22	320.87	1011.64	257.12	1130.64	331.83	835.3	134.55	848.94	248.97	868.91	130.05
1.0615	1022.08	373.09	999.14	304.31	1008.9	359.77	804.6	157.77	723.01	231.68	805	161.89

表 4-6　第 32 层 CT 切片感兴趣区块石包裹体与其邻近土体区 CT 数均值和方差分析

应变 $/10^{-2}$	包裹体 15 ($58.82cm^2$)		包裹体 19 ($61.63cm^2$)		包裹体 33 ($77.12cm^2$)		土体 1 ($34.56cm^2$)		土体 2 ($25.51cm^2$)		土体 3 ($71.71cm^2$)	
	均值	方差	均值	方差	均值	方差	均值	方差	均值	方差	均值	方差
0	1530.98	396.76	1247.5	216.65	1177.37	242.94	994.18	88.69	970.43	135.53	945.86	100.89
0.2455	1535.21	391.44	1250.2	212.07	1182.25	239.71	999.83	82.51	975.33	135.12	950.38	95.72
0.5195	1370.42	420.66	1169.53	209.74	1013.37	238.91	959.44	97.87	937.43	144.73	906.75	94.87
0.8665	1188.79	454.55	1105.52	236.35	939.64	254.01	922.52	115.77	877.19	155.82	1021.21	104.43
1.0615	982.61	500.74	1060.41	290.65	840.43	264.81	758.53	174.82	812.72	12.17	879.4	121.63

从表 4-4 可以看出，随着荷载的增大，试样首先出现小幅度的微裂纹压密阶段，随后无论是包裹体区域还是附近土体，CT 数均值在减小，在达到峰值应变时，CT 数减小到最小；CT 数方差反映了试样加载过程中的各向异性和非均质性，试样在应变为 0.2455×10^{-2} 时接触压密，整体 CT 数方差减小，随后不断增大至试

样破坏。因为块石材料的密度相对恒定，其 CT 数在加载过程中并不发生变化，变化的仅是土体与块石的接触部位。为了更形象地对块石周围土体及块石附近的土体损伤情况进行对比，将不同荷载作用下的 CT 数进行归一化处理，比较加载过程中 CT 数变化的敏感程度。图 4-8 为第 16 层包裹体 11 和包裹体 9 及附近土体 2 和土体 3 的归一化 CT 数随应变的变化曲线。可以看出，块石周围土体在经历加密阶段后，CT 数下降幅度比附近土体剧烈，这一现象说明土石结合处是土石混合体试样最薄弱的部位，土体与块石的刚度相差甚远，试样的损伤最先发生于结合裂隙处，随后裂纹不断扩展交联至试样破坏，试样破坏后裂纹在土体中扩展，此时土体中的 CT 数变化更加明显[10]。

通过分析第 25 层包裹体 8 及附近土体 1、包裹体 35 及附近土体 3(图 4-9)同

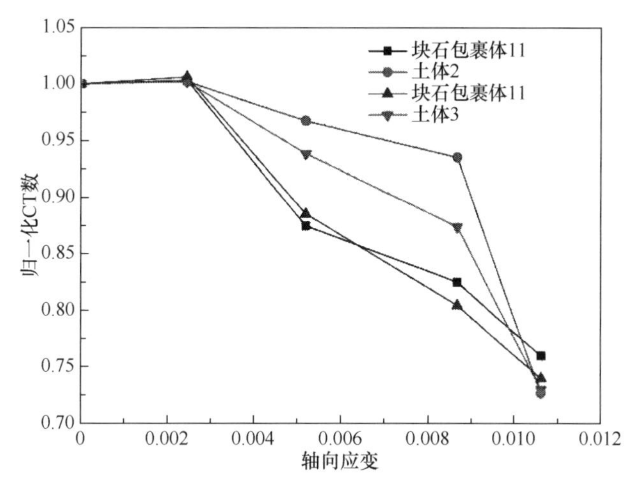

图 4-8　第 16 层块石包裹体及附近土体归一化 CT 数变化曲线

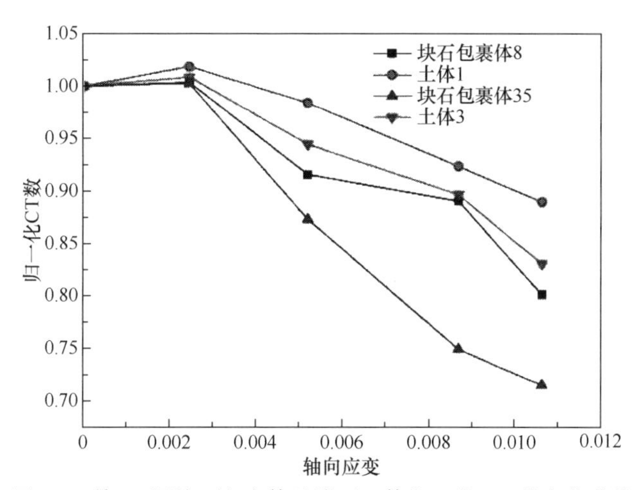

图 4-9　第 25 层块石包裹体及附近土体归一化 CT 数变化曲线

样可以发现，块石周围土体的 CT 数下降幅度要远大于土体，只有当块石周围的结合裂隙开裂后，裂纹才会向土体中扩展，从而导致试样破坏。分析第 32 层的块石包裹体和附近土体同样可以得出类似的结论(图 4-10)。土石混合体试样的损伤主要体现为骨架特性，根本原因是土体与块石的弹性不匹配，损伤的特征主要表现在结合裂隙和土体裂纹上，CT 数的变化可以较好地表达不同感兴趣区域的损伤特征。

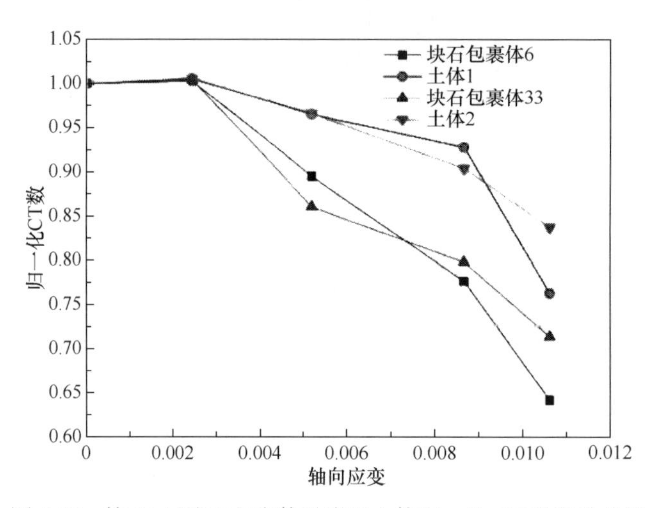

图 4-10　第 32 层块石包裹体及附近土体归一化 CT 数变化曲线

4.2.6　裂纹参数的识别提取

土石混合体试样 CT 切片裂纹的提取采用阈值分割法。首先，将 CT 试验机上扫描的图片通过 MATLAB 中值滤波处理，使图片变得更加柔和，去掉过于粗糙的部分，以便在进行灰度处理时减少噪点；其次，设定一个灰度阈值，使图片中高于或等于此灰度阈值的处理成纯黑色，低于此灰度阈值的均处理成白色；最后，采用优化算法去掉多余杂质，采用 IPP 程序将裂纹分割出来，自定义与 CT 图像相统一的标尺刻度，统计裂纹的特征参数。随机分布于土石混合体中具有不规则几何形状、分形特性和不同空间尺度的块石，要想对其在同一层次上进行定性或定量描述，需借助数学形态学更好地对岩土 CT 试验资料进行测量、描述和分析。在土石混合体 CT 试验的基础上，要想实现对岩土材料裂纹展布演化过程的定量化描述，揭示该过程的细观力学机理，并建立能反映这一过程的损伤演化方程和本构关系等目的，就得保证所提取数据对损伤体的相对尺寸有足够的敏感性和显著性；要实现细观向宏观的自然过渡，那么统计描述就得保证方法科学，且简单易行。本节从 CT 数变化来描述试样微元的损伤情况，主要分析峰值应力点处裂纹的形态特征，如图 4-11 所示。

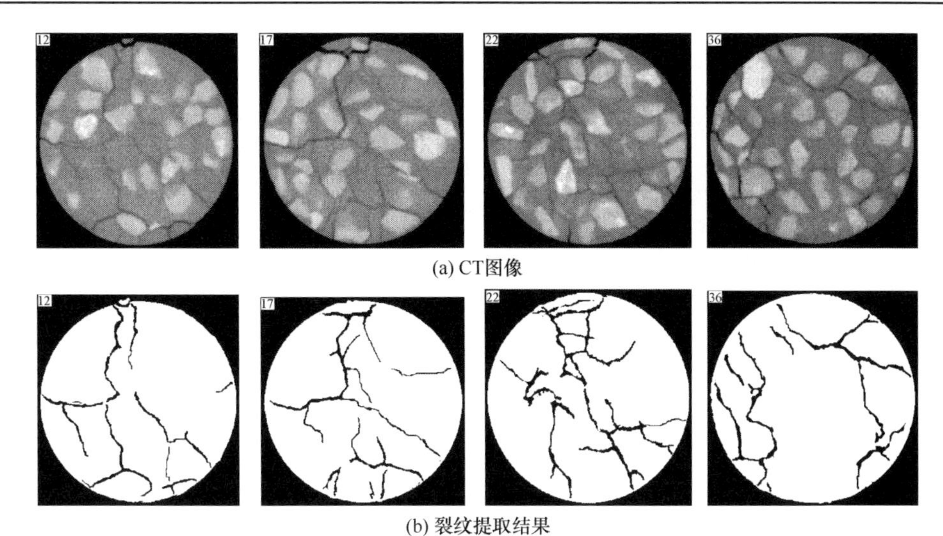

(a) CT图像

(b) 裂纹提取结果

图 4-11　土石混合体试样 CT 切片裂纹特征形态提取

4.2.7　裂纹特征参数统计

本书仅对峰值点对应裂纹的特征参数进行统计，统计项目为各 CT 切片裂纹的面积、周长和宽度。

(1) 经统计，试样裂纹的面积服从幂函数分布，方程为 y=0.04547$x^{-0.4174}$。面积最小值为 0.6714mm^2，最大值为 134.1152mm^2，裂纹的面积与块石的随机分布和形态密切相关，裂纹形成于块石表面，并逐渐沿块石表面或向土体区域偏转扩展，进一步出现裂纹的分岔、相交、汇合及相互贯通等现象，直到试样破坏。从图 4-11 中裂纹的发展形态分析，裂纹可分为主裂纹和绕石次生裂纹，主裂纹主要在土体中贯通，次生裂纹多分布于块石的周围，沿主裂纹分岔。根据统计学原理，对取出的裂纹面积进行统计，裂纹面积在区间[4.058，4.982]数量最多，概率为 12.07%。对裂纹的面积分布进行统计分析，得出面积的概率密度分布如图 4-12 所示。

(2) 对裂纹的长度进行统计分析，试样裂纹的长度服从幂函数分布，方程为 y=0.61839$x^{-0.71169}$，相关系数为 0.6863。长度分布区间为[8.4107，399.1033]，其中长度为 32.84589mm 的裂纹分布最多，概率为 7.453%，较长的裂纹分布概率最小，从裂纹长度与概率密度的关系曲线(图 4-13)可知，裂纹的长度在 50～125mm 分布居多，拟合方程为 y=5.0×10^{-4}$x^{-3.9842}$，相关系数为 0.7002。

(3) 裂纹平均宽度的计算为面积除以长度。经统计知，分布区间为[0.1958，0.8419]，以宽度为 0.27344mm 分布居多，概率为 64.206%，主裂纹的宽度多大于绕石次生裂纹的宽度，随着裂纹在土体中的扩展，绕石次生裂纹和主裂纹不断贯通，宽度又有增大的趋势。裂纹平均宽度服从幂函数分布，拟合方程为 y=5.0×10^{-4}$x^{-3.9842}$，相关系数为 0.8472，如图 4-14 所示。

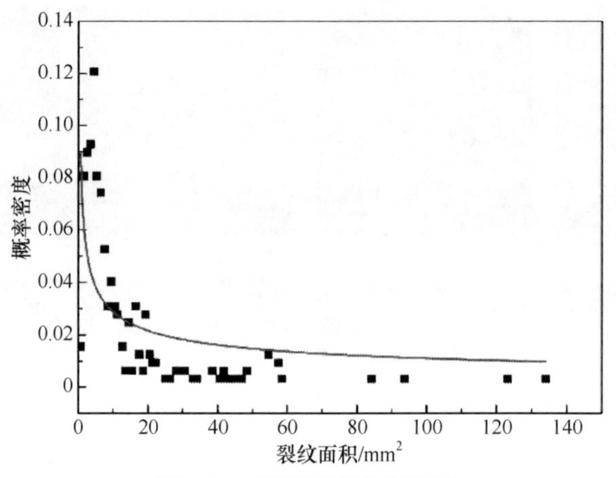

图 4-12　裂纹面积分布特征

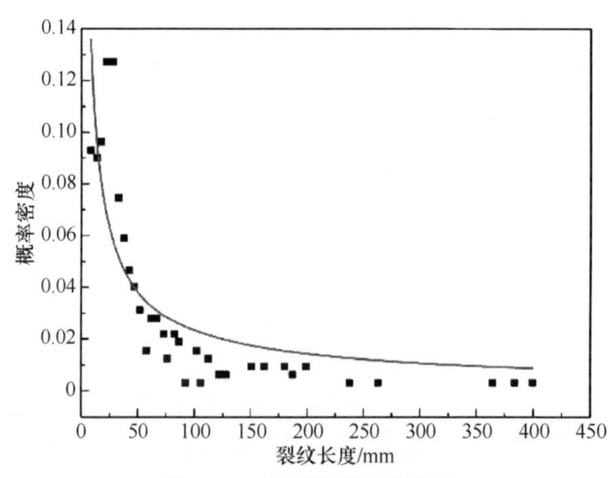

图 4-13　裂纹长度分布特征

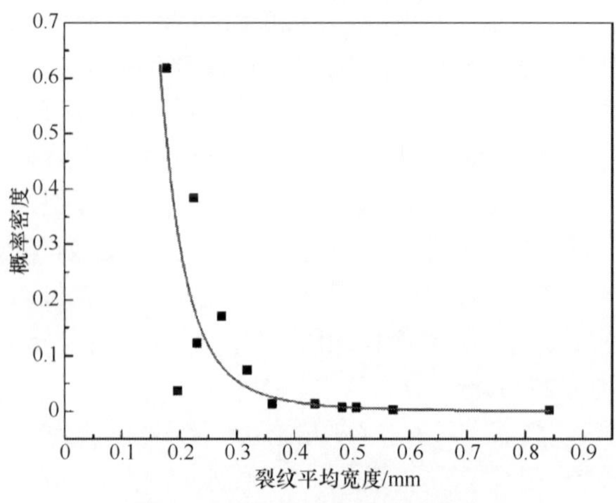

图 4-14　裂纹平均宽度分布特征

土石混合体试样在荷载作用下裂纹的萌生→扩展→贯通至破坏，归根结底是土体与块石的弹性不匹配造成的。在较低的应力水平下土石混合体界面处的差异变形引起土体与块石在接触面的差异滑动、块体的旋转及移动，引起土体接触面出现土的拉张破坏，从而土石结合裂隙便开始萌生，继而裂纹不稳定扩展，贯通于土体中。本节通过对块石包裹体及土体感兴趣区域的 CT 数对比分析，发现在较低的应力水平下，包裹体中的 CT 数下降更为敏感，其下降速率要高于土体，随后试样破坏时土体中的 CT 数下降更加剧烈，这一现象和作者的假设是相吻合的，正是由于块石和土体刚度相差悬殊，结合裂纹是试样中最薄弱的部位，试样的损伤破坏发生于此。

土石混合体试样内部裂纹的提取是针对宏观开裂展现出的裂纹，关于加载过程中的微裂纹并没有涉及。在加载的过程中，荷载水平较低(50%峰值强度)时肉眼并不能观察到试样开裂，但是试样内部的微裂纹活动可以通过 CT 图像的灰度频率变化曲线来反映。从 CT 切片的 CT 数分布来看(图 4-15)，试样开裂的地方的 CT 数比其他区域小，处于波谷位置，CT 数与图像的灰度值相对应，CT 数越大的地方灰度值越大，反之，CT 数越小的地方灰度值越小。因此，采用阈值分割法来提取试样中的裂纹是可行的，只不过阈值的确定是一个难点。

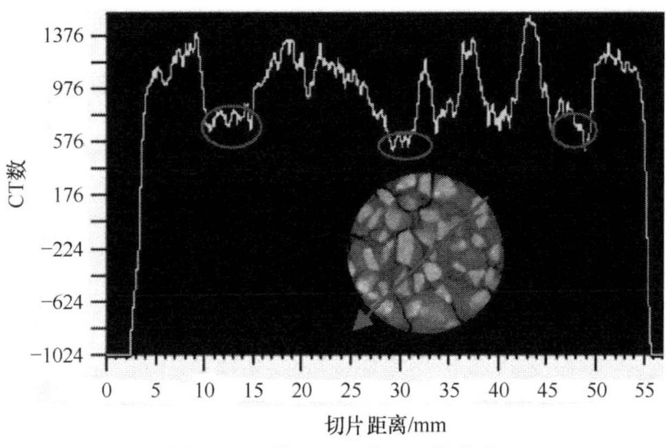

图 4-15　第 25 切片 CT 数分布

试样中裂纹的特征参数与块石的分布及形态密切相关，块石分布密度大的地方，在应力的作用下咬合力大，摩擦系数大，在荷载作用下越容易出现应力集中，土石的接触面越容易开裂，进而向邻近土体中扩展。从裂纹的发展形态分析可知，主裂纹一般贯穿土体，宽度大，主裂纹两侧分布的次生裂纹主要绕石扩展且有的裂纹发展形态和块石的轮廓极为相似。从裂纹的分布特征来看，面积、长度和平均宽度均服从幂函数分布，且均出现散点密集区，在某个区间内裂纹的特征存在某种自相似性，认为这种自相似性与试样内块石的分布和几何形态是相关联的。

由表 4-2 可知，块石轮廓性指标(针度、扁平度、球度)和棱角性指标相差不大，这也是裂纹特征参数基本服从相同分布函数的一个原因。分析各切片层裂纹的分形维数，分形维数的计算采用计盒维数法，得到各层分形维数的分布规律，分布区间为[1.087, 1.191]，平均值为 1.115，如图 4-16 所示。

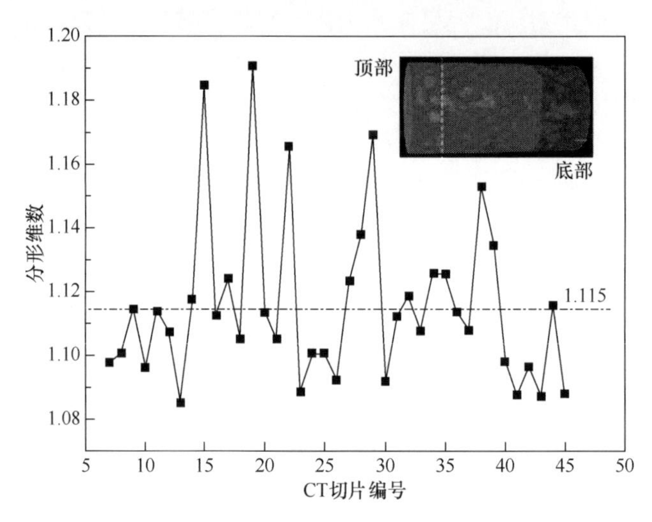

图 4-16　裂纹分形维数的分布规律

4.2.8　孔隙演化特征分析

1. 孔隙率计算方法概述及存在的问题

岩土体是一种典型的复杂多孔介质，内部结构主要由两部分组成：一是固体基质部分，主要由不同成因、不同种类的矿物组成；二是由充当空洞的孔隙组成。评价多孔介质的一个重要指标是孔隙率，它是指介质孔隙的体积与总体积的比值，它作为表征多孔岩土介质物理性质的一个重要指标，直接关系到岩土体在环境因素下的物理力学性质、渗透特性和储层的储能性能，研究岩土介质孔隙率的计算方法意义重大[11-14]，主要表现在以下方面：

(1) 岩土体的失稳破坏是一个复杂的内部结构变化过程，裂纹的萌生、扩展和聚集最终导致岩土体的失稳[11]。然而，在裂纹的演化过程中，内部的孔隙缺陷对裂纹的发展贡献最大，宏观孔隙的扩展导致裂纹的互锁并进一步导致宏观剪切带的出现，岩土体在外荷载作用下的宏观变形通过内部微细结构参数的调整来实现，其中主要表现为孔隙率的变化[12]。

(2) 孔隙作为水体的渗流通道，在细观机制方面影响着岩土体的流固耦合特性，影响岩土体渗流场和位移场相互耦合的细观变化，改变的孔隙介质有效应力可以诱发岩土工程的失稳破坏[13]。

(3) 孔隙结构是油气藏工程的重要研究课题，储层岩石的微观孔隙直接影响着储层的渗透能力，并最终决定着油气藏的产能，对储层岩石(尤其是致密岩石)孔隙发育特征的详细研究，寻找岩石微观孔隙率的计算方法，研究孔隙的结构特点及分布规律，对油气藏的勘探开发及产能预测具有重要的现实意义[14]。

关于岩土介质孔隙率的分析方法主要有压汞曲线法、薄片鉴定、扫描电子显微镜及 X 射线衍射等，这些技术虽然能较清楚地识别材料的孔隙结构特征，但测试过程中通常会破坏岩芯结构。近年来，由于 X 射线 CT 技术具有能够无损探测物体内部结构和重构高密度分辨率图像等特点，被越来越多地应用于医学、岩土和机械等多领域学科的研究中。CT 技术在多孔介质结构方面的应用研究已有长达 20 年的历史，取得了一定的研究成果。随着测试技术的进步，CT 图像的质量也有了质的飞跃，图像空间分辨率可达到几纳米，可以提取图像中的微孔隙甚至纳米孔隙，从而进行孔隙率和孔隙结构的分析。采用 CT 技术进行高精度分辨率图像的生成已经不是难点，难点在于如何从 CT 图像中进行孔隙(微米孔隙或纳米孔隙)的提取，如何进行较准确的孔隙率计算。应用 CT 技术进行材料(岩土体、混凝土、砂浆及陶瓷等复合材料)孔隙率的估算，当前主要采用双重扫描法和图像阈值分割法两种方法。双重扫描法指对同一试样在同一位置进行前后两次 X 射线扫描，由两次扫描得到的 CT 数进行孔隙率的估算，主要有：①扫描时分别用不同的液体对试样进行饱和；②分别进行干试样扫描和饱和试样扫描；③采用两种能量的 X 射线进行试样扫描。例如，Akin 等[15]将硅酸岩先后在水和油中进行饱和，采用CT技术对孔隙率进行估算，研究这种地质材料的渗吸性能。Withjack[16]通过在砂岩和白云岩中注入超临界 CO_2 和油进行岩芯的二次扫描以进行孔隙率的估算，研究了两种岩芯的混相驱替特征。王家禄等[17]、高建等[18]应用 CT 扫描系统研究岩芯的孔隙特征时采用两次扫描法，干岩芯扫描一次，然后岩芯完全饱水后再扫描一次，以求得岩芯的孔隙率。Akin 等[19]采用 CT 技术，利用不同的射线能量获得了 Berea 砂岩和石灰岩的孔隙率，通过与常规试验方法的对比表明了该方法的准确性。正如前面所述，CT 技术的分辨率可以识别到试样内部的微米孔隙，甚至纳米孔隙，由 CT 技术重构得到的图像质量已经得到了保证，从而使采用数字图像阈值分割法来获得孔隙率成为现实。阈值分割法根据孔洞空间的大小确定在 CT 切片上的位置和数量，以能正确区分孔洞和基质材料的灰度阈值。进行图像分割时，通过设定某一阈值，把 CT 数低于阈值的像素视为孔隙，所有低于阈值的像素与总像素的比值即试样的孔隙率[20,21]。

由于 CT 图像本身及阈值分割参数对分割结果具有很强的敏感性，可能在操作过程中增加或减少孔隙的个数，甚至造成孔洞的模糊及连通；同时，即使基于相同的数据，不同的学者可能会选择不同的图像阈值分割法或采用不同的阈值，计算结果的主观性较大。由此，这也暗示了采用 CT 图像来分析计算孔隙率具有强烈的随机不确定性，这种不确定性表现在孔隙率提取算法的差异，不同的提取算法对参数又具有不同的依赖程度，如图像阈值分割法虽然简单易行，但要确定合理的阈值需要进行大量的试验，不同的阈值对试验结果的影响较大。为了尽可能地克服图像阈值分割法计算孔隙率具有不确定性这一缺点，本节从 CT 图像本身出发，通过挖掘图像的灰度值和 CT 数来进行材料孔隙率的计算。首先介绍 CT 扫描的基本原理，然后重点分析所采用的孔隙率计算方法，最后以土石混合体 CT 图像为例，证明方法的可行性。

2. 基于 CT 图像的孔隙率计算

为了避免应用 CT 灰度图像进行岩土体孔隙提取时阈值不确定性这一问题，提出基于 CT 数的图像孔隙率计算方法，即灰度水平法。将计算机断层图像视为由一系列直方图组成的曲线，将数字地面高程的相关思路引入孔隙率的计算中。根据测量学基本理论[22]，总体积 V_Ω 是所有像素点的集合，图像的体积像素是像素点集合 Ω 的函数，V_Ω 可以表示为

$$V_\Omega = f(\Omega) \tag{4-1}$$

将这一理论应用于岩土体中，孔隙率可以定义为孔隙体积 V_E 与总体积 V_T 的比值，即

$$\phi = \frac{V_E}{V_T} = \frac{f(\text{孔隙})}{f(\text{试样})} \tag{4-2}$$

为了形象地说明体积函数的计算，CT 图像灰度级可以将其类比为数字地面模型。灰度水平等效于数字地面模型中的地形高程。在一幅大的数字地面模型中，介于最大高程 r_{max} 和最小高程 r_{min} 的空间体积可表示为

$$V = s^2 a \sum_{r_i = r_{min}}^{r_{max}} (r_i - r_{min}) H(r_i) \tag{4-3}$$

式(4-3)可表示为岩土材料中固体基质的体积，s^2 为水平方向的像素尺寸；a 为垂直方向的像素尺寸；r_i 为相应的灰度水平，取值范围为 $[r_{min}, r_{max}]$；$H(r_i)$ 为灰度水平 r_i 在灰度直方图中对应的数值。

灰度直方图为离散函数且由一系列离散数据点组成，可表示为

$$H(r_i) = \frac{n_i}{n} \tag{4-4}$$

其中，n_i 为图像中灰度水平 r_i 对应的像素点尺寸；n 为图像的总像素大小。并且有 $\sum_{r_i = r_{min}}^{r_{max}} H(r_i) = 1$。

根据 CT 灰度图像不同组分灰度水平的差异，可以找出微米孔或纳米孔对应的像素值大小，这可以通过灰度累积直方图来实现。灰度累积直方图可表示为

$$H_a(r_m)=\sum^{m}H(r_i) \tag{4-5}$$

通过 $H(r_i)$ 和 $H_a(r_m)$ 的函数曲线可以对整个灰度图像进行不同灰度级的详细描述。岩土介质的总体积 V_T 包括基质体积 V_m 和所有孔隙的体积 V_E，灰度图像基质体积、孔隙体积和总体积可分别表示为

$$V_\mathrm{m}=s^2a\sum_{r_i=r_\mathrm{min}}^{r_\mathrm{max}}(r_i-r_\mathrm{min})H(r_i) \tag{4-6}$$

$$V_\mathrm{E}=s^2a\sum_{r_i=r_\mathrm{min}}^{r_\mathrm{max}}(r_\mathrm{max}-r_i)H(r_i) \tag{4-7}$$

$$V_\mathrm{T}=V_\mathrm{m}+V_\mathrm{E}=s^2a\sum_{r_i=r_\mathrm{min}}^{r_\mathrm{max}}(r_\mathrm{max}-r_\mathrm{min})H(r_i) \tag{4-8}$$

直接从 CT 图像的基本信息出发，采用灰度水平法计算试样的孔隙率，可以遵循以下几个步骤：

(1) 如前面所述，当 X 射线的能量大于 100kV 时，材料的衰减系数只与密度有关。选择能量大于 100kV 的射线源进行扫描试验，根据 Keller[23]对岩石缝隙的分析结论，假定图像的 CT 数与材料的密度呈良好的线性关系。实际上，图像阈值分割法也是基于这一原则。

(2) 基于 CT 扫描试验，获得二维图像切片，并采用一定的重建算法，进行试样的三维重构，图像包含 x、y、z 三个方向的数字信息。

(3) 保证像素值的提取足够小，能可靠地反映不同的灰度水平，以进行微孔隙或纳米孔隙的计算。

(4) 从原始的 CT 图像中提取出来的 CT 数范围一般从最小的负值到正值变化，对空气来讲，$\mathrm{CT_{min}}=-1000$。为了方便计算，统一采用式(4-8)，将各像素值对应的 CT 数加上 1000，从而使 CT 数变化范围为$[0,\mathrm{CT_m}]$，且有 $\mathrm{CT_m}=\mathrm{CT_{max}}+1000$。

(5) 根据 CT 数和灰度值，令 r_i 表示 CT 数，n_i 为对应灰度水平 r_i 的像素点尺寸，n 是图像的总像素大小，其中 $r_i=0,1,\cdots,r_\mathrm{max}$，并且 $r_\mathrm{max}=\mathrm{CT_m}$。

根据以上计算步骤，结合式(4-7)和式(4-8)，孔隙率可以表示为

$$\phi=\frac{\sum\limits_{r_i=0}^{r_\mathrm{max}}(r_\mathrm{max}-r_i)H(r_i)}{\sum\limits_{r_i=0}^{r_\mathrm{max}}r_\mathrm{max}H(r_i)} \tag{4-9}$$

根据式(4-9)，不但可以计算出试样整体的孔隙率，如果统计出各层 CT 切片的 CT 数和像素值，同样可以计算出各层 CT 切片图像的孔隙率。

然而，根据上述计算孔隙率还存在一个问题，即孔隙所对应的 CT 数上限应当是多少，应该如何确定孔洞与固体基质的 CT 数分界值。CT 图像在实质上反映的是密度图像或辐射密度图像，试样中不同的组分对应的密度不同，反映在图像上是灰度值或 CT 数的不同。在使用上述步骤计算孔隙率时，如果存在一些孤立的点，并且它的 CT 数极大(如 $r_{\max}=CT_m$)，孔隙体积 V_E 与总体积 V_T 将会出现比例失调。进一步讲，$r_{\max}$ 应当足够大以能够囊括所有的孔隙，但是该值不能无限大，式(4-9)中 $r_{\max}$ 必定存在一个门槛值可以用它来区分孔洞与固体基质。为了找到一个合适的分界点 $r_{\max}$，可以采用分析孔隙率分布 $\phi(c)$ 的累积曲线来实现。假定临界点 $c\in[0,CT_m]$，$\phi(c)$ 计算式为

$$\phi(c)=\frac{\sum_{r_i=0}^{c}(c-r_i)H(r_i)}{c\sum_{r_i=0}^{c}H(r_i)}=\frac{\sum_{r_i=0}^{c}(c-r_i)H(r_i)}{cH_a(c)} \tag{4-10}$$

本节根据 $\phi(c)$ 与 CT 数的关系曲线来确定 CT 数临界值。由于临界 CT 数 c 值的存在，它对应于灰度值的突变拐点，在该点之前，$\phi(c)$ 随 CT 数的增加而减小(分母增大的趋势要大于分子)，当超过 c 点以后，进入基质的 CT 数所在区域，曲线开始呈上升趋势(图 4-17)。这样图像的 CT 数便可分为两类：一类属于孔洞介质，一类属于固体基质。孔隙率便可快速地计算出来。

3. 土石混合体试样加载条件下的孔隙演化分析

首先，对试样加载前的图像进行孔隙率计算，孔隙率的计算分别采用 K 均值分割算法、分水岭分割算法和本节所提出的方法。K 均值分割算法是一种基于距离的聚类分裂法，它将抽象的对象集体分成由许多相似对象组成的多个子类。分水岭分割算法是把图像看成一幅地形图，其中亮度比较强的地方像素值较大(如块石及土颗粒)，而亮度比较暗的地方像素值较小(如孔洞)，该算法通过寻找“汇水盆地”和“分水岭界限”，对图像进行分割。

采用本节提出的基于 CT 数的孔隙率计算方法，CT 数阈值的确定是关键。图 4-17 给出了由式(4-10)计算得到的累积孔隙率与 CT 数的关系，孔隙与固体基质的临界 CT 数为 2100。

不同计算方法得出的试样加载前各 CT 切片的孔隙率如图 4-18 所示。从图中可以看出，基于 K 均值分割算法和分水岭分割算法计算得到的孔隙率要大于本节提出的计算方法。采用本节的计算方法可以将试样的 CT 数分成两类，即属于和不属于孔洞单元的 CT 数，这样做可以更好地实现孔洞体积含量的计算。K 均值

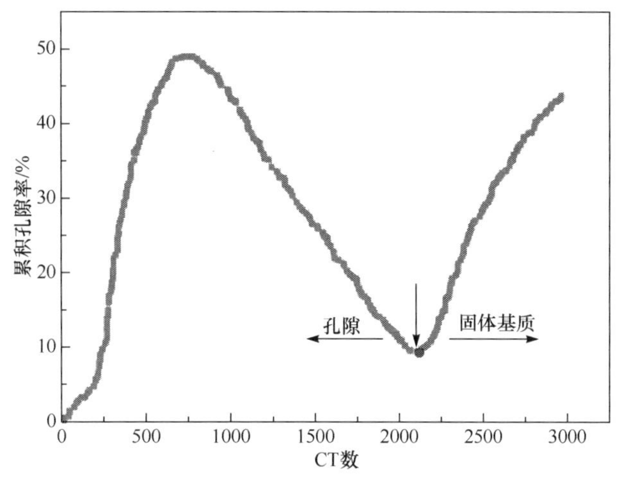

图 4-17　试样累积孔隙率与 CT 数的关系

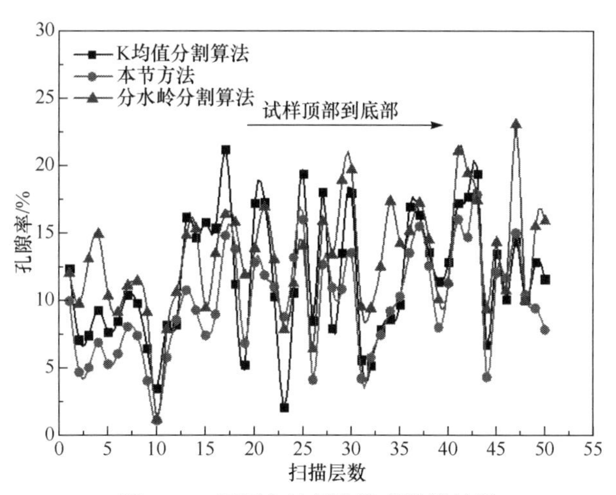

图 4-18　不同方法的孔隙率计算结果

分割算法是一种基于距离的分割方法，它根据不同的色彩空间首先对图像进行聚类，然后根据颜色的深浅程度进行聚类，它的基本思想是同一类的目标区域像素之间的距离尽可能小，不同类的目标区域像素之间的距离尽可能大。K 均值分割算法虽然将图像分成孔洞和固体基质两部分，但是图像中色彩的过渡并不很明显，计算时迭代次数大，准确性也难以保证。分水岭分割算法通过寻找“汇水盆地”和“分水岭界限”，将图像中的孔隙进一步模糊化，并可以造成孔隙与基质颗粒的连通。三种算法中分水岭分割算法得到的计算结果最大。

为了反映加载过程中试样的损伤破裂过程，从加载到破坏过程共进行 5 次 CT 扫描，试样的应力-应变曲线见图 4-5。分析不同应力水平下试样各 CT 图像不同加载阶段的孔隙变化情况，如图 4-19 所示。当加载应力达到 0.7MPa 时，各层切片的孔隙率与加载前几乎相等，该阶段为试样的压密变形阶段；当加载应力达到 2.74MPa 时，各层切片的孔隙率下降到最小，结合应力-应变曲线可知，该阶段是线弹性变形阶段；随着荷载的继续加大，试样孔隙率突然增大，试样内部土石界面逐渐开裂，此时进入土石混合体的非线性变形阶段；当加载应力达到 6.33MPa 时，试样内部出现大量裂纹，试样发生破坏。根据 50 个 CT 切片的孔隙率统计结果计算不同应力水平下试样的孔隙率(整个试样的孔隙率也可根据本节方法计算)，得到孔隙率与应变的关系如图 4-20 所示。从试样孔隙率的变化曲线上同样可以得出试样压缩过程中的细观损伤机制依次为：孔洞及微裂纹的闭合、线弹性变形、土石结合裂隙起裂及裂纹稳定扩展和裂纹加速扩展。

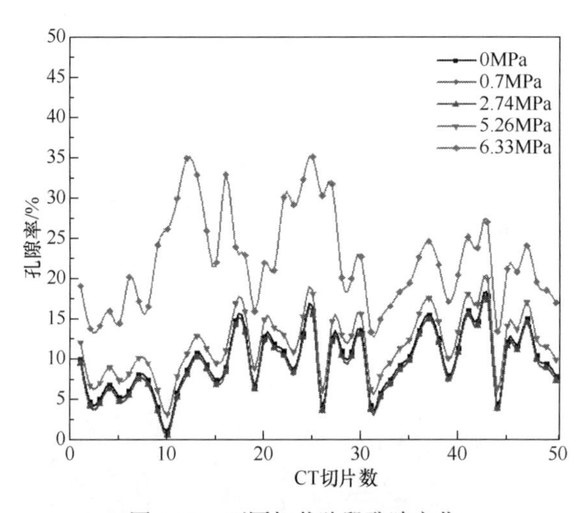

图 4-19　不同加载阶段孔隙变化

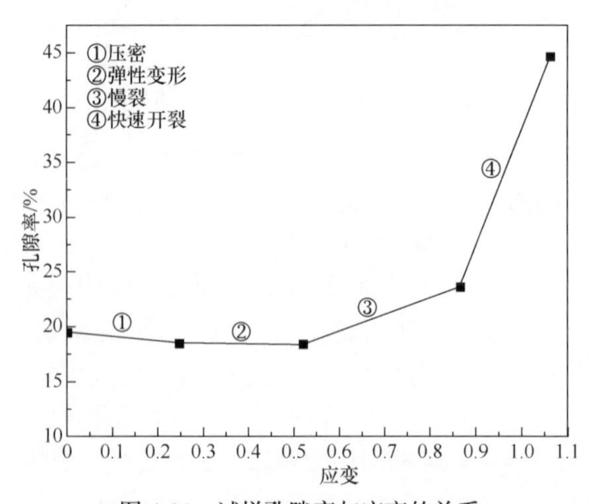

图 4-20　试样孔隙率与应变的关系

前面采用基于 CT 数的孔隙率计算方法对扫描图像的孔隙率进行了估算，并且分析了 CT 图像各层切片的孔隙率及试样的整体孔隙率。由于土石混合体的非均质性、非均匀性等特点，试样中同时含有土石和块石两种灰度相差较大的成分，CT 扫描得到的图像并没有一个明显的灰度过渡以区分孔隙、土颗粒和块石(图 4-21)。当采用阈值分割法或其他基于图像处理的孔隙率计算方法时，阈值参数的确定是一件极为复杂的事情，然而，基于 CT 数的灰度水平法，只要根据式(4-10)找到 CT 数临界值，便可将图像的 CT 数分为两类，即属于孔隙的和属于固体基质的，这样便可以方便快速地计算出孔隙率。但是值得说明的是，本节孔隙率的计算并没有区分纳米孔和微米孔，但是用本节方法也可以做到纳米孔隙或微米孔隙计算，只要能正确确定纳米孔(微米孔)所对应的 CT 数及像素值，由式(4-9)便可快速地得到图像的孔隙率。

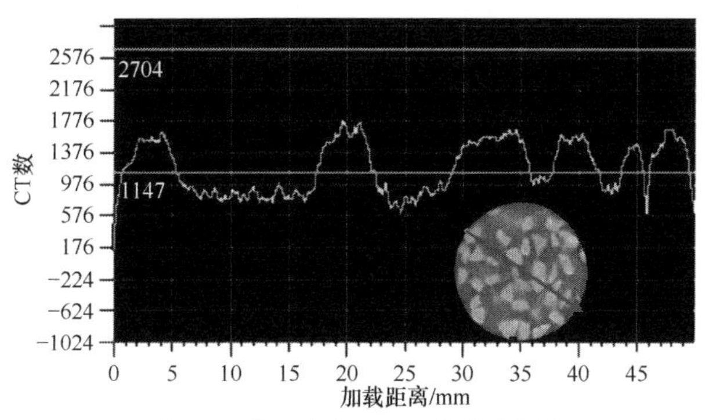

图 4-21　指定加载面 CT 数分布曲线

4.2.9　损伤识别与扩展规律

土石混合体作为一种典型的天然地质材料，开展其损伤力学基本特性的研究对岩土工程稳定性评价和工程设计具有重要的现实价值和实际意义。目前对岩石和土的基本力学特性和损伤特性的研究已经取得了许多成果，但是有关土石混合体损伤特性的研究还很少见。由于土石混合体非均匀性、非均质性及非连续性等导致的不确定性、模糊性和各向异性等问题的存在，有关土石混合体基本力学性质的研究还有众多的问题值得深入研究。本节利用高能量工业 CT 试验机和自行设计的简单加载装置，采用宏观试验和 CT 细观试验相结合的手段，对土石混合体的损伤力学特性进行分析。

目前，CT 损伤识别主要采用两种方法：平均 CT 数法和图像阈值分割法。试样损伤主要是在外界应力的条件下发生的。当试样受轴压损伤时，微裂隙的产生效应(萌生、扩展和汇集)会导致微单元所在的极小范围内 CT 数的变化，试样在压缩过程中，内部裂缝发生、发展对应的一系列非线性变化都可以反映到局部范围内 CT 数的变化上来，因此采用 CT 数来反映岩土介质的损伤弱化过程是一种可行的思路。

1. 损伤因子的定义

细观损伤力学试验结果表明，很难用一个具有普遍意义的损伤本构模型或损伤演化方程来反映多种岩土材料(目前研究较多的是土体和岩石)的损伤演化机理。因此，从细观试验得到的物理机制出发，将各种岩土材料的损伤机制进行分类，分别给出工程可用的并有一定精度的损伤演化方程及本构模型，是岩土损伤力学研究的一条重要途径。

损伤因子的定义方法有多种，本节给出一个基于 CT 数的损伤因子的定义方法。Yang 等[24]通过 CT 数的数学建模，给出了如下损伤因子的表达式：

$$D=-\frac{1}{m_0^2}\frac{\Delta\rho}{\rho_0} \tag{4-11}$$

其中，m_0 为 CT 试验机的空间分辨率；$\Delta\rho$ 为岩土损伤过程中密度的变化值；ρ_0 为岩土介质的密度。

显然，确定损伤因子 D 的关键是确定 $\Delta\rho$。现推导由 CT 数定义的 $\Delta\rho$ 表达式，这里定义 H_{rm} 为土石混合体的 CT 数。根据 CT 原理，H_{rm} 值与土石混合体材料的密度成正比，H_{rm} 的分布反映了块石在试样中的分布规律，H_{rm} 与土石混合体对 X 射线的吸收系数 μ_{rm} 成正比，即

$$H_{\mathrm{rm}}=k_1\mu_{\mathrm{rm}} \tag{4-12}$$

其中，k_1 为常数。

假设无损土石混合体(块石与土颗粒)以外的各种损伤(孔洞和微裂隙)仅为空气所填充，如果考虑水的影响，视土石混合体是由土石颗粒混合体、空气和水组成的复合体系，密度分别用 ρ_{s}、ρ_{a} 和 ρ_{w} 表示，孔隙率为 n，d_{s} 为颗粒的比重，w 为含水量，则吸收系数 μ_{rm} 可以表示为

$$\mu_{\mathrm{rm}}=\mu_{\mathrm{m}}\rho=(1-n)\rho_{\mathrm{s}}\mu_{\mathrm{s}}^{\mathrm{m}}+\left[n-wd_{\mathrm{s}}(1-n)\right]\rho_{\mathrm{a}}\mu_{\mathrm{a}}^{\mathrm{m}}+wd_{\mathrm{s}}(1-n)\rho_{\mathrm{w}}\mu_{\mathrm{w}}^{\mathrm{m}} \tag{4-13}$$

其中，ρ 为损伤扩展过程中任一应力状态时土石混合体的密度；ρ_{s}、ρ_{a} 和 ρ_{w} 分别为无损土石混合体材料、空气和水的密度；n 为孔隙率；$\mu_{\mathrm{s}}^{\mathrm{m}}$、$\mu_{\mathrm{a}}^{\mathrm{m}}$ 和 $\mu_{\mathrm{w}}^{\mathrm{m}}$ 分别为无损土石混合体材料、空气和水对 X 射线的吸收系数。

联立式(4-12)和式(4-13)，可得

$$n=\frac{H_{\mathrm{rms}}-H_{\mathrm{rm}}+1000wd_{\mathrm{s}}}{1000+1000wd_{\mathrm{s}}+H_{\mathrm{rms}}} \tag{4-14}$$

在空间分辨单元体内，有

$$\rho=(1-n)\rho_{\mathrm{s}}+wd_{\mathrm{s}}(1-n)\rho_{\mathrm{a}}+wd_{\mathrm{s}}(1-n)\rho_{\mathrm{w}} \tag{4-15}$$

若忽略空气的密度，即 $\rho_{\mathrm{a}}=0$，空气的 CT 数 $H_{\mathrm{a}}=-1000$，把式(4-14)代入式(4-15)，可得

$$\rho=\frac{1000+H_{\mathrm{rm}}}{1000+1000wd_{\mathrm{s}}+H_{\mathrm{rms}}}(1+w)\rho_{\mathrm{s}} \tag{4-16}$$

由式(4-15)得到土的初始状态的密度为

$$\rho_0=(1-n_0)\rho_{\mathrm{s}}+wd_{\mathrm{s}}(1-n_0)\rho_{\mathrm{w}}=(1-n_0)(1+w)\rho_{\mathrm{s}} \tag{4-17}$$

其中，$d_{\mathrm{s}}=\rho_{\mathrm{s}}/\rho_{\mathrm{w}}$；$n_0$为初始孔隙率。

由(4-12)和式(4-13)得出初始状态土石混合体的CT数 H_{rm0} 与土石混合体未受损伤时的 CT 数 H_{rms} 的关系为

$$H_{\mathrm{rms}}=\frac{H_{\mathrm{rm0}}+1000\left[n_0-wd_{\mathrm{s}}(1-n_0)\right]}{1-n_0} \tag{4-18}$$

式(4-18)简化为

$$H_{\mathrm{rms}}=\frac{H_{\mathrm{rm0}}}{1-n_0} \tag{4-19}$$

把式(4-16)～式(4-18)代入式(4-11)，得到土石混合体损伤因子表达式为

$$\begin{aligned}D&=\frac{1}{m_0^2}\left[1-\frac{1000+H_{\mathrm{rm}}}{(1000+1000w\rho_{\mathrm{s}}+H_{\mathrm{rms}})(1-n_0)}\right]\\&=\frac{1}{m_0^2}\left[1-\frac{1000+H_{\mathrm{rm}}}{(1000+1000w\rho_{\mathrm{s}})(1-n_0)+H_{\mathrm{rm0}}}\right]\end{aligned} \tag{4-20}$$

其中，H_{rms}、ρ_{s}为土石混合体未受损伤时的 CT 数和密度；H_{rm} 为任一应力状态下试样的 CT 数。

土石混合体是一种极不均匀的松散堆积物，是一种天然赋存的地质材料。严格来讲，不存在无损的材料。因此，式(4-20)中的 H_{rms} 和 ρ_{s} 很难确定。通过 CT 试验发现，在初始加载阶段，由于轴向应力 σ_1 的方向与试样中发育的初始裂纹方向不同，CT 数的变化有两种可能的情况：第一种情况是无压密阶段，CT 数随着荷载的增大逐渐下降直到试样破坏；第二种情况是开始加载的小范围内存在压密阶段(如本书的重塑土石混合体试样)，即 CT 数增加到一定值后再下降，损伤开始扩展。由于对损伤演化规律的研究，我们更关心的是损伤扩展过程中密度的变化情况，可针对不同的情况对 ρ_{s} 和 H_{rms} 进行取值。对于第一种情况，可将具有初始损伤试样的 ρ_0 和 H_{rm0} 作为 ρ_{s} 和 H_{rms} 进行计算；对于第二种情况，可将压密

后的 CT 数及密度作为 ρ_s 和 H_{rms} 进行计算。葛修润等引入了闭合影响系数 α_c 来考虑压密阶段的影响，即取 $\alpha_c H_{rm0}$ 及此时的密度作为无损试样的 H_{rms} 和 ρ_s 来进行计算。葛修润等建议的确定 α_c 的方法是将压密阶段的试样 CT 数除以初始未加载阶段的 CT 数。因为 α_c 的确定与试样的孔隙率有关，前面已经对试样的孔隙率进行了计算，所以采用式(4-19)和 $\alpha_c H_{rm0}$ 来确定 H_{rms} 实际上是等价的，没有本质上的区别。

式(4-20)的结论具有重要的意义，主要表现在：①Belloni 等学者在 20 世纪 60～70 年代就曾用损伤密度的变化来定义材料的损伤因子，但是当时难以测量，而 CT 数实际上就是代表了物质的放射性密度信息，以 CT 数定义的损伤因子可以很好地与物体密度的变化联系起来；②式(4-20)考虑了 CT 试验机的空间分辨率即损伤尺度的影响，CT 分辨单元上的 CT 数本身就代表了特征微元体及其特征参数，对其进行描述可以间接地解决细观描述问题，随后定义基于 CT 数的损伤因子，或者对具有相似性质的单元做归并处理进行分区描述，这样多尺度的统计分析就可以实现细观参数向宏观参数的自然量化和过渡；③由于该式中的 CT 数是试样中各层 CT 数的均值，而每层的 CT 数是该层损伤发展(密度变化)的一个综合反映，即隐含了裂纹之间的相互作用和裂纹的闭合现象，换句话说，以 CT 数定义的损伤因子考虑了试样损伤扩展过程中裂纹的相互作用和裂纹闭合现象的综合影响。

2. 损伤演化方程的建立

根据上述定义，对细观试验的结果进行分析，得出损伤因子与应力、应变的关系。通过土石混合体试样典型 CT 切片 CT 数均值和方差与轴向应变的关系(图 4-22)可知，在压缩变形过程中，试样中间 10 层切片的 CT 数均值先增大后减

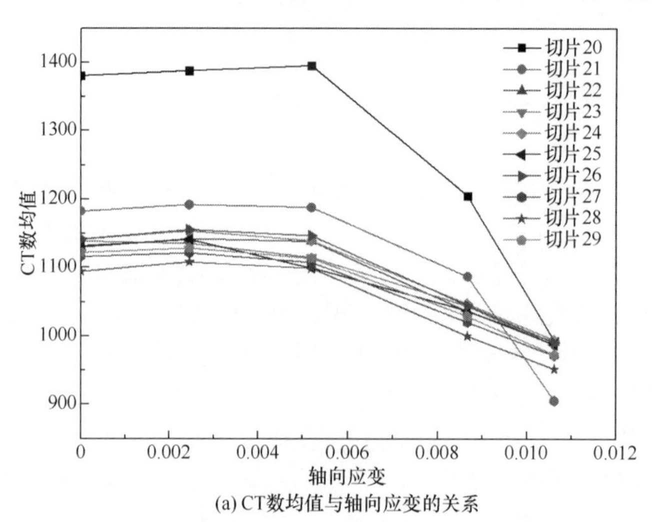

(a) CT数均值与轴向应变的关系

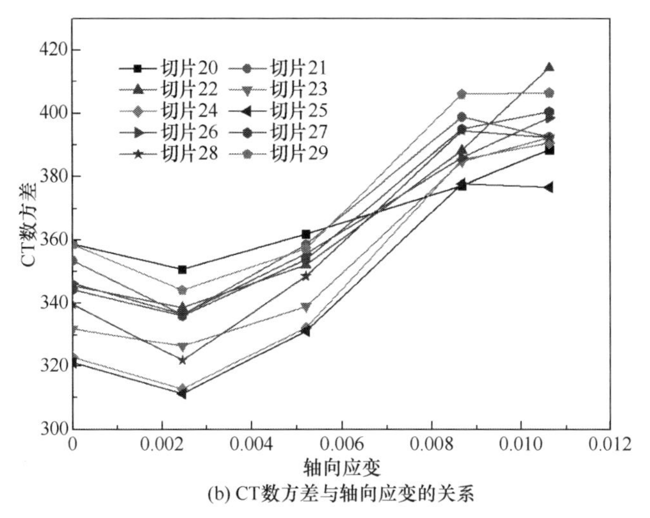

(b) CT数方差与轴向应变的关系

图 4-22　典型切片 CT 数均值和方差与轴向应变的关系

小，CT 数方差则先减小后增大。在试样变形过程中，CT 数均值反映了试样内微单元体的压密与张开情况；CT 数方差表征的是试样变形损伤过程中的各向异性，表示损伤种类的分布情况，如裂纹、孔洞等。由图 4-22 可知，试样的变形应当属于前面讨论的第二种情况，这样可以将压密后的 CT 数及密度作为 ρ_s 和 H_{rms} 进行计算。本次 CT 扫描，450kV 工业 CT 试验机的空间分辨率是 0.083mm×0.083mm×0.083mm，未加载时试样的 CT 数为 1186.00526，密度为 2.233g/cm^3。

由于本书试样 CT 扫描次数较少，测试点相对比较离散。经观察，土石混合体试样加载过程中发生的损伤因子与主应变呈指数函数关系，拟合关系可写为

$$D = a\mathrm{e}^{b\varepsilon_1} \tag{4-21}$$

其中，a、b 为拟合参数。

从而得出土石混合体的损伤演化方程为

$$D = 0.04219\mathrm{e}^{2.5994\varepsilon_1} \tag{4-22}$$

相关系数 R^2=0.9509，具有很强的相关性，进一步说明了本书采用方法的可靠性(图 4-23)。

根据应变等效原理，损伤本构方程为

$$\sigma_1 = E\left(1 - 0.04219\mathrm{e}^{2.5994\varepsilon_1}\right)\varepsilon_1 \tag{4-23}$$

将 5 个扫描点对应的实测应变值代入相应的土石混合体峰前损伤本构方程(4-23)，计算出对应的轴向应力，将实测值和计算值绘于图 4-24 中。经比较发现，总体上，计算值与实测值较吻合。

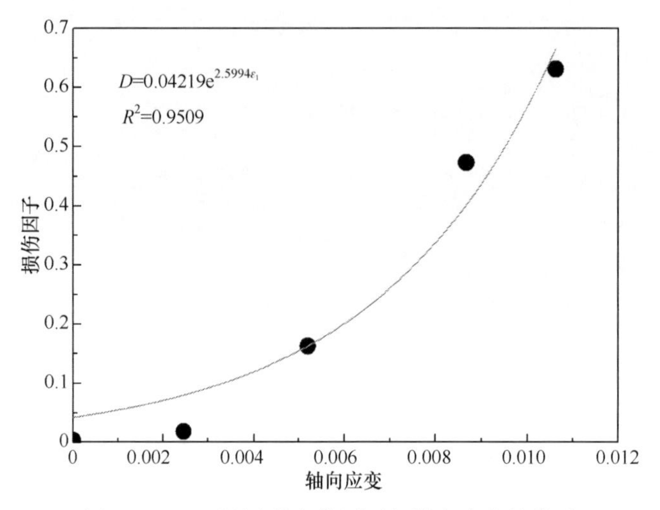

图 4-23　土石混合体损伤因子与轴向应变的关系

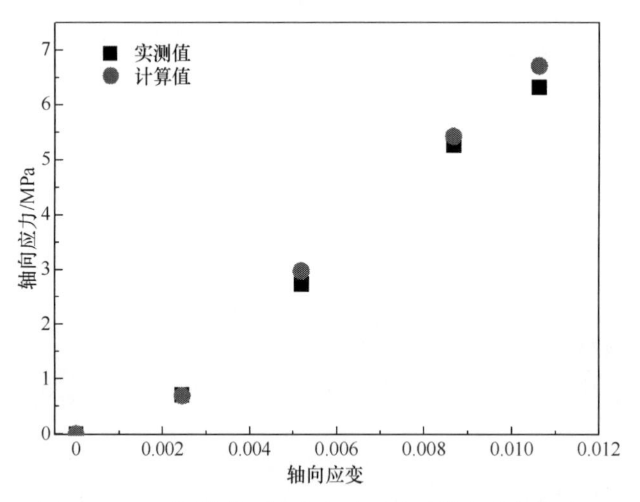

图 4-24　土石混合体试样应力-应变实测值与计算值对比

4.3　单轴压缩条件下实时 CT 扫描试验(含水量 10%)

由于土石混合体试样基质土体表现出强烈的硬塑性特征，干燥状态下土石混合体的应力-应变曲线表现为峰值以后的脆性跌落特性。在试样破坏之前，试样内部由土石多界面的损伤导致的微小裂纹很难捕捉到，4.2 节主要采用平均 CT 数法对土石混合体的损伤演化过程进行了细观识别。本节将采用实时 CT 扫描试验对含石量为 30%的非饱和土石混合体试样开展研究。

4.3.1　实时单轴压缩与 CT 扫描方案

土石混合体试样的制备仍然采用击实法，分三层制备。制备好试样后开展宏观力学性质测试，以确定单轴抗压强度和最大应变值。根据宏观应力-应变曲线，确定土石混合体 CT 扫描点为 6 个，每个加载阶段扫描上、中、下 3 层切片，对应试样初始位置为 60mm、50mm 和 40mm，CT 扫描方案如图 4-25 所示。图 4-26 给出了加载过程中的轴向应力-应变曲线和选取的 6 个 CT 扫描点，即峰前阶段(第 1、2、3 扫描阶段)、峰值阶段(第 4 扫描阶段)、峰后阶段(第 5 和 6 扫描阶段)。峰后 CT 扫描有助于理解和评价土石混合体的应变软化行为，块石与土体基质之间的弹性不匹配导致块石的运动，裂缝从岩土界面处开始，向土体基质中扩展。随机分布的岩块的存在阻止了裂缝的进一步扩展，在第 4～6 阶段可以观察到裂纹互锁现象，如图 4-27 所示。裂纹互锁现象表明，岩石块体对裂缝的扩展有一定的抑制作用，裂缝主要集中在岩石块体四周，这导致宏观孔隙的形成。否则，在非互锁区域会形成大面积的裂缝，并向土体基质中扩散，从而形成宏观剪切面。加载过程中裂纹演化的非线性力学行为如图 4-28 所示。

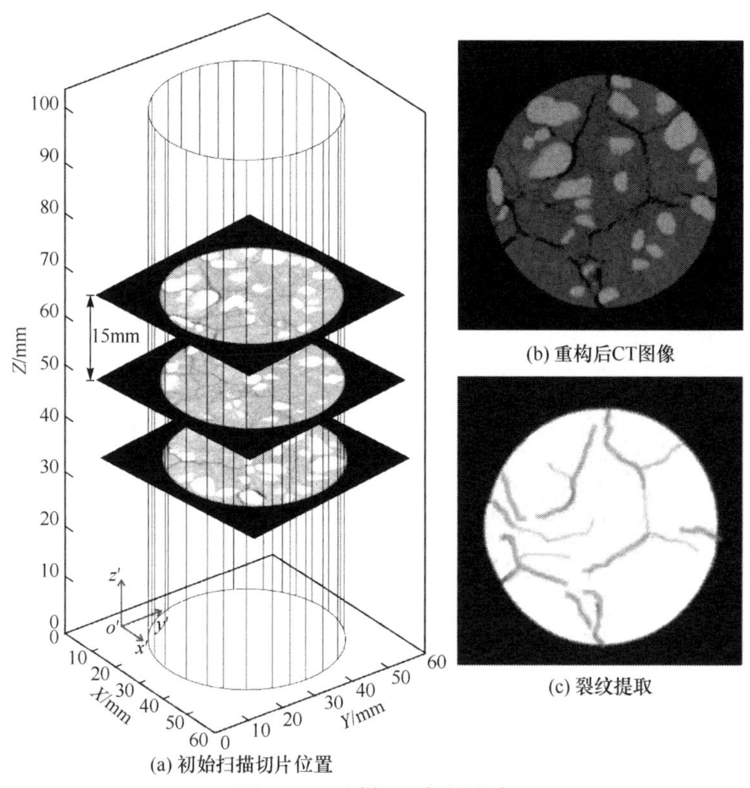

图 4-25　试样 CT 扫描方案

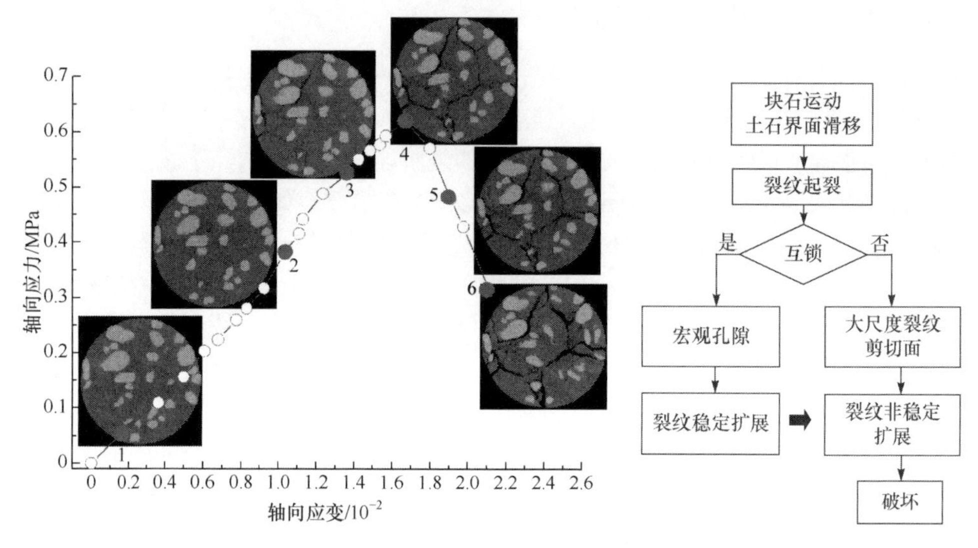

图 4-26　单轴压缩过程中应力-应变曲线及 CT 扫描点

图 4-27　加载过程中试样裂纹演化过程描述

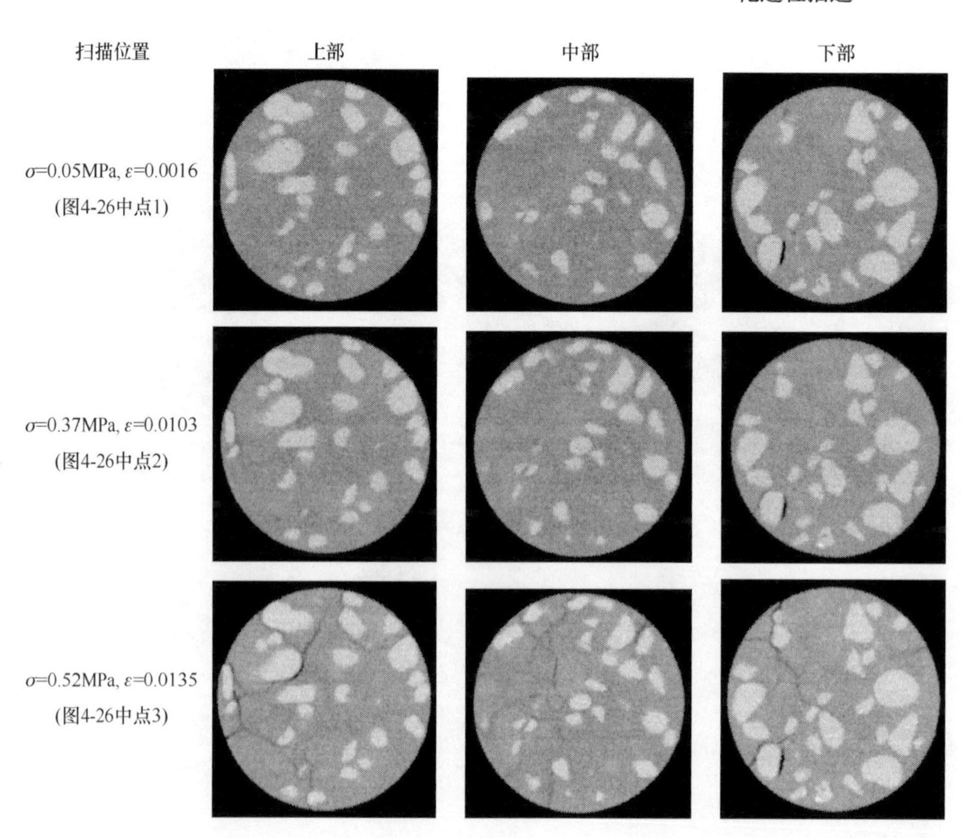

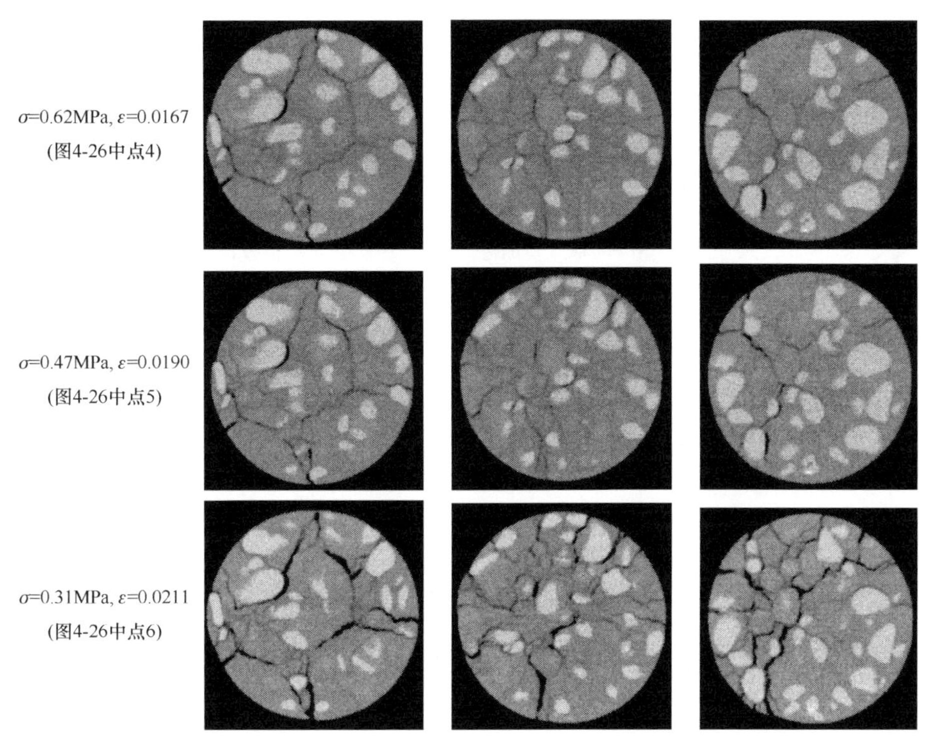

图 4-28　土石混合体在上中下三个位置、六个扫描阶段的 CT 扫描切片

4.3.2　单轴压缩过程中损伤识别与扩展

在试样变形过程中，细观损伤的演化伴随着应变局部化带的出现，应变局部化变化可以从细观单元的变化反映出来。本节采用基于 CT 数的损伤演化分析方法对损伤扩展进行识别，X 射线 CT 图像依赖于材料的 X 射线吸收率，是材料密度的良好指标。CT 数相当于 CT 扫描图像中的样本密度，是描述损伤演化的重要参数。由于 CT 数与材料密度成正比，CT 数的分布反映了样品损伤密度的分布。根据 CT 试验机的发明者之一 Hounsfield 教授所定义的 CT 数可表示为

$$H = 1000(\mu - \mu_{\mathrm{w}}) / \mu_{\mathrm{w}} \tag{4-24}$$

其中，μ 和 μ_{w} 分别为材料和纯水的衰减系数；CT 数的单位是 Hu (Hounsfield unit)；系数 1000 为 Hu 的标度因子。根据定义，空气 CT 数为−1000Hu，纯水 CT 数为 0Hu。材料的 CT 数本质上反映了其密度，即材料的 CT 数越高，其密度越大[3-5]。土石混合体试样的低密度区是应变局部化现象的外在表现，较低的密度反映了该区域较低的 CT 数。

本节选取四个感兴趣区域来研究细观损伤演化特征，如图 4-29 所示。选择感兴趣区域的原则是保证损伤发生在土体基质区域内，区域的大小和形状应反映

损伤特征，并覆盖局部化带的扩展。可以看出，四个感兴趣区域的归一化 CT 数(定义为不同加载阶段 CT 数与加载前初始 CT 数之比)的变化是相似的。从轴向应变 0.0016 到 0.0103，试样被压实，感兴趣区域密度随着变形的增大而增大，因此 CT 数相应增大，未见应变局部化现象的出现。当轴向应变超过 0.0103 时，裂缝从土石界面处萌生，并向土体基质中扩展，CT 图像中的裂缝表现为密度较低的区域，对应于 CT 数较低的区域。因此，我们可以从 CT 数的变化中捕捉应变局部化带的发生，CT 数在感兴趣区域中的下降表明土石混合体内部损伤带的形成。从图 4-29 的 CT 图像中可以看出，随着样本变形的增加，应变局部化带变得更加复杂。从裂缝的分布和形态上可以观察到两种不同的应变带，一种是土基上的主要局部应变带，另一种是受块石限制的次级应变带。主要局部应变带的发展规模大于次级应变带，它的宽度和长度要大得多，从形貌上可以看出，局部应变带受土

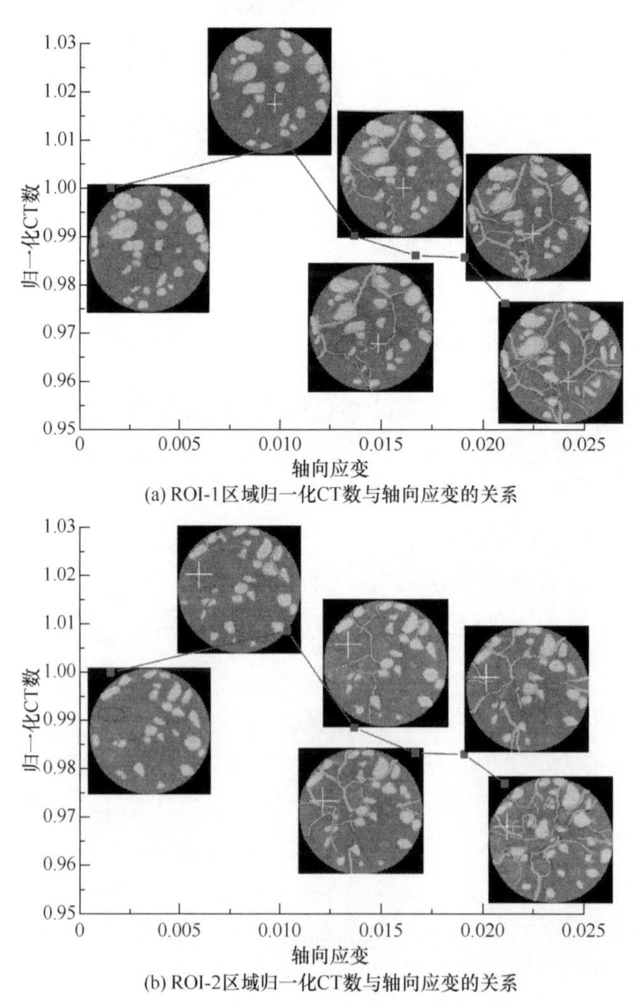

(a) ROI-1区域归一化CT数与轴向应变的关系

(b) ROI-2区域归一化CT数与轴向应变的关系

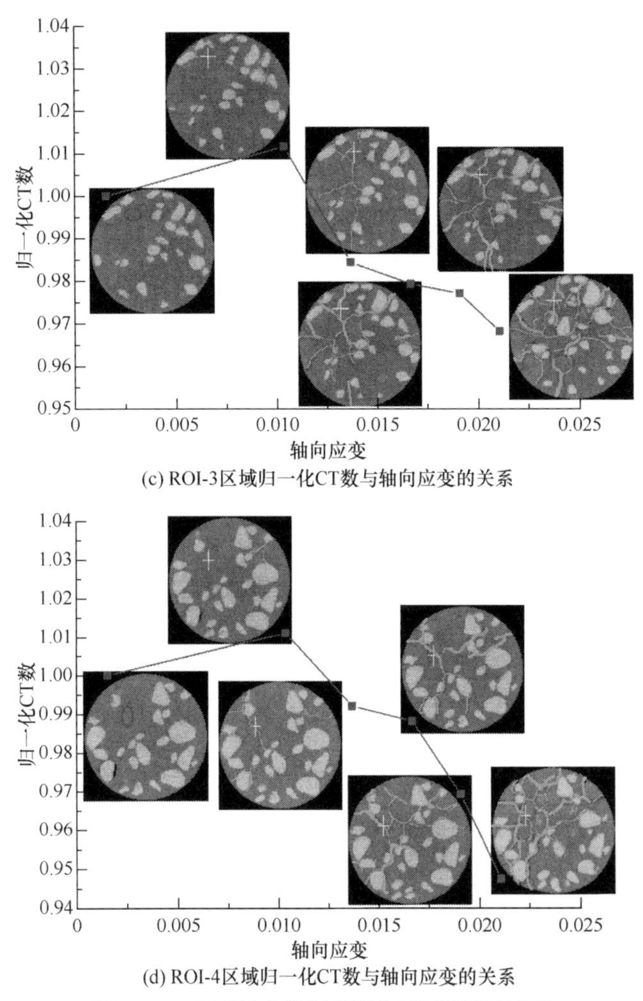

(c) ROI-3区域归一化CT数与轴向应变的关系

(d) ROI-4区域归一化CT数与轴向应变的关系

图 4-29　土石混合体细观损伤扩展识别与提取

CT 顶部切片选择 ROI-1，中间切片选择 ROI-2 和 ROI-3，底层切片选择 ROI-4

石混合体细观结构(如岩块分布、大小和比例)的强烈影响。土石界面处最先有局部应变带的形成，逐渐传播到土体基质中，传播路径受土石混合体试样内部已有块石的强烈影响。

4.3.3　单轴压缩过程中块石运动追踪

由于岩土界面处的差异变形，岩石块的旋转、运动、平移等一系列非线性行为会导致应变局部化带的发展。首先，在 CT 图像的基础上，利用数字图像处理方法(如阈值分割、区域生长算法、侵蚀过程)提取岩块，将二值图像中的岩块与背景分离。然后根据质心坐标确定各岩体的空间位置，这可以从岩石块分割后的 CT 图像中得到。如图 4-30(b)～(d)所示，与初始位置(图 4-30(a))相比，岩块的空间位置随着轴向应变的增大而变化。可以看出，在高轴向应变下，岩体的空间分布体积最大。块石与土体基质之间存在体积膨胀现象。土石混合体试样体积由压缩变为膨胀，这与图 4-26 的应力-应变曲线相一致。块体运动产生的应变局部化带是裂隙和土体基质扩张的综合反映。此外，当裂纹扩展到土基体时，导致土基体变形，土基体的开裂进一步导致土石混合体试样的膨胀。土石混合体在不同加载阶段的剪胀行为如表 4-7 所示。CT 切片在扫描位置的面积随着压缩而急剧增大，说明岩石块的空间位置变化较大。

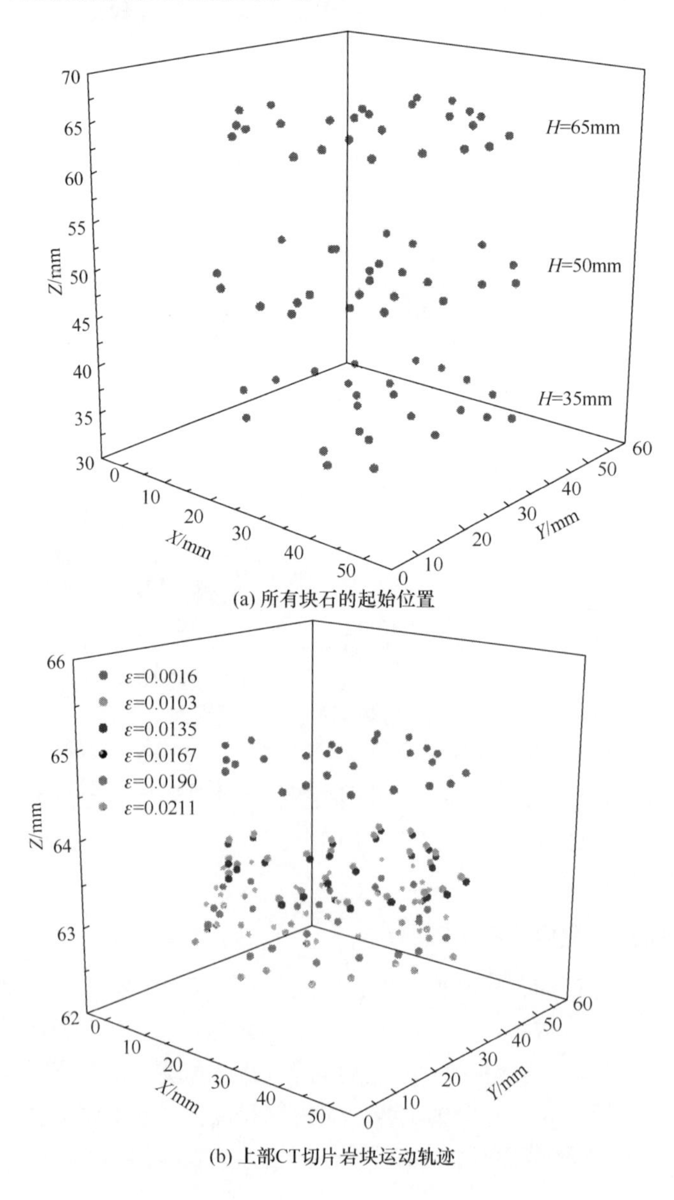

(a) 所有块石的起始位置

(b) 上部CT切片岩块运动轨迹

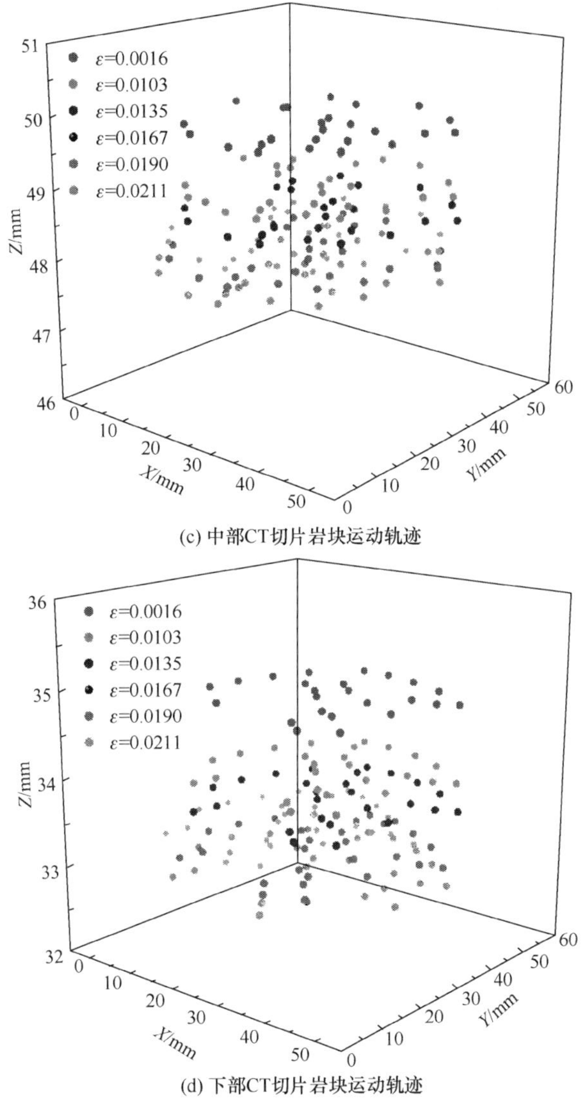

(c) 中部CT切片岩块运动轨迹

(d) 下部CT切片岩块运动轨迹

图 4-30　土石混合体单轴压缩过程中岩块的空间位置

表 4-7　单调压缩过程中土石混合体剪胀特性分析

扫描阶段	面积变化量 Δs/mm^2		
	第 1 层切片	第 2 层切片	第 3 层切片
1	—	—	—
2	30.926	28.05	24.285
3	91.655	88.953	64.921
4	169.7	153.122	107.974

续表

扫描阶段	面积变化量Δs/mm^2		
	第 1 层切片	第 2 层切片	第 3 层切片
5	194.543	178.801	131.655
6	395.916	383.172	332.985

通过对块石在竖向荷载作用下的位置进行跟踪，计算出基于岩块运动的位移矢量。图 4-31 为变形过程中岩块运动的三维位移矢量图。可以测量土石混合体中局部位移的分布。当轴向应变为 0.0016～0.0103 时，岩块运动以垂直运动为主，且与加载方向平行；当轴向应变为 0.0103～0.0135 时，除了轴向运动外，岩块开始沿侧向运动；当轴向应变为 0.0135～0.0167 时，可以观察到岩块的明显运动，以左向运动为主，这说明由于应变局部化而形成的剪切带开始形成；当轴向应变为 0.0167～0.0190 时，可以看出，岩块右移起主导作用，在土石混合体内部形成了另一个剪切带；当轴向应变为 0.0190～0.0211 时，对应的是峰后阶段，块石变形集中在两个方向上，在土石混合体内部形成了明显的 X 形条带。从矢量图中还可以看出，试样底部的变形比顶部大。这与变形过程中的加载方向有关，力施加在试样底部。通过测量裂缝宽度，三个扫描位置的平均裂缝宽度分别为 0.873mm、1.293mm、2.476mm。岩石块体的空间运动表明，土石混合体试样的破坏模式是劈裂与滑动相结合的混合模式。由于这种破坏模式，两种局部带同时存在，它们分别是向土体基质中传播的主条带和环绕岩体的次级条带。CT 扫描试验后，我

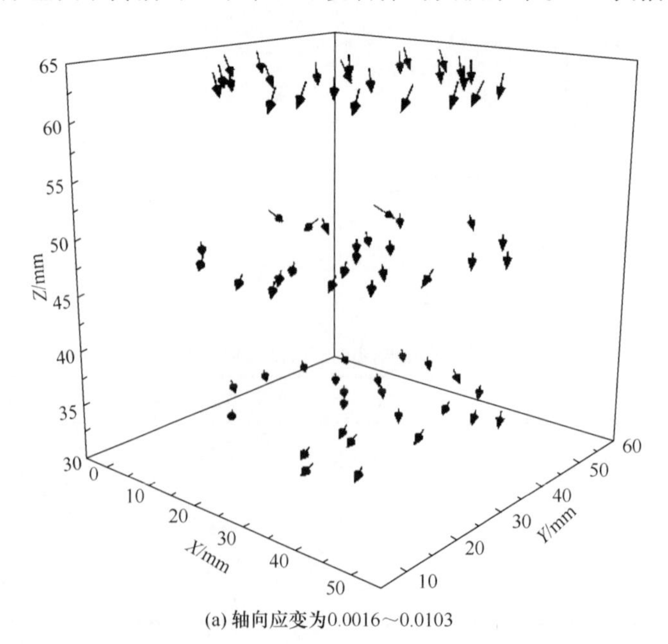

(a) 轴向应变为0.0016～0.0103

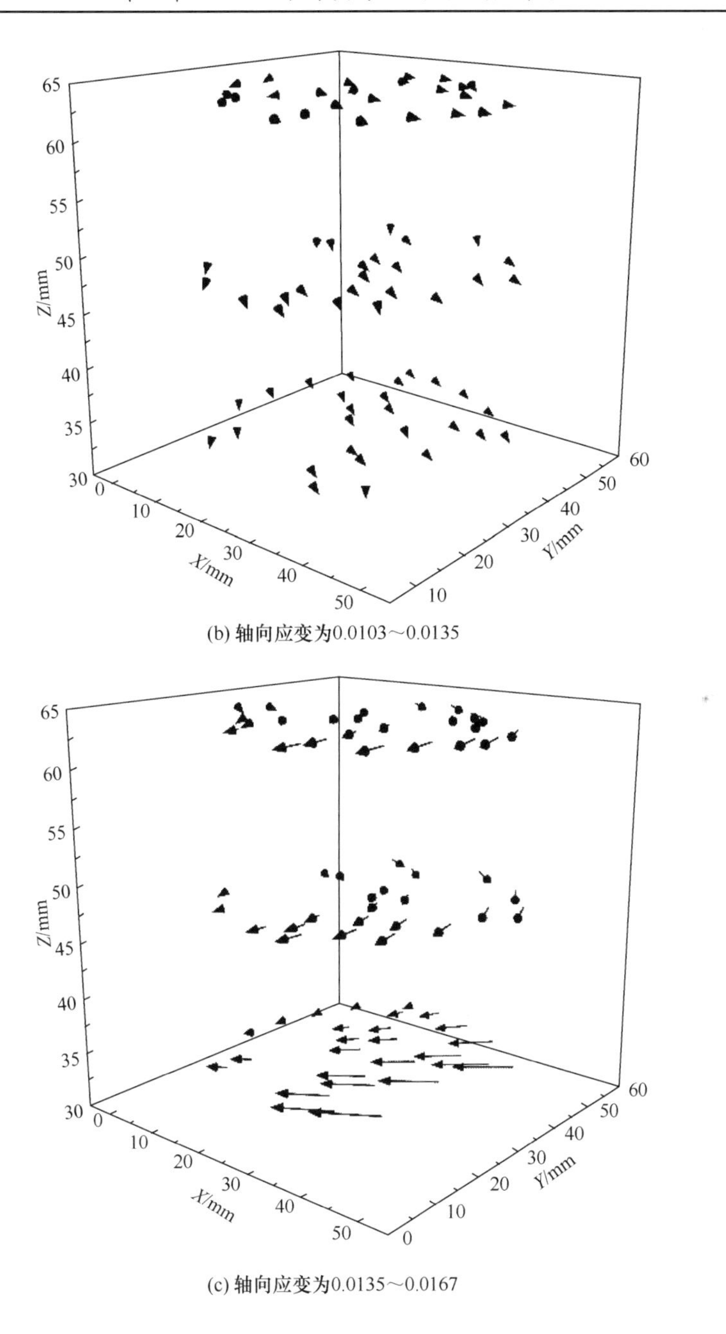

(b) 轴向应变为0.0103～0.0135

(c) 轴向应变为0.0135～0.0167

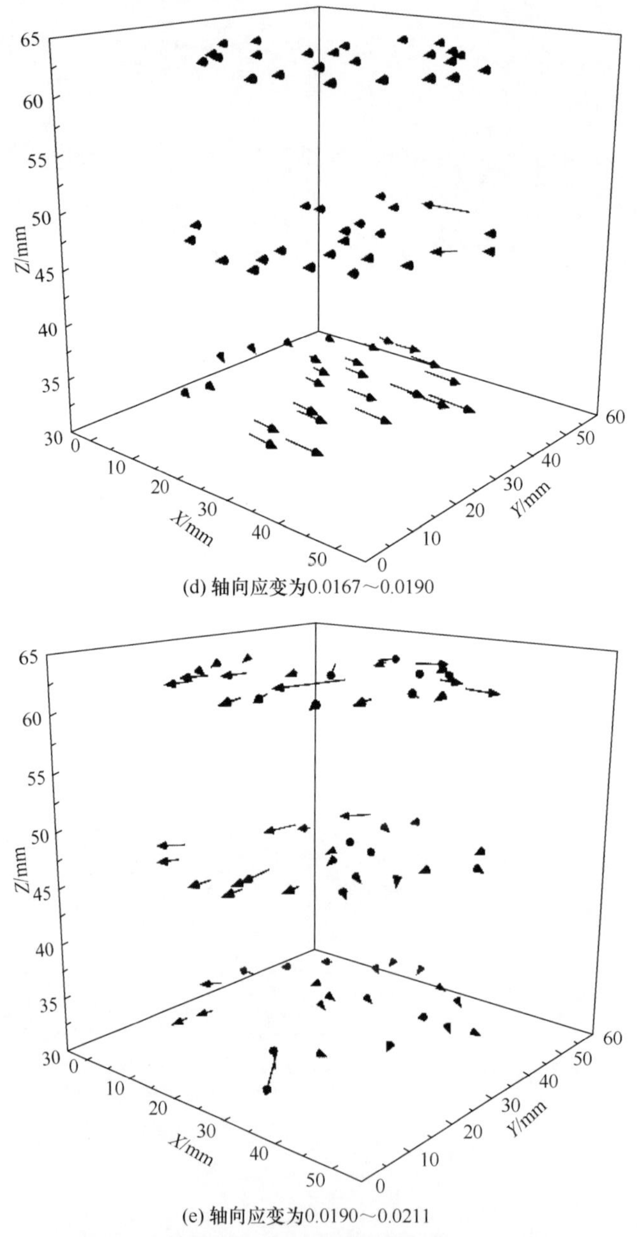

(d) 轴向应变为0.0167～0.0190

(e) 轴向应变为0.0190～0.0211

图 4-31　试样变形过程中块石三维运动位移矢量图

们还用肉眼观察了土石混合体的宏观破坏形态，从四个方向对试样进行了观察。结果表明，局部带在土基质中传播并合并，形成主破坏面。剪切滑动沿岩土界面发生，形成局部条带。这一结果进一步证明了上述岩块运动分析的合理性。由于所获得的位移与肉眼所观察到的宏观破坏形态基本一致，跟踪方法的精度是可以接受的。

4.3.4　单轴压缩过程中裂纹识别与提出

土石混合体中损伤的不断扩展及土石的运动会导致宏观裂纹的出现，采用一系列数字图像处理方法，利用 MATLAB 软件可对试样在不同加载阶段的裂纹进行识别和提取。首先，为了降低信噪比，使图像灰度色彩更加柔和，采用一种以 2×2×2 体积像素为核的中值滤波算法，对 16 位图像进行灰度分割。其次，采用最优的灰度阈值，将 CT 图像中的灰度尺度分为两部分：灰度值高于阈值的纯黑色和灰度值低于阈值的纯白色。最后，利用优化算法去除二值图像中的杂质。在二值图像的基础上，进一步借助 IPP 软件，通过自定义标尺的长度来获取裂纹的几何参数(如宽度、长度、面积等)。采用数字图像处理方法处理 CT 图像进行裂纹提取的一个典型例子如图 4-32 所示。试样上、中、下三个扫描位置在各加载阶段的裂纹形貌如图 4-33 所示。当轴向应力为 0.05MPa 时，未见因试样变形引起的裂纹，需要指明的是，在试样制备过程中，由于试样没有完全压实，试样底部出现空隙。当轴向应力为 0.37MPa 时，可以在 CT 图像中观察到裂纹，裂纹开始于此阶段。可以看出，随着加载应力的增大，裂缝的宽度、长度和面积均增大。分析图 4-33 中裂纹的形态可知，土石混合体试样中同时存在两种裂纹，一种是岩石块体周围的次生裂纹，另一种是土体基质中主要的裂纹扩展，裂缝的扩展路径与岩体的分布和形状有关。此外，在岩块周围还会发生互锁现象，对裂纹的扩展和试样的破坏起到抑制作用。这说明，岩石块体是控制变形的主要因素，同时也是影响土石混合体强度的主要因素。当轴向应力达到 0.05MPa 时，三层 CT 切片均无裂纹；当轴向应力达到 0.37MPa 时，从岩土界面开始出现少量裂缝；当轴向应力达到 0.52MPa 和 0.62MPa 时，裂缝数量急剧增加，主裂缝向土体基质扩展。为了研究土石混合体失稳后的应变软化特性，峰后阶段的研究也很重要。在峰值应力之后，裂纹长度、宽度和面积急剧增加。此外，由于岩块的运动，早期裂缝会闭合，如轴向应力从 0.37MPa 增加到 0.52MPa 时。受岩体与土体基质相互作用的影响，受拉裂缝及相关剪切面沿弯曲路径运动。土石混合体试样中岩块的数量控制着产生裂缝的方向和弯曲度及相应的破坏面。

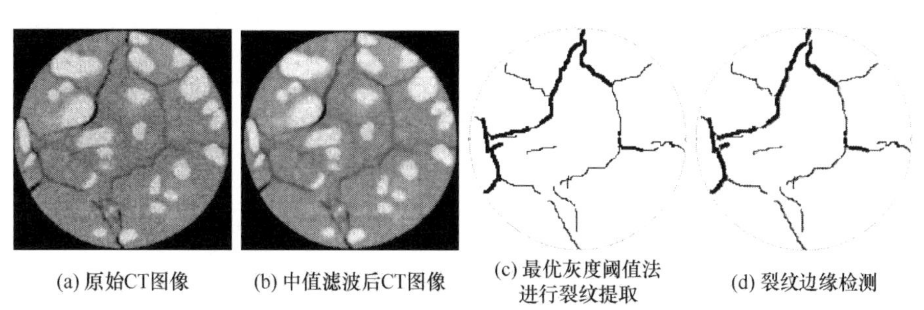

(a) 原始CT图像　(b) 中值滤波后CT图像　(c) 最优灰度阈值法进行裂纹提取　(d) 裂纹边缘检测

图 4-32　基于原始 CT 图像的裂纹识别与提取方法

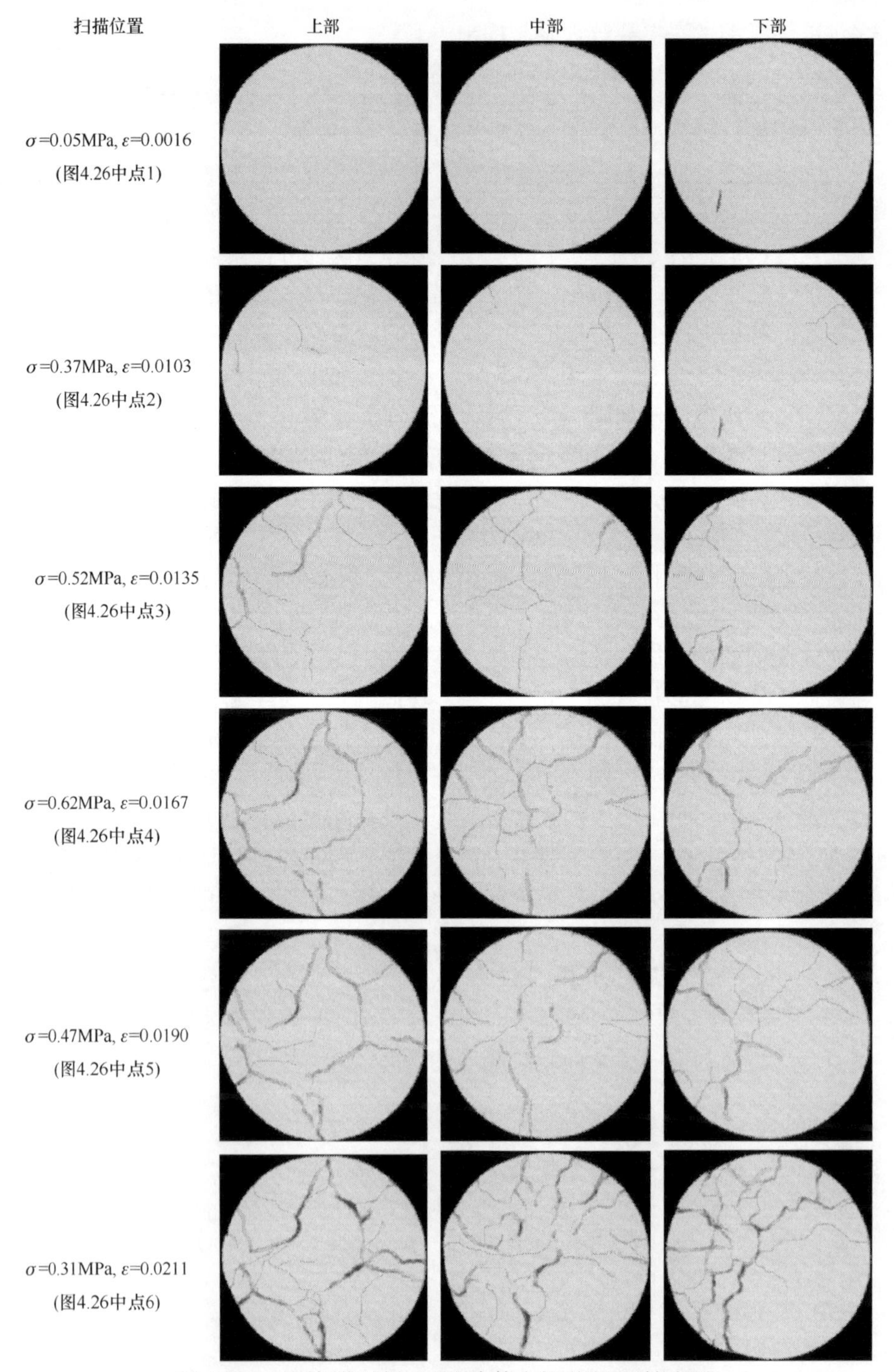

图 4-33　不同加载时刻土石混合体内部裂纹识别与提取

4.3.5 单轴压缩过程中裂纹几何形态分析

在已提取的裂纹结构图形基础上，对应于不同的加载阶段，分别计算试样破坏过程中裂纹长度、面积、平均宽度、分形维数的分布情况，如图 4-34 所示。可以看出，由于块石的存在，裂纹单元几何形态参数随应力水平的增加并不是呈现单调增加的趋势，而是出现跳跃，但总体上讲，裂纹几何形态参数随加载水平的增加而增大。

进一步提取裂纹长度、面积、分形维数与轴向应变的关系，如图 4-35 所示。从图 4-35(a)可以看出，裂纹长度和面积随轴向应变的增大而增加，土石混合体一旦开裂，裂纹的长度急剧增加。分形维数反映了裂纹的粗糙程度，即在试样中的分布情况，分形维数越大暗示出裂纹分布越复杂，越不规则，曲率越大，分形维

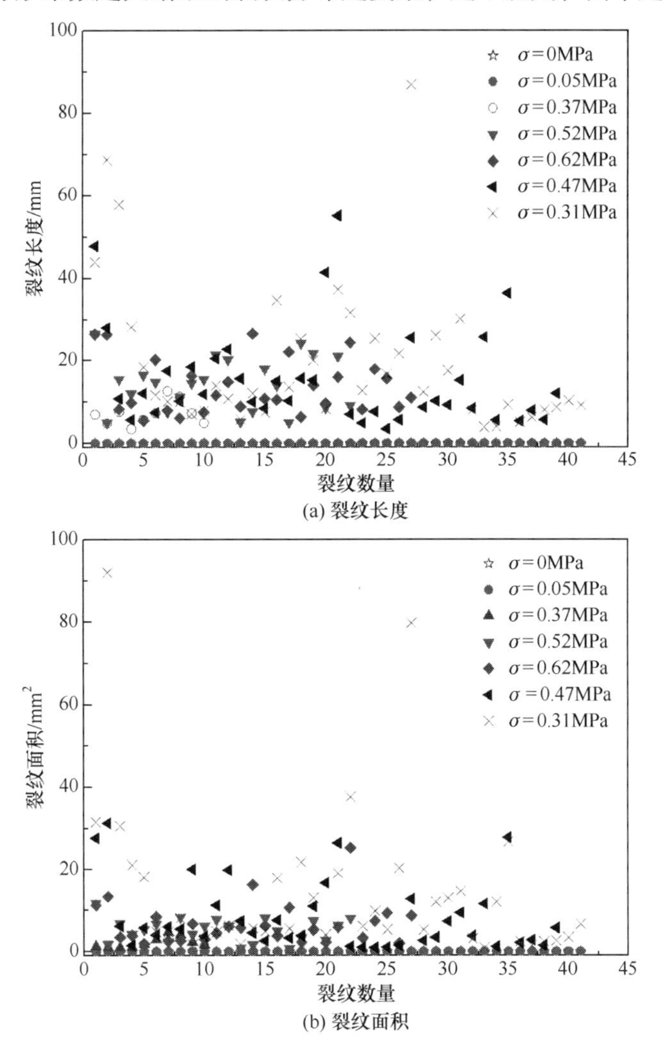

(a) 裂纹长度

(b) 裂纹面积

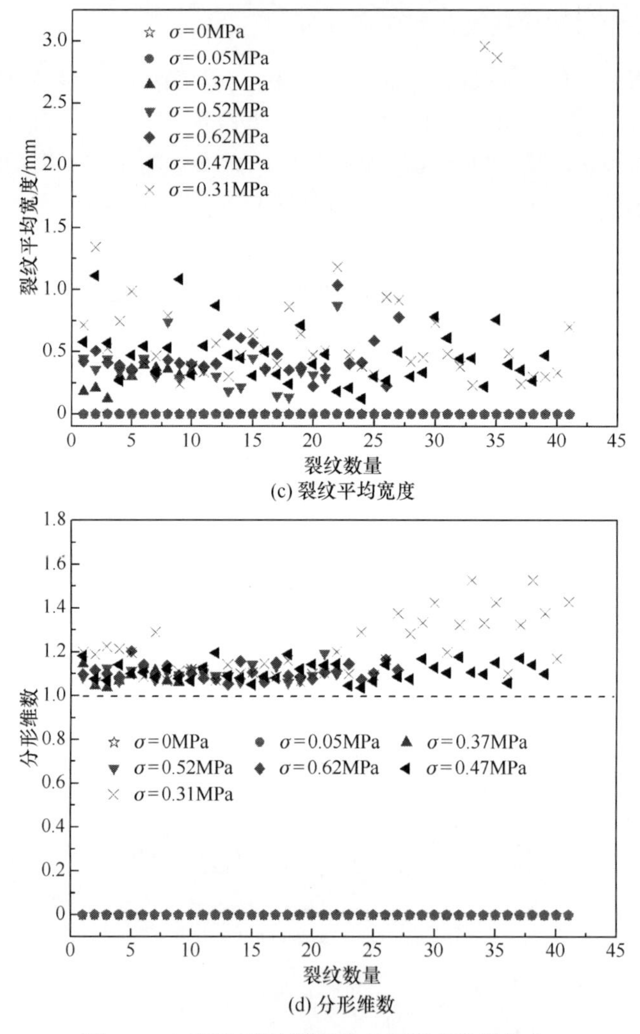

(c) 裂纹平均宽度

(d) 分形维数

图 4-34　不同扫描阶段裂纹几何形态参数分布

数可作为反映物体不规则程度的一个物理量。采用基于盒子计数法的立方体覆盖法计算土石混合体裂纹的分形维数，这种方法相对于其他的方法更为可靠、准确。根据定义，不同尺寸下裂纹数量符合以下规律：

$$N(\delta) = A\delta^{-D} \tag{4-25}$$

其中，A 为裂纹表面分布的初值；δ 为格子的尺寸；$N(\delta)$ 等于当覆盖格子面积大于 δ^2 时裂纹的数量；D 为分形维数，$1<D<2$。

对式(4-25)取自然对数，表达式可转化为

$$\ln N(\delta) = \ln A - D\ln\delta \tag{4-26}$$

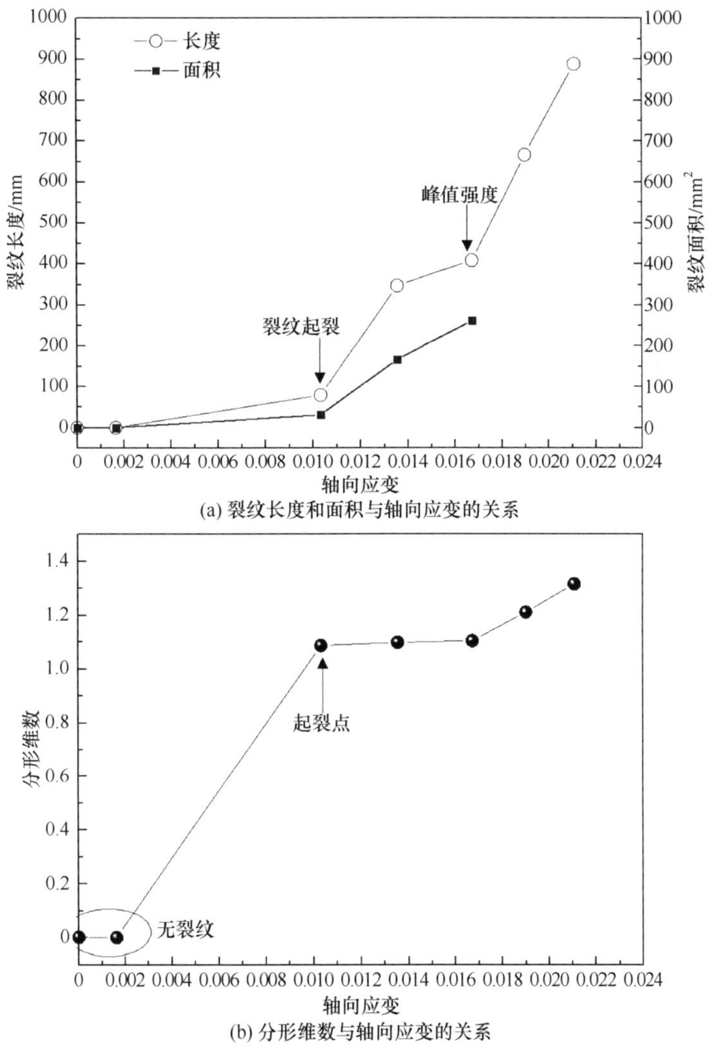

(a) 裂纹长度和面积与轴向应变的关系

(b) 分形维数与轴向应变的关系

图 4-35　裂纹空间几何形态与轴向应变的关系

为了计算分形维数，遵循以下法则：边长为 δ 的长方形栅格用来覆盖土石混合体中发育的裂纹，确保所有的长方形将所有裂纹都覆盖上。改变长方形边长 δ，可以得到一系列相应的裂纹数量 $N(\delta)$，在双对数坐标系下采用最小二乘法拟合边长与裂纹数量的关系，从而可以得出分形维数 D。对于所有的裂纹，分形维数均大于 1.0，在某种程度上也反映了裂纹分布的自相似性。如图 4-35(b)所示，分形维数随着轴向应变的增加而增大，这一结果暗示出裂纹在试样中的分布变得越来越复杂，同样，从图 4-33 的裂纹 CT 图中也可以得出类似的结论。

峰值应力后，应力-应变曲线呈现出应变软化的特性，块石在试样中的运动变得更加剧烈，峰后阶段裂纹的几何形态特征反映出块石的非线性运动机制。此外，裂纹的分布特征决定了土石混合体的残余强度，裂纹几何形态分布更有利于我们去认识土石混合体的渐进破坏状态。图 4-36 为应力水平为 0.62MPa、0.47MPa 和 0.31MPa 时裂纹概率密度分布。裂纹长度符合高斯分布，拟合方法相关性较好，相关系数分别为 0.949、0.742 和 0.890。从拟合结果看，最大裂纹长度随应变软化程度的增强而增大，有趣的是，在三个应力水平下最大裂纹长度均为 10mm，相应的概率密度为 0.342、0.296 和 0.336。造成这一结果的原因可归结为土石混合体中块石的尺度和分布情况。试样破坏后，绕石次生裂纹占绝大多数，说明次生裂纹在一定程度上控制了试样的强度和变形特征，大尺度的贯穿性裂纹相对较少，这是土石混合体区别于其他地质材料的一个典型特征。

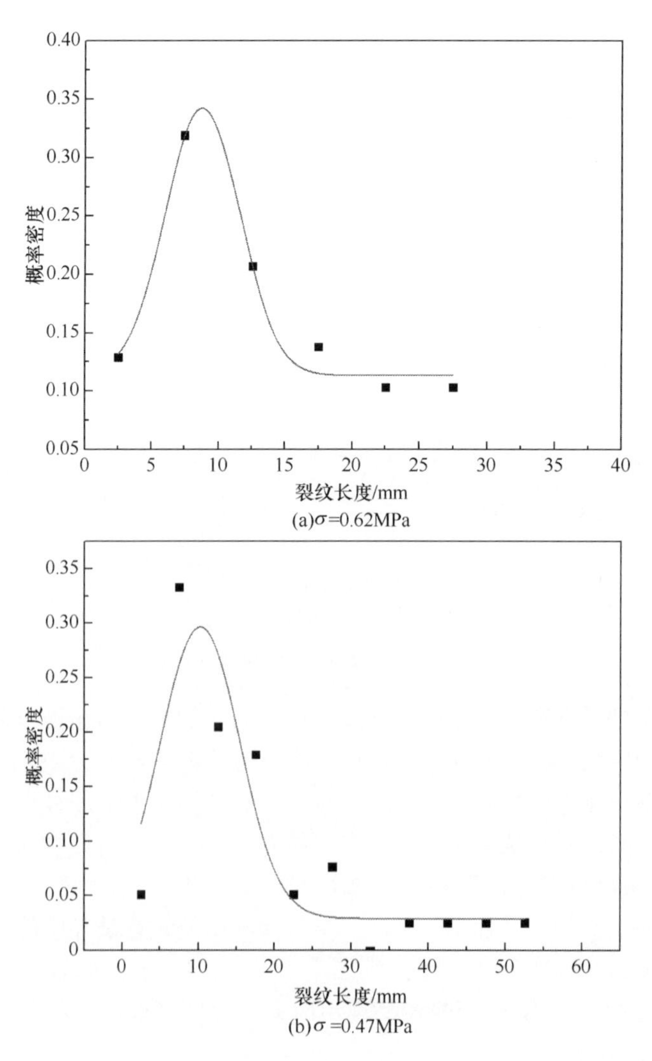

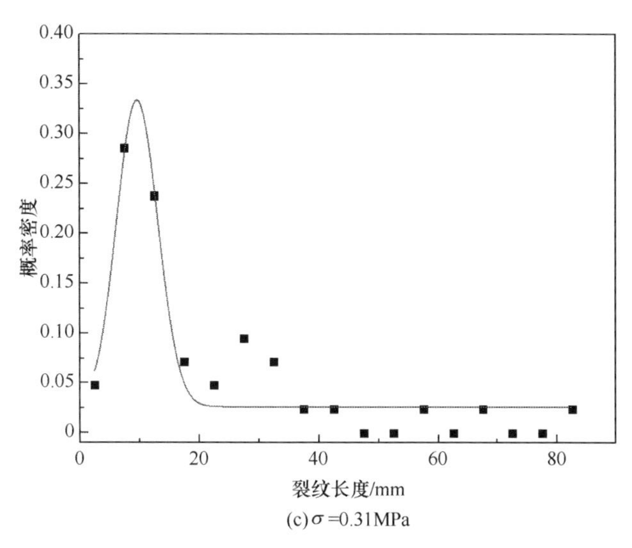

(c) σ =0.31MPa

图 4-36　加载应力为 0.62MPa、0.47MPa 和 0.31MPa 时裂纹长度概率密度分布情况

宽度是反映裂纹几何参数的另一个指标，同样，在 0.62MPa、0.47MPa 和 0.31MPa 三个应力水平下的概率密度分布如图 4-37 所示，相关系数均大于 0.85，表明采用高斯分布函数的相关性较好。平均宽度在 0.4～0.6mm 的裂纹占据了绝大多数，相应的概率密度分别为 0.515、0.491 和 0.352。从图中同样可以看出，该区间内的裂纹数量随着变形的增大而减小，这一现象是由块石和基质的相互作用造成的。在应变软化阶段，块石运动和土石分离现象变得尤为剧烈，因此已经张开的裂纹被压闭合。

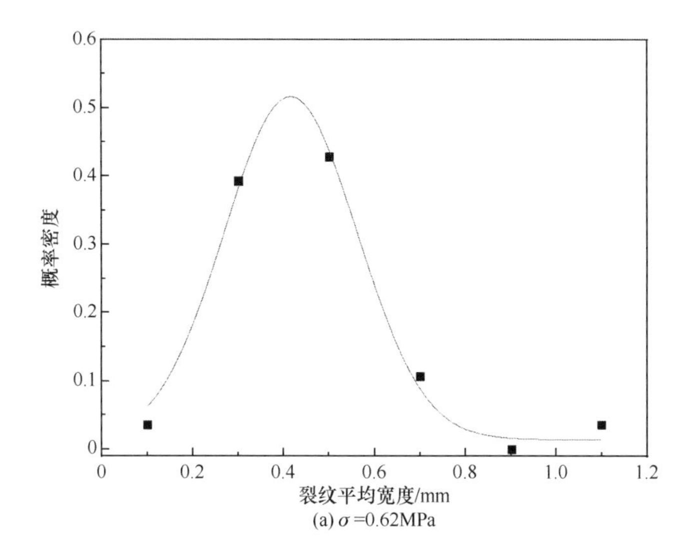

(a) σ =0.62MPa

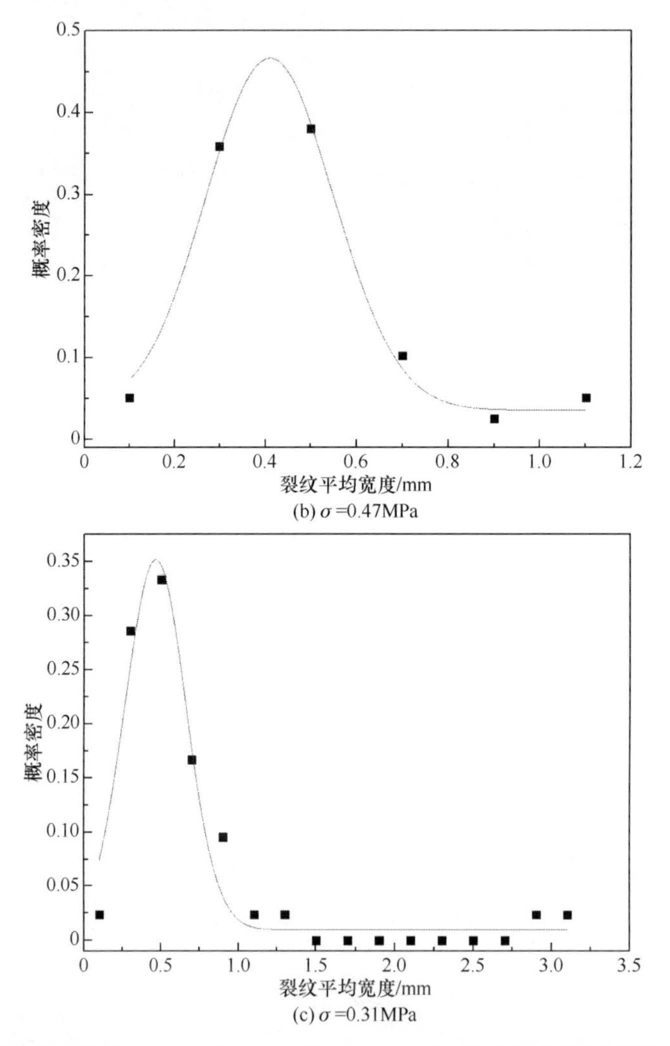

图 4-37 加载应力为 0.62MPa、0.47MPa 和 0.31MPa 时裂纹平均宽度概率密度分布情况

4.3.6 土石混合体损伤演化模型

采用 CT 方法定义损伤有两种常用的方法，即平均 CT 数法和阀值分割法。试样发生损伤的细观表现为在外界应力的条件下发生的微裂隙效应，微裂隙萌生扩展直到试样发生破坏。为此，本节采用微裂纹的面积(体积)比定义损伤因子，表达式为

$$D=A_1/A \tag{4-27}$$

其中，A_1 为试样中裂纹的总面积；A 为某个应力水平 CT 切片的面积。

本次试验中，由于加载扫描次数较少，试验数据点较为离散。因此，很难像超声波测试一样采用分段的损伤演化方程和本构方程描述试样的损伤情况，这里

采用连续本构关系来描述试样的损伤。首先，分别采用幂函数($y=ax^b$)、线性函数($y=ax+b$)、指数函数($y=ae^{bx}$)和对数函数拟合损伤因子和轴向应变的关系，取相关系数最大的函数确定为损伤演化方程。经分析，损伤演化方程表示为

$$D = 0.00356e^{2.10544\varepsilon_1} \tag{4-28}$$

方程相关系数为 0.991，暗示出损伤因子 D 和轴向应变 ε_1 具有很强的相关性(图 4-38)。

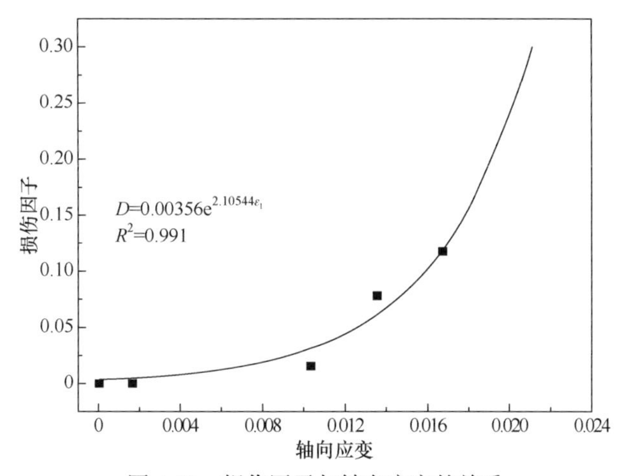

图 4-38　损伤因子与轴向应变的关系

根据应变等效原理，土石混合体损伤本构方程表示为

$$\sigma_1 = E\left(1 - 0.00356e^{2.10544\varepsilon_1}\right)\varepsilon_1 \tag{4-29}$$

对比轴向应力的实测值和预测值，如图 4-39 所示，可以看出二者一致性较好，只不过是测试点较少，数据有些离散。

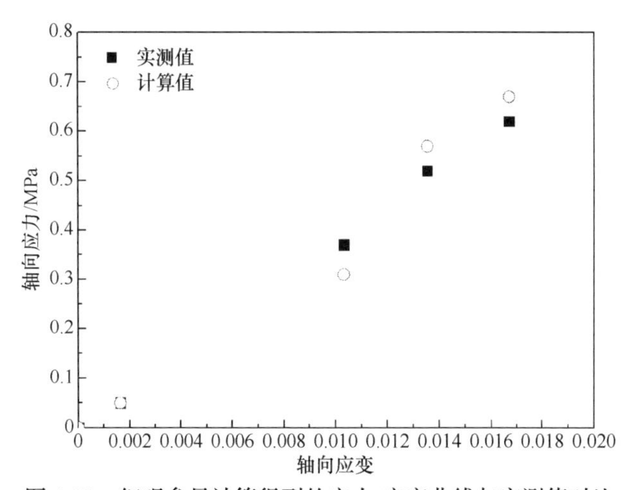

图 4-39　细观参量计算得到的应力-应变曲线与实测值对比

4.4　三轴压缩条件下实时 CT 扫描试验(含水量 10%)

土石混合体在力场及环境因素作用下的细观损伤识别方法主要有平均 CT 数法和阈值分割法。4.3 节中已经详细论述了采用平均 CT 数法对土石混合体加载过程中的细观损伤特性进行分析，本节将重点研究采用基于 CT 图像的阈值分割法对土石混合体结构劣化过程进行识别和提取。目前，岩土体三轴压缩试验装置有一个明显的缺陷，即装置中对试样施加围压的压力室由金属材料制成，常用的金属材料如铁的密度为 7.9g/cm^3，铝的密度为 2.7g/cm^3，由于金属材料密度较大，CT 试验机发出的 X 射线穿过压力室扫描试样时，将会导致射线能量的衰减，对成像造成影响，无法实现高清晰图像重构。为此，我们专门设计了一种用于高清晰图像重构与工业 CT 试验机配套的气囊式围压加载系统，用于低围压下碎裂岩土体的三轴压缩试验围压加载，非金属材料压力室减少了 CT 试验机射线能量的衰减，提高了试样破裂过程中重构图像的精度，更好地揭示试样在不同受力条件下的破裂演化过程。土石混合体实时 CT 扫描力学试验考虑低围压的情形，加载围压为 60kPa。

4.4.1　三轴压缩实时 CT 扫描试验设计

试验过程中采用图 4-40 所示的扫描方案，峰前进行 3 次扫描，为了研究试样的应变软化特性，峰后扫描 2 次，试验过程中施加的围压为 40kPa，峰前加载速率为 0.1kN/步(即每加载 0.1kN，记录试验变形)；试样发生破坏后，采用位移控制模式，加载速率为 0.1mm/步。试样变形过程轴向应变计算表达式为 $\varepsilon_a=\Delta H/H_0$，

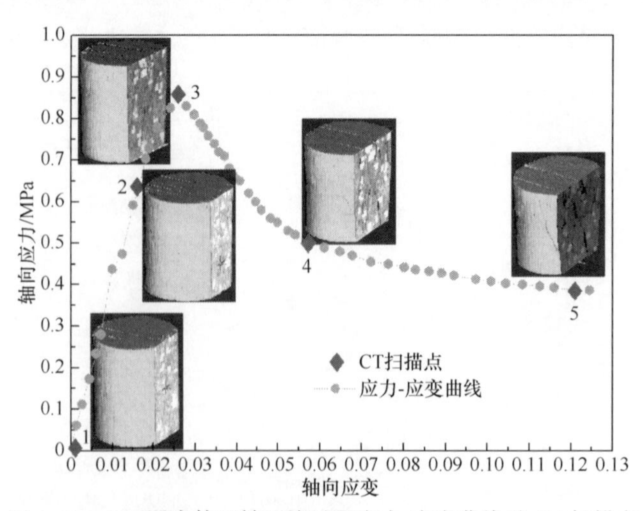

图 4-40　土石混合体三轴压缩过程应力-应变曲线及 CT 扫描点

径向应变表达式为 $\varepsilon_l=\Delta D/D_0$，对应的体积应变表达式为 $\varepsilon_V=\varepsilon_a+2\varepsilon_l$。在 5 个扫描点处试样的全应力-应变曲线如图 4-41 所示。

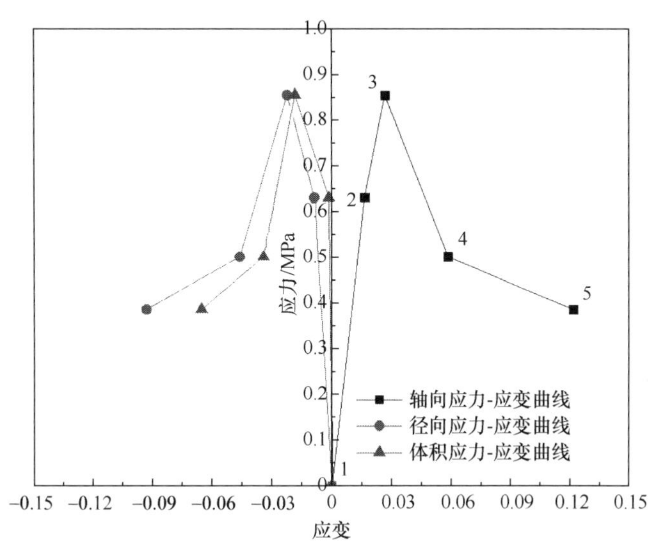

图 4-41　CT 扫描点处轴向、径向和体积应力-应变曲线

4.4.2　三轴破坏过程 CT 图像分析

本节提出一种从原始 CT 图像中提取不同加载阶段岩石块、土体基质和裂缝的分割方法。该方法的基本目的是提取试样中除土体基质以外的块石和裂纹，分析不同变形过程中土石混合体细观结构变化。CT 图像是由称为 CT 数的 16 位数字图像组成的，CT 数为初始输出，低 CT 数为单调阴影，高 CT 数为浅色阴影，共 256 种可能的变化。在所采用的 X 射线 CT 设备中，CT 图像由 1024×1024 个像素构成。对于直径为 50mm 的图像，空间分辨率为 0.07mm×0.07mm×0.07mm。以一个典型 CT 切片为例(图 4-42(a))，CT 数直方图如图 4-42(b)所示，曲线上分布有波峰和波谷，波峰代表块石相，波谷代表裂纹相，曲线上相对稳定的部分代表土体基质相。

图 4-42(b)绘制了沿轮廓线的灰度值(或 H 值)的变化。根据 H 值的变化，可以将岩石块体的 H 值划分为三个区间，分别为块石、土体基质和裂纹。根据 CT 数的不同，可以从原始 CT 图像中提取岩块和裂隙。本节尝试用区域生长法对岩石块体、土体基质和裂缝分别进行三值化识别。从三值化图像中，通过计算每一种材料所占体素的数量乘以单位体素的面积，量化得到了块石的面积、土体基质和裂纹的面积。方法总结如下：

(1) 在区域生长法中，选定代表一种物相的一个体素。尽可能计算块石相、裂纹相和土体基质相的灰度均值和方差，块石相灰度均值和方差为 $\mu_{块石}$、$\sigma_{块石}$，土体基质相灰度均值和方差为 $\mu_{土体}$、$\sigma_{土体}$，裂纹相灰度均值和方差为 $\mu_{裂纹}$、$\sigma_{裂纹}$。

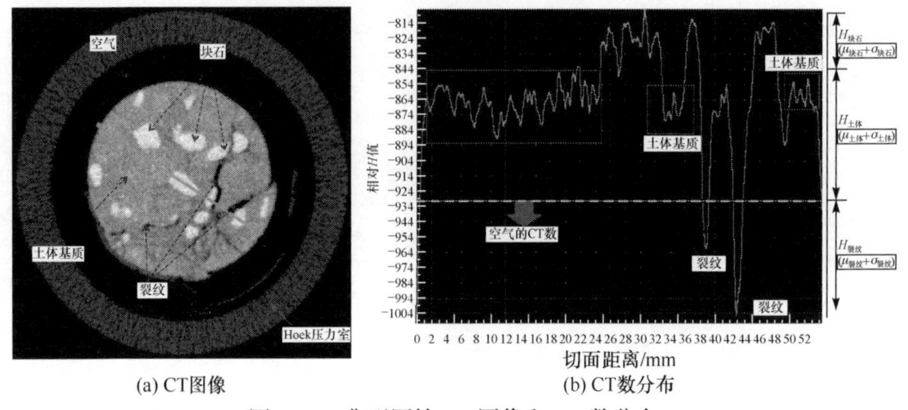

(a) CT图像　　(b) CT数分布

图 4-42　典型原始 CT 图像和 CT 数分布

(2) 分别确定块石相和裂纹相的容差值 T_r 和 T_c。假设各相位的灰度值服从正态分布，块石相和裂纹相灰度区间为 $\bar{x}_i \pm 2\sigma_i$ (i=r, s, c)，从而容差区间分别为 $T_r = \bar{x}_r - 2\sigma_r$ 和 $T_c = \bar{x}_c - 2\sigma_c$。

(3) 与原始体素灰度值相似的相邻体素被吸收到相同的物相中。随后，对新吸收的体素进行同样的处理，即如果灰度值与原始值相似，则新同化体的相邻体素被同化为同一相。重复这个过程，最终会形成一个由具有相似灰度值的体素组成的簇。从各相平均灰度值的体素开始，相邻灰度值大于各介质容差值的体素发生同化。对新吸收的体素重复此过程，直到没有体素可以被吸收为止。这样就完成了一个物相的识别。

4.4.3　三轴变形过程试样裂纹提取

采用实时 CT 扫描方法获取土石混合体的细观变形演化过程，如图 4-43 所示。从图中可以看出，岩块在试样中是随机分布的，在物理性质上与土石混合体具有自相似性[25]，说明重塑试样在研究其力学性能方面同样具有代表性。当轴向应变为 0 时(加载前)，试样不会发生损伤。从轴向应变为 0.0161 开始，特别是在应力-应变曲线的应变软化阶段，可以看到 CT 图像土体基层中存在大量的黑色区域。根据 CT 成像原理，低密度区域意味着样品中存在高损伤物质，较低的密度反映了该区域的 CT 数较低。土石混合体中低密度区暗示着应变局部化带的出现。在轴向应变为 0.0264 时，岩石块体周围较低的密度区域(黑色)清晰可见。随着变形量的增加，低密度区尺度急剧增大，尤其是在峰后阶段。对于相同切片数的 CT 图像，可以观察到块石的位置和可见块石数量也发生了变化，一些石块逐渐消失，一些新的石块出现。此外，块石分布和大小对低密度区域的传播路径有较强的影响。由于岩块的互锁作用，在土石界面处发育有大尺度孔隙，有的孔隙消失，有的演化成宏观裂缝。图 4-43 中虚线圆圈代表典型的低密度区域。在这些位置形成应变局部化带，其中一些应变局部化带将会演化成为宏观裂纹，即剪切破裂面。

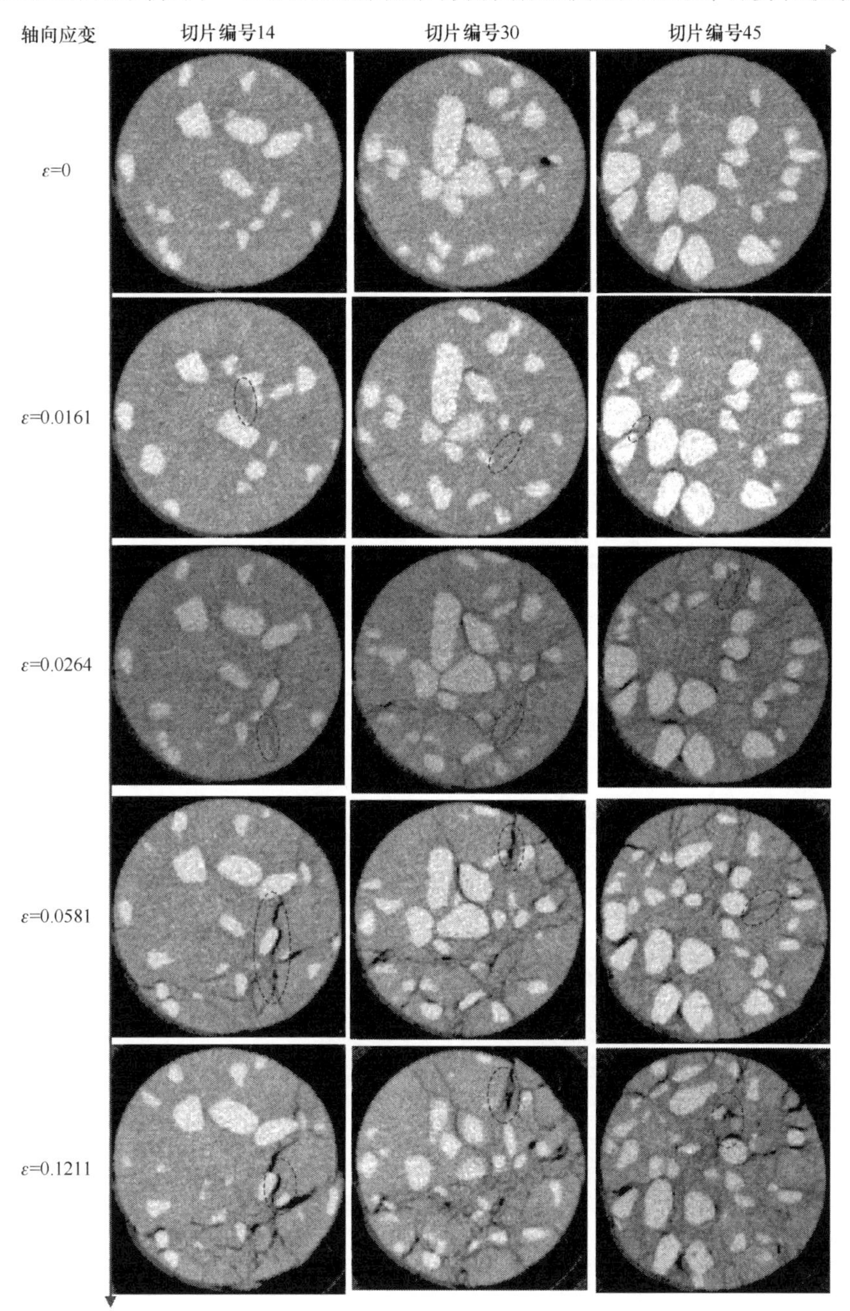

图 4-43　三轴变形过程中不同位置土石混合体的二维 CT 重建图像

采用前面提出的土石混合体三相物质细观结构提取方法，可以将岩石块体和裂缝从原始 CT 图像中分离出来。我们将每个 CT 切片的岩块与试样图中的裂缝重叠，提取结果如图 4-44 所示。可以看出，大部分裂缝是在块石周围萌生并绕过岩块扩展，最终在应力达到峰值时形成宏观的局部剪切带。

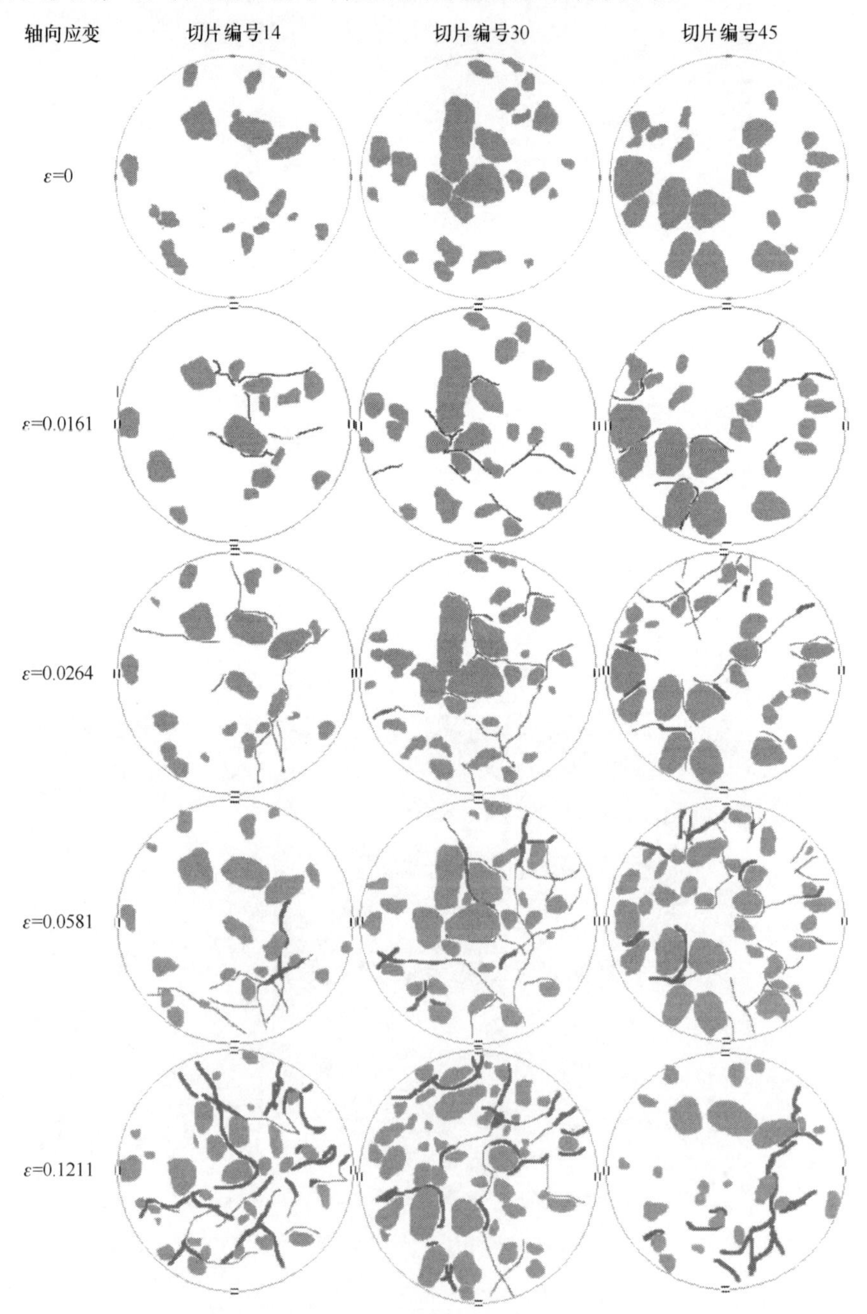

图 4-44　三轴压缩过程中裂纹和块石提取

4.4.4　三维细观结构演化分析

通过将二维 CT 切片进行三维叠加，可以实现一个完整的三维体数据。图 4-45 为试验前得到的土石混合体试样三维重建图，可以清晰地看到试样由随机分布的岩块和相对均匀的土体基质两部分组成。从图 4-45(a)可以看出，为了施加围压作用，将土石混合体试样置于 Hoek 压力室中。图 4-45(b)为试样中的块石骨架，在空间上是混杂的，在试样中随机分布。从图 4-45(c)可以看出，土体基质包裹着岩块，与岩块相比，其组成和结构相对均质。

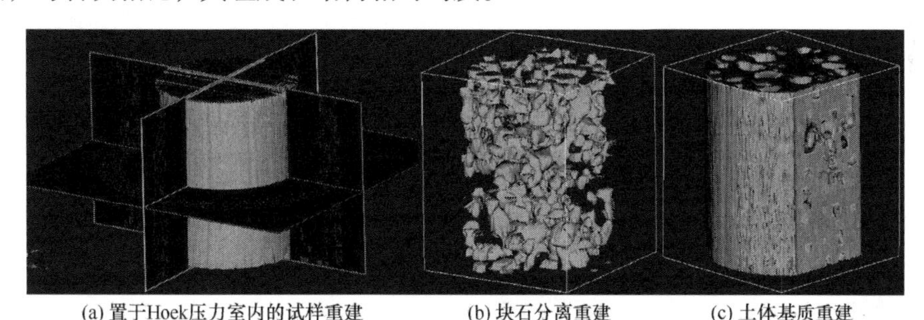

(a) 置于Hoek压力室内的试样重建　(b) 块石分离重建　(c) 土体基质重建

图 4-45　试验前土石混合体三维重建

在变形过程中，由于块石与土体基质之间的刚性差异，在土石界面处首先发生破坏，出现拉裂缝。为了形象地显示试样中裂纹的扩展路径，图 4-46 分别绘制了轴向应变为 0.0161、0.0264、0.0581 和 0.1211 时的细观结构三维模型。可以看出，裂纹从块石中穿过，并向土体基质中扩展。岩块位置对裂纹扩展路径有较大影响。局部剪切带形成于土石界面，并随着变形的增加而发展。当局部剪切带尺度达到一定程度时，最终形成宏观剪切断裂面。断裂面的形态受已有岩块的影响，呈现出一定粗糙度的曲面。从破裂面形态分析可以看出，土石混合体的破裂面不同于相对均质的岩石和土体材料，其破坏模式更为复杂，受块石分布和形状的影响更为剧烈。加载过程中，累积裂纹体积随轴向应变的增大而增大，直至形成多个宏观断裂面。为了定量研究试样的渐进破坏过程，引入了损伤因子，损伤因子定义为裂纹体积与试样总体积之比。图 4-47(a)为相对轴向应变与损伤因子的关系曲线。在变形过程中，损伤逐渐累积，直至裂纹的闭合。与一般岩土材料相比，三维 CT 扫描结果表明，裂缝面形态不连续，受现有岩块的影响。这一结果表明，传统的强度准则可能不适用于土石混合体，因为土石混合体中存在弯曲的破裂面，而莫尔-库仑强度准则为平面剪切破坏情形。由于岩块与土体基质的相互作用，土石混合体中随着变形的增加，局部剪切带逐渐形成。图 4-47(b)为试样变形过程中含石量的变化情况，由于块体在加载过程中的运动，不同加载阶段块石位置的 CT 图像会发生变化，但它基本上等于设计时的含石量(30%)。块石的体积含量是基于块石的体积图像统计的，从体积含石量与轴向应变的关系来看，

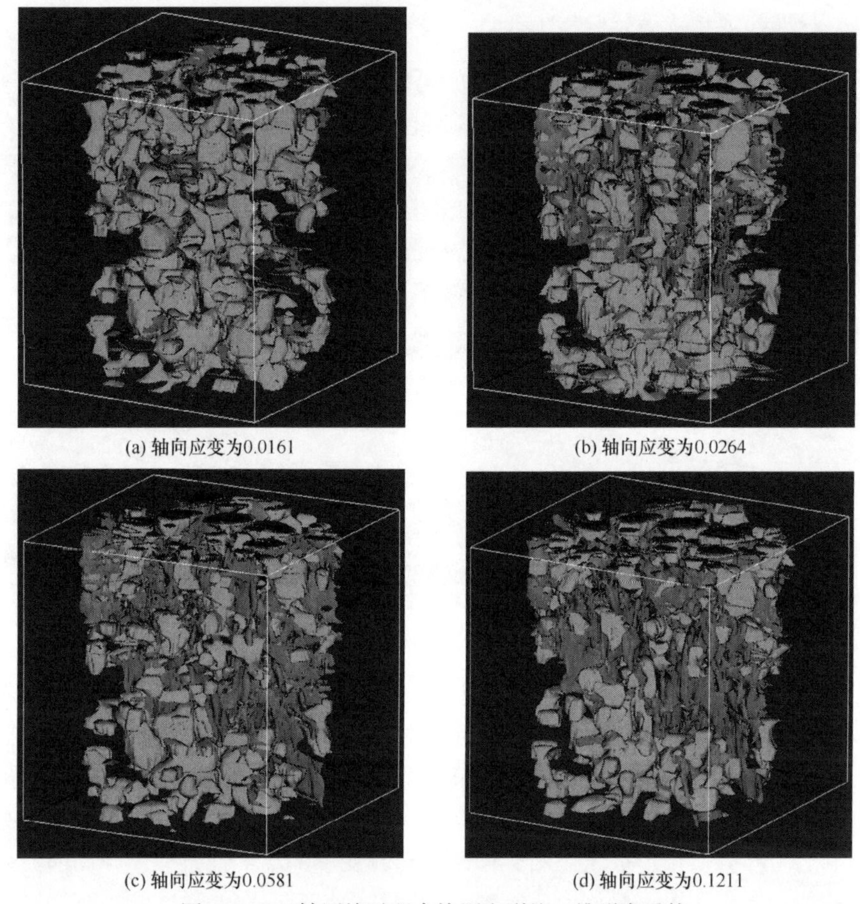
(a) 轴向应变为0.0161　(b) 轴向应变为0.0264

(c) 轴向应变为0.0581　(d) 轴向应变为0.1211

图 4-46　三轴压缩过程中块石和裂纹三维形态重构

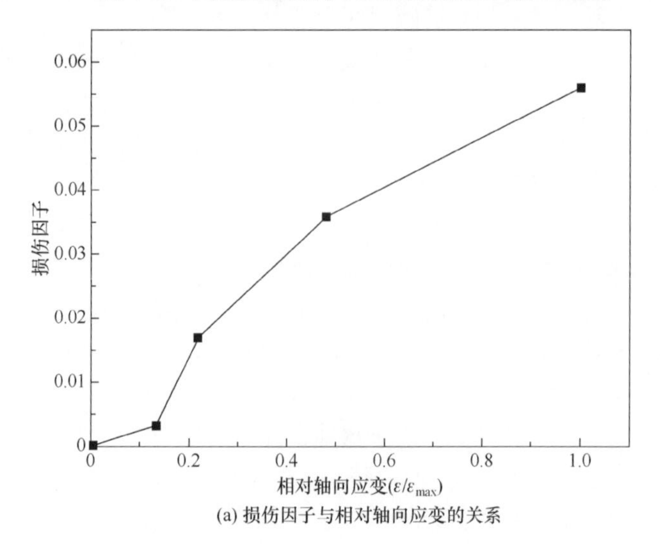

(a) 损伤因子与相对轴向应变的关系

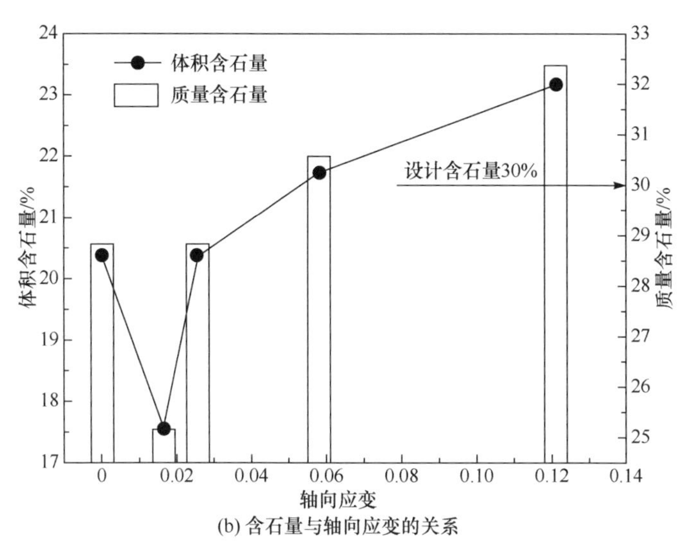

(b) 含石量与轴向应变的关系

图 4-47　三轴加载过程中同一扫描位置含石量变化情况

我们可以更好地解释岩石块体在压缩过程中的运动和旋转。

为了研究土石混合体试样的空间裂纹分布，选取一个平行于 *XZ* 平面的整个试样轴线上的参考平面，并将所有裂纹投影到该参考平面上。利用该方法，由二值图像计算出裂纹分布的上升图，如图 4-48 所示。可以看出三轴变形产生的裂纹相互作用的复杂性。同时可以看出，裂缝主要由 166°和 210°两个方向的裂缝群组成，它们的夹角在 29°～33°和 46°～54°两个区间，剪切裂缝呈 X 形发展。

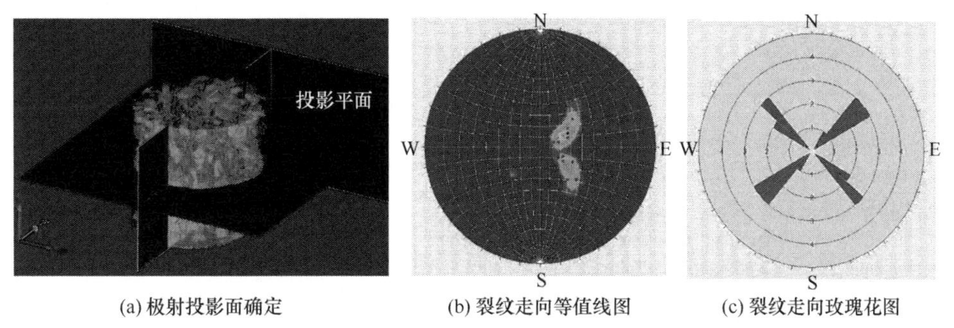

(a) 极射投影面确定　(b) 裂纹走向等值线图　(c) 裂纹走向玫瑰花图

图 4-48　试样破坏后裂纹空间分布统计

4.4.5　三轴变形局部化分析

在三维重建模型的基础上，可以对土石混合体试样进行任意方向的分割。据此可以深入研究试样的裂纹演化过程。利用 CT 体数据，首先对变形试样的三维形状进行重建，然后可以在重建的样本上沿着一定的方向剖切样本。因此，我们可以观察变形试样在不同方向上的损伤状态。图 4-49 为轴向应变分别为 0.0161、

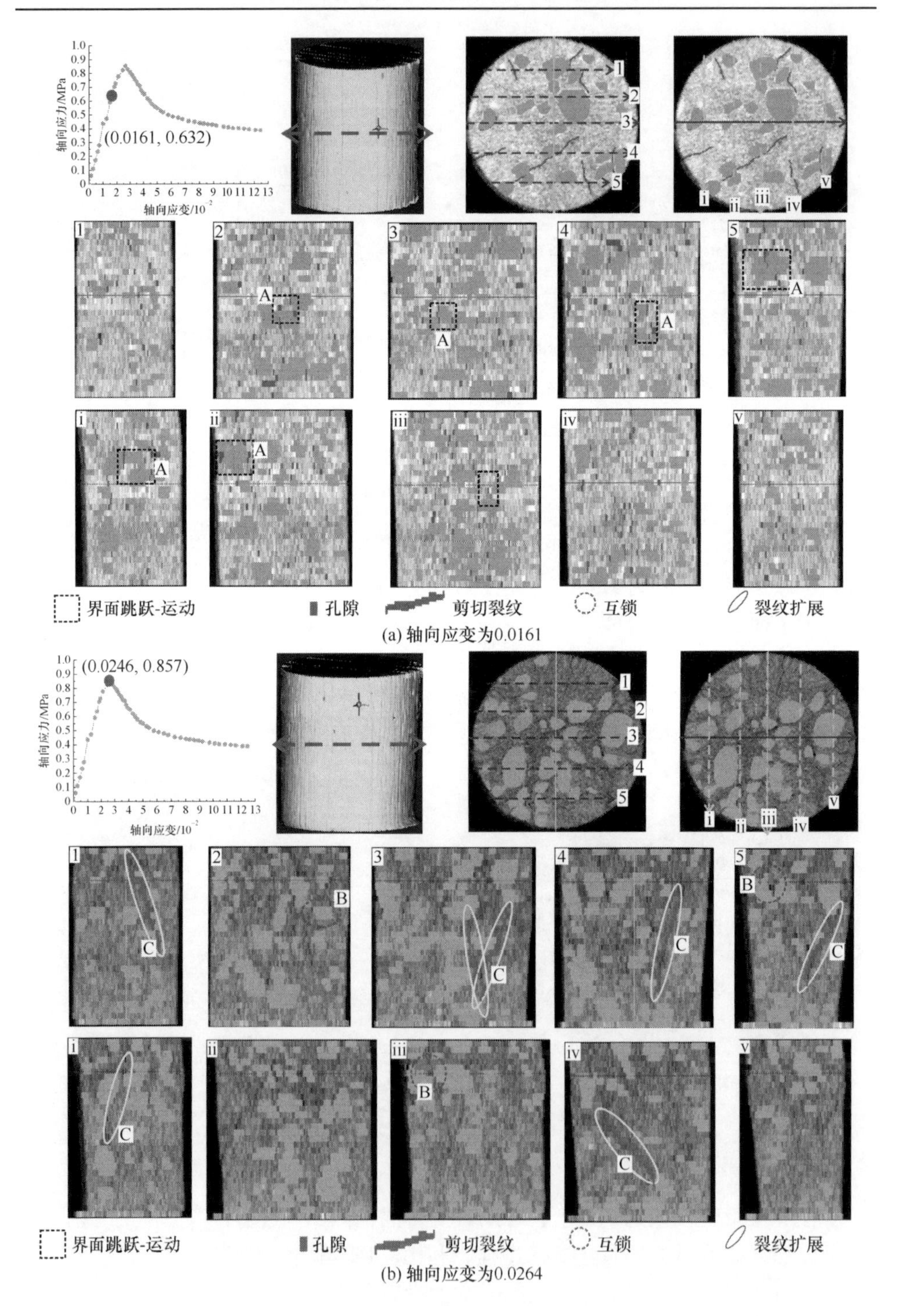

(a) 轴向应变为0.0161

(b) 轴向应变为0.0264

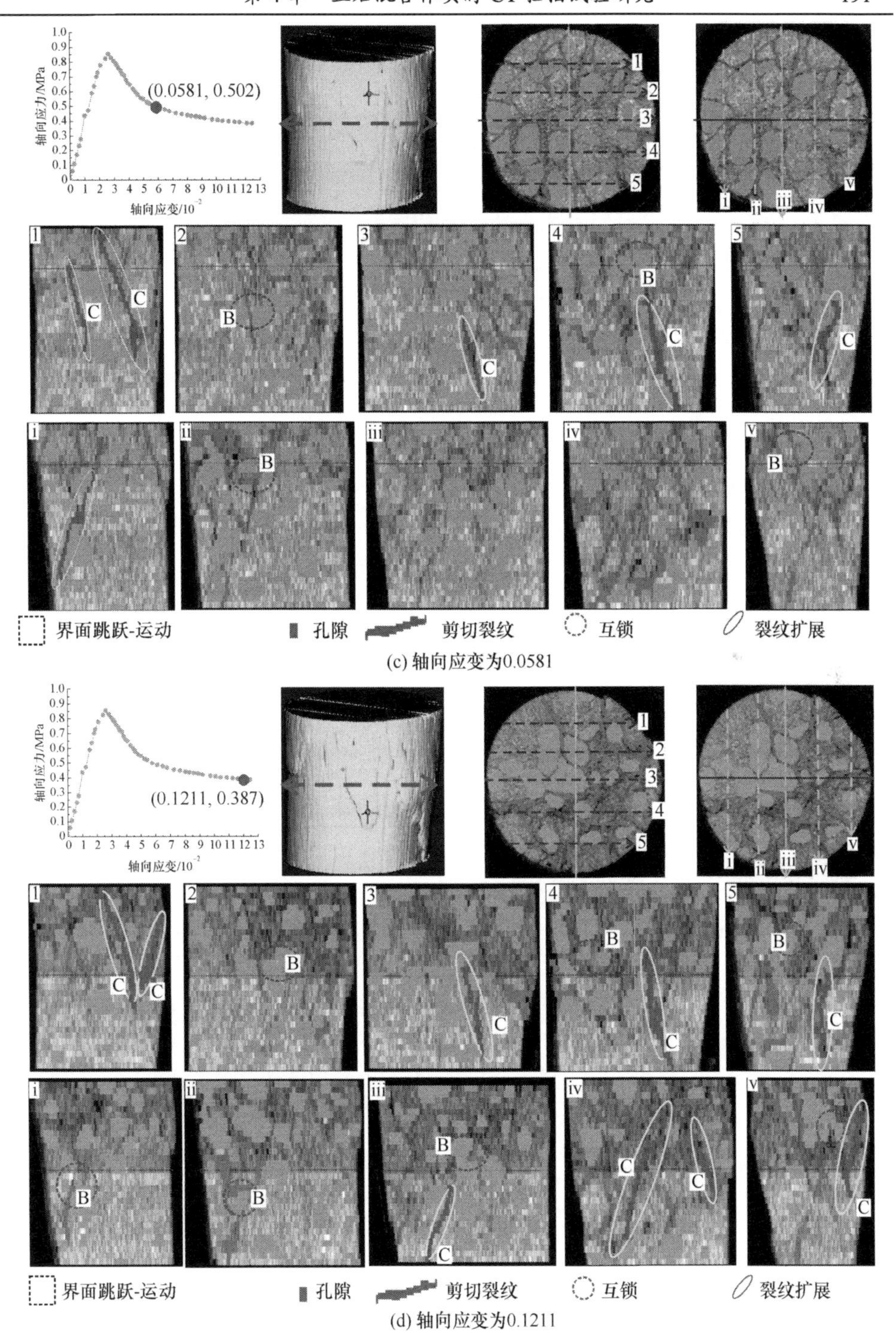

(c) 轴向应变为0.0581

(d) 轴向应变为0.1211

图 4-49　三轴压缩过程中细观损伤演化与应变局部化分析

0.264、0.0581 和 0.1211 时试样沿 10 个方向的劈裂截面。在试样中部选择水平剖面，沿 *XZ* 平面选取标号为 1、2、3、4、5 的五个垂直切片，沿 *YZ* 平面选择 5 个垂直切片，分别标记为 i、ii、iii、iv、v。随着轴向加载的进行，土石界面处形成大孔隙(图 4-49(a))，大量孔隙形成裂缝并相互连接，形成 X 形剪切带或楔状剪切带(图 4-49(b))，在峰后阶段(图 4-49(c)和(d))可以清楚地看到薄剪切带。从图 4-49 中可以看出孔隙演化行为，标记的矩形 A 代表岩石块体周围形成宏观孔隙的情况，标记的矩形 B 表示长大到宏观孔隙的情况。值得注意的是，最终的宏观孔隙是在局部剪切带形成后出现的，这种现象是块石滑移与块石在邻域的分布相结合，有条件地产生互锁结构。在块石集中分布区，块石的互锁现象更为明显。由于岩石块体与土体基质之间的高度弹性不匹配，滑移剪切行为导致土石界面出现大量裂纹。如图 4-49 中的椭圆 C 所示，裂缝的存在是影响土石混合体强度的关键因素，裂缝之间相互连接，形成较大的剪切带。剪切带的尖端位于土石界面。结果表明，土石混合体的细观结构变化特征不同于纯土和岩石材料，其损伤演化力学行为受内部块石的强烈影响。土石混合体的细观结构变化包括土石界面开裂、形成宏观孔隙、互锁、形成局部剪切带等一系列复杂的力学行为。

4.4.6 三轴变形非均匀性分析

在土石混合体试样中加入随机分布的块石之后，试样的均匀性发生了很大的变化。土石混合体具有非均质性、不连续性和各向异性，在试样变形过程中，由于岩块与土体基质相互作用，试样局部质量密度发生变化。由于没有直接标定局部质量密度的绝对方法，精确地评价空间密度分布是非常困难的。然而，根据 X 射线 CT 的成像原理，很容易从图像的颜色变化来判断密度的变化。采用局部分形分析的方法对图像的灰度进行量化。密度分布越复杂，其分形维数越高，分形维数定义如下，其值为 2～3。

$$D = -\lg\left(N(r)/r\right) \tag{4-30}$$

其中，D 为分形维数；$N(r)$为用边长为 r 的曲面去覆盖立方体 $S(r)$得到的微小立方体个数：

$$N(r) = S(r)/r^2 \tag{4-31}$$

采用以下方法进行分形维数的计算：首先，计算边长为 r 的立方体个数 $S(r)$，如图 4-50 所示，$f(I, J)$是中心坐标为(I, J)处图像的灰度，假定 $S(r)$ 是 $S_1(r)$ 和 $S_2(r)$ 之和。在灰度 0～255 区间，在三角形的顶点处计算获取对应的 $S_i(r)(i=1,2,\cdots)$。其次，计算斜率 $A=\lg S(r)-\lg r$，$A<0$。最后，分形维数表达

式为 2–A。当 A=2 时，意味着图像灰度是一样的，是单一不变的。图 4-51 为三维分形维数与轴向应变的关系。可以看出，分形维数随着试样变形的增加而增大，说明变形试样的密度分布变得越来越复杂，非均匀程度极大提高。

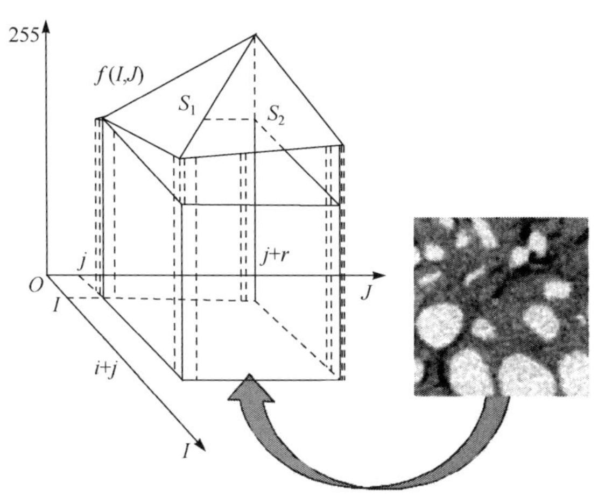

图 4-50 计算边长为 r 的立方体个数 $S_i(r)$

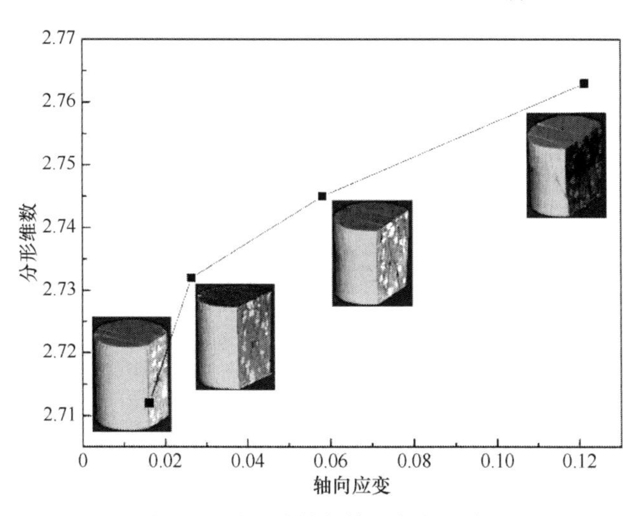

图 4-51 分形维数与轴向应变的关系

4.4.7 三轴剪胀特性分析

由于块石与土体基质之间的相互作用，土石混合体试样中低密度区域的扩展和裂缝的形成与体积变化密切相关，这是变形过程中的宏观应力应变响应。表 4-8 列出了试样、裂缝、岩块和土体基质在不同加载阶段的体积变化情况。可以看出，随着变形的增加，膨胀行为变得严重。试样体积和裂纹体积随轴向应变的增大而不断增大，但是岩石块体体积的变化先减小后增大。裂纹的体积变化反映了局域带的扩展。由于块体在试验过程中不能压实，块体体积的变化主要反映了变形过程中块体的运动和旋转。虽然每一阶段试样的扫描高度相同，但由于其运动，块体体积可能不同。由于土体基质中砌块的移动，第 2 阶段后土体基质体积变化迅速增大，在这种情况下，岩土界面处的裂缝迅速扩展到土体中。有趣的是，试样体积的变化并不等于裂纹、岩块和土体基质的总变化。这一结果进一步揭示了土石混合体在变形作用下的非线性力学行为。土石混合体试样的膨胀包括岩块运动、土体基质固结开裂、岩土界面开裂闭合等一系列复杂的行为。岩块间的互锁对试样的体积变化贡献较大。三轴加载过程中试样体积、裂纹体积变化量与轴向应变的关系如图 4-52 和图 4-53 所示。

表 4-8　三轴压缩过程中土石混合体剪胀行为描述(围压为 40kPa，含石量为 30%，含水量为 10%)

加载阶段	应变	应力/MPa	试样体积变化量/mm³	裂纹体积变化量/mm³	块石体积变化量/mm³	土体基质体积变化量/mm³
1	0	0	—	—	—	—
2	0.0161	0.632	298.58	365.38	−65.91	−389.61
3	0.0264	0.857	1552.58	1939.66	42.53	698.95
4	0.0581	0.502	7523.02	4319.05	33.85	1870.12
5	0.1211	0.387	14867.09	7157.97	47.37	4961.75

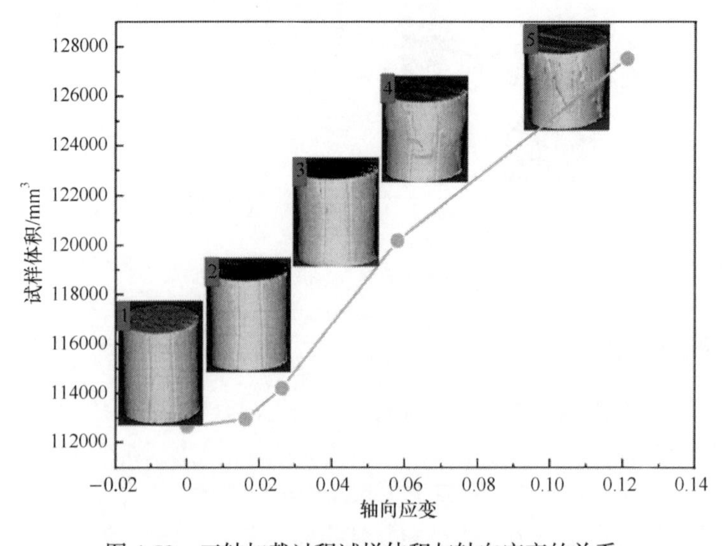

图 4-52　三轴加载过程试样体积与轴向应变的关系

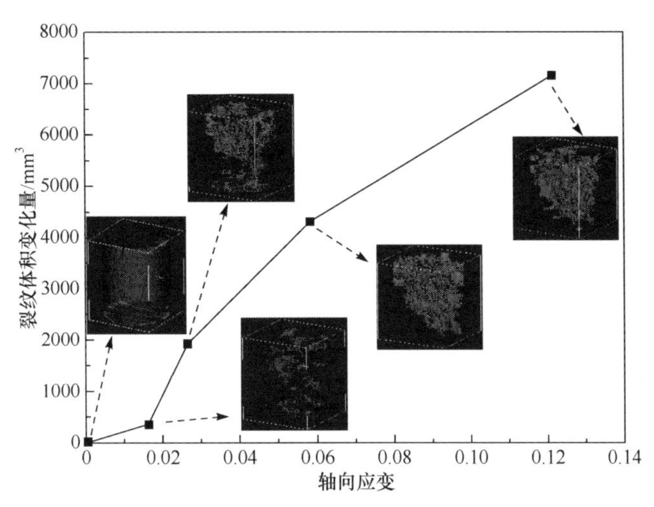

图 4-53　三轴加载过程中裂纹体积变化量与轴向应变的关系

4.4.8　三轴压缩宏观破裂形态描述

利用 X 射线 CT 扫描，可以较详细地研究加载过程中试样内部三维结构的变化。土石混合体局部剪切带的演化是土体基质与块石相互作用的结果，剪切带在试样内部分布并不均匀，说明土石混合体存在特殊的剪切变形模式。CT 扫描试验后，从 Hoek 压力室中取出破裂后的土石混合体样品。从四个方向(前、左、后、右)观察试样宏观破坏形态，如图 4-54 所示。从图中可以清楚地看出宏观剪切破坏面呈 X 形或楔形，主破坏面周围也可见大量次生裂缝。样品表面的宏观观察不能反映内部破坏机理，但 CT 扫描试验可以获得土石混合体内部细观结构变化的

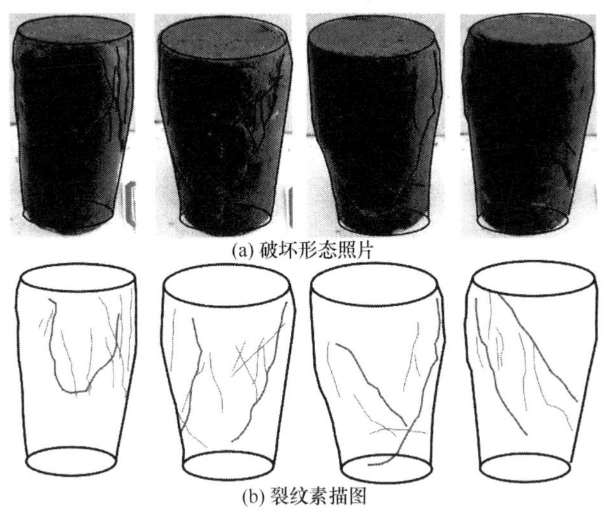

图 4-54　土石混合体三轴压缩宏观破坏形态及裂纹示意图

信息。与 CT 测得的细观三维图(图 4-48 和图 4-49)相比，从试样内部可以观察到主要断口存在局部剪切带；此外，由于块石对裂纹扩展的影响，在土石界面附近存在大量的次生裂缝，肉眼同样也可以在试样表面观察到一些次生裂缝。

4.5　含石量对土石混合体细观力学特性影响分析

4.5.1　试样制备方法简介

参照《土工试验方法标准》(GB/T 50123—1999)，块石直径应小于 10mm，土粒和块石的阈值为 2mm。土体的天然密度为 1.66g/cm^3，干密度为 1.52g/cm^3，相对密度为 2.77。基质土体中含有大量的黏土矿物，具有较强的亲水性，硬黏土的液限和塑限分别约为 63.54%和 26.32%；塑性指数约为 37.72，流动性指数为 0.05～0.127。通过扫描电子显微镜和 X 射线衍射测试，确定了矿物组成和矿物含量。扫描电子显微镜测试发现，黏土矿物包裹着棒状和不规则的石英颗粒，尺寸为 0.01～0.03mm，如图 4-55 所示。X 射线衍射测试表明，基质土体中黏土矿物的含量较高，分别为蒙脱石(61.52%)、高岭石(26.73%)和伊利石(6.25%)。试验所用块石为粒径 2～4mm、6～8mm 的大理岩碎石，取自于安徽李楼矿山，其质量比为 1∶1。块石天然密度为 2.67g/cm^3，单轴抗压强度约为 94.5MPa。

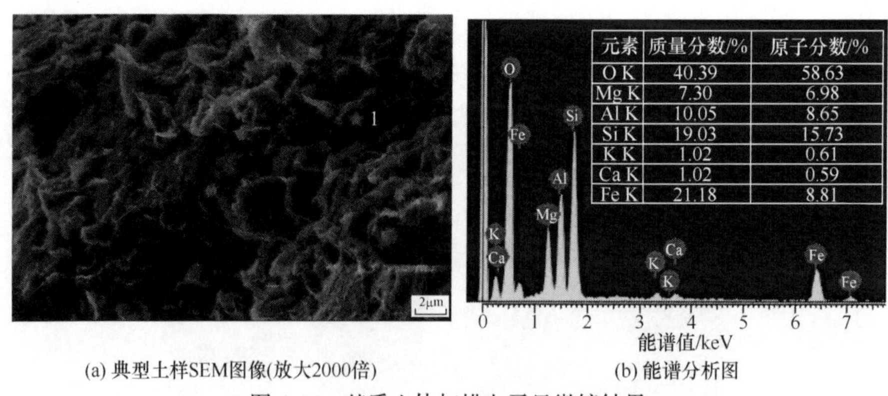

(a) 典型土样SEM图像(放大2000倍)　　(b) 能谱分析图

图 4-55　基质土体扫描电子显微镜结果

采用击实法制备土石混合体试样，根据密度与锤击数的关系确定最佳锤击数。为了保证样品的均匀性，块石和土体基质人为混合几分钟。在土石混合体样品制备过程中，含石量分别设计为 30%、40%和 50%。试样制备前，在混合体中加入一定量的水，经击实试验，最佳含水量为 10%。为了保证不同含石量试样的基质土体密度大致相同，采用不同的锤击数制作试样，如图 4-56 所示。首先，将每个试样所需的基质土体和岩块在搅拌机中混合均匀；然后，将混合物倒入直径 50mm、高 100mm 的圆筒铸铁模具中。试样用三层压实，每层压实后，扰动层

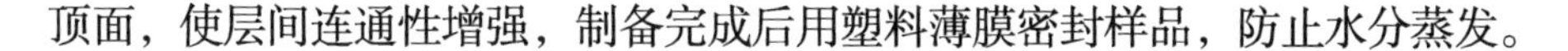

顶面，使层间连通性增强，制备完成后用塑料薄膜密封样品，防止水分蒸发。

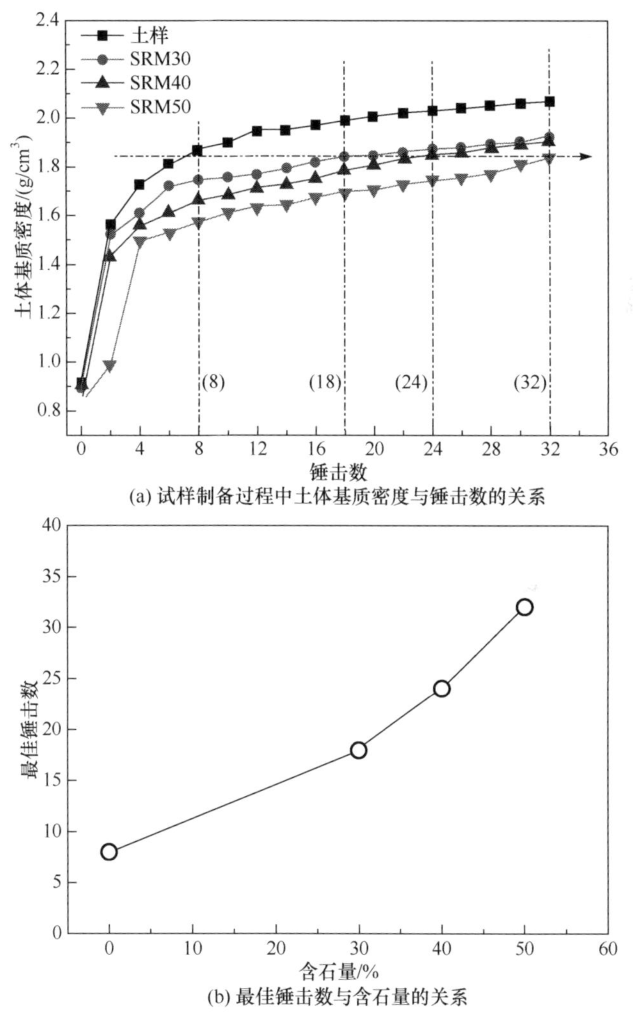

(a) 试样制备过程中土体基质密度与锤击数的关系

(b) 最佳锤击数与含石量的关系

图 4-56　不同含石量土石混合体锤击数确定

4.5.2　试验方案

试验过程中，首先将加载装置放在 450kV X 射线工业 CT 试验机的旋转台上面。然后将土石混合体试样放置于 Hoek 压力室中，该压力室对 X 射线几乎是完全透明的，采用气泵逐渐施加围压。轴向应力施加速率为 0.1kN/步(即每 0.1kN 记录轴向变形)，可以记录完整的轴向应力和轴向位移信息。X 射线 CT 数据沿着试样的三个中心横断面(从试样底部开始，初始位置分别为 35mm、50mm、65mm)获取，如图 4-57(a)所示，4-57(b)为块石形态提取，图 4-57(c)为裂纹形态提取图。

每个 CT 断面扫描约 1min，重建图像需要 2min，一个断面扫描 648000 投影，累计 5 次，扫描时间约 15min，完成一个样本扫描约需要 90min。数据由该截面上每个体素的辐射密度组成，可以在网格上以灰度图像的形式显示，其中每个像素都索引到 H 值。灰度阶具有与试样内部裂纹变化范围相适应的动态特性，由于裂纹中充满了空气，利用不透明度对比度来突出裂纹或空隙。根据 CT 扫描成像原理，可以通过辐射密度的变化来获得土石混合体内部裂纹的演化。当土石混合体试样发生损伤时，裂纹处呈黑色。

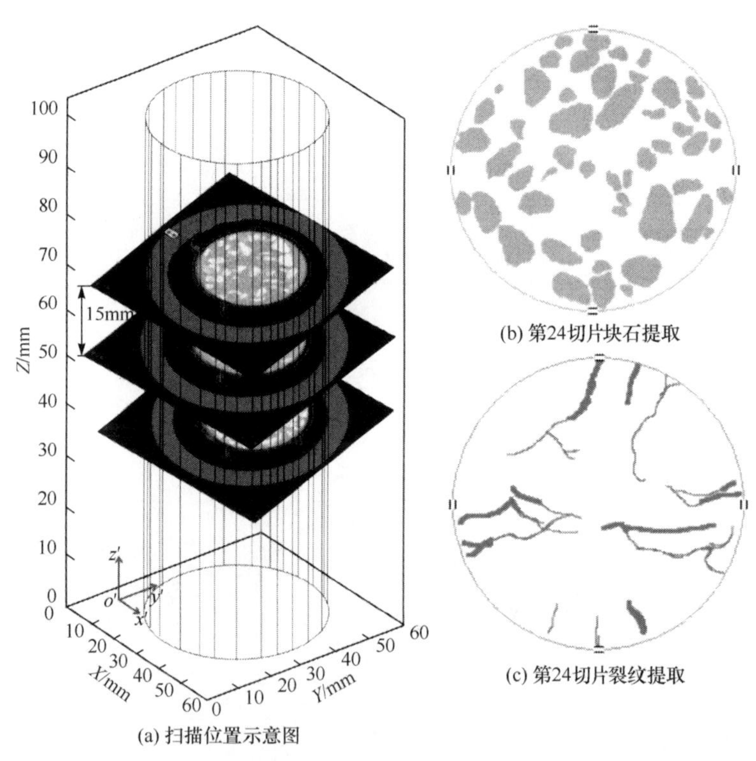

(a) 扫描位置示意图　(b) 第24切片块石提取　(c) 第24切片裂纹提取

图 4-57　X 射线 CT 扫描试验方案(以块石含量为 50%试样为例)

图 4-58 为土样和不同含石量土石混合体试样三轴压缩应力-应变曲线，三轴加载直到最大轴向应变为 0.08 时停止试验。试验过程中进行 6 个加载阶段的 X 射线 CT 扫描，设计扫描时的轴向应变分别为 0、0.015、0.03、0.04、0.06、0.08，然而，试验操作过程中轴向应变分别为 0、0.0176、0.0311、0.0406、0.0611 和 0.0804。每执行一次 CT 扫描，停止轴向加载，避免试样因加载而移动。扫描完成一个阶段后，以相同加载速率再次进行轴向加载。需要注意的是，由于轴向位移在扫描过程中是固定的，应力松弛发生在扫描过程的每一步。由于应力松弛引起的应力降相对较小，应力-应变曲线中没有绘制这部分曲线。从应力-应变曲线形态来看，

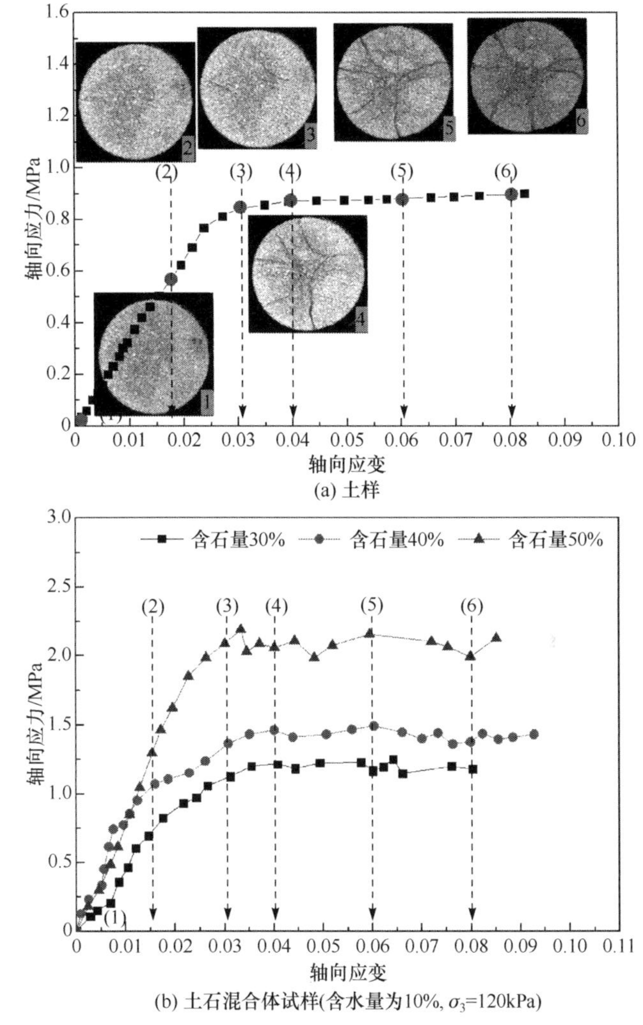

图 4-58　土样和土石混合体试样应力-应变曲线

试样的应力-应变曲线具有应变硬化特性。对于土石混合体试样，轴向应力随含石量的增加而增大，这说明在基质土体性质相同的情况下，块石的骨架效应提高了其抗变形的能力。

4.5.3　试样破裂过程 CT 重构图像分析

图 4-59 为三轴变形过程中土体试样和土石混合体试样的二维重建 CT 图像，CT 扫描时在试样的中间部分进行了线阵探测器扫描(图 4-57)。从 CT 图像中可以看出，块石在试样中随机分布，在随机性质上与现场土石混合体具有自相似性，说明重塑后的试样在研究土石混合体力学性能方面具有代表性。对于土样，轴向

应变在 0.0406 之前时，在图 4-59 中没有明显的结构变化。从轴向应变为 0.0406 开始，特别是在应力-应变曲线的应变硬化阶段(图 4-58)，可以在图像中看到一些灰色或黑色区域。对于土石混合体试样，轴向应变为 0.0176 后，试样内部可观察到低密度区域。根据 CT 成像原理，这些低密度区域的存在意味着内部试样存

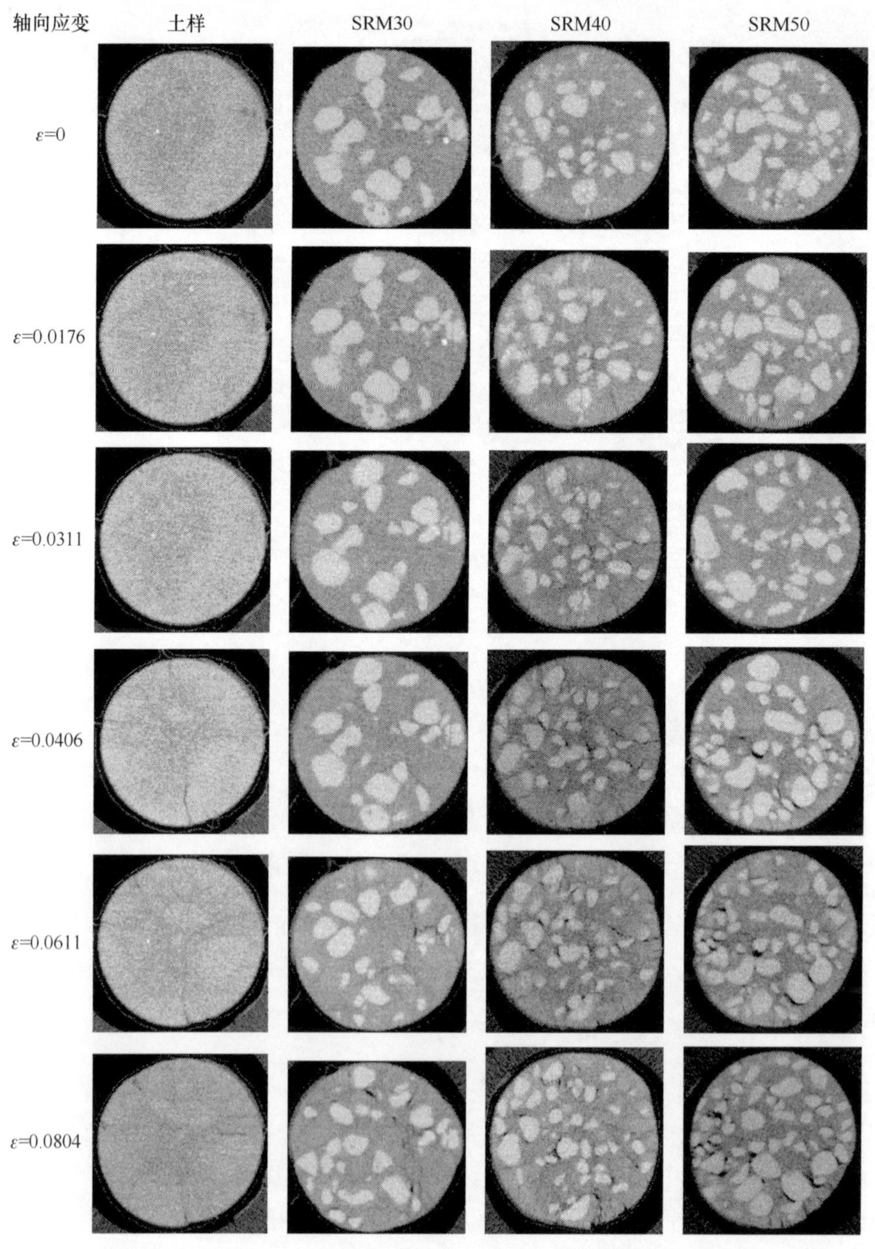

图 4-59　土石混合体试样在三轴变形过程中的二维重建 CT 图像

在高损伤区，较低的密度反映了该区域较低的 CT 数，土石混合体中较低的密度区域是指局域带的出现，如黑色所示，可以看到低密度区域最开始在块石周围出现，然后向低密度土体基质区域传播，形成大范围的黑色区域。从图中还可以看出，土石混合体的低密度区域尺度大于土样，块石的存在影响着低密度区域的形成。从低密度区域的演化来看，与加载前的 CT 图像相比，这些图像的截面积同样发生了变化，说明块石在加载过程中的运动对试样的局部化变形具有一定的影响。

当含石量为 30%时，低密度区域的尺度最小，当含石量为 50%时，低密度区域的尺度最大。这表明土石界面位置是土石混合体中最薄弱的部分，薄弱环节随着含石量的增加而增加。虽然含石量为 50%土石混合体试样的低密度部分要比其他土石混合体试样高得多，但该试样的强度要大于其他试样。结果表明，岩石块体的存在不仅导致土石界面的开裂，还提高了土石混合体试样的抗压强度。对于含石量为 50%的试样，岩块间的互锁效应对提高土石混合体试样的强度起着重要作用，在这种情况下，土石混合体试样内部形成骨架结构，具有抗压缩载荷变形的能力。在相同围压下，试样固结程度不同，含石量越少，固结越多；然而，岩块的抗变形作用要强于土样。从 CT 图像中还可以观察到，对于含石量较低的试样，低密度区域可以在很大程度上扩展到土体基质中；而对于含石量较高的试样，低密度区域主要局限在岩块周围，结构间互锁现象明显。

对比含石量为 30%、40%、50%的土石混合体试样，可以看出，随着轴向应变的增加，低密度区域的尺度不断增大。不仅伴有随机裂缝的萌生和扩展，而且块石的相对位置也发生了变化。特别是在应变硬化阶段，当轴向应变从 0.0406 增加到 0.0804 时，随着轴向变形的增加，原有的某些块石消失，出现了一些新的块石。块石位置的变化加剧了局部剪切带的形成，剪切带的形态受到岩块运动的强烈影响。对于含石量最大为 50%的土石混合体试样，当轴向应变达到 0.0311 时，岩块相对位置的变化并不明显，但从轴向应变 0.0406 开始，岩块位置发生了较大的变化。

对于相同轴向应变下的试样，变形过程中细观结构的差异是岩块运动和随机分布的低密度区造成的。加载前，岩体与土体基质之间存在良好的耦合状态。当轴向应变为 0.0176 时，土样无低密度区。然而，对于土石混合体试样，低密度区域开始形成和传播，在轴向应变为 0.0311 时，所有试样均出现低密度区，块石与土体基质的接触和分离导致低密度区尺度的增大。此外，在相同的轴向应变水平下，可以看到低密度区面积随着含石量的增大而增大，特别是在应变硬化阶段。

与土石混合体试样相比，土体试样低密度区形态更为简单，相对光滑；此外，在相同的轴向应变下，土样低密度区比土石混合体试样小得多。块石的存在对应力分布和应变场特性有较大的影响，低密度区受岩块分布及其含量的控制，许多低密度区域分布在块石周围，主要分布在块石的棱角处。由于块石的非线性运动，随着试样变形的增加，低密度区相应位置也发生变化，出现新的块石，原有部分块石消失，这种现象在含石量为 50%的试样中最为明显。

4.5.4　试样破裂过程细观结构演化分析

利用上述图像处理方法，在原始 CT 图像的基础上，进一步提取土石混合体试样中的块石和裂纹，如图 4-60～图 4-63 所示。在 CT 图像中对岩块进行分割，根据这些 CT 图像计算出的岩块比例分别为 32.2%、42.5%和 48.6%左右，与试验设计值 30%、40%、50%比较吻合。还可以看出，试样的岩块位置随着轴向应变

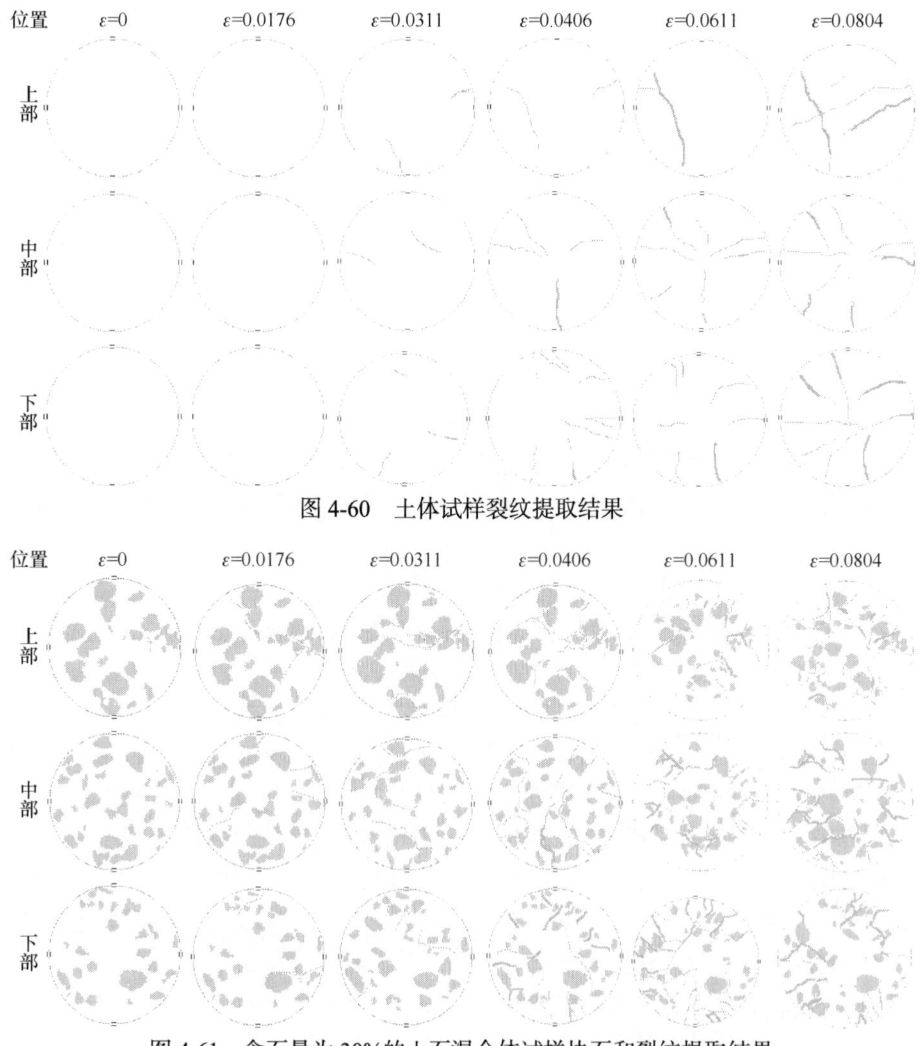

图 4-60　土体试样裂纹提取结果

图 4-61　含石量为 30%的土石混合体试样块石和裂纹提取结果

的增加而变化，在同一扫描截面上出现了一些新的岩块，随着轴向变形的增加，一些岩块消失了，裂缝的分布受岩块位置的影响较大，大部分裂缝位于岩块周围。这一结果进一步揭示了土石混合体损伤破裂的结构控制机理，土石界面是试样内部最薄弱的部分。含石量为 30%的土石混合体试样裂纹数量和裂纹尺度均小于另外两种土石混合体试样，但大于土体试样。在含石量较低的情况下，岩体的非线性运动不明显，土体基质在抗变形中起主导作用。当裂缝在岩土界面处萌生时，裂缝容易向土体基质扩展，其扩展比高含石量的试样要大。当含石量为 40%时，岩块的增加导致裂缝的增加。当含石量为 50%时，轴向应变为 0.0804 时裂纹数量显著增加。受岩块及其互锁作用的影响，裂缝的规模相对较小。

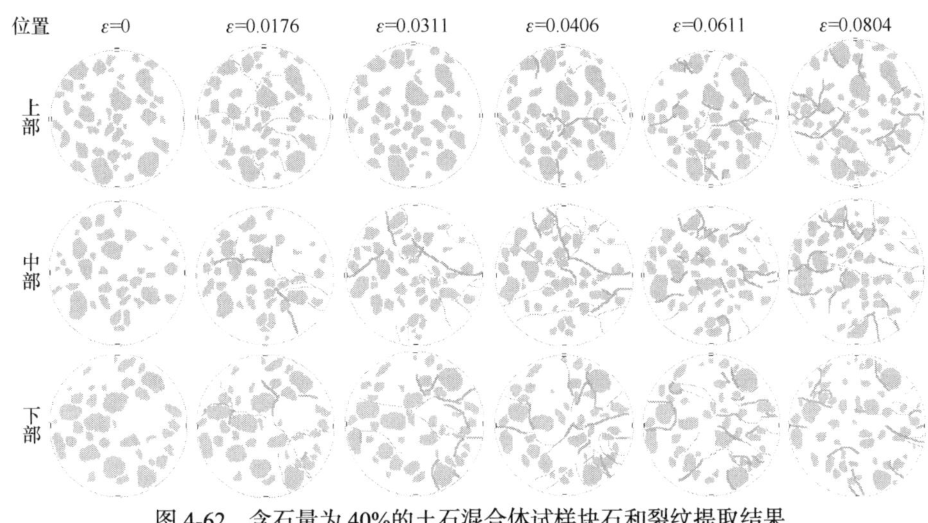

图 4-62　含石量为 40%的土石混合体试样块石和裂纹提取结果

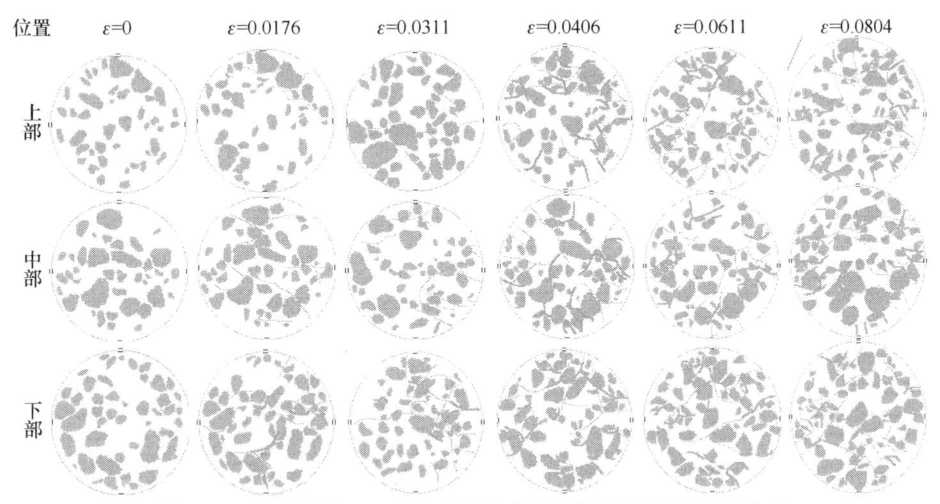

图 4-63　含石量为 50%的土石混合体试样块石和裂纹提取结果

与土样相比，土石混合体试样的裂纹规模更大。从裂缝分布特征来看，试样中岩块对裂纹的传播路径影响较大，裂纹主要分布在岩块周围。土石混合体试样中同时存在两种裂纹：一种为主要裂纹，并向土体基质扩展；另一种为次生裂纹，它在岩块周围形成。裂纹的形态与岩块的分布和形状密切相关。此外，这些岩块之间还发生互锁现象，一些已经存在的裂纹由于岩块的运动而闭合，这种现象不同于单轴变形下的裂纹演化规律。结果表明，块石是控制土石混合体裂纹几何分布和相应应变定位的主要因素。在相同围压下，强度随岩块含量的增加而增加。虽然含石量较大试样的裂纹规模大于含石量较低试样，但岩块之间的互锁大大提高了试样的刚度，可以充分发挥块石的骨架作用来抵抗变形。

为了量化裂纹损伤演化过程，揭示细观结构变化机理，采用重建的 CT 图像建立相应的损伤演化方程，必须保证 CT 图像数据对损伤体具有足够的敏感性。为了实现从细观尺度到宏观尺度的自然过渡，对试样的裂纹进行形态学描述是一条可行的路径。根据图 4-61～图 4-63 中的裂纹，进一步计算了土石混合体试样中裂纹的几何参数，图 4-64 为不同含石量条件下试样的裂纹总面积和损伤因子与轴向应变的关系。从图 4-64(a)可以看出，高含石量试样的裂纹总面积并不总是大于低含石量试样。在低轴向应变下，块石骨架作用能在很大程度上抵抗变形，经过一定的轴向变形后，土石界面处的裂纹开始激增，直至达到最大应变。在图 4-64(b)中也可以得出类似的结论，即使在相同的轴向应变下，高含石量试样的损伤因子(定义为某幅 CT 图像的裂纹面积与 CT 总切片面积的比值)并不总是最大的。

4.5.5 剪胀行为分析

为了更好地揭示块石存在对应变局部化现象演化的影响，以及与之相关的变

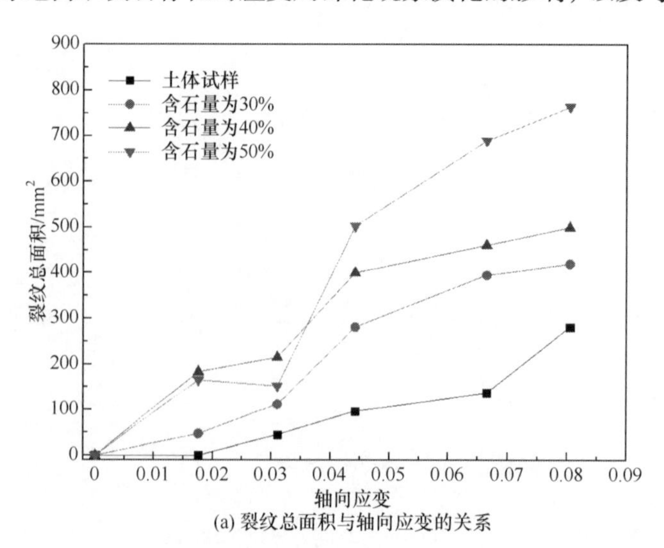

(a) 裂纹总面积与轴向应变的关系

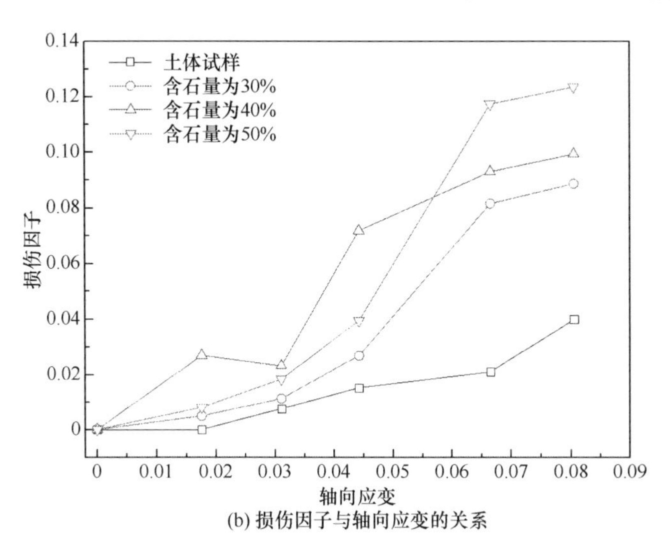

(b) 损伤因子与轴向应变的关系

图 4-64　不同含石量试样裂纹总面积和损伤因子与轴向应变的关系

形特征，本节讨论土石混合体试样在三轴变形过程中的剪胀行为。土石混合体的体积变化受低密度区扩展和局部变形区域的强烈影响。从宏观上看，土石混合体试样的体积变化可以反映在应力-应变曲线上。表 4-9 和表 4-10 列出了不同加载阶段 CT 图像在三个扫描位置切片面积的变化情况。可以看出，随着轴向变形的增加，体积膨胀行为变得严重。随着含石量的增加，相应的面积变化基本呈递增趋势，土样面积变化最小。结果表明，岩体的存在及其变形过程中的非线性运动加剧了试样体积的膨胀。土石混合体的剪胀行为包括岩块运动、土体基质固结开裂、土石界面开裂闭合等一系列复杂的行为，块石的存在起着重要的作用。随着含石量的增加，剪胀效应变得更为严重；换句话说，局部剪切带的形成导致试样体积膨胀非常明显，进一步表明裂纹的尺度在不断变大。

表 4-9　三轴压缩条件下土体试样剪胀行为分析

加载阶段	面积变化量/mm²		
	切片 1	切片 2	切片 3
1	—	—	—
2	10.022	11.833	5.526
3	25.011	43.841	34.088
4	129.916	207.791	297.136
5	198.810	318.123	307.166
6	316.649	472.653	524.085

表 4-10　三轴压缩条件下土石混合体试样剪胀行为分析

加载阶段	含石量 30%的面积变化量/mm²			含石量 40%的面积变化量/mm²			含石量 50%的面积变化量/mm²		
	切片 1	切片 2	切片 3	切片 1	切片 2	切片 3	切片 1	切片 2	切片 3
1	—	—	—	—	—	—	—	—	—
2	11.576	11.162	17.489	23.576	31.520	23.138	34.462	45.977	81.338
3	52.324	104.359	118.823	72.324	298.122	251.781	60.561	114.279	193.473
4	270.067	273.464	313.642	280.311	456.463	388.57	423.883	496.919	447.189
5	249.868	348.768	512.231	334.018	597.100	515.513	656.311	749.176	628.527
6	416.820	511.454	699.394	711.012	890.352	811.67	896.323	872.195	857.803

考虑三轴变形过程中的体积压缩和膨胀行为，进一步分析了土样和含石量为30%、40%和 50%土石混合体的体积应力-应变曲线。轴向应变 $\varepsilon_1=\Delta H/H_0$，径向应变 $\varepsilon_3=\Delta D/D_0$，$H_0$ 和 D_0 分别为初始样本高度和直径，ΔH 和 ΔD 为加载过程中样本高度和直径的变化量。体积应变为 $\varepsilon_V=\varepsilon_1+2\varepsilon_3$，测试样品在 6 个关键扫描点处的轴向、径向和体积应力-应变曲线，如图 4-65 所示。轴向应力-应变曲线呈现应变硬化特征，试样体积反映了不同的膨胀趋势。随着试样变形的增大，整个试样体积从压缩到膨胀；然而，对于不同含石量的试样，体积由压缩向膨胀转化的拐点位置是不同的。对于纯土样，拐点处轴向应变约为 0.0406；对于土石混合体试样，拐点处轴向应变约 0.0311。应力-应变曲线拐点表明，低密度区尺度迅速增大，裂纹在试样中发生不稳定扩展，随着变形增加，相应的应变局部化现象开始变得越来越明显。这一结果与图 4-61～图 4-63 的结果一致，随着土石混合体裂纹尺寸的增大，应变局部化现象变得明显。体积应力-应变曲线也表明，在最大轴向应变为 0.0804 时，含石量为 50%试样的体积应变最大。这一结果表明，对于含石量较大的试样，岩块的移动更为剧烈。这种情况下块石间的高度互锁导致抵抗变形的能力提高，从而提高了土石混合体试样的抗压强度。

4.5.6　破坏形态分析

X 射线 CT 扫描图像监测了裂缝的扩展演化过程，在土石界面处发生破坏，易出现裂纹的萌生和扩展；然后，裂纹绕过块石进入土体基质中。土石混合体试样内部裂纹形态的复杂性受岩块含量、分布和形状的影响。随着轴向变形的增加，裂纹数量增加、尺寸增大，当局部剪切带形成并发展到一定规模时，土石混合体试样发生破坏。本节通过肉眼观察宏观破坏形态，进一步阐明破坏机理。如图 4-66 所示，三种土石混合体试样的破坏形态分别为张拉劈裂(土样)、剪切(含石量为 30%、

40%)和鼓胀(含石量为 50%)，局部剪切带形态反映了宏观破坏形态。图 4-66 显示出试样表面裂纹的扩展路径是曲折的，随着含石量的增大，裂纹分布的复杂性增大。通过从前、左、后、右四个方向对试样表面进行观察，可以发现含石量对土石混合体试样的破坏模式有影响，宏观观察结果与上述细观形貌分析一致。

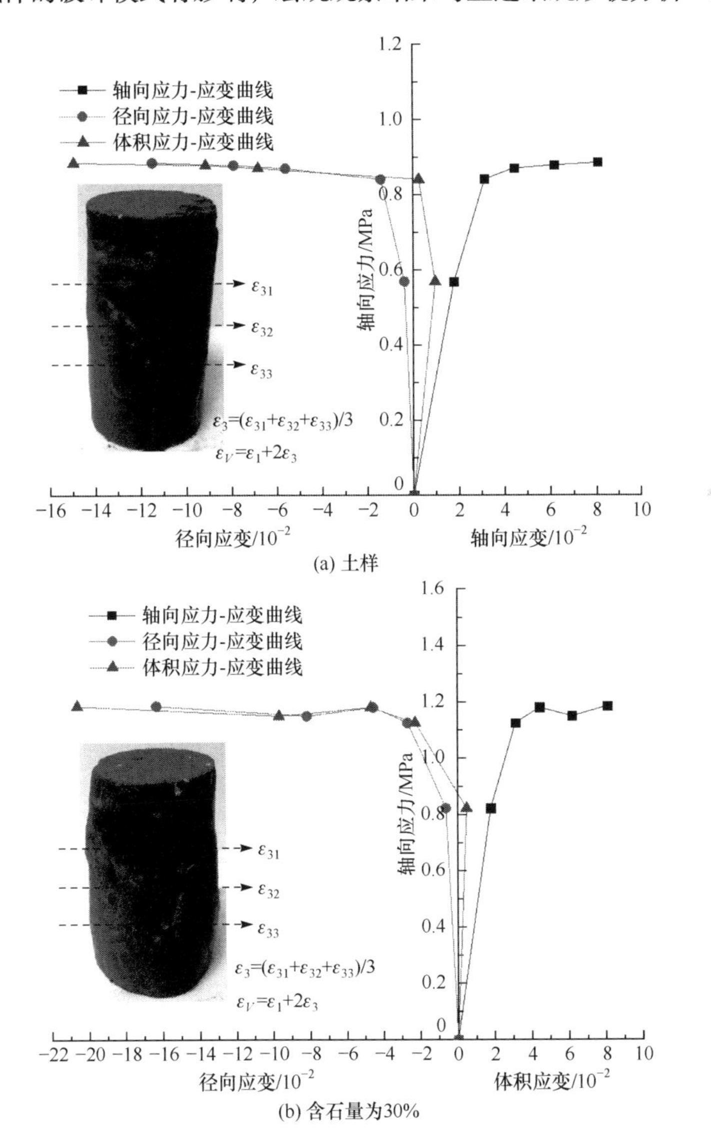

(a) 土样

(b) 含石量为30%

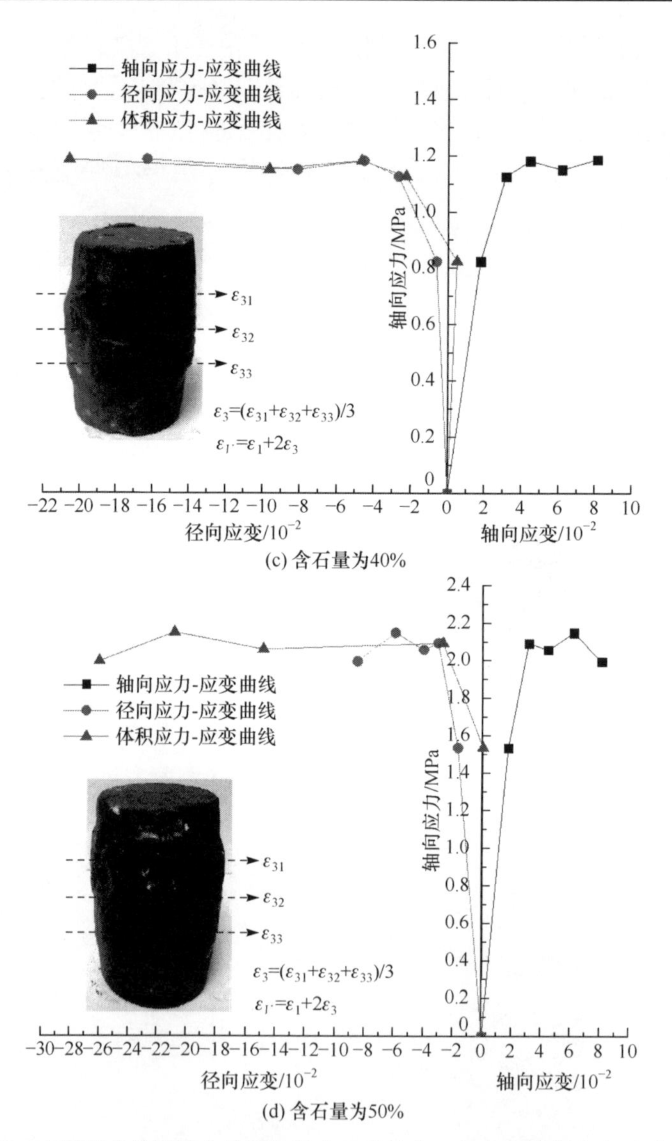

(c) 含石量为40%

(d) 含石量为50%

图 4-65　土石混合体试样在关键扫描点处的轴向、径向和体积应力-应变关系

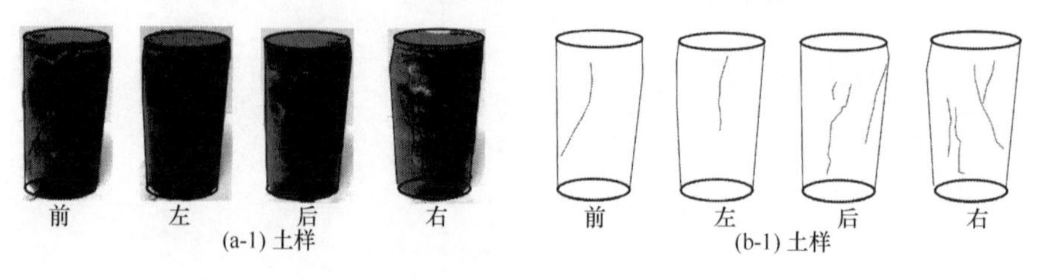

(a-1) 土样　　(b-1) 土样

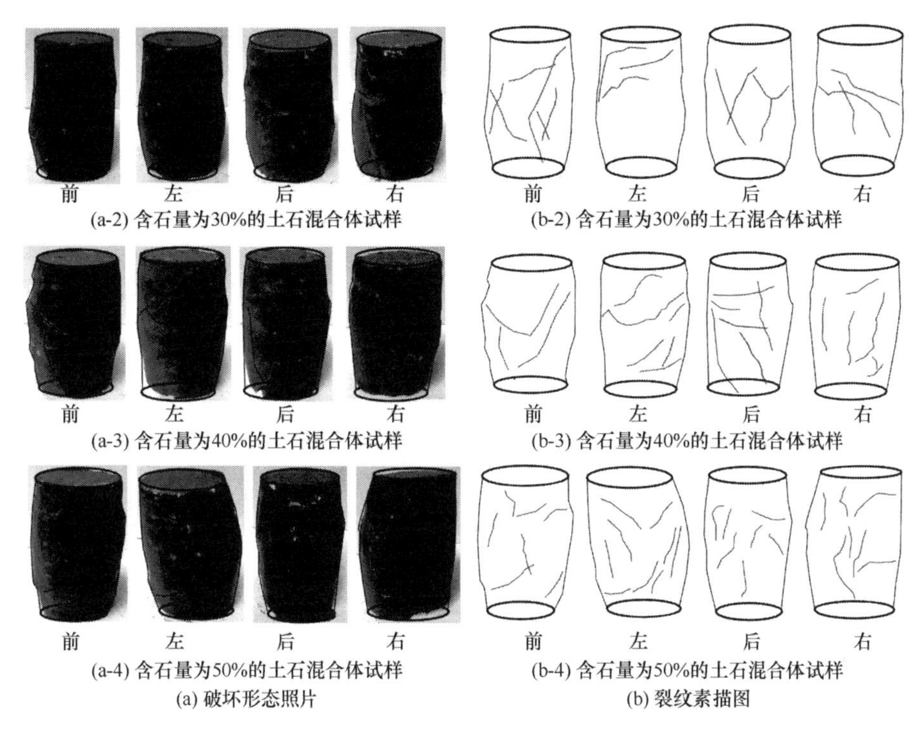

(a-2) 含石量为30%的土石混合体试样　(b-2) 含石量为30%的土石混合体试样

(a-3) 含石量为40%的土石混合体试样　(b-3) 含石量为40%的土石混合体试样

(a-4) 含石量为50%的土石混合体试样　(b-4) 含石量为50%的土石混合体试样

(a) 破坏形态照片　(b) 裂纹素描图

图 4-66　不同含石量土石混合体试样的宏观破坏形态及裂纹示意图

参考文献

[1] Ketcham R A. Three-dimensional grain fabric measurements using high-resolution X-ray computed tomography[J]. Journal of Structural Geology, 2005, 27(7): 1217-1228.

[2] Jerram D A, Mock A, Davis G R, et al. 3D crystal size distributions: a case study on quantifying olivine populations in kimberlites[J]. Lithos, 2009, 112: 223-235.

[3] Ohtani T, Nakano T, Nakashima Y, et al. Three-dimensional shape analysis of miarolitic cavities and enclaves in the Kakkonda granite by X-ray computed tomography[J]. Journal of Structural Geology, 2001, 23(11): 1741-1751.

[4] Vervoort A, Wevers M, Swennen R, et al. Recent advance of X-ray CT and its applications for rock material[C]// International Workshop on X-CT for Geomaterials. Kumamoto: A. A. Balkema Publishers, 2003: 70-82.

[5] Landis E N. X-ray tomography as a tool for micromechanical investigations of cement and mortar[M]//Advances in X-ray Tomography for Geomaterials. New York: Wiley, 2006: 79-93.

[6] Otani J, Obara Y. X-ray CT for geomaterials-soils, concrete, rocks[C]//International Workshop on X-ray CT for Geomaterials. Kumamoto: A. A. Balkema Publishers, 2004: 79-91.

[7] Ge X R, Ren J X, Pu Y B, et al. Real-in time CT test of the rock meso-damage propagation law[J]. Science in China Series E: Technological Sciences, 2001, 44(3): 328-336.

[8] 敖波, 赵歆波, 张定华. 裂纹缺陷体积百分数与 CT 数的关系分析[J]. CT 理论与应用研究,

2006, 15(2): 64-68.

[9] 陈厚群, 丁卫华, 蒲毅彬, 等. 单轴压缩条件下混凝土细观破裂过程的 X 射线 CT 实时观测[J]. 水利学报, 2006, 37(9): 1044-1050.

[10] Wang Y, Li X, Zhang B, et al. Meso-damage cracking characteristics analysis for rock and soil aggregate with CT test[J]. Science China: Technological Sciences, 2014, 57(7): 1361-1371.

[11] Ketcham R A, Carlson W D. Acquisition, optimization and interpretation of X-ray computed tomographic imagery: Applications to the geosciences[J]. Computers & Geosciences, 2001, 27(4): 381-400.

[12] 王宇, 李晓, 张搏, 等. 降雨作用下滑坡渐进破坏动态演化研究[J]. 水利学报, 2013, 44(4): 416-425.

[13] Pittman E D. Relationship of porosity and permeability to various parameters derived from mercury injection-capillary pressure curves for sandstone[J]. AAPG Bulletin, 1992, 76(2): 191-198.

[14] 李存贵, 徐守余. 长期注水开发油藏的孔隙结构变化规律[J]. 石油勘探与开发, 2003, 30(2): 94-96.

[15] Akin S, Schembre J M, Bhat S K, et al. Spontaneous imbibition characteristics of diatomite[J]. Journal of Petroleum Science and Engineering, 2000, 25(3-4): 149-165.

[16] Withjack E M. Computed tomography for rock-property determination and fluid-flow visualization[J]. SPE Formation Evaluation, 1998, 3(4): 696-704.

[17] 王家禄, 高建, 刘莉. 应用 CT 技术研究岩石孔隙变化特征[J]. 石油学报, 2009, 30(6): 887-893, 897.

[18] 高建, 吕静. 应用 CT 成像技术研究岩心孔隙度分布特征[J]. CT 理论与应用研究, 2009, 18(2): 50-57.

[19] Akin S, Demiral B, Okandan E. A novel method of porosity measurement utilizing computerized tomography[J]. In Situ, 1996, 20(4): 347-365.

[20] 刘中华, 胡耀青, 徐素国, 等. 钙芒硝溶解重结晶过程中孔隙演化规律试验研究[J]. 岩石力学与工程学报, 2011, 30(增 1): 2743-2748.

[21] 李建胜, 王东, 康天合. 基于显微 CT 试验的岩石孔隙结构算法研究[J]. 岩土工程学报, 2010, 32(11): 1703-1708.

[22] Taud H, Martinez-Angeles R, Parrot J F, et al. Porosity estimation method by X-ray computed tomography[J]. Journal of Petroleum Science and Engineering, 2005, 47(3-4): 209-217.

[23] Keller A. High resolution, non-destructive measurement and characterization of fracture aperture[J]. International Journal of Rock Mechanics and Mining Sciences, 1998, 35(8): 1037-1050.

[24] Yang G S, Xie D Y, Zhang C Q. CT identification of rock damage properties[J]. Chinese Journal of Rock Mechanics and Engineering, 1996, 15(1): 48-54.

[25] Lindquist E S. The strength and deformation properties of mélange[D]. Berkeley: University of California, 1994.

第 5 章　土石混合体渗流特性结构控制机理研究

5.1　概　　述

土石混合体作为土体和岩体的介质耦合体，是山区众多地质灾害的重要载体，由于组成结构的高度非均质性、弱固结性和水敏感性，其抗渗透能力极差，容易导致突发性地质灾害的发生。现有的渗流理论、试验手段和理论分析难以适用于这种特殊的岩土介质。土石混合体力学特性区别于其他地质材料的最大特点就是其明显的结构控制性，结构的显著差异和剧烈变化是渗流特征多样化和不确定性的根本原因。全面开展土石混合体渗流性质的结构控制机理研究，可为渗流作用下土石混合体灾害的形成演进提供必要的理论基础。抛开结构特性去研究土石混合体的渗流特性是片面的、不科学的。在渗透水流作用下，水体在介质体中的非均匀渗流导致介质中应力场分布的非均匀性；同时，介质中应力场的变化又改变着土石相互作用的耦合程度，进而对介质体的渗透性能有所影响[1-5]。土石混合体的渗流问题是一个多场(应力场、渗流场、变形场、损伤场等)、多相介质(土颗粒、块石、孔隙、裂隙、流体等)耦合的复杂动力学问题。深入开展非线性渗流全时程的宏细观试验，从细观层面上提示渗流演化规律、渗透变形过程和应力-应变全过程渗流耦合机理，才能实现土石混合体的非线性渗流特征的定量化科学描述，建立非线性渗流本构方程，开发适用于土石混合体的应力-渗流-损伤本构关系，推动土石混合体非线性工程地质力学的发展。由于土石混合体区别于土体和岩石的特有结构，会对应力场和渗流场的分布产生明显的影响，从而赋予了土石混合体在应力场和环境效应下独有的渗流特性。采用数值计算分析，对数值模型施加渗流边界条件和常应力边界条件，并没有对加载过程中结构损伤弱化时的渗透系数与应力的关系进行分析，更没有对变形破坏过程中的内部结构变化进行定量化表征[6,7]。认识到土石混合体应力-渗流破坏的根源是内部细观结构损伤弱化，从而借助细观渗流试验对应力-应变-渗透性全过程进行定量化描述是一条行之有效的途径。在细观试验的基础上，引入损伤力学理论的优势，并对之进行合理的改进，建立土石混合体应力-应变-渗透系数的内在联系，发展应力-渗流-损伤本构模型是一个探索性课题。

5.2　土石混合体大尺度试样渗流规律研究

5.2.1　试验材料

大尺度渗流试验的试样为直径 300mm、高度 700mm 的圆柱。试验过程中所采用的土体基质取自中国科学院大气物理研究所 10m 基坑(图 5-1)，主要为三种特性土体：黏土、淤泥质土和粉细砂。块石为大理岩碎石，块石颗粒直径为 5mm、10mm、20mm 和 30mm，质量比为 1∶3∶2∶1，如图 5-2 所示。土体和块石的基本物理力学特性如表 5-1 所示。

图 5-1　大尺度渗流试验过程中所采用的土体基质及分类

表 5-1　大尺度渗流试验土体和块石的基本物理力学特性

指标	黏性土	淤泥质土	粉细砂	块石
天然密度/(g/cm^3)	1.66	1.78	1.87	2.52
干密度/(g/cm^3)	2.03	2.21	—	—
含水量/%	10	23	13	—
相对密度	2.72	2.73	—	—
湿态单轴抗压强度/MPa	0.56	0.61	—	43.21
干态单轴抗压强度/MPa	2.272	2.266	—	80.75

(a) d=5mm　(b) d=10mm

(c) d=20mm　(d) d=30mm

图 5-2　大尺度渗流试验所采用的块石形态

5.2.2　试验仪器及方法

1) 试验仪器

试验设备为自主研发的伺服控制土石混合体压力渗透仪，结构如图 5-3 所示。渗透仪设计最高水压力为 2MPa，筒身采用壁厚 20mm、内径 309mm 的不锈钢筒。根据土工试验规范要求，仪器内径应大于试样中最大块石颗粒的 10～12 倍。对于该渗透仪，最大块石颗粒为 30mm。渗透仪筒身长 700mm，恰当的筒身长度既能减小试验工作量，又能保证外接测压系统测压顺利。筒身通过法兰环和 O 型橡皮圈与上下盖密封连接。筒内装带小孔的不锈钢透水板，透水板下部有集水空室，汇集试样渗水，然后从下部出水口排出。

伺服加压供水系统采用德国 Doli 伺服控制器控制，滚珠丝杠步进伺服电机驱动，活塞原理加压供水。系统通过计算机操作，可以准确控制供水速度和供水压力。先通过活塞的后退，让水进入水缸中，然后伺服控制活塞前进，控制供水速度和供水压力向渗透仪供水。

自主研发的伺服控制土石混合体压力渗透仪有以下优点[3]：

(1) 渗透筒为大尺寸，能进行土石混合体等含粗颗粒料试样的渗透试验，可最大可能地消除尺寸效应。

(2) 采用伺服加压供水系统，能进行高水压下试样的渗透性能试验，准确控制供水压力和供水速度。

(3) 测压管、水压表和差压送变器联合使用，既能测定高水头下的压力，又能准确测定低水头下的压力。

(4) 下部滚轮和法兰环设计，使渗透仪操作、卸样非常方便。

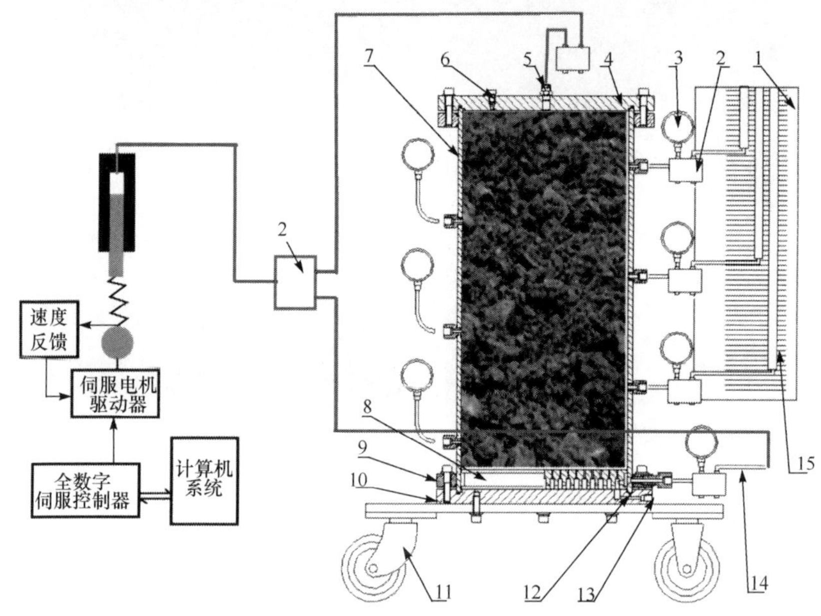

1-刻度板；2-三通管；3-水压表；4-上端盖；5-注水加压管(上)；6-放气阀；7-渗透筒；8-透水板；9-法兰；10-下端盖；11-小车；12-密封圈；13-出水口；14-注水加压管(下)；15-测压管

图 5-3　自主研发的伺服控制土石混合体压力渗透仪

2) 试验步骤及方法

重塑土石混合体试样用来进行渗流试验，渗流试验过程中考虑三种成分的基质土体，分别为黏土、淤泥质土和粉细砂。试验过程中遵循以下试验步骤(图 5-4)：

(1) 装土石材料。拧紧下部法兰螺丝，密封连接下端盖和渗透筒；拧下上部法兰螺丝，打开上端盖，在渗透仪底部透水板上铺上滤网和滤纸。然后将准备好的土石混合体试样分层击实、饱和装入渗透筒内。用导水管从渗透仪底部加压注水管连接伺服供水系统，用于加水分层饱和试样。每层加入试样厚度约 10cm，用落重锤均匀击实，再通过伺服供水系统供水。控制进水速度，使试样逐渐饱和。看到该层试样上部湿润后，加入下一层试样进行击实饱和。如此逐层加入试样，直到向上超过最上面的测压孔约 5cm。

(2) 渗透仪密封。盖上上端盖，拧紧螺丝，通过法兰和 O 型橡皮圈将其密封。拧松放气阀，上部注水加压管通过三通阀连接伺服供水系统，拧紧渗透仪其他出

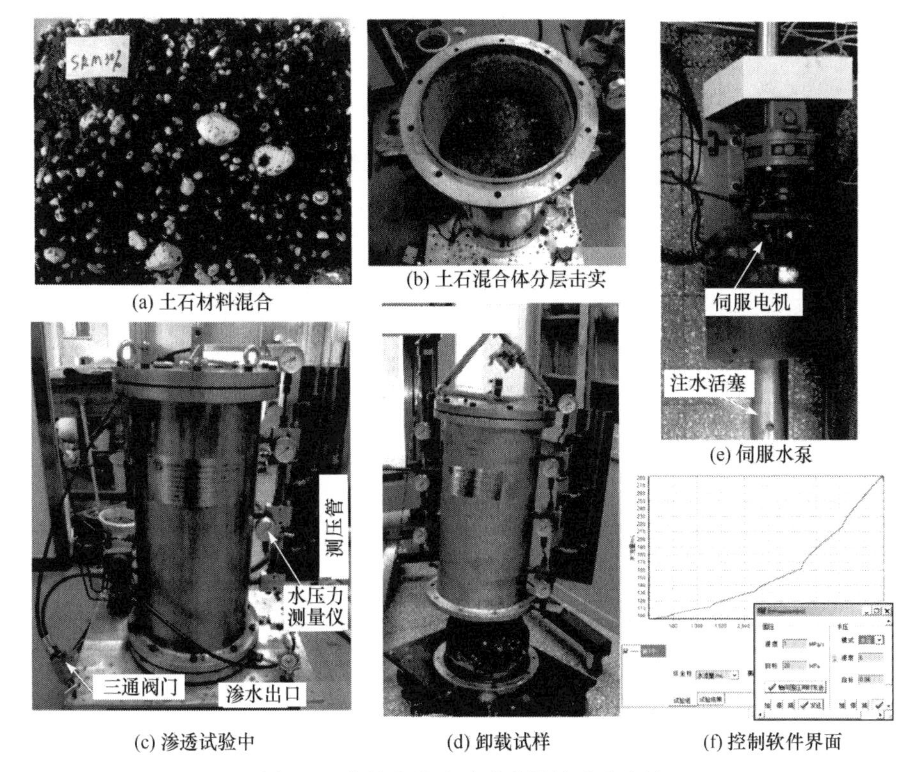

(a) 土石材料混合　(b) 土石混合体分层击实　(c) 渗透试验中　(d) 卸载试样　(e) 伺服水泵　(f) 控制软件界面

图 5-4　大尺度渗流试验遵循的试验步骤

水口。然后通过加压装置往渗透仪加水，使渗透仪内的气体通过放气阀排出。当放气阀有水溢出时，说明渗透仪内气体已排尽，拧紧放气阀。

(3) 形成稳定渗流。渗透仪两侧的水压表、测压管及差压送变器是用来测记试样水压的。它们通过焊接孔与渗透筒螺纹连接。单侧相邻的测压孔之间的距离为 200mm，两侧测压孔错位分布，可以测得更多数据，便于分析试样内部的渗流情况。渗透筒右侧同时装有测压管和水压表，它们通过三通阀连接在渗透筒上。测压管用于低水头压力的测量，水压表用于高水头压力的测量，通过三通阀门控制它们的开关。渗透仪装样密封后，通过伺服供水系统供水。打开渗透仪下部出水口，调节供水速度和出水速度，使其相等，经过一定的时间，使试样形成稳定的渗流。当各个测压表测得的压力不再变化时，表示试样内形成了稳定的渗流。

(4) 数据记录。读出六个测压表读数 P_1、P_2、P_3、P_4、P_5、P_6，时间 t 内的水流量 Q，水温度 T。

(5) 计算水力梯度、渗透速率、渗透系数。

根据式(5-1)计算渗透速率 V：

$$V = Q/(At) \tag{5-1}$$

其中，Q 为时间 t 内的渗水量；A 为试样底面积；t 为时间。

根据式(5-2)计算水力梯度 J：

$$J = H / L \tag{5-2}$$

其中，H 为相邻两测压管间的平均水头差；L 为相邻两测压孔中心间的距离。

水在不同温度下的黏滞性(即动力黏滞系数)是不同的。为了研究不同水力梯度下土石混合体的渗流特性，需要去除温度的影响。为此，要将 T℃下的渗透速率 V_T 校正为 20℃时的渗透速率 V_{20}。公式为

$$V_{20} = V_T \frac{\eta_T}{\eta_{20}} \tag{5-3}$$

其中，η_T 为 T℃时水的动力黏滞系数；η_{20} 为 20℃时水的动力黏滞系数。动力黏滞系数查表可得。

根据式(5-4)计算渗透系数：

$$k = V / J \tag{5-4}$$

(6) 卸样。试验完毕，先关闭伺服供水系统，打开渗透仪下部出水口，拧松渗透仪上部放气阀，放出渗透仪内大部分水。关闭下部出水口，拧下下部法兰螺丝，用小吊车通过上盖吊环和上法兰将渗透筒吊起，筒内试样可以从渗透筒下部方便卸载。清理渗透仪，重新装好，以备下次使用。

5.2.3 黏土基质大尺度试样渗流试验结果

当土石混合体内基质为黏土时，渗透速率与水力梯度的关系如图 5-5 所示。渗透速率与水力梯度并不是线性关系，渗透速率随水力梯度的增加而不断增大，且增大速率不断加大，对于含石量为 60%的试样，渗透速率的增大速率最大。这一结果表明，黏土基质试样的渗透速率并不是定值，而是随着水力梯度的改变而发

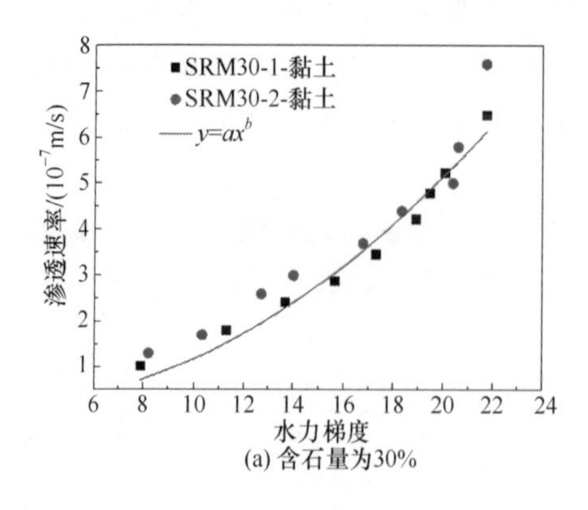

(a) 含石量为30%

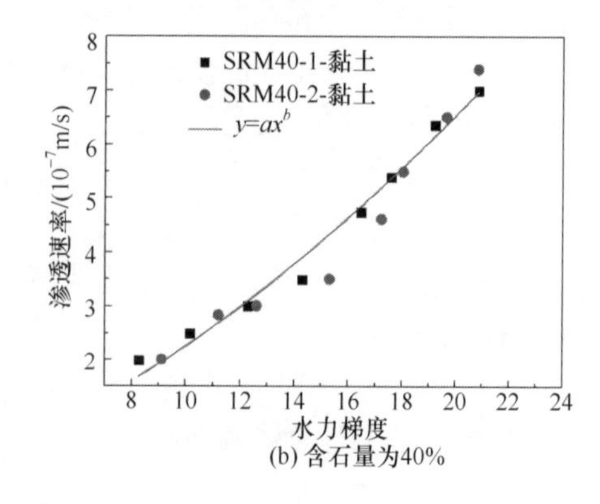

(b) 含石量为40%

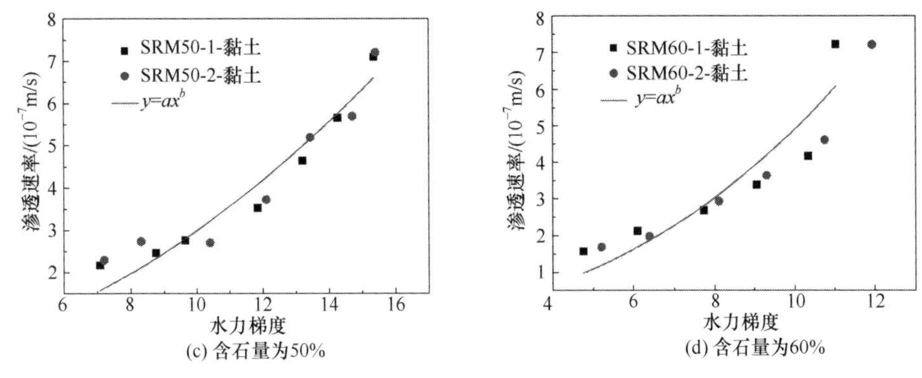

(c) 含石量为50%　(d) 含石量为60%

图 5-5　黏土基质试样渗透速率与水力梯度的关系

生变化。土石混合体作为一种特殊的地质材料，基质为黏土时并不符合达西定律。

图 5-6 为渗透系数与水力梯度的关系。可以看出，随着水力梯度的增大，土石混合体的渗透系数不断增加。当含石量为 40%时，试样的渗透系数最低，当含石量为 60%时，试样的渗透系数最高。对应于不同的水力梯度，试样的渗透系数并不相等，也表明黏土基质试样的非达西渗流特性。

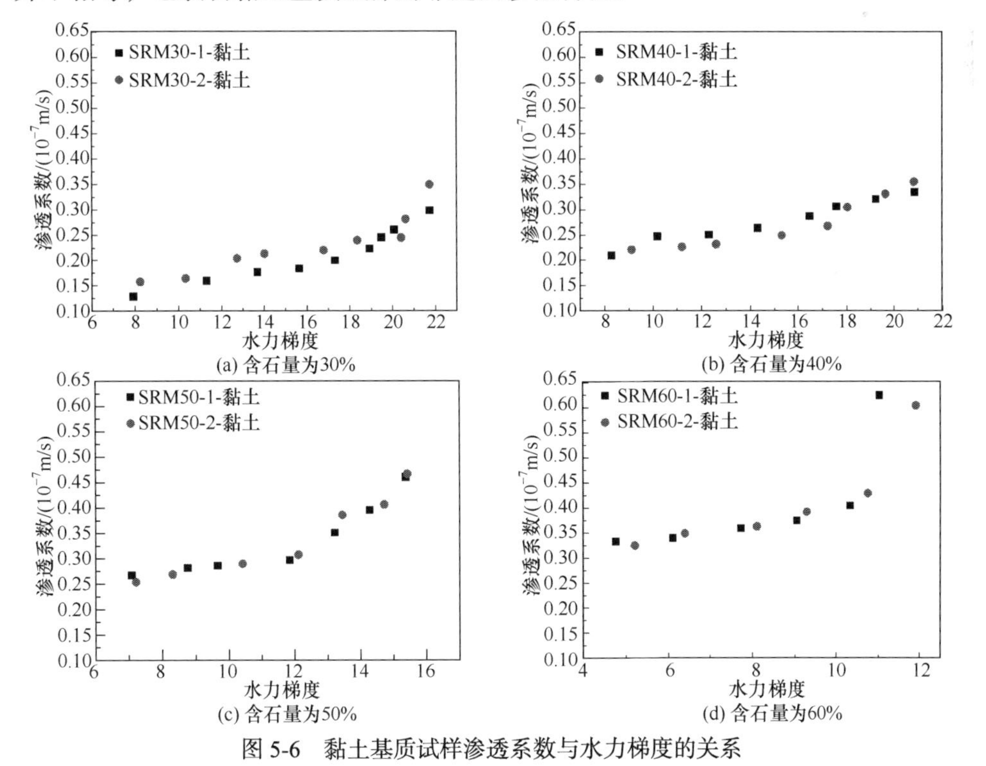

(a) 含石量为30%　(b) 含石量为40%

(c) 含石量为50%　(d) 含石量为60%

图 5-6　黏土基质试样渗透系数与水力梯度的关系

众所周知，达西通过砂土的渗流试验提出了著名的达西定律。达西定律表明，流体在多孔砂土中流动时，渗透速率与通过一定高度的砂土试样的压力降成正比，即渗透速率与水力梯度成正比。如果忽略重力作用对渗流的影响，对于一维不可压缩流体，达西定律可以表达为

$$\frac{\partial p}{\partial x}=\frac{Q}{A}\frac{\mu}{k} \tag{5-5}$$

式中，Q 为体积渗透速率；A 为渗流断面面积；k 为多孔介质的渗透系数；μ 为流体的动力黏滞系数；∂p 为渗透路径为 ∂x 的水压降。

对于试验中所测试的黏土基质试样，随着流速的增加，流体在试样中的流动变成非达西状态，即渗透速率与水力梯度并不符合线性关系[2]，渗透系数具有水力梯度依赖性。这种依赖性的强弱取决于试样中块石的含量及土体基质的特性。Forchheimer 于 1901 年对达西定律进行了修正，引入修正的经验方程：

$$\rho C_a\frac{\partial V}{\partial t}=-\frac{\partial p}{\partial x}-\frac{\mu}{k}V+\rho\beta V^2+f \tag{5-6}$$

式中，C_a 为加速度系数；μ 为流体的动力黏滞系数；k 为渗透系数；ρ为水的密度；β 为达西渗流因子；f 为单位质量的体积力；V 为渗透速率；$\partial p/\partial x$ 为以水压差表示的压力梯度。

当时间超过一定值后，渗流达到稳定状态，即 $\partial V/\partial t=0$。理论分析表明，当不考虑流体的压缩性时，稳定渗流状态下的压力梯度是均匀分布的，故可用两端压差 $p_{\mathrm{d}}=p_{\mathrm{base}}-p_{\mathrm{top}}$ 的稳定值与高度 h 的比值作为压力梯度 $\partial p/\partial x$ 的近似稳定值。当忽略了体积力后，由式(5-6)可得

$$\frac{p_{\mathrm{d}}}{h}=-\frac{\mu}{k}V+\rho\beta V^2 \tag{5-7}$$

在稳态法渗透试验中，试样的上端通大气，故 $t_{\mathrm{top}}=0$。因此，压力梯度的稳定值为 $-p_{\mathrm{base}}/h$。通过伺服增压水泵的测控系统，在不断增加水压差的条件下便可以得出一系列的渗透速率，由线性回归便可得到岩石的渗流特性。采用 Forchheimer 方程拟合得到黏土基质非达西渗流方程，如表 5-2 所示。

表 5-2　由 Forchheimer 方程表征黏土基质试样的渗流规律

含石量/%	$-J=-aV+bV^2$		$k/(10^{-8}\mathrm{m/s})$	R^2
	a	b		
30	4.205	0.590	3.513	0.998
40	4.824	0.274	2.097	0.958
50	7.405	0.289	1.363	0.928
60	3.603	0.285	3.881	0.969

5.2.4　淤泥质土基质大尺度试样渗流试验结果

当土石混合体基质类型为淤泥质土时，渗透速率与水力梯度的关系如图 5-7 所示。二者间的关系和基质为黏土时相似，表现出很强的非线性；随着水力梯度的增加，试样的渗透速率不断增大。计算每一水力梯度下对应的渗透系数，如图 5-8 所示，可以看出，土石混合体的渗透系数并不是一个定值，而是随着水力梯度的增加不断增大。

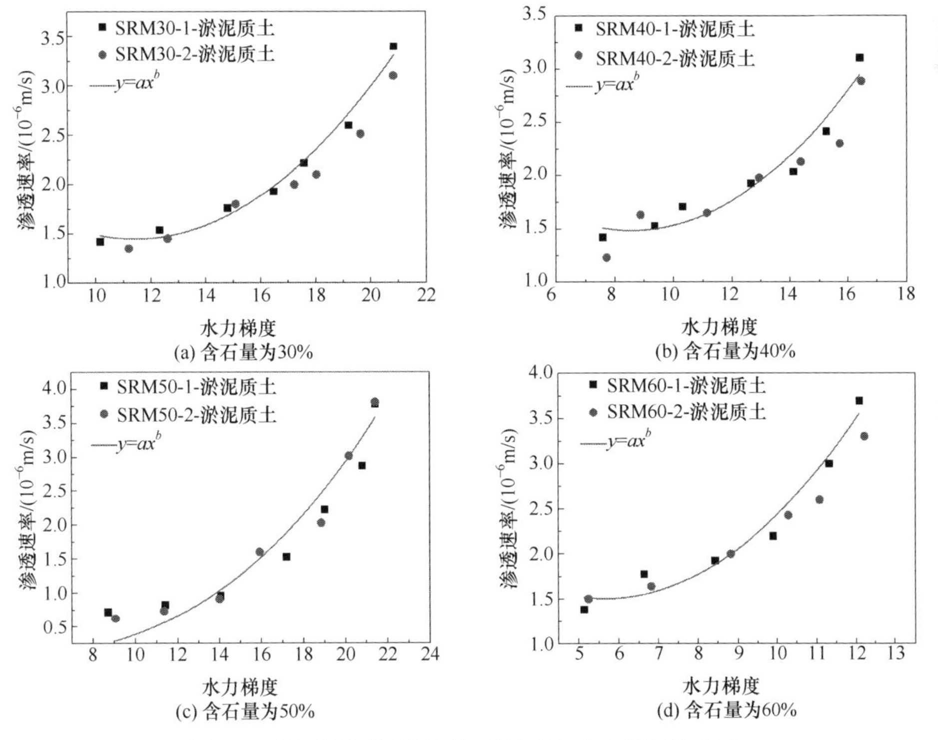

(a) 含石量为30%　(b) 含石量为40%　(c) 含石量为50%　(d) 含石量为60%

图 5-7　淤泥质土基质试样渗透速率与水力梯度的关系

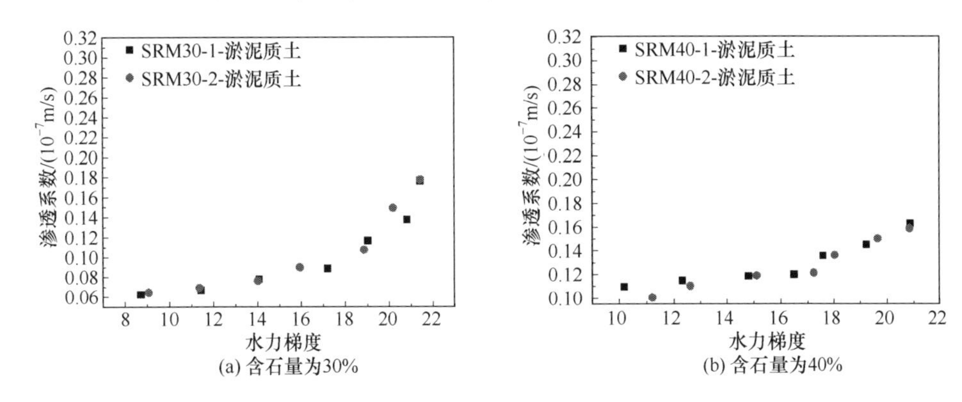

(a) 含石量为30%　(b) 含石量为40%

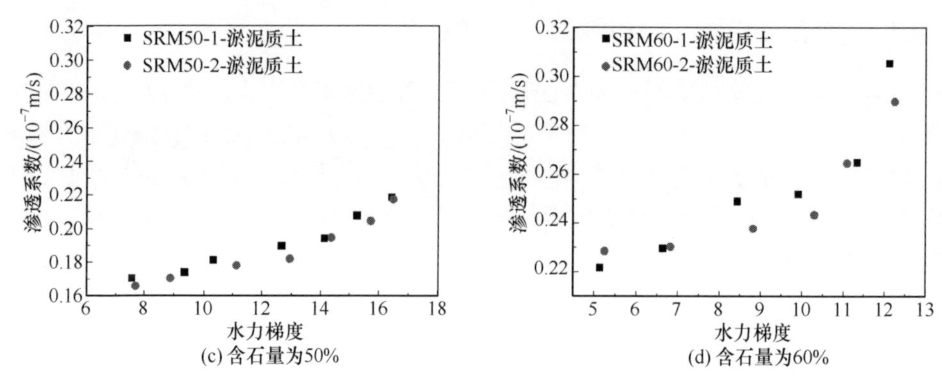

(c) 含石量为50%　　(d) 含石量为60%

图 5-8　淤泥质土基质试样渗透系数随水力梯度的变化关系

由 Forchheimer 方程拟合得到试样的渗透速率与水力梯度的关系，如图 5-9 所示。由 Forchheimer 方程拟合非达西渗流关系，拟合结果如表 5-3 所示。

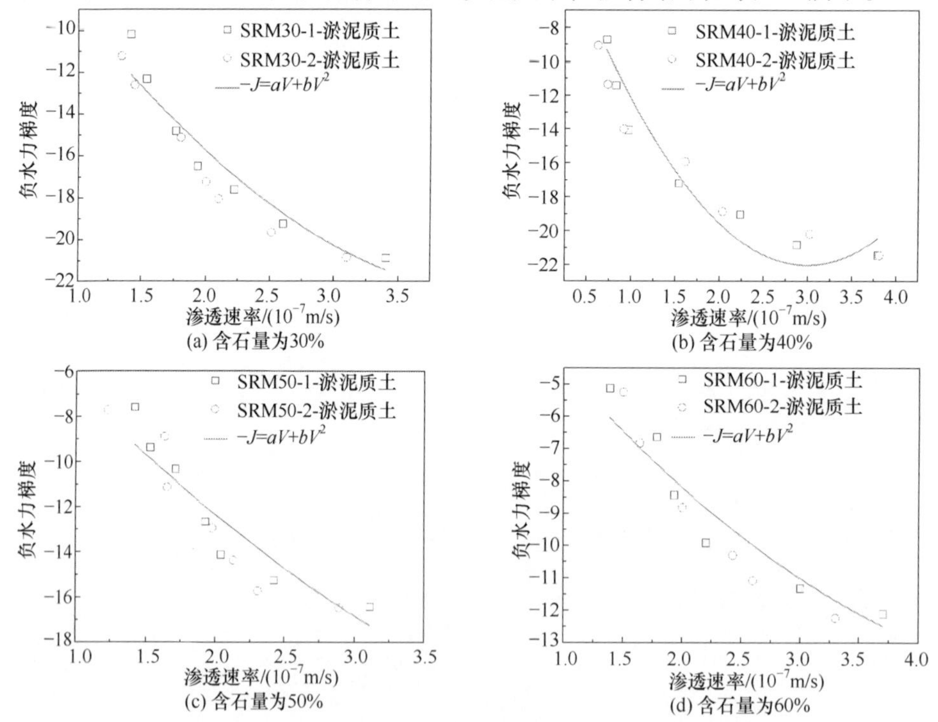

(a) 含石量为30%　　(b) 含石量为40%

(c) 含石量为50%　　(d) 含石量为60%

图 5-9　采用 Forchheimer 方程拟合渗透速率与水力梯度的关系

表 5-3　由 Forchheimer 方程表征黏土基质试样的渗流规律

含石量/%	$-J=-aV+bV^2$		$k/(10^{-8}\text{m/s})$	R^2
	a	b		
30	10.110	1.120	0.999	0.905

续表

含石量/%	$-J=-aV+bV^2$		$k/(10^{-8}\text{m/s})$	R^2
	a	b		
40	14.695	2.454	0.687	0.912
50	7.284	0.556	1.386	0.892
60	4.945	0.425	2.042	0.913

5.2.5　砂土基质大尺度试样渗流试验结果

当基质类型为粉细砂时，由于粉细砂的高渗透性，试验过程中采用常水头渗透试验。由渗流试验得到渗透速率与水力梯度的关系曲线，如图 5-10 所示。渗透速率随着水力梯度的增加而增大，二者呈现出明显的线性关系，这一结果表明，渗流规律符合达西定律。图 5-11 为典型砂土基质试样(含石量分别为 30%和 50%)在不同水力梯度下的渗透系数计算结果。

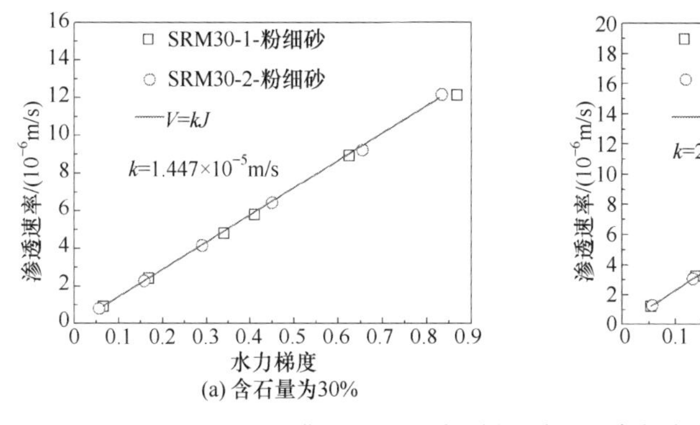

(a) 含石量为30%

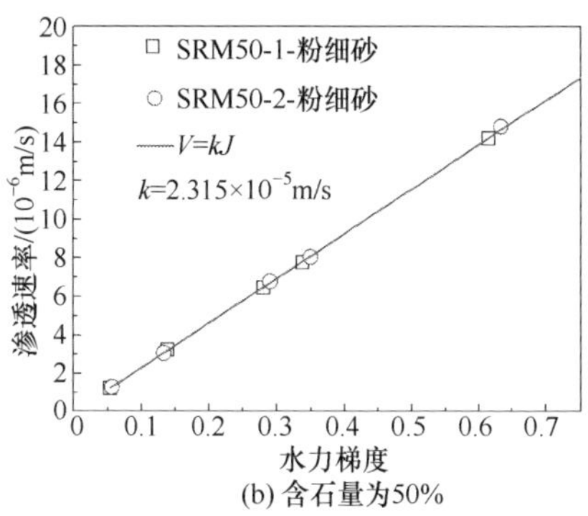

(b) 含石量为50%

图 5-10　典型砂土基质试样的渗透速率与水力梯度的关系

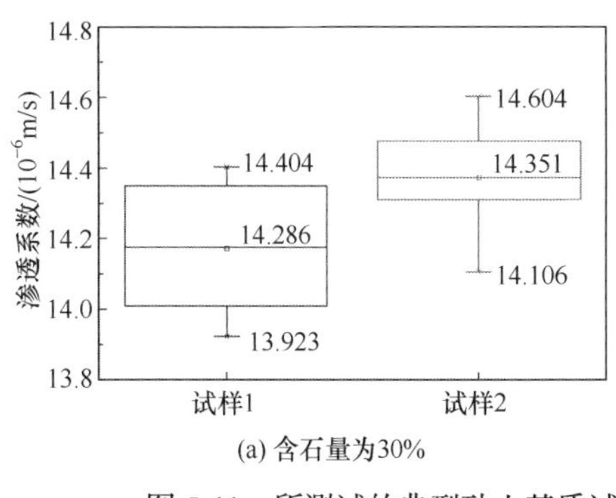

(a) 含石量为30%

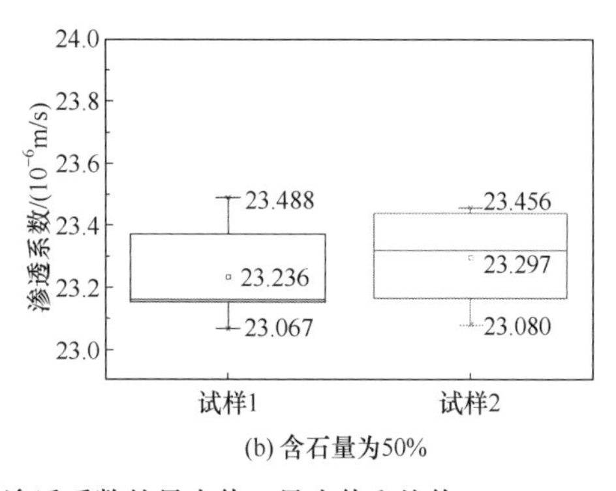

(b) 含石量为50%

图 5-11　所测试的典型砂土基质试样渗透系数的最大值、最小值和均值

5.2.6　不同基质类型渗透特性对比分析

土石混合体作为一种特殊的地质材料，在土体中加入块石导致其非均质结构的形成，土体基质的差异导致其渗流规律的差异。从以上试验结果可以看出，黏土基质和淤泥质土基质试样的渗流规律不符合达西定律，砂土基质试样的渗流规律符合达西定律。从理论上讲，块石的加入起到隔水作用，土石混合体的渗透性应当随着含石量的增加而不断降低。廖秋林和徐文杰分别通过数值模拟手段分析了土石混合体的渗透特性。他们的研究结果表明，随着含石量的增加，土石混合体的渗透性单调降低，即土石混合体的渗透系数与含石量负相关。陈晓斌等采用常水头渗透仪对土石混合体的渗透特性进行了试验研究，结果表明，随着含石量的增加，渗透系数不断增大。然而，本次试验结果与前人的结果并不吻合。对于黏土基质试样，由于块石的隔水作用，渗透系数随含石量的增加先减小，当含石量为 50%时，渗透系数达到最小，而后又开始增大(图 5-12)。对于淤泥质土基质试样，同样渗透系数随含石量的增加先减小，但是当含石量为 40%时，渗透系数达到最小(图 5-13)。这一结果表明，渗透特性受基质特性的影响非常明显，基质

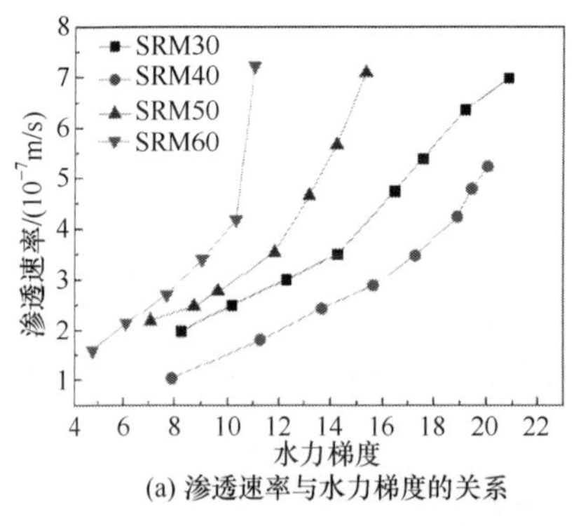

(a) 渗透速率与水力梯度的关系

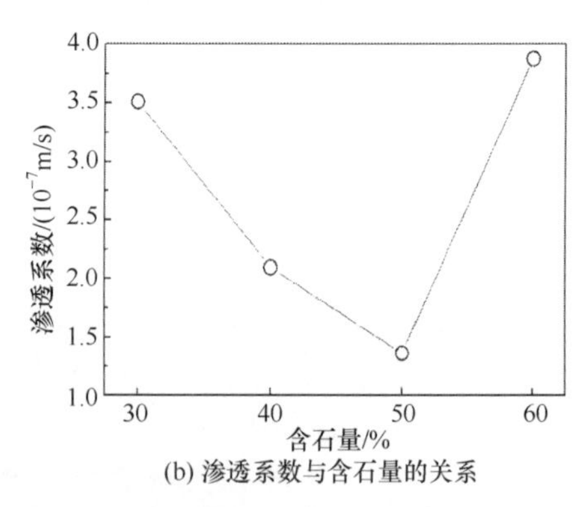

(b) 渗透系数与含石量的关系

图 5-12　不同含石量的黏土基质试样渗透特性比较

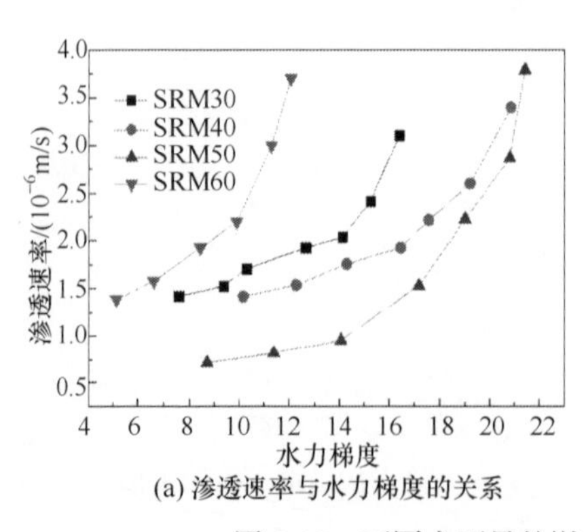

(a) 渗透速率与水力梯度的关系

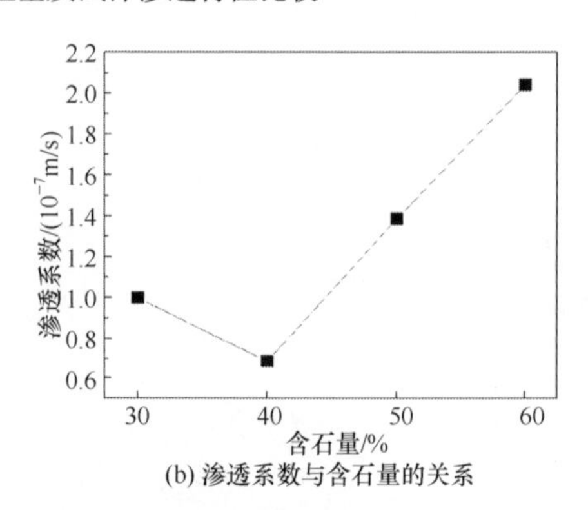

(b) 渗透系数与含石量的关系

图 5-13　不同含石量的淤泥质土基质试样渗透特性比较

微细观结构及矿物组成差异是渗流差异的根本原因。同时，由试验得出的渗透系数随含石量的增加先减小后增大这一现象，进一步说明了土石混合体的渗透特性是土体基质、块石及土石界面三者相互作用的结果。

产生这一结果的原因为：一方面，块石相对于基质的渗透率极低，加入块石相当于减小了试样的过水断面，也就是块石造成试样的孔隙率极大降低，因此试样的渗透特性理应随着块石的增加而减小；另一方面，土石界面是试样最薄弱的部位，而且土石介质的高度弹性不匹配，沿着渗流方向，渗流过程中会在土石界面产生较大的渗透力，从而导致界面渗透速率明显高于土体基质。虽然块石降低了试样的渗透性，但是土石界面的存在一定程度上提高了试样的渗透性。因此，影响试样渗透性的最主要因素是基质、块石、土石界面三者间的共同作用。

5.3　土石混合体小尺度试样渗流规律研究

开展大尺度渗流试验可以尽可能地消除尺寸效应造成的偏差，但是大尺度渗流试验操作起来相对复杂。为此，本节进一步对小尺度试样的渗流规律做进一步探讨。借此，制定小尺度试样的制备标准化流程，以便用于其他渗流测试试验。

5.3.1　试验材料和制备

1) 试验材料

根据《岩土工程手册》中的试样制备标准，取直径 50mm、高度 100mm 的圆柱形试样用于渗流试验。土石粒径阈值取 2mm，即大于 2mm 视为块石，小于 2mm 视为土体基质，基质颗粒级配曲线及块石形态如图 5-14 所示。土体和块石的基本物理力学参数如表 5-4 所示。土体中含有大量吸水性的黏土矿物，液限和塑限分别为 40%和 36%，塑性指数和液性指数分别为 47.72 和 0.1，表明基质土体属于典型的高塑性硬黏土。同时，采用扫描电子显微镜试验(图 5-15)和 X 射线衍射试验(图 5-16)获得土体基质的矿物组成和矿物含量，电镜图片可以清楚地观察到棒状和不规则的石英颗粒被黏土矿物所包围，各黏土矿物含量如表 5-5 所示。

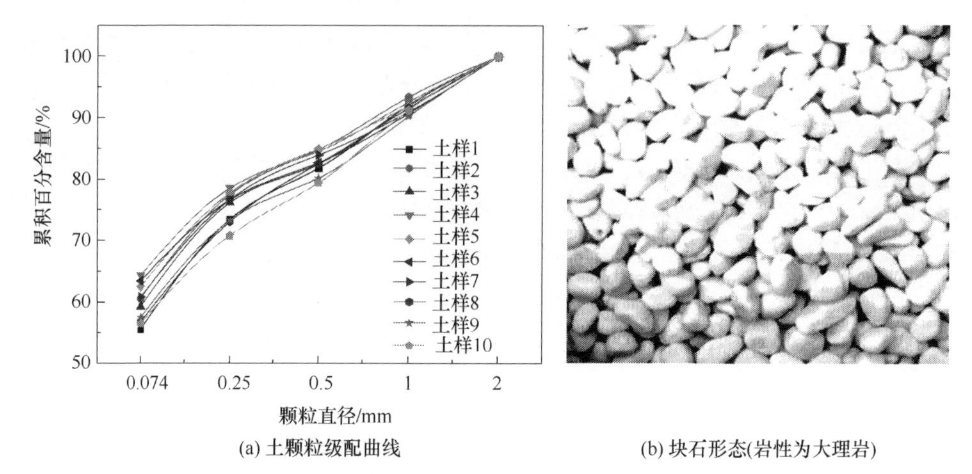

(a) 土颗粒级配曲线　　(b) 块石形态(岩性为大理岩)

图 5-14　小尺度渗流试验中采用的土体和块石

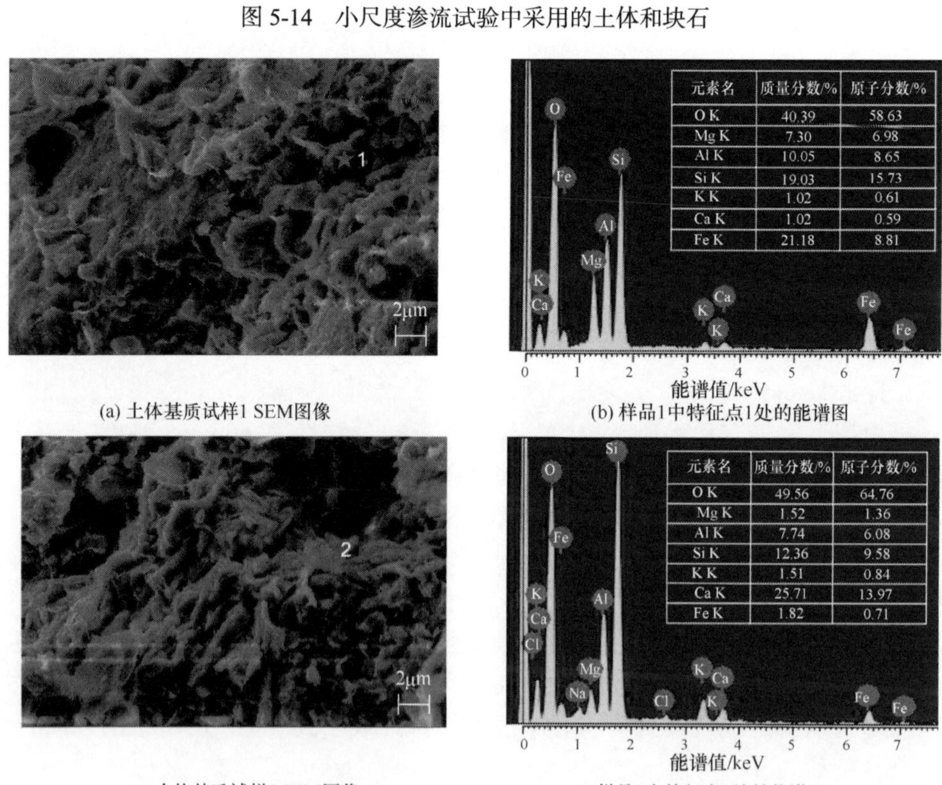

元素名	质量分数/%	原子分数/%
O K	40.39	58.63
Mg K	7.30	6.98
Al K	10.05	8.65
Si K	19.03	15.73
K K	1.02	0.61
Ca K	1.02	0.59
Fe K	21.18	8.81

元素名	质量分数/%	原子分数/%
O K	49.56	64.76
Mg K	1.52	1.36
Al K	7.74	6.08
Si K	12.36	9.58
K K	1.51	0.84
Ca K	25.71	13.97
Fe K	1.82	0.71

(a) 土体基质试样1 SEM图像　　(b) 样品1中特征点1处的能谱图

(c) 土体基质试样2 SEM图像　　(d) 样品2中特征点2处的能谱图

图 5-15　土石混合体试样中土体基质扫描电子显微镜分析结果

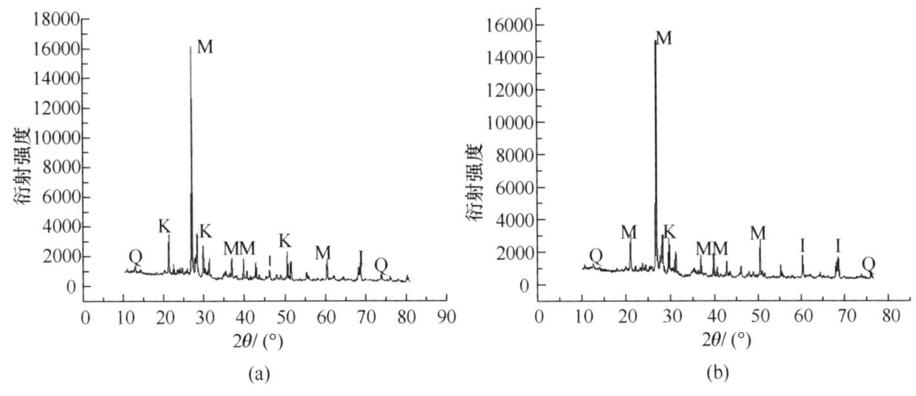

M-蒙脱石；K-高岭石；I-伊利石；Q-石英

图 5-16　土体基质矿物成分分析结果

表 5-4　试验中所采用土体和块石的基本物理力学参数

指标	土体基质	块石
天然密度/(g/cm^3)	1.64	2.53
干密度/(g/cm^3)	2.06	—
含水量/%	10.2	—
相对密度	2.73	—
湿态单轴抗压强度/MPa	0.57	43.21
干态单轴抗压强度/MPa	2.27	80.75

表 5-5　据 XRD 试验获得土体基质的矿物组成　(单位：%)

矿物组成	土样 1	土样 2
蒙脱石	61.53	63.31
高岭石	26.75	24.67
伊利石	6.26	6.59
石英	5.52	5.46

2) 试样制备

本节采用重塑土石混合体试样进行小尺度渗流试验，试样通过击实法制备，共制备了 40 个土石混合体试样。击实法制样时，根据土体密度与锤击数的关系来确定最佳锤击数。由于土体基质的密实度对土石混合体的渗透性有很大的影响，在试样制作过程中，对于不同含石量的试样，应当尽量保持土体基质的密度不变。如图 5-17(a)所示，随着锤击数的增加，含石量为 20%～70%的土石混合体试样的土体基质密度逐渐增加。为保证不同试样的土体密度(即孔隙率)相同，将试样的最佳锤击数分别确定为 2 次、3 次、3.5 次、5 次、11 次和 15 次，如图 5-17(b)所示。当含石量达到 70%时，块石在极大程度上起到骨架的作用，土石混合体试样中的土体很难被压实，因此考虑到含石量为 70%的试样在制备过程中被击碎的块石可能过多，确定 15 次为含石量为 70%的试样的最佳锤击数。在重塑试样的制作过程中，要向混合体中加入最佳含水量为 9.5%的额外水分。图 5-18(a)为三层击实制样示意图，制备完成的不同含石量的圆柱形试样如图 5-18(b)所示，所有试样均用保鲜膜密封。不同含石量试样物理特性如表 5-6 所示。

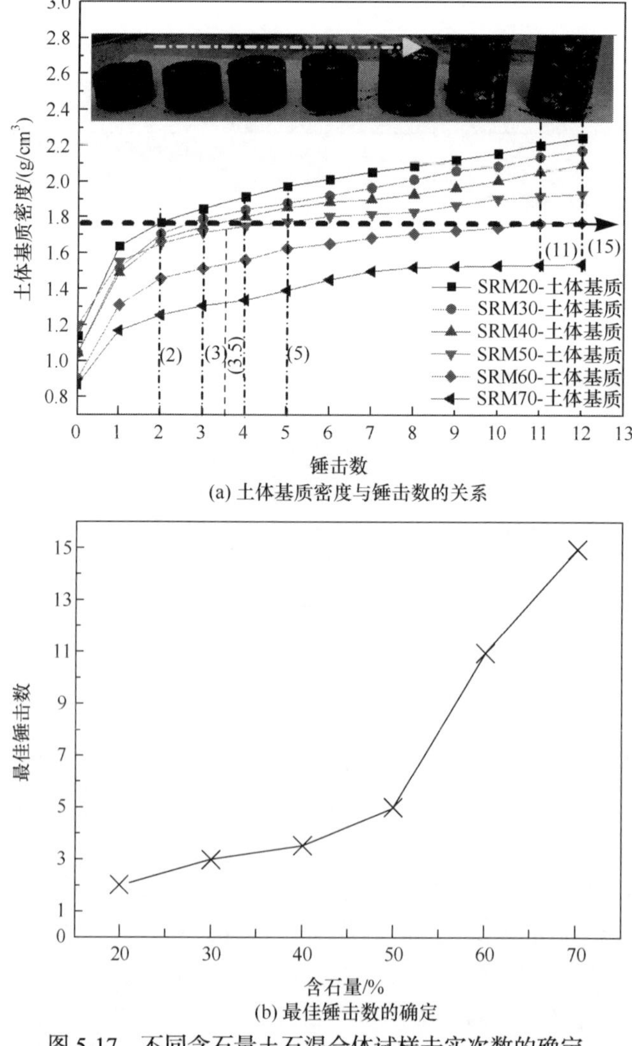

(a) 土体基质密度与锤击数的关系

(b) 最佳锤击数的确定

图 5-17　不同含石量土石混合体试样击实次数的确定

(a) 土石混合介质三层击实示意图　　(b)制备好的土石混合体试样

图 5-18 小尺度土石混合体三层击实示意图及部分试样

表 5-6 不同含石量试样物理特性

含石量/%	干土质量/g	干土+水质量/g	块石质量/g	孔隙率/%	孔隙比
20	293.69	323.06	73.42	31.97(0.97)	0.47
30	267.36	294.09	76.39	32.43(1.04)	0.48
40	237.80	261.58	79.27	31.97(1.06)	0.47
50	206.02	226.62	82.40	31.50(1.08)	0.46
60	172.04	189.25	86.02	32.43(1.06)	0.48
70	135.55	149.11	90.37	33.77(1.48)	0.52

注：括号内数字为标准差。

5.3.2 试验系统

土石混合体小尺度试样渗流试验测试系统包括试样刚性夹持部分、伺服注入增压部分和样品室三部分。系统总体设置如图 5-19 所示，样品室实物照片如图 5-20 所示。在渗流试验过程中，试样夹持装置可使试样在渗流装置上保持稳定。系统由刚性立柱、横梁柱、力传感器、透水垫块、导向杆等部件组成。

伺服增压供水系统是整个系统的核心组成部分，它由速度反馈元件、伺服驱动电机、全数字伺服控制器和计算机组成。伺服增压供水系统由德国 Doli 公司的伺服控制器控制，由滚珠丝杠步进伺服电机驱动。根据活塞的工作原理，流体可以加压并供给试样。通过计算机操作，伺服增压供水系统可以将流体以恒定速率或恒定压力注入样品室中。试验前，先将活塞复位，让流体进入水箱，然后活塞处于伺服控制状态，以控制供水速率和施加给渗透仪的水压。

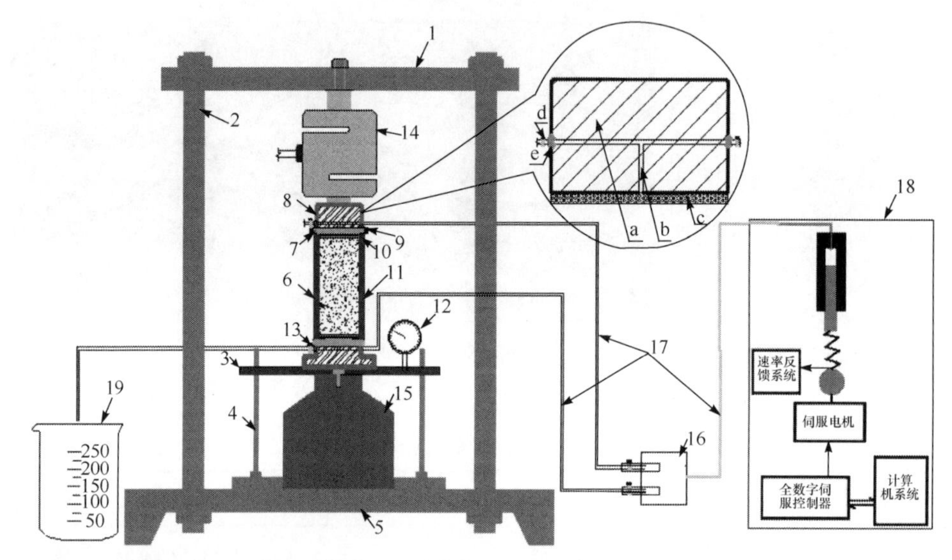

1-上横梁；2-刚性立柱；3-平台；4-导向杆；5-下横梁；6-土石混合体试；7-自粘胶带；8-透水垫块；9-喉箍；10-滤纸；11-热缩管；12-秒表；13-水阀门；14-力传感器；15-液压千斤顶；16-三通阀；17-水管；18-伺服增压供水系统；19-量杯；a-垫块基座；b-渗水槽；c-透水板；d-阀门；e-O 型圈

图 5-19　小尺度试样渗流测试系统示意图

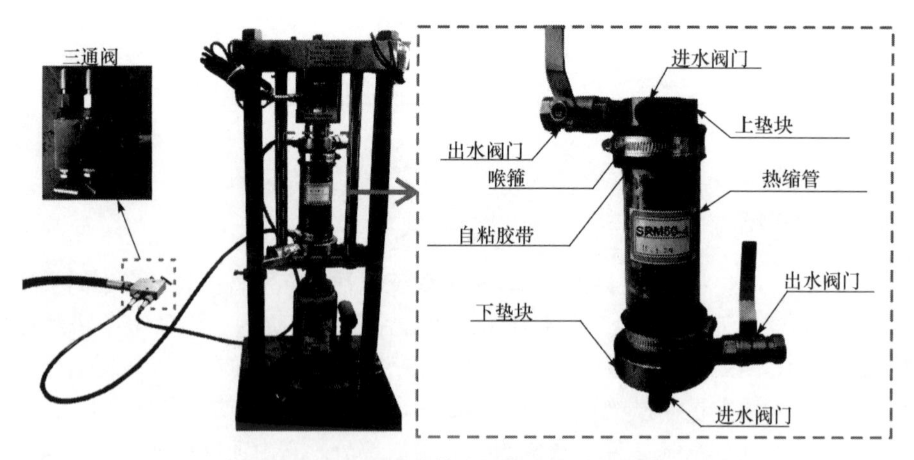

图 5-20　土石混合体渗透样品室实物照片

样品封装系统由一个金属上垫块、一个金属下垫块、两个金属透水板、两个喉箍和一段热缩管组成，热缩管可容纳试样体积大小。金属上下垫块包括进水阀门、出水阀门和一些槽孔。阀门进、出口直径为 3mm，为了防止土颗粒堵塞在金属垫块上，在垫块上放置直径 0.5mm 的透水板。热缩管和金属垫块用自粘胶带进行连接。图 5-21 为金属渗透垫块照片，它是专门为测试而设计的，从图中可以清楚看到垫块尺寸、部件结构和进、出口阀门位置。

(a) 上渗流垫块

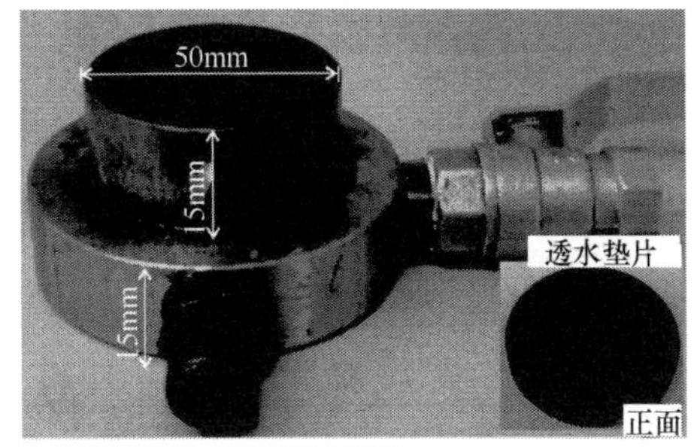

(b) 下渗流垫块

图 5-21　土石混合体试验过程中采用的渗透垫块照片

5.3.3　小尺度试样渗流试验结果

利用上述自行设计的测试系统，首先探讨了粉细砂和黏土的渗流规律，以验证测试系统的可靠性。粉细砂试样渗透速率与水力梯度的关系如图 5-22(a)所示，可以看出渗透速率与水力梯度呈线性关系。黏土试样渗透速率与水力梯度的关系如图 5-22(b)所示，土体基质中含有大量的亲水黏土矿物(如蒙脱土、高岭土等)，当水在黏土试样中流动时，矿物与水发生反应，导致黏土试样的非线性渗流特性，但渗透速率与水力梯度呈近似线性关系。饱和黏土的渗流规律受孔隙特征、结构和水力梯度的影响，实际上，只有在较低的水力梯度下，黏土的渗流规律才服从达西定律，这与 Wang 等的研究结果一致。

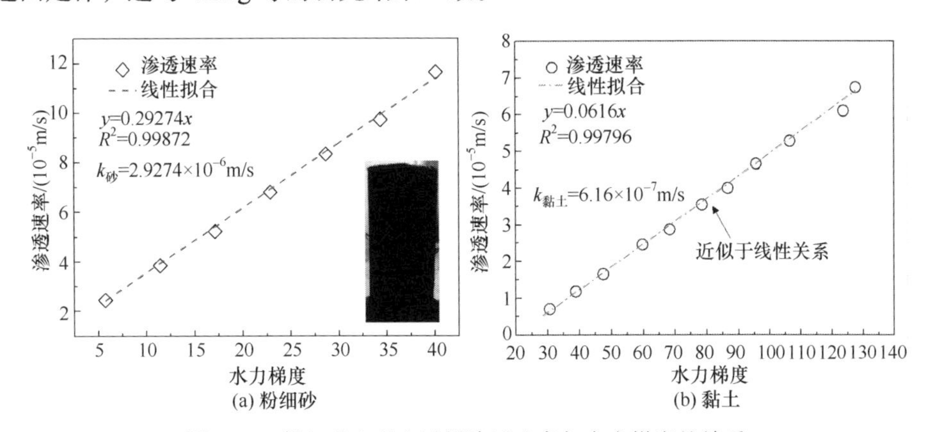

图 5-22　粉细砂和黏土试样渗透速率与水力梯度的关系

典型不同含石量的土石混合体试样渗透速率与水力梯度的关系如图 5-23 所示。可以看出，土石混合体的渗透速率随着水力梯度的增加而不断增大，但是二者呈现出明显的非线性趋势。这一结果表明土石混合体试样的渗流规律并不符合线性达西定律。

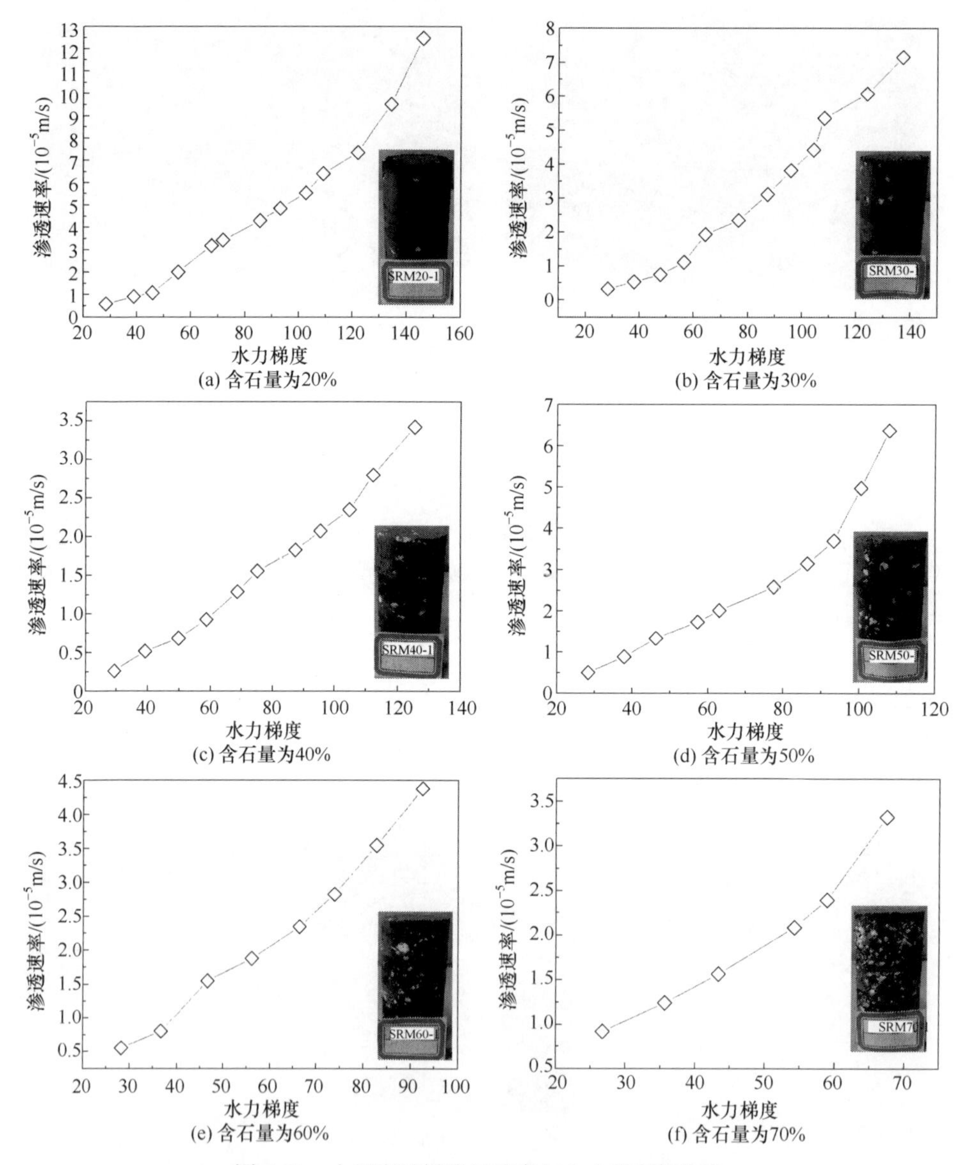

(a) 含石量为20%　(b) 含石量为30%
(c) 含石量为40%　(d) 含石量为50%
(e) 含石量为60%　(f) 含石量为70%

图 5-23　小尺度试样渗透速率与水力梯度的关系

图 5-24 给出了不同含石量的土石混合体试样在不同水力梯度下的渗透系数柱形图。可以看出，在不同的水力梯度下，不同含石量土石混合体试样的渗透系数并不是定值，而且差别较大。

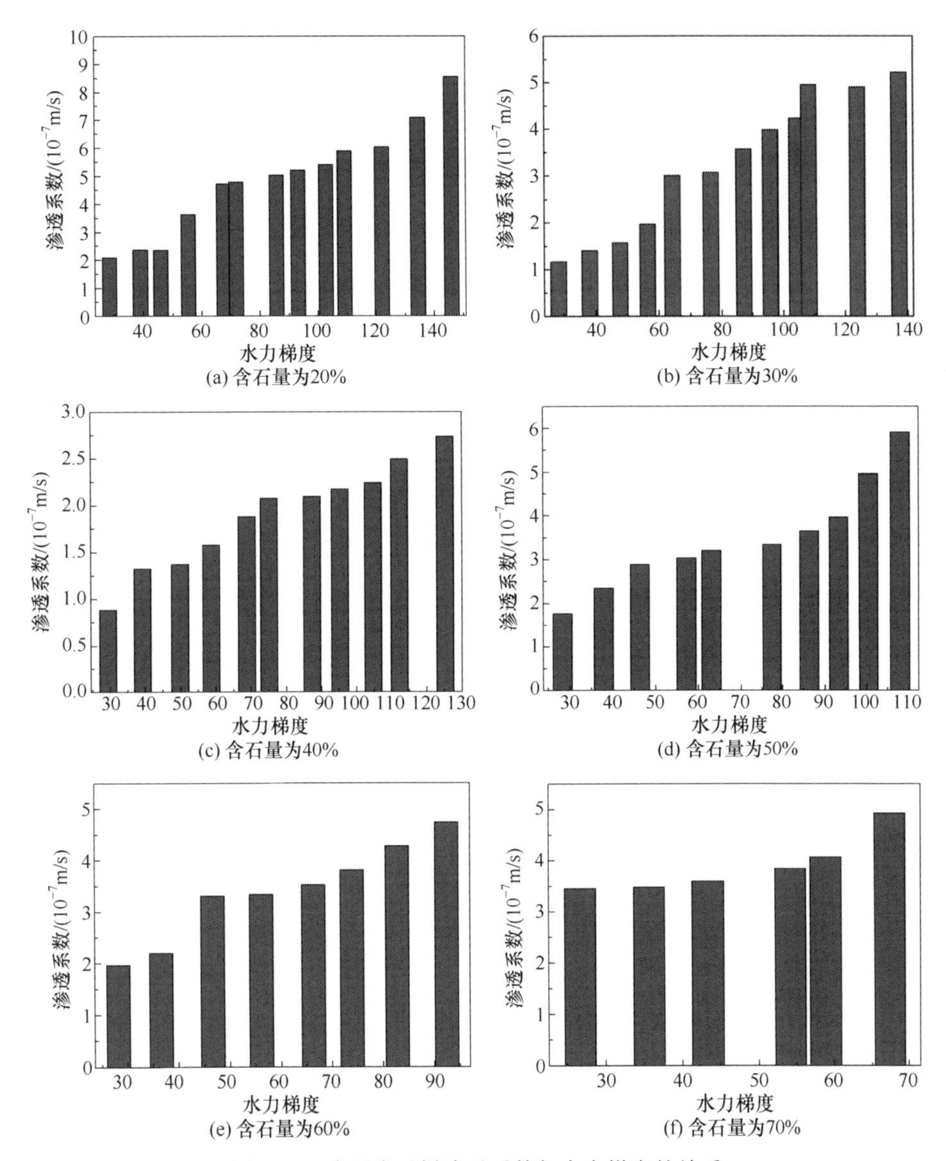

图 5-24　小尺度试样渗透系数与水力梯度的关系

5.3.4　土石混合体非达西渗流特性分析

为了消除块石形态、随机分布等要素对试验结果产生的影响，同一含石量(即20%～70%)条件下的渗流试验进行 5 次，并采用曲线拟合的方法确定渗透速率与水力梯度的关系，如图 5-25 所示。渗透速率随水力梯度的增大而增大，水力梯度越大，渗透速率的增加趋势越明显。此外，由于相同含石量的试样中块石空间分布和尺寸分布不同，同一含石量的每个试样的渗透系数存在一定的差异，尽管如此，相同含石量试样的渗透系数基本相同。从二者关系的曲线拟合结果来看(表 5-7)，土石混合体的渗流规律具有明显的非达西渗流特性。

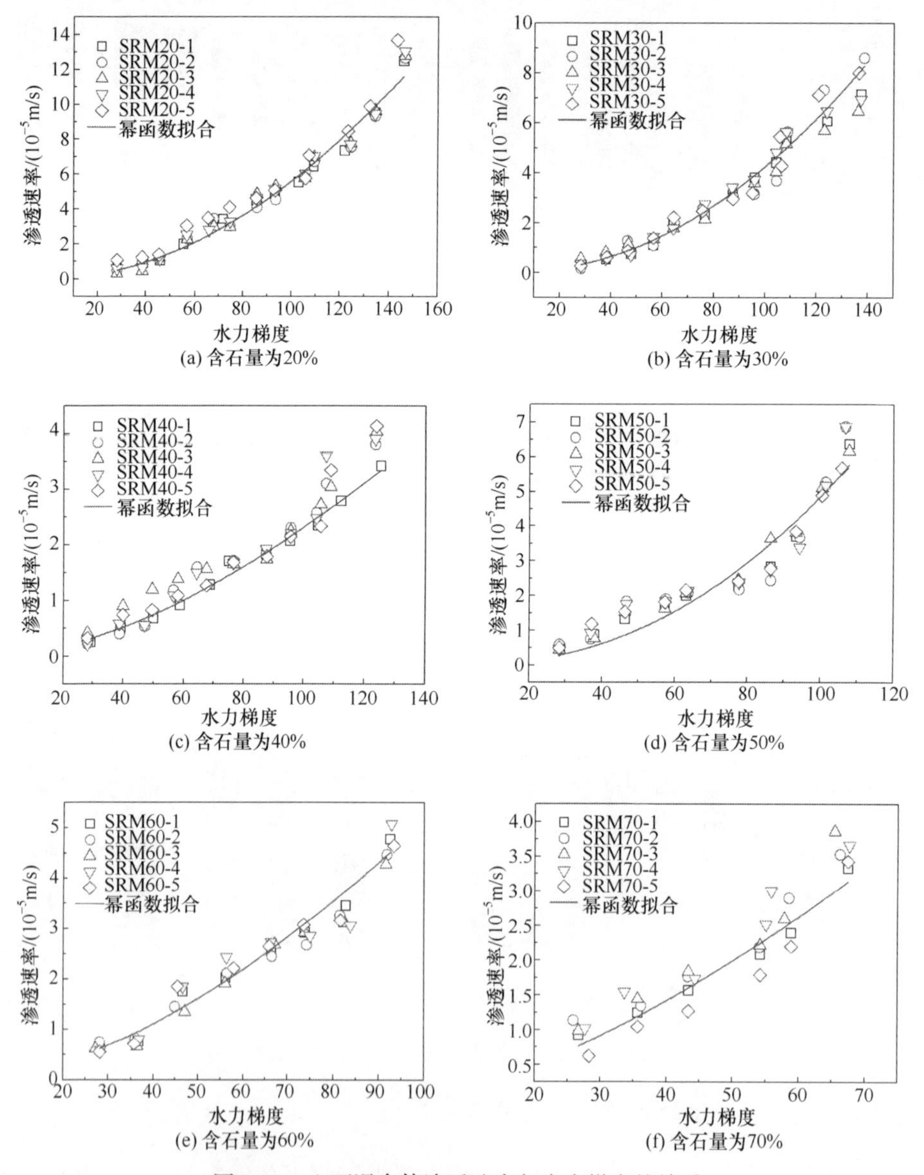

(a) 含石量为20%　(b) 含石量为30%

(c) 含石量为40%　(d) 含石量为50%

(e) 含石量为60%　(f) 含石量为70%

图 5-25　土石混合体渗透速率与水力梯度的关系

土石混合体的渗流规律不同于砂土试样和土样，这是由于土体基质中存在块石，当水在土石混合体试样中流动时，由于土石界面是试样中最薄弱的位置，界面处的渗流极不稳定，块石对水流方向和流速的影响较大，尤其是在土石界面处发生不稳定渗流的可能性极大，在这些界面处可能形成湍流。试样渗透速率和水力梯度的曲线拟合方程如表 5-7 所示。相关系数均大于 0.9，拟合效果较好。

表 5-7　土石混合体渗透速率与水力梯度曲线拟合结果

含石量/%	$V=ax^b$		R^2
	a	b	
20	7.897×10^{-4}	1.925	0.982
30	3.290×10^{-4}	2.055	0.975
40	1.27×10^{-3}	1.631	0.987
50	1.604×10^{-4}	2.241	0.934
60	2.28×10^{-3}	1.677	0.971
70	5.19×10^{-3}	1.520	0.982

5.3.5　块石对渗透系数的影响

试验过程中，初始水压力施加于进水口，定义为 P_0，由于土石混合体的多孔性、松散性，当流体在试样中运移时，实际的水压力小于预置的初始水压力。实际水压力与初始水压力的比值定义为水压比，即 $R=P_i/P_0$。水压比和平均渗透系数与初始水压力的关系如图 5-26 所示。所有测试样品的实际水压力均小于初始水压力，相同的初始水压力条件下，含石量为 70%的试样实际水压力最小，含石量为的 40%的试样实际水压力最大。从图 5-26(b)也可得出，试样的渗透系数随初始水压力的增加而不断增大，并不是一定值，与前面的分析结果一致。

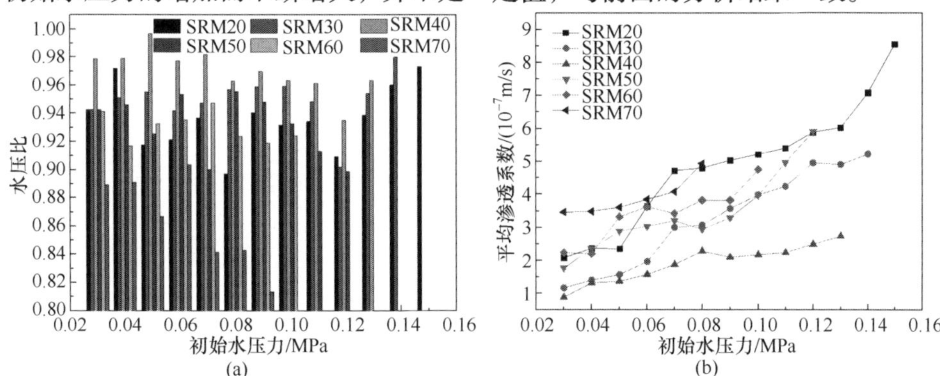

图 5-26　水压比和平均渗透系数与初始水压力的关系

试验结果表明，试样的渗透系数随含石量的增加呈现出先减小后增大的趋势，当含石量为 40%时，渗透系数最小。本节土石混合体渗透系数随含石量的变化规律与 Chen 等[8]、Liao[9]和 Xu 等[10]的结果不同。这一结果可以用块石与土石界面导致渗透性差异的不同机制来解释。首先，岩石块体与土体基质的渗透性存在明显差异，由于岩块的相对不透水性，块石的存在降低了有效流动截面(即岩块降低了土石混合体试样的有效孔隙率)，因此渗透速率随着岩块的增加而降低。其次，沿块石渗流方向的水压力急剧下降，在土石界面处出现较大的渗流力，由于土石界面是试样中最薄弱的部位，当较大的渗流力作用于土石界面时，土石界面的渗透速率急剧增加。虽然块石的存在减少了土石混合体中的流动路径，但土石界面(即岩块与土体基质的接触面)的增加导致渗透性增强，当含石量达到一定程度时，土石混合体的整体渗透性会变强。在 Chen 等[8]的测试中，不同含石量试样的土体基质密实度不同，土体基质处于松散状态，土体基质渗流处于主导地位；块石越多，土体基质的密实度越差，因此渗透系数随含石量的增加而增大。在 Liao[9]和 Xu 等[10]的数值模拟中，忽略了土石界面的渗透性，导致渗透系数随着岩石块度的增加而降低。在本节进行的渗透试验中，保证了各试样土体基质的密实度基本相同，在含石量达到一定比例之前，块石占主导地位；当含石量达到一定比例后，土石界面对渗透系数的影响占主导地位。块石和土石界面的不同导渗机制导致渗透系数的变化。当含石量为 40%时，渗透系数最小，如图 5-27 所示。

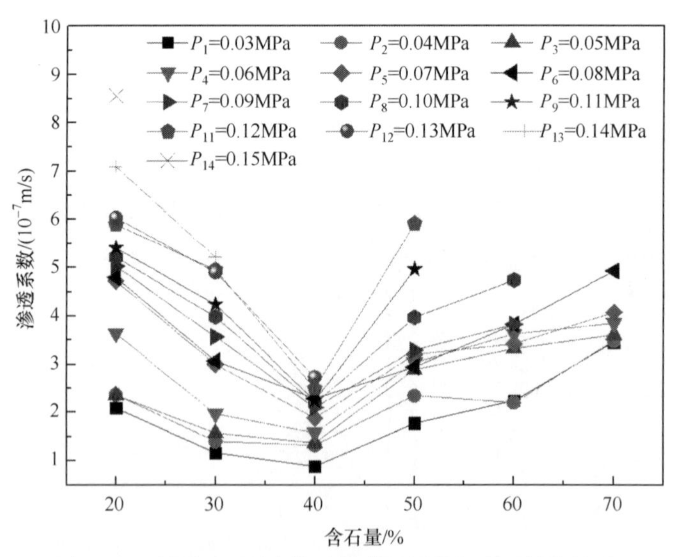

图 5-27　所测土石混合体试样渗透系数与含石量的关系

5.3.6 临界水力梯度预测

渗透破坏是岩土材料的破坏类型之一[11]，它对排土场边坡、坝基以及由土-岩混合物组成的地基的稳定性具有重要影响。在整个渗流破坏过程中，渗流堵塞和渗流充盈是渗透系数演化的内在原因。本节研究在零应力状态下，不同含石量土石混合体的临界水力梯度变化情况。为保证样品结构的完整性，土石混合体样品的测试过程是有限的土颗粒通过 75μm(200 目)筛孔[12]。为此，在试样与渗透垫块之间铺设特殊设计的底部有渗透板的渗透垫层，也是一种渗透性滤纸(图 5-28)，随着水力梯度的增大，土体颗粒在试样中移动。我们将出水阀门出水变得有些浑浊时此时的水力梯度定义为临界水力梯度。以试样 SRM40-2 为例，在渗流试验过程中，临界水力梯度前，出水清澈；临界水力梯度后，出水变得浑浊。

(a) SRM40-2试样

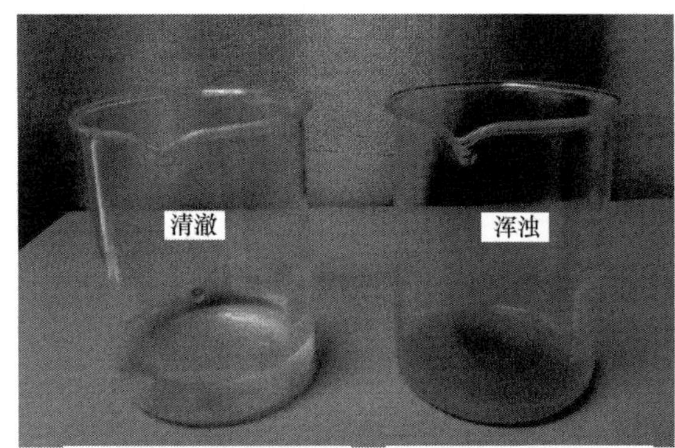

(b) 临界水力梯度前后水质状态对比

图 5-28　SRM40-2 试样渗透试验

临界水力梯度与含石量的关系如图 5-29 所示。随着含石量的增加，临界水力梯度逐渐减小。可以解释为，随着试样中岩块的增加，混合物中的骨架变得明

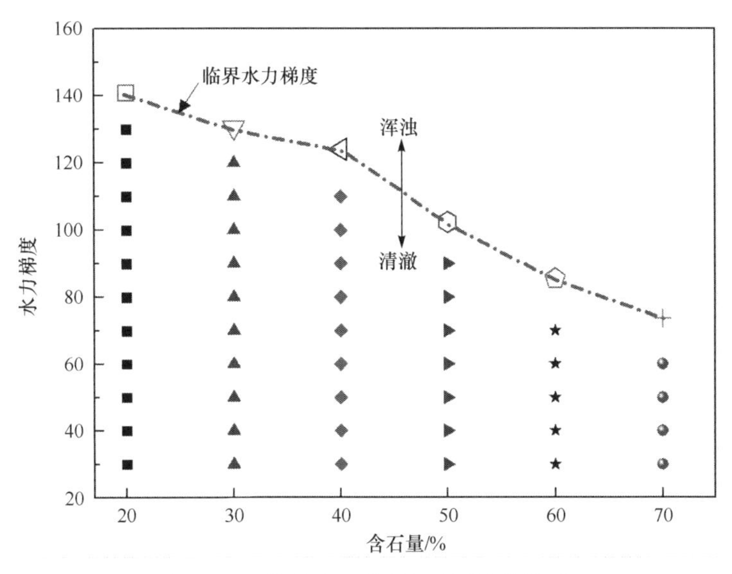

图 5-29　临界水力梯度与含石量的关系

显，各块岩体之间存在许多微孔，在这种情况下，土体颗粒很容易在骨架结构中移动。此外，随着岩块数量的增加，岩土界面的非稳定渗流作用增强，也会促进土体颗粒的流出。

5.3.7 基于 Forchheimer 方程的非达西渗流预测

在小尺度土石混合体试样的渗流试验中，随着渗透速率的增加，土石混合体试样中的渗流变为非达西渗流，水力梯度与渗透速率之间的关系呈现出强烈的非线性(土石混合体的渗透系数取决于渗透速率)。这种非线性依赖性与土石混合体试样含石量有关。为了更好地解释这一现象，Forchheimer[13]提出了一个经验方程来修正达西定律的非线性，即

$$\rho C_a \frac{\partial V}{\partial t} = -\frac{\partial p}{\partial x} - \frac{\mu}{k}V + \rho\beta V^2 + f \tag{5-8}$$

其中，ρ 为液体的质量密度；C_a 为加速度系数；f 为单位质量的体积力；V 为渗透速率；$\xi = \partial p / \partial x$ 为压力梯度；k 为渗透系数；β 称为非达西渗流因子，也称为惯性系数、动荡系数或者惯性阻力系数。β 和 k 都视为 Forchheimer 方程有效范围内的材料常数。

当土石混合体试样中流体渗流持续时间足够长时，流动达到稳定，此时 $\partial V / \partial t = 0$。理论分析表明，当忽略液体的可压缩性时，压力梯度呈均匀分布[13]。因此，压力梯度可表示为

$$\xi = \frac{\partial p}{\partial x} = \frac{p_{\mathrm{d}}}{H} = \frac{p_{\mathrm{base}} - p_{\mathrm{top}}}{H} \tag{5-9}$$

其中，p_{top} 和 p_{base} 分别为试样进口和出口处的流体压力；H 为试样的高度，相当于渗流路径的长度。

忽略体积力，当试样尺寸不是很大时，式(5-9)的表达式为

$$\frac{p_{\mathrm{d}}}{H} = -\frac{\mu}{k}V + \rho\beta V^2 \tag{5-10}$$

对于稳态渗流试验，试样底部与大气相连，因此 $p_{\mathrm{base}}=0$，压力梯度的稳定值为 $\left(-p_{\mathrm{top}} / H\right)_{\mathrm{stability}}$。通过改变注入压力 P_1，可以得到一系列的渗透速率和相应的压力梯度，通过回归方法便可以得出土石混合体的非线性渗流特性。

由式(5-10)可以得出以下结论：

(1) 当 $0 \leqslant \beta \leqslant \dfrac{\mu^2}{4\rho|\xi|k^2}$ 时，土石混合体系统存在平稳状态。

(2) 当$\beta > \dfrac{\mu^2}{4\rho|\xi|k^2}$时，土石混合体系统不存在平稳状态，并且系统是非稳定的，对应于管涌或者地下侵蚀。

(3) 当$\beta < 0$时，方程$-\xi - \dfrac{\mu}{k}V + \rho\beta V^2 = 0$有两个不同的根且均为负值。因为流体渗透过程中水压差不可能变为负值，所以土石混合体系统是非稳定态的。

根据上述理论，对典型的土石混合体试样的非达西渗流特性进行分析，如表 5-8 所示。土石混合体的非达西渗透系数与上述结果具有相同的趋势。在压力梯度低于临界压力梯度时，非达西渗流因子β取值是正值，这一结果暗示出土石混合体系统处于稳定状态。

表 5-8　典型土石混合体试样非达西渗流方程因归系数结果

试样编号	直径/cm	高度/cm	非达西渗流方程回归系数			
			$\mu/k/(10^6\text{Pa·s/m}^2)$	$k_D/(10^{-7}\text{m/s})$	$\beta\rho/(10^{-10}\text{Pa·s/m}^3)$	$\beta/(10^{-7}\text{m}^{-1})$
SRM20-1	10.02	5.01	2.498	4.043	1.098	1.098
SRM20-3	10.02	5.01	2.012	5.019	2.113	2.113
SRM20-4	10.11	4.99	2.922	3.456	1.023	1.023
SRM30-1	10.06	5.01	3.817	2.646	2.889	2.889
SRM30-2	10.15	5.02	4.233	2.381	3.672	3.672
SRM30-3	10.13	5.02	3.512	2.872	2.771	2.771
SRM40-1	9.97	5.01	6.633	1.522	9.098	9.098
SRM40-2	10.14	5.07	5.922	1.708	4.562	4.562
SRM40-3	10.02	4.99	6.341	1.593	8.823	8.823
SRM50-1	10.15	5.04	3.880	2.601	3.528	3.528
SRM50-2	10.13	5.01	3.732	2.762	3.113	3.113
SRM50-3	10.14	5.02	4.122	2.453	4.023	4.023
SRM60-1	10.05	5.04	3.841	2.873	4.098	4.098
SRM60-2	10.10	5.12	3.331	3.132	4.623	4.623
SRM60-4	10.06	5.05	4.222	2.672	4.214	4.214
SRM70-1	10.02	5.07	2.012	5.012	4.110	4.110
SRM70-4	10.12	5.00	2.221	4.547	3.673	3.673
SRM70-6	10.04	5.02	2.793	3.627	3.921	3.921

图 5-30 为由非达西渗流方程获得的渗透系数与含石量的关系，结果与上述试验结果一致。图 5-31 为初始压力梯度为 30～160kPa 时非达西渗流因子β与试

样含石量的关系，非达西渗流因子 β 从正值变到负值，表明土石混合体系统由稳定状态变为不稳定状态，与前面分析结果一致，临界水力梯度前后渗出水由清澈变为浑浊。在整个试验过程中，试样处于零围压状态，土体颗粒在高压力梯度作用下悬浮移动，土体颗粒的运动使渗流路径逐渐畅通。临界压力梯度的增加是出现负非达西渗流因子的关键因素，因此非达西渗流因子 β 的变化可以视为一个判断土石混合体系统渗透破坏的有力指标。

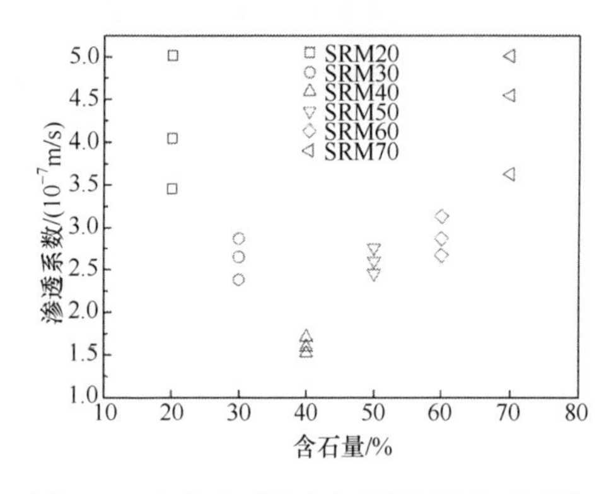

图 5-30　由非达西渗流方程获得的渗透系数与含石量的关系

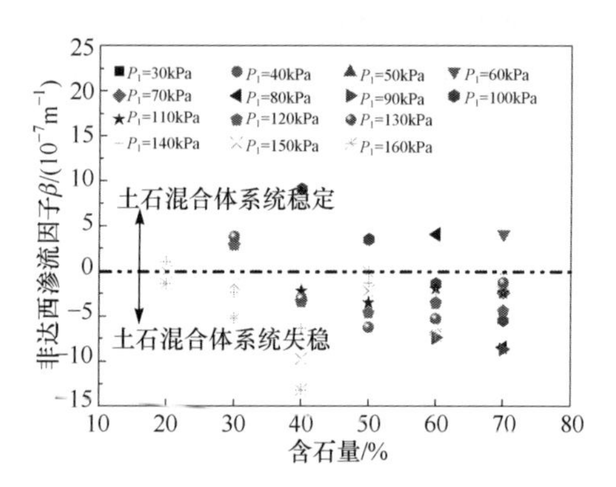

图 5-31　非达西渗流因子 β 与含石量的关系

5.4　土石混合体非达西渗流的尺度效应(细长效应)

为了探讨荷载作用下土石混合体试样对其力学性状的影响，即土石混合体的尺度效应，国内外学者已经进行了大量的相关研究。Medley[14]认为，无论试样尺度如何，土石混合体的外部结构具有相似性，他指出，土石混合体的力学性质与含石量无关。Bagnold 等[15]对土石混合体块石的大小进行了现场测量，研究了不同尺度的土石混合体块石分布规律。他们发现，在测量区域，块石显示出非常相似的形状，所获得的分形维数几乎相同。有关尺寸效应的研究，其他学者认为土石混合体的工程地质力学行为也是尺度无关的[10,16,17]。Xu 等[18]进行了一系列的原位剪切试验，指出试样高度应比最大岩块直径大 5 倍。Coli 等[19]进行了现场剪切试验，指出块石的最大尺寸应为土石混合体试样的 10%。为了探讨土石混合体的变形和破坏特性，Zhang 等[20]采用不同含石量、尺寸和长细比的土石混合体试样进行了单轴压缩数值模拟，他们发现土石混合体的地质力学行为与尺度有关；改变高度和直径的比值，会改变剪切应变带和相应的峰值强度。他们还发现，对于含石量较低的土石混合体样品，其长细比对破坏带形成的影响不明显，而对于含石量较高的样品，其影响较为明显。在岩土力学中，土石混合体的渗透性是与其强度和变形特性同等重要的力学性质。许多学者和工程师对土石混合体的渗透性问题进行了深入的研究，因为土石混合体的渗透性与地质体的稳定性直接相关[21-25]。土石混合体是一种典型的多孔介质，其渗流特性与含石量、土体基质性质、块体分布、块体大小等密切相关。土石混合体的一个特殊特性是水敏感性强，研究土石混合体的渗流规律，对掌握应力-渗流耦合环境下的变形破坏机理具有重要意义。为了研究土石混合体的渗流特性，不同学者采用了不同的试验方法，如常规的渗流试验(如恒压室内试验)[23,26,27]、伺服控制室内渗流试验[21]、现场渗流试验[27-29]、数值模拟[10,30]。物理试验方法是研究岩土材料渗流特性的重要手段，通过现场渗流试验和室内试验的直接观测，可以对复杂土石混合体的渗流特性提供大量的见解。结合前人的研究成果，含石量对土石混合体渗流特性的影响最为显著，当土体基质的物理力学性质大致相同时，在土体基质中加入块石，土石混合体的渗透系数随含石量的增大先增大后减小。含石量对土石混合体渗透性的影响已被广泛研究，然而，渗流路径对土石混合体渗透机理的影响(如水力梯度与渗透速率的关系、非达西流动系数与渗流距离的关系等)至今尚未涉及。

文献综述表明，目前很少有文献报道有关长细比对土石混合体材料渗透性能的影响。此外，不同含石量的土石混合体样品的临界 H/D(样品高度与直径之比)如何确定这一问题至今尚未有过系统的研究。很明显，细长效应是影响土石混合体渗流特性的一个重要方面，对渗流细长效应的研究可以揭示土石混合体渗流特性与渗流距离的关系，阐明渗流距离对渗透系数的影响。本次研究的基本目的是研究不同含石量条件下土石混合体试样渗流过程的细长效应。作者利用自行研制的伺服控制渗透测试系统，对含石量分别为 30%、40%、50%和 60%条件下，不同长细比(即 H/D=40/50、60/50、80/50、100/50、120/50、140/50、160/50、180/50 和 200/50)试样的渗流规律进行了系统的分析，探讨土石混合体的渗透系数与渗流距离的相关性，通过引入 Forchheimer 非达西流动定律，首次讨论了渗流距离对非达西渗流特性的影响程度。

5.4.1　试验方法与思路

试验装置与前面所述的小尺度渗流试验装置相同，由刚性试样夹持器、伺服注水系统和样品室三部分组成。样品室是研究细长效应的核心部件，由两个金属渗透板、上下两个金属垫块、两个喉箍和一段热缩管组成。金属渗透垫块是专门为渗透试验而设计的，它包括进水阀门、出水阀门和一些圆形分布的槽管。进水阀门的直径为 3mm。热缩管与金属垫块用自粘胶带和喉箍来连接，目的是密封以防止水泄漏，其密封流体压力可达 1MPa。上下渗流垫块的详细尺寸、结构及进出水阀门位置如图 5-32 所示。以含石量为 30%的试样为例，当试样直径保持 50mm 不变，高度变化范围为 40～200mm 时，样品封闭示意图如图 5-33 所示。

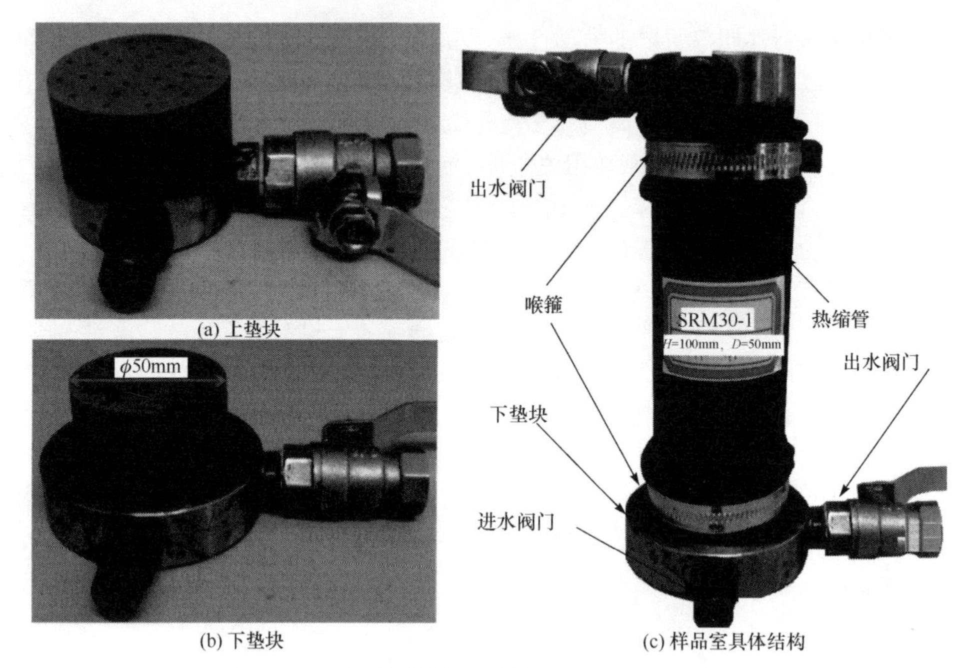

(a) 上垫块

(b) 下垫块

(c) 样品室具体结构

图 5-32　土石混合体样品室结构及金属渗流垫块照片

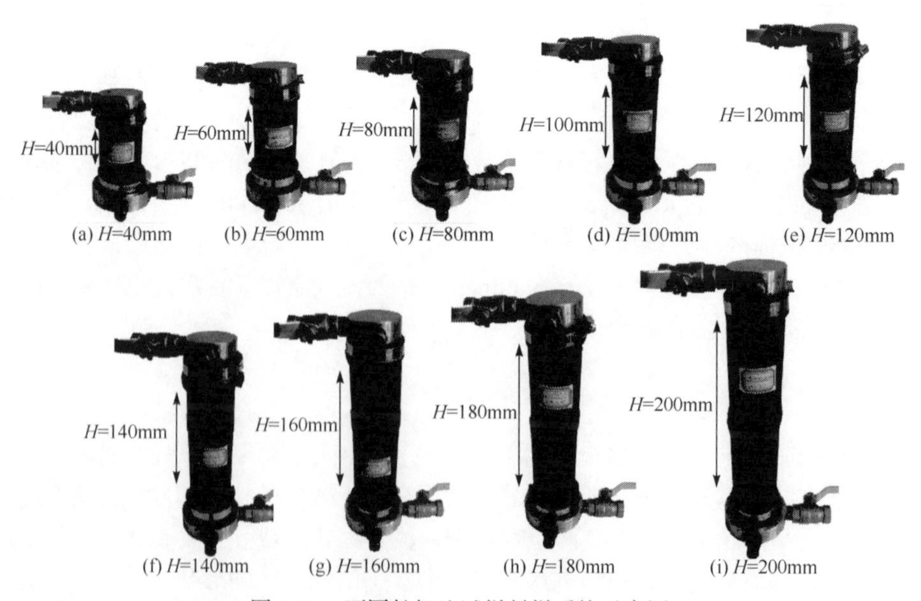

(a) H=40mm　(b) H=60mm　(c) H=80mm　(d) H=100mm　(e) H=120mm

(f) H=140mm　(g) H=160mm　(h) H=180mm　(i) H=200mm

图 5-33　不同长细比试样封样系统示意图

5.4.2　不同长细比试样制备

由于土石混合体特殊的组成结构，原状土石混合体的获取十分困难，因此利用重塑样品进行试验是目前研究这类地质材料的主要手段。重塑样制备过程中，许多研究人员[31-33]采用手工搅拌的方法，将块石均匀地混合在土体基质中，为了保证土石物料的均匀性，手动搅拌 10min，人工搅拌比机械搅拌等方法更能避免土体基质和块石造成的损伤，同时，机械搅拌可能会影响测试材料的渗透特性。根据 Wang 等[21]的研究结果，加载和卸载围压后，土石混合体的渗透系数会发生变化，出现土体基质损伤的情况。

块石和土体基质均匀混合后，采用击实试验制样，从而得到与天然试样相似的样品。确定了各试验的最大干容重和最佳含水量，在制备样品时采取以下步骤。在制备土石混合体试样的过程中，将土体基质与最佳含水量对应的水混合，湿润的土体保存在一个封闭的塑料袋中，静置 24h，所有的混合体都是手工进行的，以保证块石与土体的均匀分布。针对击实法，分析了锤击数与土体密度的关系，以确定最佳锤击数。利用压实试验装置，在可拆卸的模具上施加动压力进行压实，由于土体基质与岩体的弹性模量相差较大，土石混合体的密实度实际上就是由土体基质的密实度来控制，土体基质密度是影响土石混合体试样渗透性的重要因素[34]。因此，如何控制不同含石量试样的锤击数对试验结果至关重要。本节根据土体密度与最佳锤击数的关系，确定不同土体密度下的锤击数，如图 5-34 所示。从图 5-34(a)可以看出，随着锤击数的增加，含石量为 30%～60%的土石混合体试样中土体基质密度逐渐增大，为了使不同试样的土体密度(即孔隙率)大致相同，我们画了一条虚线与图 5-34(a)中的曲线相交，横坐标的值确定为最佳锤击数。由图 5-34(b)可知，对于含石量为 30%～60%的土石混合体试样，最佳锤击数分别为 3 次、4 次、5 次和 11 次。结合土石混合体试样中已知的土体和块石密度，另外，样品的总体积也可提前知道，因此对于具有一定含石量和一定高度的土

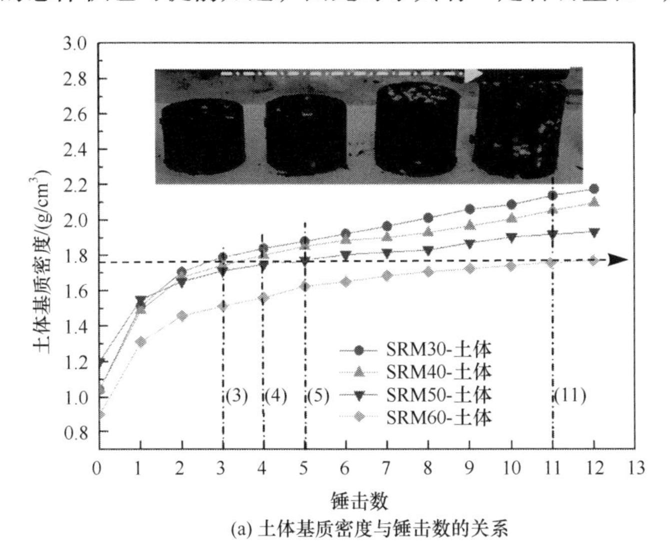

(a) 土体基质密度与锤击数的关系

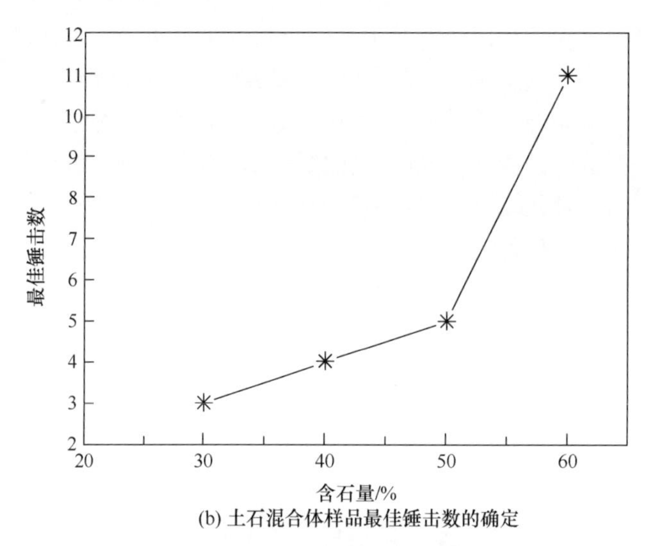

(b) 土石混合体样品最佳锤击数的确定

图 5-34　不同含石量土石混合体制备过程中最佳锤击数确定方法

石混合体试样，可以计算出所需的土体和块石的质量。击实试验中的压实层数可根据具体制备的样品确定。以高度为 20mm 和 100mm 的样品为例，可以分一层和三层进行制备。为了方便和保证制作的样品完整，仅制作高度为 20mm、40mm、60mm、80mm、100mm 的样品，如果想要得到高度为 120mm 的样品，将高度为 20mm 和 100mm 的样品进行拼接即可。试样均为圆柱形，所有被测样品均采用热缩管密封，防止水分挥发。

5.4.3　试验流程

为了研究长细比对土石混合体试样渗流特性的影响，并从渗流试验中得出一些重要结论，详细的技术路线图如图 5-35 所示。首先将土石混合体试样安装在试样夹持系统上，然后以恒定速率将水注入样品室中，直至土石混合体试样饱和，此时土石混合体中的渗流达到稳定状态。当试样达到饱和状态时，保持水力梯度恒定，正式开始进行渗流试验。在渗流试验中，监测压力水头和渗出水量的变化，同时采集相应的试验数据。通过对试验数据的分析，便可以得到不同高度、具有一定含石量的土石混合体的渗透系数，从而分析渗流路径对渗透机理的影响。

通过计算机自动记录不同压力梯度下的渗出水量、水力压力和渗流时间，根据达西定律计算渗透系数，即

$$k = \frac{QL}{At(P_1 - P_2)} \frac{\eta_T}{\eta_{20}} \tag{5-11}$$

其中，Q 为总渗出水量；A 为样本横截面积；t 为渗流时间；L 为渗流距离(即样本长度)；P_1 和 P_2 分别为进水阀和出水阀处的流体压力；η_T 和 η_{20} 分别为 T℃和 20℃时水的动力黏滞系数。

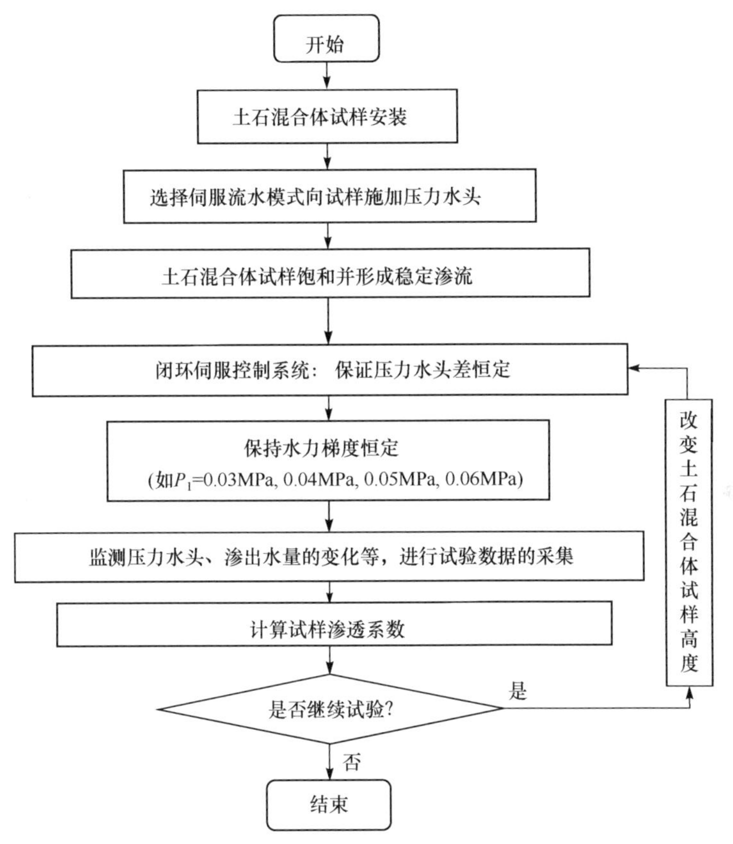

图 5-35　土石混合体渗流的细长效应试验技术路线图

5.4.4　试验现象描述

不同含石量土石混合体试样的渗透速率与水力梯度的关系如图 5-36 所示，测试了高度在 40～200mm 的试样。可以看出，渗透速率随着水力梯度的增大而增大，其中含石量为 60%的土石混合体试样的增长率最为明显。此外，对于不同含石量的试样，渗透速率随着试样高度的增加而减小。这些结果表明，土石混合体的渗透系数是变化的，而不是恒定的，它取决于水力梯度，这一结果与 Wang 等[21]的研究一致，即土石混合体的渗流规律不符合达西定律。随着试样高度的增加，渗透速率曲线趋于稳定，这说明非均质土石混合体渗流场在经过一定的流动距离后逐渐趋于稳定，流动距离是影响流动特性的重要因素。此外，不同含石量

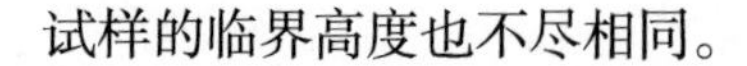

试样的临界高度也不尽相同。

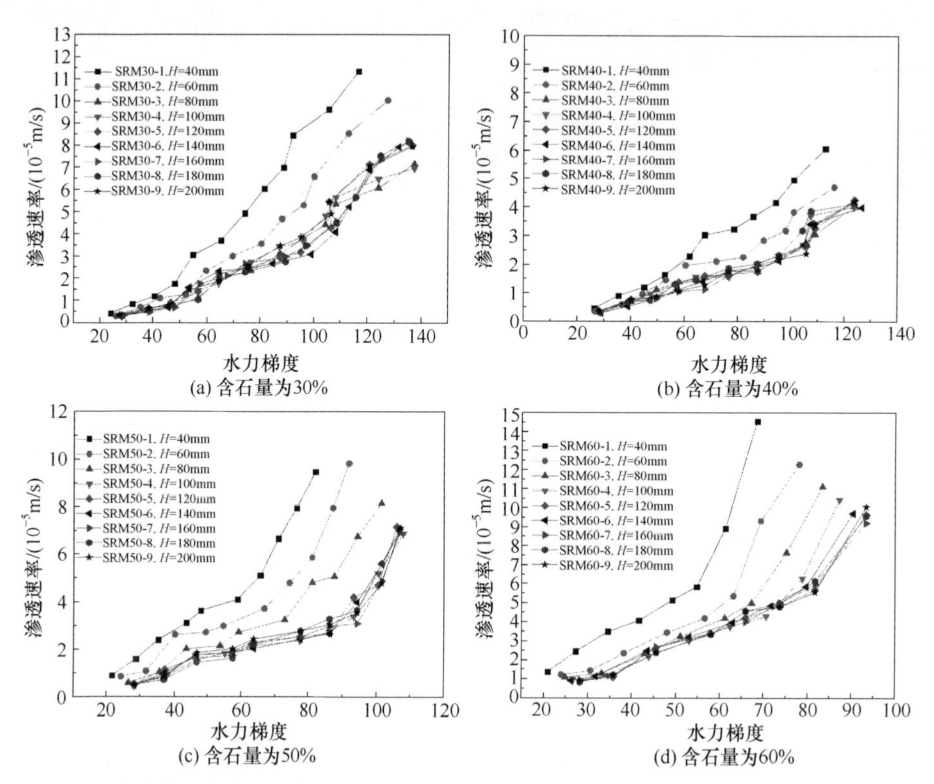

图 5-36　不同含石量土石混合体试样渗透速率与水力梯度的关系

5.4.5　不同长细比试样非达西渗流特性

采用 5.3.7 节的非达西渗流理论，表 5-9～表 5-12 为不同含石量土石混合体试样非达西渗流方程具体参数值。图 5-37 为当试样高度为 40～200mm 时土石混合体试样的水力梯度和渗透速率的关系。

表 5-9　含石量为 30%时由 Forchheimer 拟合得到的土石混合体非达西渗流方程

试样编号	$-J=-aV+bV^2$		$k/(10^{-5}\text{m/s})$	R^2
	a	b		
SRM30-1(H=40mm)	25.4676	57.28886	0.03966	0.975
SRM30-2(H=60mm)	27.3673	46.06427	0.03691	0.977
SRM30-3(H=80mm)	37.5564	36.6585	0.02689	0.990
SRM30-4(H=100mm)	37.7689	25.86399	0.02674	0.977
SRM30-5(H=120mm)	37.2458	25.04659	0.02712	0.980

续表

试样编号	$-J=-aV+bV^2$		$k/(10^{-5}m/s)$	R^2
	a	b		
SRM30-6(H=140mm)	38.612	26.41917	0.02616	0.981
SRM30-7(H=160mm)	38.827	27.59595	0.02601	0.979
SRM30-8(H=180mm)	37.0617	27.39719	0.02725	0.980
SRM30-9(H=200mm)	37.6457	26.13581	0.02683	0.976

表 5-10　含石量为 40%时由 Forchheimer 拟合得到的土石混合体非达西渗流方程

试样编号	$-J=-aV+bV^2$		$k/(10^{-5}m/s)$	R^2
	a	b		
SRM40-1(H=40mm)	33.21934	79.41739	0.0304	0.991
SRM40-2(H=60mm)	44.2489	54.85734	0.02283	0.957
SRM40-3(H=80mm)	55.9207	46.08953	0.01806	0.978
SRM40-4(H=100mm)	56.86151	38.04205	0.01776	0.986
SRM40-5(H=120mm)	56.6892	29.67069	0.01782	0.976
SRM40-6(H=140mm)	58.2059	30.95381	0.01735	0.990
SRM40-7(H=160mm)	58.0889	30.68529	0.01739	0.989
SRM40-8(H=180mm)	56.72037	30.81588	0.01781	0.957
SRM40-9(H=200mm)	57.1004	28.84796	0.01769	0.977

表 5-11　含石量为 50%时由 Forchheimer 拟合得到的土石混合体非达西渗流方程

试样编号	$-J=-aV+bV^2$		$k/(10^{-5}m/s)$	R^2
	a	b		
SRM50-1(H=40mm)	17.45548	48.85914	0.05786	0.996
SRM50-2(H=60mm)	21.70822	36.53996	0.04653	0.992
SRM50-3(H=80mm)	27.27899	25.15432	0.03702	0.991
SRM50-4(H=100mm)	33.96639	27.1969	0.02974	0.991
SRM50-5(H=120mm)	34.12356	26.77677	0.0296	0.992
SRM50-6(H=140mm)	34.85317	26.23295	0.02898	0.990
SRM50-7(H=160mm)	33.23728	27.15362	0.03039	0.992
SRM50-8(H=180mm)	34.50031	26.9832	0.02928	0.992
SRM50-9(H=200mm)	33.54192	26.56346	0.03011	0.993

表 5-12　含石量为 60%时由 Forchheimer 拟合得到的土石混合体非达西渗流方程

试样编号	$-J=-aV+bV^2$		$k/(10^{-5}\mathrm{m/s})$	R^2
	a	b		
SRM60-1(H=40mm)	12.5917	30.10298	0.08021	0.997
SRM60-2(H=60mm)	16.2290	22.59943	0.06223	0.993
SRM60-3(H=80mm)	18.3969	17.88247	0.0549	0.988
SRM60-4(H=100mm)	19.2867	17.64004	0.05237	0.990
SRM60-5(H=120mm)	21.6305	17.5256	0.04669	0.987
SRM60-6(H=140mm)	20.9707	17.21499	0.04816	0.989
SRM60-7(H=160mm)	21.9001	16.46893	0.04612	0.988

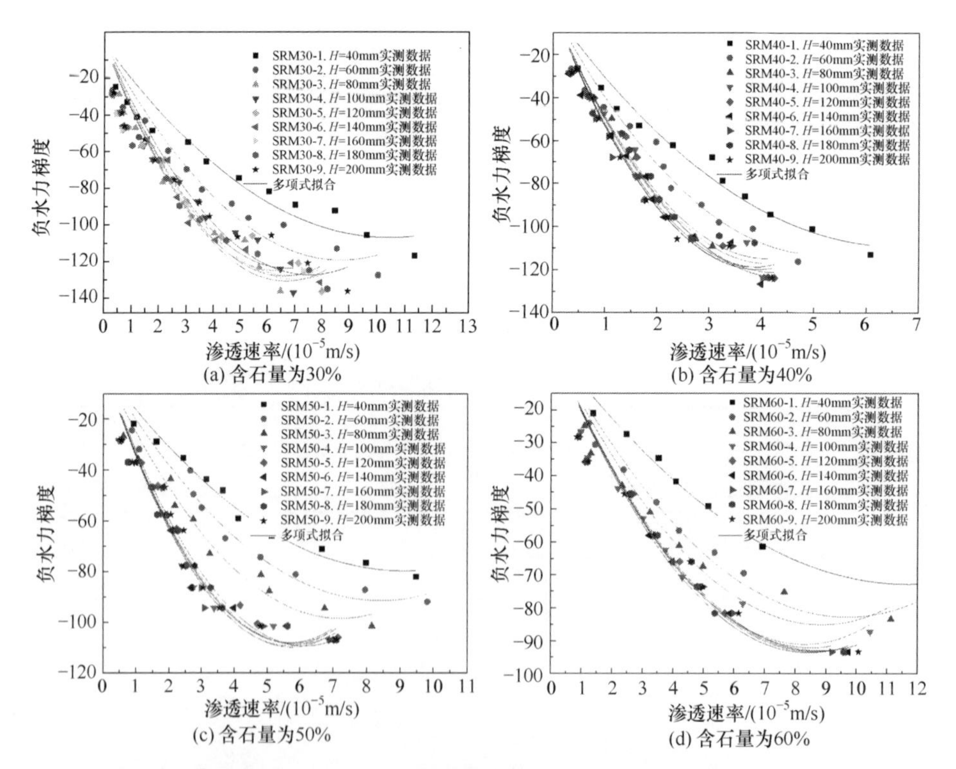

(a) 含石量为30%　(b) 含石量为40%

(c) 含石量为50%　(d) 含石量为60%

图 5-37　高度为 40～200mm 的土石混合体试样水力梯度和渗透速率的关系

5.4.6　土石混合体渗流特性的细长效应

根据式(5-10)，便可以获得非达西渗透系数和非达西渗流因子 β，不同含石量样品的渗透系数随试样高度的变化曲线如图 5-38 所示。可以看出，曲线上存在一个拐点，随着试样高度的增加，渗透系数趋于稳定。对于含石量分别为 30%和

40%的试样，临界高度为 80mm；对于含石量为 50%的试样，临界高度为 100mm；对于含石量为 60%的试样，临界高度为 120mm。结果表明，当渗流距离大于临界高度时，土石混合体的渗流场趋于稳定。据 Wang 等[21]的研究结果，针对每一种含石量的样品，他们进行了 5 次渗流测试，结果表明，含石量相同条件下，当块石形态大致相似时，试样的渗透系数几乎相同。因此，块石在相同高度下的分布可能不是影响流动特性的主要因素。在这项工作中，被测试样具有不同的高度，试样的高度可能会影响块石的分布，这可能会进一步影响试样的非均质性和渗透系数。试验结果进一步表明，渗流距离是控制土石混合体渗透特性的关键因素。使用二次多项式拟合含石量和临界高度之间的关系，如式(5-12)所示。对于不同含石量的试样，为了消除细长效应对渗流结果的影响，使用方程拟合方法研究含石量和试样临界高度之间的关系，可以得到下面的方程:

$$H_c=0.05\times RBP^2-3.1\times RBP+127 \quad (RBP>25\%，D=50mm)，R^2=0.945 \tag{5-12}$$

其中，H_c 为试样临界高度；RBP 为含石量。

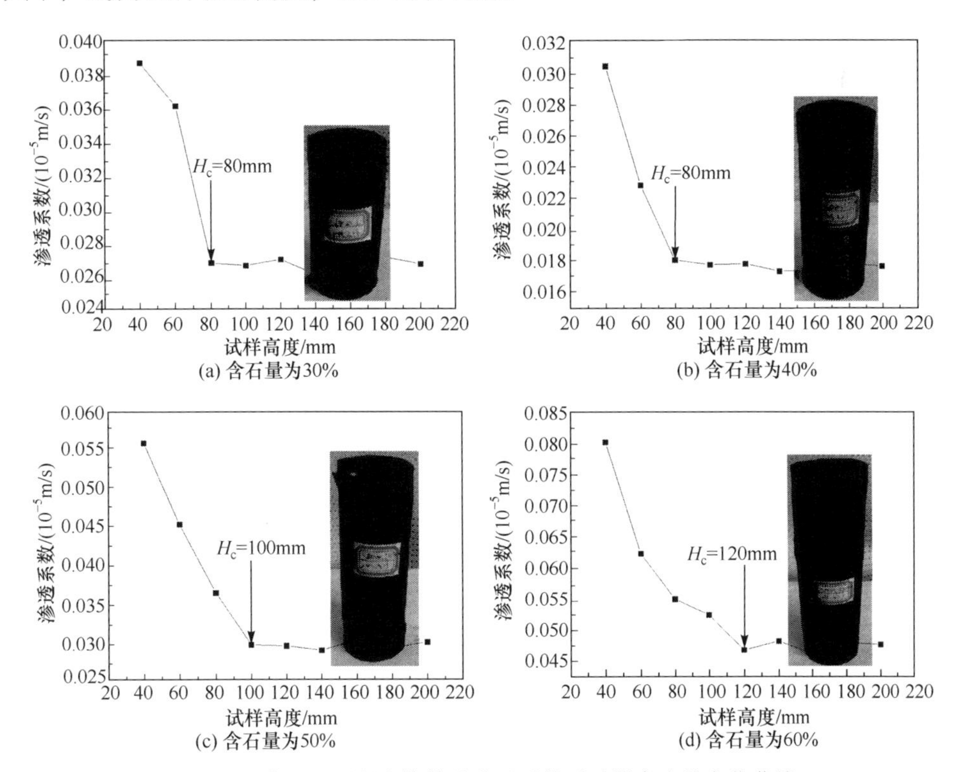

(a) 含石量为30%　(b) 含石量为40%　(c) 含石量为50%　(d) 含石量为60%

图 5-38　典型土石混合体样品渗透系数随试样高度的变化曲线

在本次试验中，渗流细长效应测试采用的试样具有相同的直径(50mm)，但高度不同。渗透系数随试样长细比(H/D)的变化曲线如图 5-39 所示，拟合结果列于

表 5-13 中。为了消除细长效应，含石量与试样临界高度的关系如图 5-40 所示。可以看出，渗透系数与长细比呈指数拟合关系，回归方程可表示为

$$k=c+b\exp[a(H/D)] \tag{5-13}$$

其中，a、b、c 为与土石混合体含石量相关的系数。

表 5-13 渗透系数与长细比的拟合方程

含石量/%	渗透系数回归方程	R^2
30	$k=0.02683\times10^{-5}+0.13314\times10^{-5}e^{-2.92448(H/D)}$	0.8455
40	$k=0.01769\times10^{-5}+0.11061\times10^{-5}e^{-2.70369(H/D)}$	0.9831
50	$k=0.03007\times10^{-5}+0.14022\times10^{-5}e^{-2.02304(H/D)}$	0.9663
60	$k=0.04756\times10^{-5}+0.18436\times10^{-5}e^{-2.16395(H/D)}$	0.9862

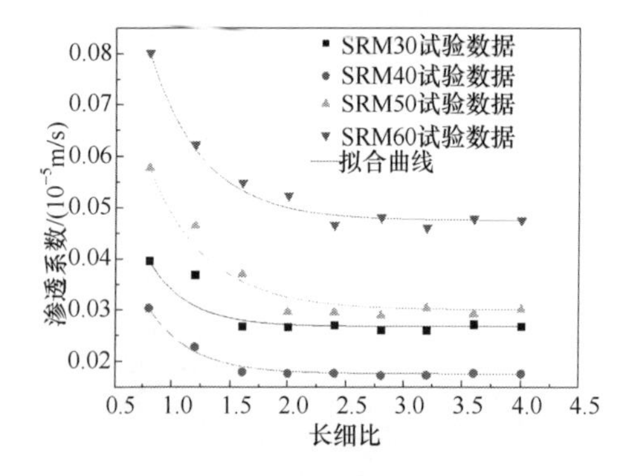

图 5-39 渗透系数随试样长细比的变化曲线

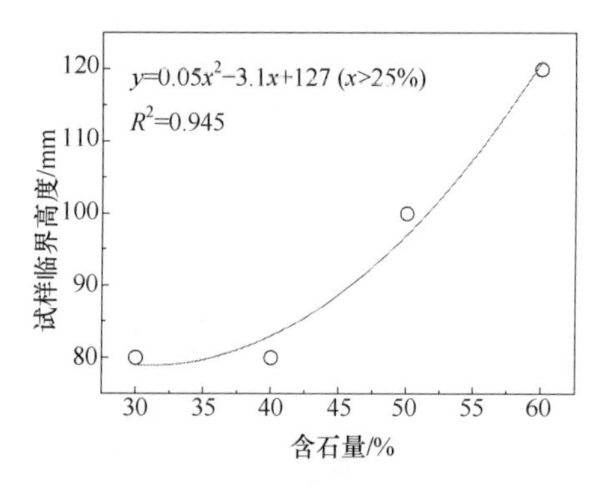

图 5-40 土石混合体试样临界高度与含石量的关系

图 5-41 为非达西渗流因子随试样高度的变化曲线。可以看出，非达西渗流因子随着试样高度的增加而减小。随着渗流距离的增大，非达西渗流程度减弱，土石界面对渗流特性的影响趋于稳定，土石混合体试样含石量控制着水流的方向和曲折度，同时也控制着相应的非达西度，随着渗流距离的增大，块石对渗流的影响变弱。从图中还可以看出，含石量为 40%的土石混合体试样的非达西渗流因子要大于含石量为 30%、50%和 60%的土石混合体试样。当含石量为 40%时，土石混合体试样的非达西流动特征非常明显，说明块石与土体基质之间的相互作用变强。Wang 等[21]的结果表明，随着含石量的增大，平均渗透系数在含石量为 40%时达到最小；当含石量继续增加到 40%以上时，渗透系数再次增加。土石混合体渗透系数的变化是土体基质性质与块石、土石界面共同作用的结果，本节的试验结果进一步证明了这一现象，对于含石量为 40%的试样，当水在土石混合体中流

动时，土体基质与岩块之间的相互作用变得更强。

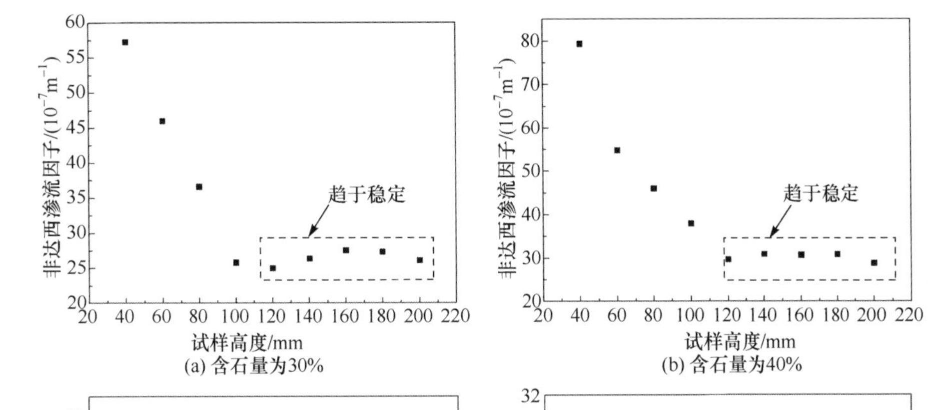

(a) 含石量为30%　(b) 含石量为40%

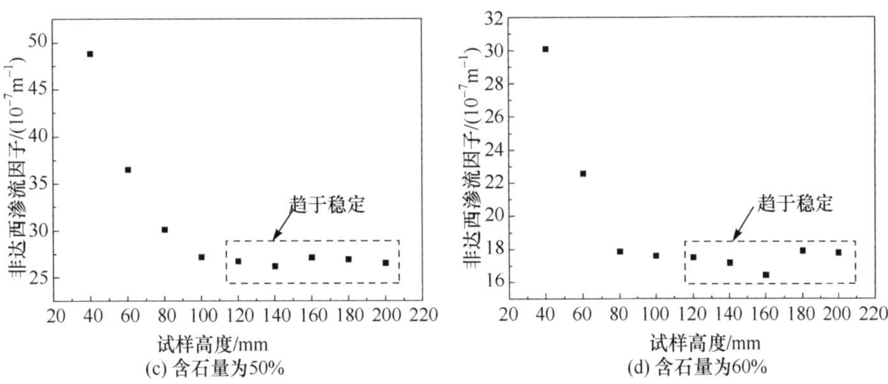

(c) 含石量为50%　(d) 含石量为60%

图 5-41　非达西渗流因子随试样高度的变化曲线

尺度效应是各类地质体(如土体、岩石等)普遍存在的现象，特别是对土石混合体而言，尺度效应更为明显。大量关于土石混合体细长比效应的研究主要集中在强度和变形特性方面，认为块体大小和分布决定了土石混合体的尺度效应。在作者的工作中，土石混合体的渗流特性也受细长比效应的影响，推测其原因可能是沿渗流方向的渗流路径的曲折性决定的。水在土石混合体中运移时，土体基质与块石和土石界面共同控制着水的流动特性。水体流动路径的弯曲度改变了渗流场和流动方向，水倾向于沿弯曲度最小的路径流动，而水在含石量较大的样品中的流动路径最曲折，因此其临界流动距离比含石量较小的试样要大。具体而言，流动路径倾向于弯曲度最小的方向，而较细长的试样，沿渗流方向提供了更多可能的渗流路径。因此，随着试样长细比的增大，弯曲度减小，非达西流动特性变得不明显。

5.5 土石混合体加卸围压渗流规律试验

围压对多孔介质渗透特性的影响一直是岩土力学领域关注的焦点问题。Zoback 等[35]给出了渥太华砂岩和花岗岩破碎颗粒的渗流试验结果，发现渗透系数随着围压的增大而减小。Bear 等[36]通过数值模拟试验研究了渗流矢量场的变化，发现高围压条件下岩石中的孔隙、裂缝被压缩得很小，不仅导致岩石渗透系数降低，而且渗流路径发生明显变化。Oda 等[37]对 Inada 花岗岩进行了三轴压缩试验，发现岩石渗透性随着围压的增加而降低，这是由孔隙和微裂纹闭合造成的。Li 等[38]对卸围压应力路径下砂岩的渗透性进行了试验研究，得到了渗透系数与围压的函数关系。Li 等[39]、Guo[40]对原状黄土试样进行了不同围压下的渗流试验，得出了渗透系数随围压和固结压力的增大而减小的结论。此外，他们还发现，在一个阶段施加围压时，黄土的渗透系数要小于在多个阶段施加围压时的渗透系数。Ameta 等[41]、Sällfors 等[42]报道了膨润土渗透系数随围压的增大而减小，在一定围压下，渗透系数也随着时间的增加而减小。Krishnamurthy 等[43]对软岩进行了试验，结果表明，渗透系数随围压的增大而减小，卸载时增大。Indrawan 等[44]研究了不同围压下混凝土砌块渗透系数的变化规律，发现渗透系数与围压呈负指数关系。

通过以上文献调查，渗透系数与围压关系的流固耦合特性研究几乎集中在土体、岩石及类岩石材料(如混凝土、砂浆等)上。很明显，关于围压对土石混合体材料渗透系数影响的报道很少。土石混合体是一种特殊的地质材料，是灾害体的主要物源，由细集料、块石、裂缝和孔隙组成。在渗流应力条件下，土石混合体各部件通常具有不同的力学性能和物理性能以及不同的响应。随机分布的岩体改变了流体的渗流路径，在岩土界面处产生较大的渗流力降。土石混合体的渗流特性受非均匀结构的明显控制。虽然已有学者对土石混合体的渗流特性进行了研究[21, 22, 43-45]，但是室内试验中土石混合体渗透系数的研究大多集中于常规渗透试验(如恒压头试验)[26,27,45]，很难模拟地质体实际的应力状态和围压条件。试验结果尚未考虑土石混合体的围压状态和水力梯度对渗透性的影响。此外，虽然现场试验可以得到土石混合体的宏观渗透系数，但研究不同围压和水力梯度下渗透系数的变化十分困难，测试难以实现[27-29]。另外，常规渗透试验的室内渗透试验不能保证注入水的恒定流速或恒定压力增量。因此，本节重点研究不同含石量土石混合体的渗透系数与围压的关系，采用自行研制的能精确控制注水速度和压力增量的伺服增压供水试验系统开展较为系统的渗流-应力耦合试验。加卸围压渗流试验的目的在于模拟研究开挖与堆载工程扰动条件下土石混合体渗流规律的特征。

5.5.1　试验流程

为了研究围压对土石混合体渗透特性的影响，并从渗流-应力耦合试验中发现一些有意义的规律，重塑试样由上垫块、下垫块、热缩管、自粘胶带和软喉箍安装。应力-渗流耦合试验前，试样应先饱和，形成稳定渗流，注水过程中，水由闭环伺服控制系统以恒定流速或恒定压力增量供给，液压千斤顶施加轴向应力，气囊 Hoek 压力室施加围压。在围压一定的情况下，利用计算机对围压和流量的变化进行监测，并记录试验数据。土石混合体在加卸载围压条件下的渗流试验用来研究工程活动扰动下开挖和堆载对土石混合体渗流规律的影响。具体试验流程如图 5-42 所示。渗透系数计算公式为

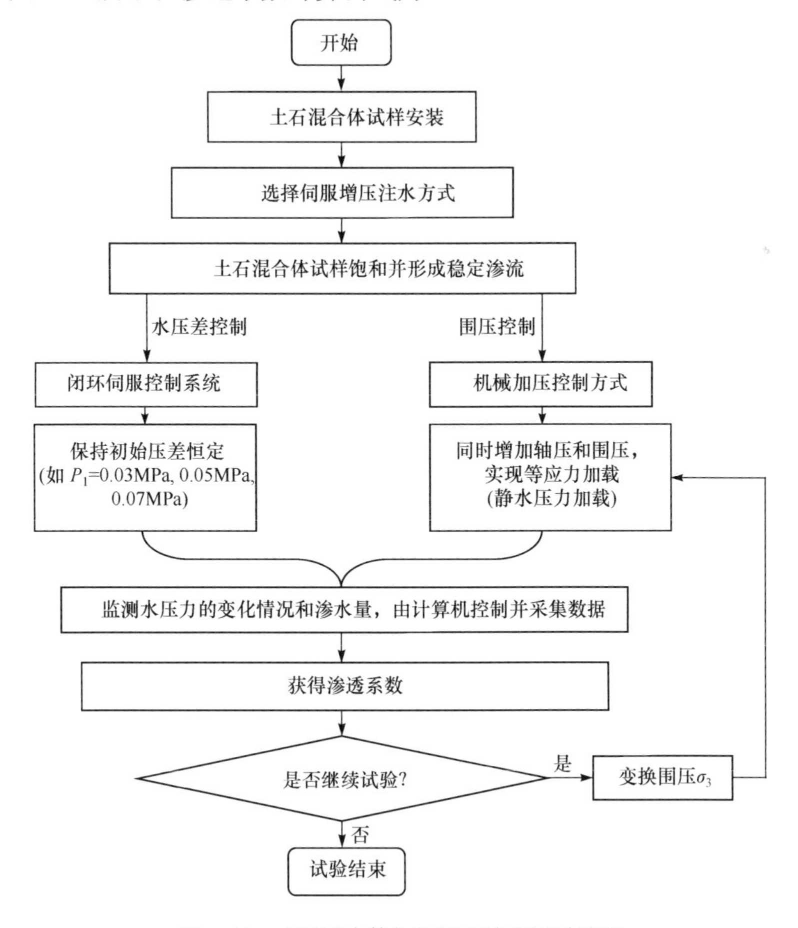

图 5-42　土石混合体加卸围压渗流试验流程

$$k = \frac{QL}{At(P_1 - P_2)} \tag{5-14}$$

式中，k 为渗透系数；Q 为排水量；L 为试样长度；A 为试样的横截面积；t 为总渗流时间；P_1 和 P_2 分别为进水阀和出水阀的水压力。

此外，渗透系数应修正为 20°C(68°F)时的数值，将式(5-14)中计算结果乘以黏滞系数修正系数(测试时水的动力黏滞系数与 20°C(68°F)水动力黏滞系数之比)。修正后的渗透系数表达式为

$$k = \frac{QL}{At(P_1 - P_2)} \frac{\eta_T}{\eta_{20}} \tag{5-15}$$

其中，η_T 和 η_{20} 分别为 T℃和 20℃时水的动力黏滞系数。

5.5.2　一般渗流规律描述

当试样内部达到稳定渗流时开始正式进行试验，渗水量、水压力和渗流时间的关系如图 5-43 所示。随渗流时间的增加，土体基质与块石的相互作用逐渐增强。在每一级围压阶段，初始水压力保持恒定值(0.05MPa)，围压的不断变化导致注入水压力和渗水量随之发生变化。

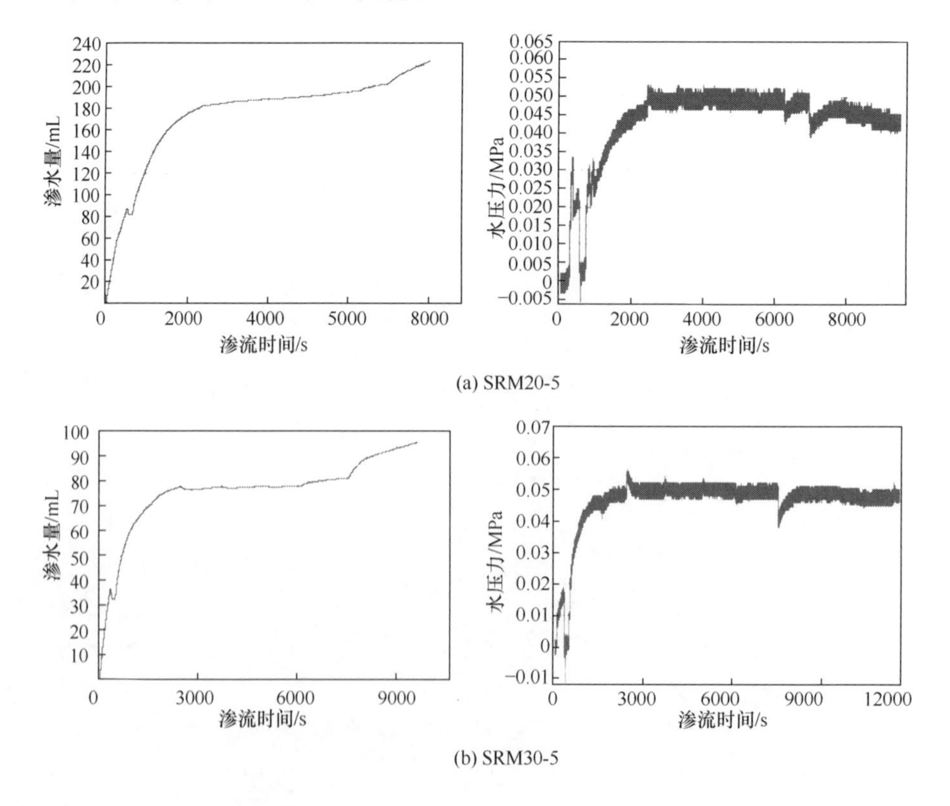

(a) SRM20-5

(b) SRM30-5

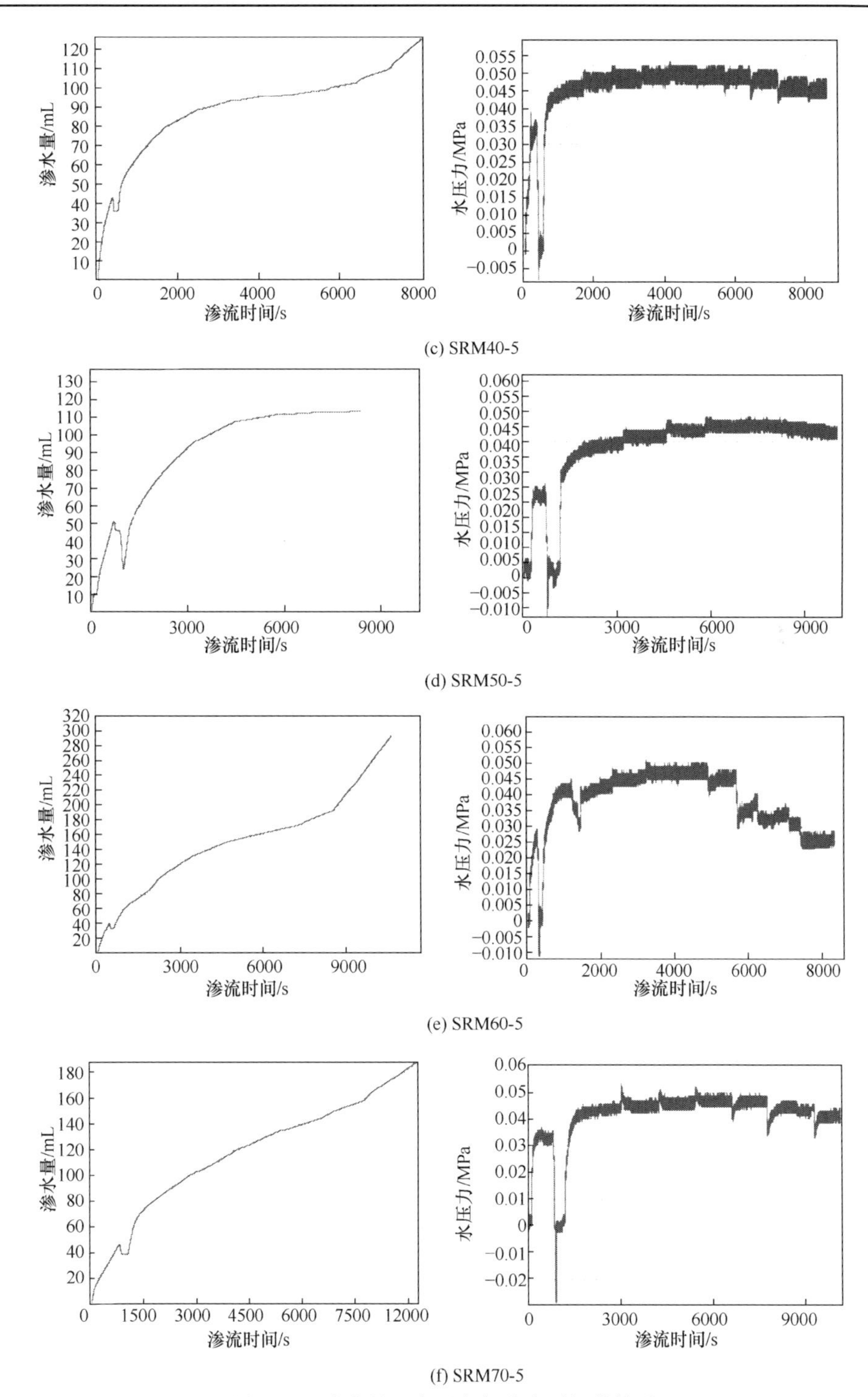

图 5-43　渗水量、水压力与渗流时间的关系

5.5.3 渗透系数与围压的关系

图 5-44 为初始水压力为 0.05MPa 时典型土石混合体试样渗透系数与围压的关系。可得出以下几点结论：

(1) 在围压上升阶段，土石混合体的渗透系数不断减小，这一结果暗示出试

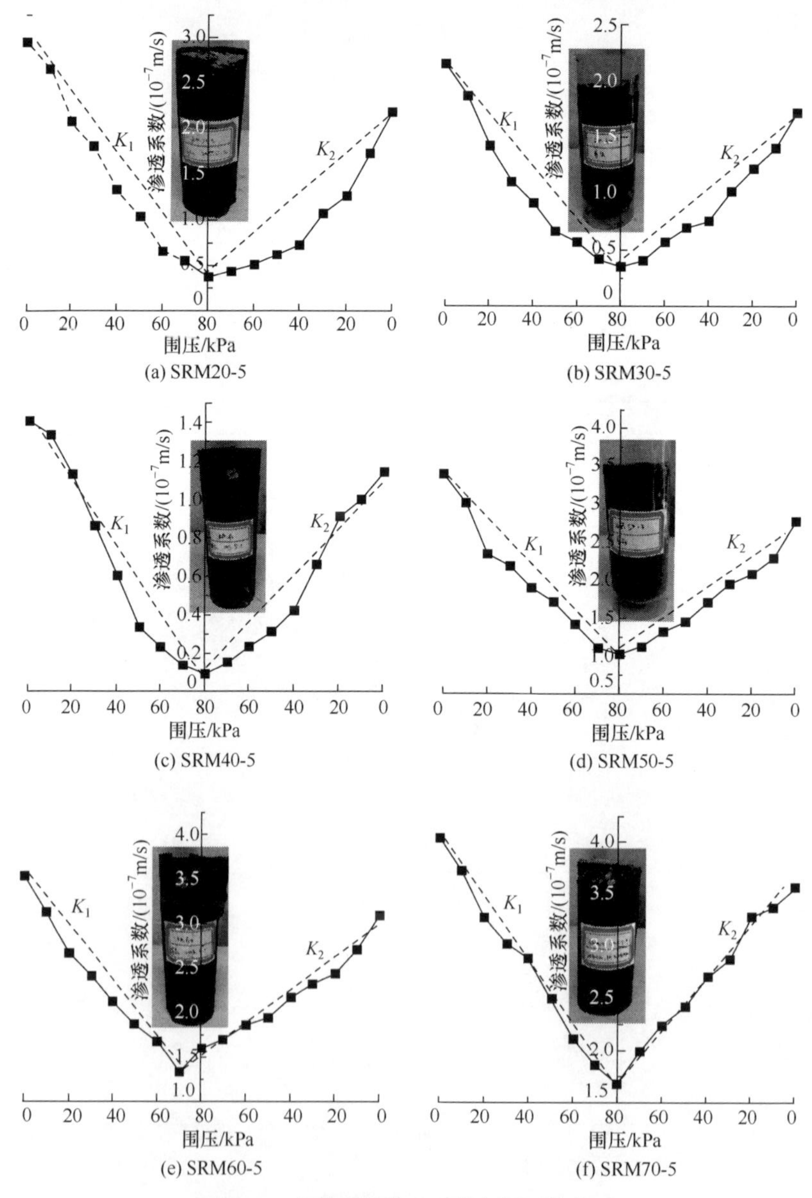

图 5-44　典型试样渗透系数与围压的关系

样中流体的渗流通道在压应力作用下逐渐被挤密并堵塞，降低了流体在土石混合体中的可流动性。对于不同含石量的试样，渗透系数降低的程度是不同的，顺序依次为 SRM40>SRM20>SRM30>SRM70>SRM60>SRM50，这一结果很有可能与土石混合体的内部结构有关，充分体现了土石混合体渗流规律的结构控制性。

(2) 在围压下降阶段，土石混合体的渗透系数又开始逐渐增加，试样中的渗流通道随着围压的减小而再次开启，试样的孔隙率逐渐增加，导致流体的流动性增强。对于不同含石量的试样，渗透系数降低的程度是不同的，顺序依次为SRM70>SRM40>SRM50>SRM60>SRM30>SRM20。

(3) 比较土石混合体渗透系数在围压上升段的减小率 K_1 与在围压下降段的增加率 K_2，可以发现 $K_1>K_2$。这一结果表明，随着围压的增加，试样内部出现了不可逆转的损伤，一部分渗流通道并不能完全恢复开启。

(4) 在相同围压下，围压下降段的渗透系数均小于上升段，表明试样中出现了不可逆的损伤。

根据试验结果，参照 Miller 等[1]、Jones[46]、McKee 等[47]所采用的渗透系数与围压的拟合方程。对渗透系数与围压的关系分别采用线性函数($y=ax+b$)、指数函数($y=a\mathrm{e}^{bx}$)、幂函数($y=ax^b$)和多项式函数拟合逼近，确定相关系数最高的逼近方程，方程相关性较好。采用二项式拟合研究渗透系数与围压的关系，土石混合体的渗透系数表达式为

$$k_{\mathrm{SRM}}=aP_{\mathrm{c}}^2+bP_{\mathrm{c}}+k_0 \tag{5-16}$$

式中，k_{SRM} 为土石混合体的渗透系数；P_{c} 为围压；a、b 为回归系数；k_0 为围压为零时的渗透系数。

典型试样在施加围压阶段和卸载围压阶段的流固方程分别列于表 5-14 和表 5-15 中。可以看出，方程的相关系数均大于 0.98，表示方程的拟合度好。图 5-45 为围压上升阶段和下降阶段曲线拟合结果。

表 5-14　采用二次多项式拟合渗透系数与围压的关系(施加围压阶段)

试样编号	拟合参数			相关系数
	a	b	k_0	
SRM20-5	–0.04707	3.153×10^{-4}	2.170	0.9921
SRM20-6	–0.03823	3.832×10^{-4}	1.982	0.9922
SRM30-5	–0.03273	1.885×10^{-4}	1.719	0.9954
SRM30-7	–0.03682	1.034×10^{-4}	1.962	0.9963

续表

试样编号	拟合参数			相关系数
	a	b	k_0	
SRM40-5	–0.02152	9.262×10^{-4}	1.202	0.9909
SRM40-6	–0.02823	8.934×10^{-4}	1.023	0.9823
SRM50-5	–0.04428	2.475×10^{-4}	2.626	0.9950
SRM50-8	–0.03234	2.034×10^{-4}	2.438	0.9833
SRM60-5	–0.03172	9.112×10^{-4}	3.089	0.9913
SRM60-6	–0.02873	8.342×10^{-4}	3.322	0.9902
SRM70-5	–0.03622	1.093×10^{-4}	3.782	0.9909
SRM70-7	–0.04220	2.102×10^{-4}	3.078	0.9923

表 5-15　采用二次多项式拟合渗透系数与围压的关系(卸载围压阶段)

试样编号	拟合参数			相关系数
	a	b	k_0	
SRM20-5	–0.04944	1.974×10^{-4}	3.0342	0.9921
SRM20-6	–0.05210	1.643×10^{-4}	2.9344	0.9923
SRM30-5	–0.04152	2.334×10^{-4}	2.1884	0.9954
SRM30-7	–0.04463	2.544×10^{-4}	2.4345	0.9823
SRM40-5	–0.03258	1.560×10^{-4}	1.6533	0.9909
SRM40-6	–0.03073	1.985×10^{-4}	1.2843	0.9954
SRM50-5	–0.05275	2.396×10^{-4}	3.3658	0.9950
SRM50-8	–0.05745	2.645×10^{-4}	3.1434	0.9937
SRM60-5	–0.04434	2.060×10^{-4}	3.5341	0.9914
SRM60-6	–0.03875	2.458×10^{-4}	3.7433	0.9903
SRM70-5	–0.0334	4.442×10^{-4}	4.0233	0.9909
SRM70-7	–0.0483	4.247×10^{-4}	3.8934	0.9932

正如前面所述，k_0 为围压为零时的土石混合体渗透系数，比较通过函数拟合得到的 k_0 预测值与试验得到的实测值的关系，如图 5-46 所示。可以看出，两种方法得

出的 k_0 值十分接近，更进一步验证了采用二次多项式拟合结果的可靠性。

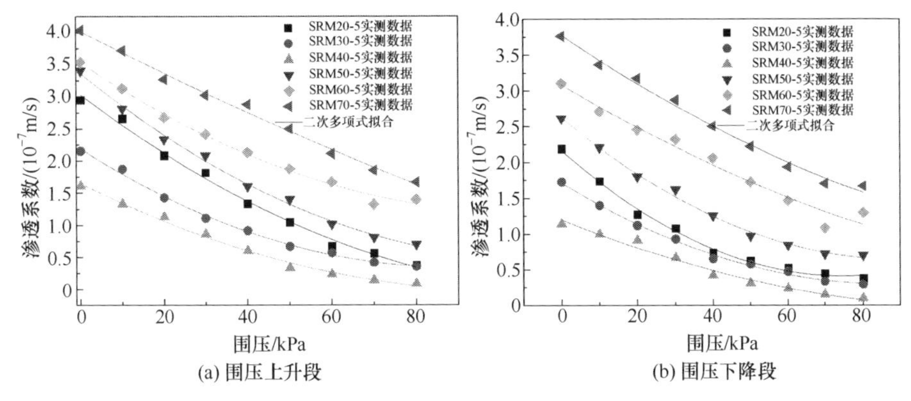

(a) 围压上升段　(b) 围压下降段

图 5-45　加卸围压阶段拟合曲线

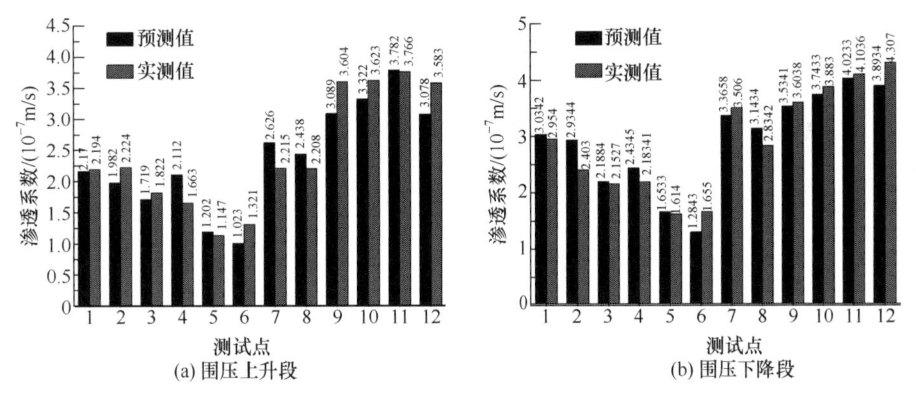

(a) 围压上升段　(b) 围压下降段

图 5-46　K_0 预测值与实测值对比分析

5.5.4　加卸围压阶段试验曲线对比分析

图 5-47 为加卸围压阶段渗透系数的对比分析结果。曲线在围压下降段与上升段并不重合，下降段的渗透系数要小于上升段，暗示出在加卸围压阶段试样内部出现了不可逆的损伤，试样内部的孔隙和裂纹具有明显的塑性变形特征，土石混合体的渗透性并不能恢复至围压上升段。从细观结构力学观点出发，试样内部的孔洞、微裂缝对渗透性具有重要作用，在围压上升段，试样经历了损伤劣化，渗透通道被关闭阻塞，即使围压不断卸载掉，仍然不能恢复完全，渗透系数减小了 10%～30%。渗透系数降低的另一个原因是土石界面特性的改变，在围压上升段，块石旋转、移动与土体基质的耦合度逐渐增强，同时孔隙和裂纹被压密。在围压下降段，土石混合体的耦合度仍然存在并且很强。

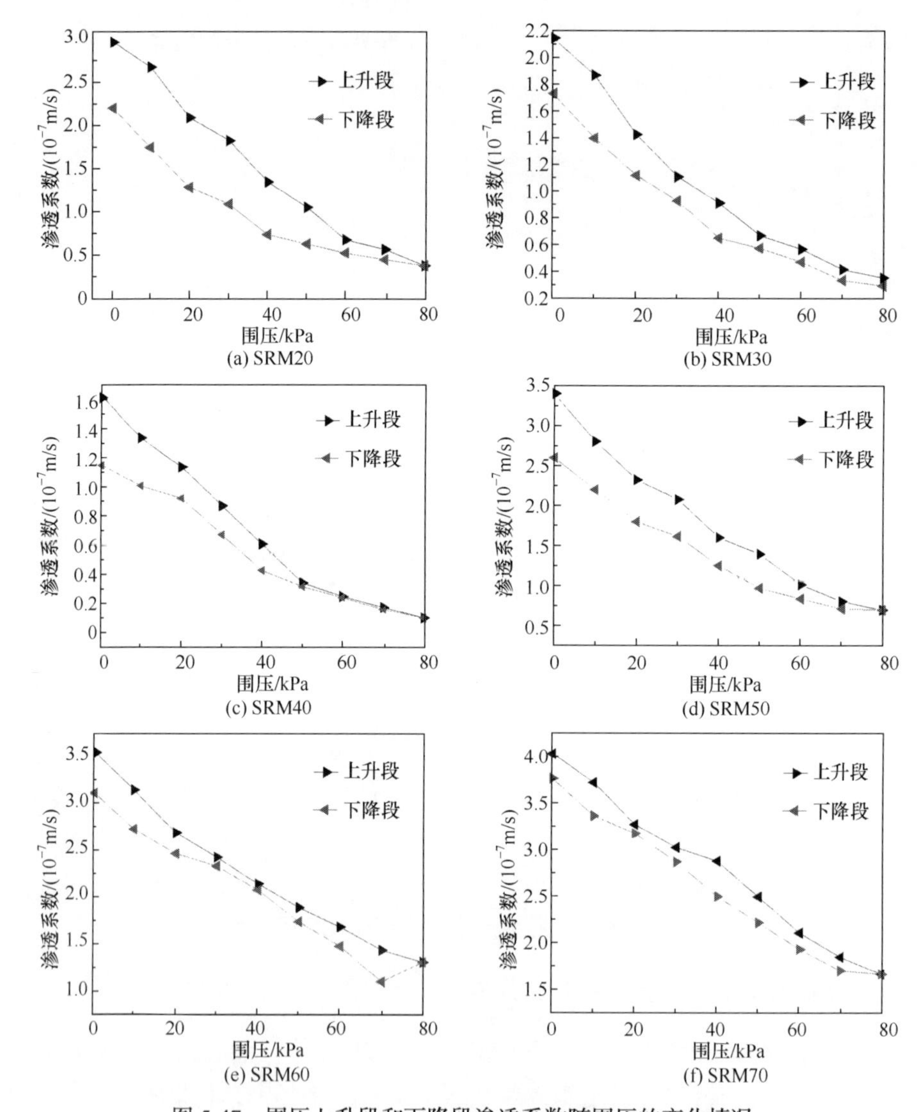

图 5-47　围压上升段和下降段渗透系数随围压的变化情况

5.5.5　水力梯度对加卸围压阶段渗透系数的影响

根据达西定律，影响土石混合本流固耦合特性的另一个主要因素是水力梯度，在本次试验中，P_1是进水阀门处施加的初始水压力，因为出水阀门与大气相连，所以 P_2=0。因此，P_1 与水力梯度成正比。由于土石混合体是一种特殊的多孔介质，当流体在试样中达到稳定渗流时，实际施加的水压力一般低于 P_1，为了方便起见，本书仍采用 P_1 来反映水力梯度。

图 5-48 为不同水力梯度下渗透系数与围压的关系，对于含石量为 20%～70%

的土石混合体试样，渗透系数随水力梯度的增大而增大。本次试验所采用的水力梯度低于临界水力梯度，故出水阀门处渗出来的水并不浑浊。从曲线上分析，可以看出在加卸围压阶段，渗透系数均随水力梯度的增加而增大，对于含石量为20%～50%的试样，渗透系数随水力梯度的变化趋势要小于含石量为 60%和 70%的试样。这一现象可以很好地解释为：含石量越低，土体颗粒越容易被压实而堵塞渗流路径，渗流时产生的孔隙压力越大，试样越难发生渗流破坏；含石量越高，

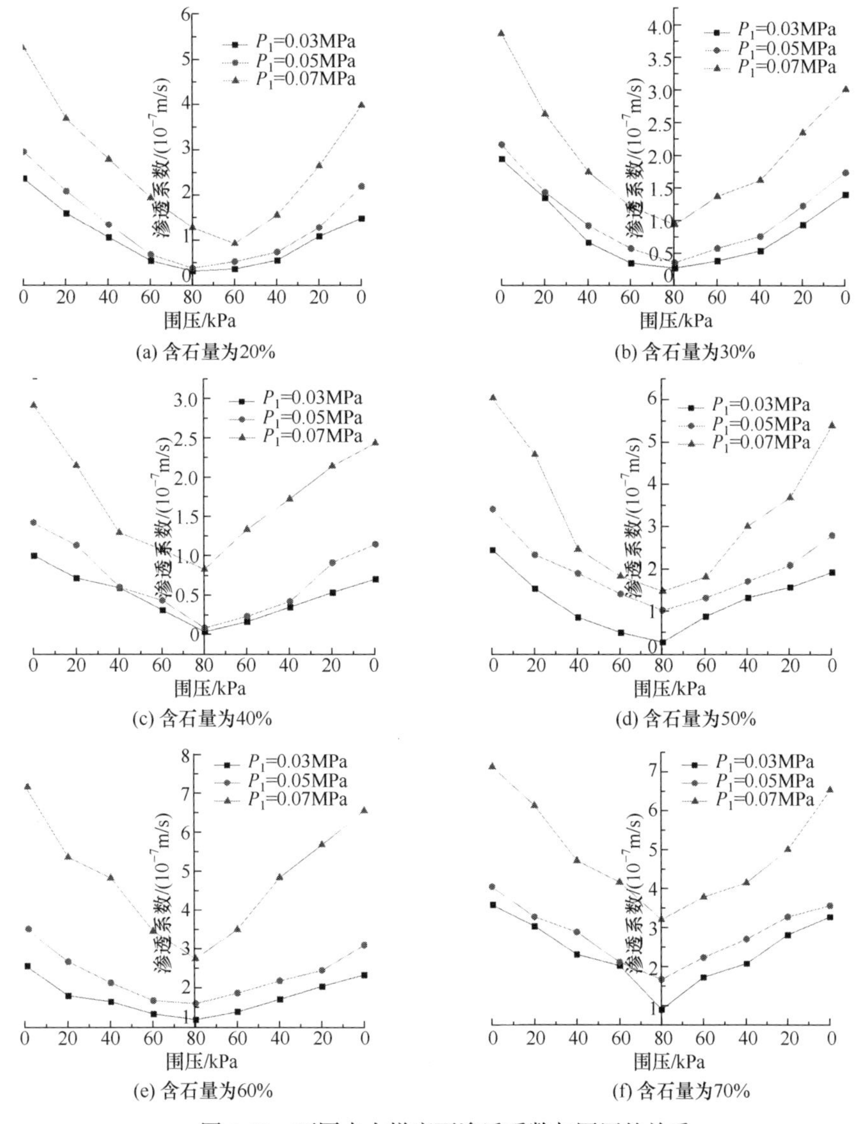

图 5-48　不同水力梯度下渗透系数与围压的关系

土石界面附近的渗流通道越容易损伤并形成破裂区，土体颗粒可能沿渗流路径运动，试样的孔隙率会逐渐增大，导致抵抗外力的能力显著降低。

目前围压对土体渗透系数影响的原因主要有两种解释：一种是随着围压的增大，土体骨架的受力能力大于水，导致土体骨架结构塌陷，孔隙率减小，在这种情况下，土体的渗透系数大大降低[35,48]。另一种解释是高围压作用于土体，使土体颗粒破碎，土体颗粒级配的变化导致渗透系数降低。实际上，土体颗粒级配的变化对透水性有明显影响。Kong 等[49]报道，当细砂中细粒含量小于 5%时，渗透系数几乎没有变化；当细粒含量为 5%～10%时，渗透系数随细粒含量的增加而急剧下降；当细粒含量大于 25%时，砂土的渗透系数为常数。Al-shayea 等[50]报道了黏土颗粒含量越低，渗透系数的衰减率越高，当有效围压增加 10%时，渗透系数几乎不随有效围压的增大而变化。Zhang 等[51]对高围压下砂土的水力传导速率进行了试验研究，结果表明，渗流过程中随着围压的增大，砂土被压密，从而引起导水率的降低。他们的研究表明，渗透试验前后试样的粒度组成会发生变化，在高围压作用下，部分砂粒被压碎，细粒含量增加，相当于降低了试样的孔隙率，从而降低了渗透性。然而，对于本节所研究的土石混合体这类特殊的地质材料，渗透系数下降主要是由于土颗粒与块石之间的相互作用，它们之间的耦合程度随着围压的增大而提高，随着加载应力的增大，土体基质中的孔隙、裂缝以及土石界面处的孔隙均被压密。由于块石与土体基质的高度弹性不匹配，土石界面是试样中最薄弱的部分，渗流压力作用于土石界面。当围压降低时，试样中孔隙比增大，土石界面处孔隙增大，导致渗透系数再次增大，但是此时渗透系数不会恢复到加围压阶段，暗示出不可逆损伤的发生。

随着含石量的增大，渗透系数先减小后增大。当含石量达到 40%时，渗透系数最小。本书中相同含石量下土石混合体渗透系数的测试结果与 Chen 等[8]、Liao[9]、Xu 等[10]的结果不同。Chen 等[8]利用恒水头渗透仪得到土石混合体的渗透系数，发现渗透系数随含石量的增大而增大。Liao[9]和 Xu 等[10]采用数值模拟方法获得了土石混合体的渗透系数，从他们的研究结果来看，渗透系数随着含石量的增大而减小，即渗透系数与含石量呈负相关。然而，本次试验结果与 Shafiee 的研究结果是一致的，即渗透系数随含石量的增加而变化，但存在一个转折点，这种现象可以从块石与土体界面对渗透系数影响的差异来解释。首先，块石的渗透性与土体基质之间存在明显的差异。由于岩块的相对隔水性能，岩块的存在降低了有效渗流断面，即块石降低了土石混合体试样的有效孔隙率，因此渗透系数随含石量的增加而减小。其次，沿渗流方向，在土石界面处出现较大的渗流力，块石内部水力梯度急剧下降，土石界面是试样最薄弱的部位，随着界面渗流力的增大，界面渗透系数急剧增加。岩石块体虽然减小了土石混合体内的流动路径，但随着土石界面的增加，试样整体渗透性变强。

5.6　土石混合体应力-应变-渗流耦合试验

5.6.1　试验流程

土石混合体是自然界中孕育的一种多组相的高度非均质地质体，流体在介质体中的非均匀渗流导致介质中应力场分布的非均匀性；同时，介质中应力场的变化又改变着土石相互作用的耦合程度，进而对介质体的渗透性能有所影响。为此，土石混合体的渗透问题是一个多场(渗流场、变形场、应力场、损伤场)多相介质(土颗粒集合体、块石、孔隙、裂隙等)耦合的复杂动力学问题。本节渗流试验所采用的试样与卸围压渗流试验相同，同样采用击实法制样，试样含石量为 20%～70%(质量含石量)。为了研究土石混合体在不同应力-应变路径下的渗流-应力耦合特性，并从渗流-应力耦合试验中得到一些有意义的结论，本节采用的技术流程图如图 5-49 所示。具体测试过程如下：

(1) 试样安装。击实法制备得到的用于应力-渗流的试样先进行真空处理，然后由上垫块、下垫块、热缩管、自粘胶带和喉箍安装。试样安装完毕后，封样系统安装在刚性试样支架上。

(2) 试样饱和，试样内形成稳定渗流。如图 5-20 所示，进水阀门由三通阀控制，供水顺序的开关由计算机系统控制。所有管道连接伺服供水系统后，首先从下进水阀门注水，下出水阀门和上进水阀门处于关闭状态；然后切换供水顺序，从上进水阀门注水，下进水阀门和上出水阀门处于关闭状态，直到上进水阀门出水为止，此时试样饱和过程完成。在注水过程中，水是由恒定流速或恒定压力增量来提供的。当水压力随时间的变化曲线逐渐趋于平缓，并且水流量随时间的变化曲线斜率为定值时，表明此时试样内部已形成稳定渗流。

(3) 试验数据记录。直到获得稳定的渗流，然后在给定的间隔时间内测量并记录流出量。记录各注水步骤的出水量、水压差和渗流时间。

(4) 水力梯度、渗透速率、渗透系数计算。在试验阶段，水力梯度表示为

$$i = \frac{P_1 - P_2}{L} \tag{5-17}$$

式中，P_1 和 P_2 分别为进水阀门和出水阀门的流体压力，在试验中，出水阀门与大气相连，所以 P_2=0；L 为渗流距离，等于试样的长度。

渗透速率表达式为

$$V = \frac{Q}{At} \tag{5-18}$$

其中，Q 为出水总量；A 为试样截面面积；t 为渗流时间。渗透速率也等于边坡的水-时间曲线。

不同温度下，水的动力黏滞系数不同。在研究土石混合体在不同水压力作用下的渗透特性时，应忽略温度的影响。将 T℃渗透速率标定为20℃标准化渗透速率，公式如下：

$$V_{20}=V_T\frac{\eta_T}{\eta_{20}} \tag{5-19}$$

其中，η_T 和 η_{20} 分别为水在 T℃和20℃的动力黏滞系数；V_T 和 V_{20} 分别为水在 T℃和20℃的渗透速率。

联立式(5-17)、式(5-18)和式(5-19)，渗透系数可以表示为

$$k=\frac{Qi}{At}\frac{\eta_T}{\eta_{20}} \tag{5-20}$$

(5) 试样卸载。这个过程与试样的安装顺序相反，目的是从加载装置中取下试样。

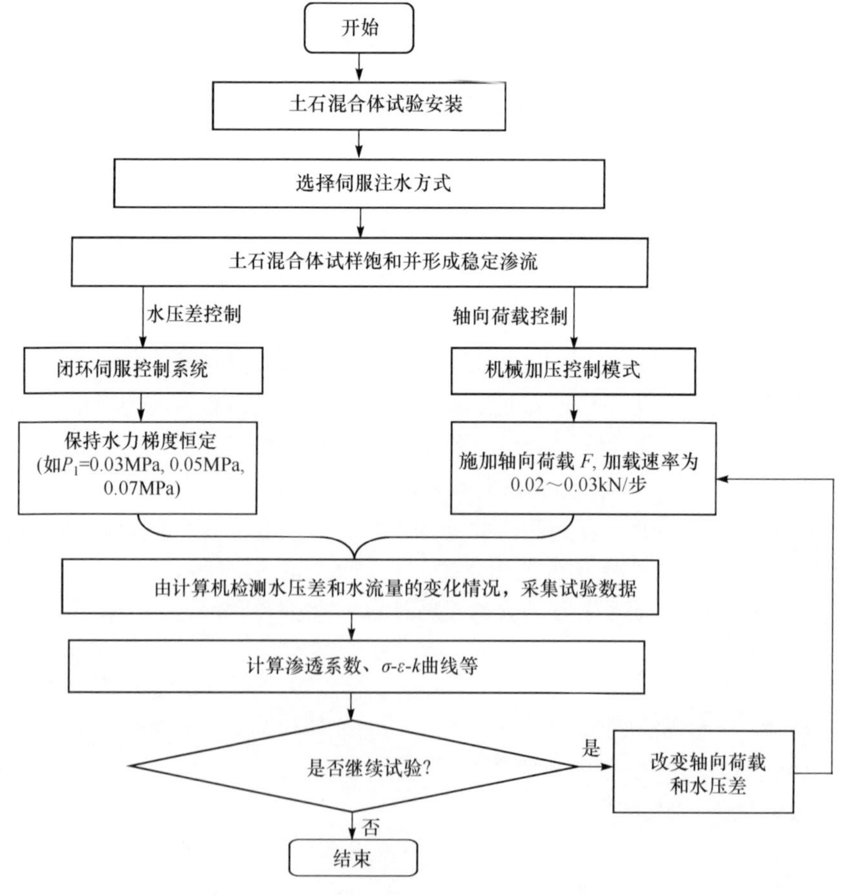

图 5-49　土石混合体应力-应变-渗流试验流程

5.6.2　渗流-应力耦合试验现象描述

按照上述试验步骤，对含石量分别为 20%、30%、40%、50%、60%和 70%的土石混合体试样进行了渗流-应力耦合试验。图 5-50 为典型土石混合体试样的渗水量、水压力与渗流时间的关系。当水压力曲线趋于水平，渗水量曲线梯度恒定时，渗流-应力耦合试验正式开始。从水压力随渗流时间的变化曲线可以看出，曲线并不光滑，随渗流时间呈现出波动现象，这些观察结果表明试样的渗流路径是曲折的。块石的存在导致渗流路径的复杂性和曲折性，从而导致流动时间的增加。水压力曲线的波动也反映了渗流场和孔隙水压力场的非均匀性。当水在土石混合体试样中流动时，水流方向和渗透速率受岩块的影响较大。特别是在土石界面处，由于土石界面是试样中最薄弱的部位，渗流极不稳定，湍流可以在界面处形成，会导致试样的渗透破坏。

从图 5-50 可以看出，随着渗流时间和轴向荷载的增加，流体应力条件下块石与土体基质之间的相互作用发生了剧烈的变化，渗水量-渗流时间曲线和水压力-渗流时间曲线的响应与含石量有很强的相关性。

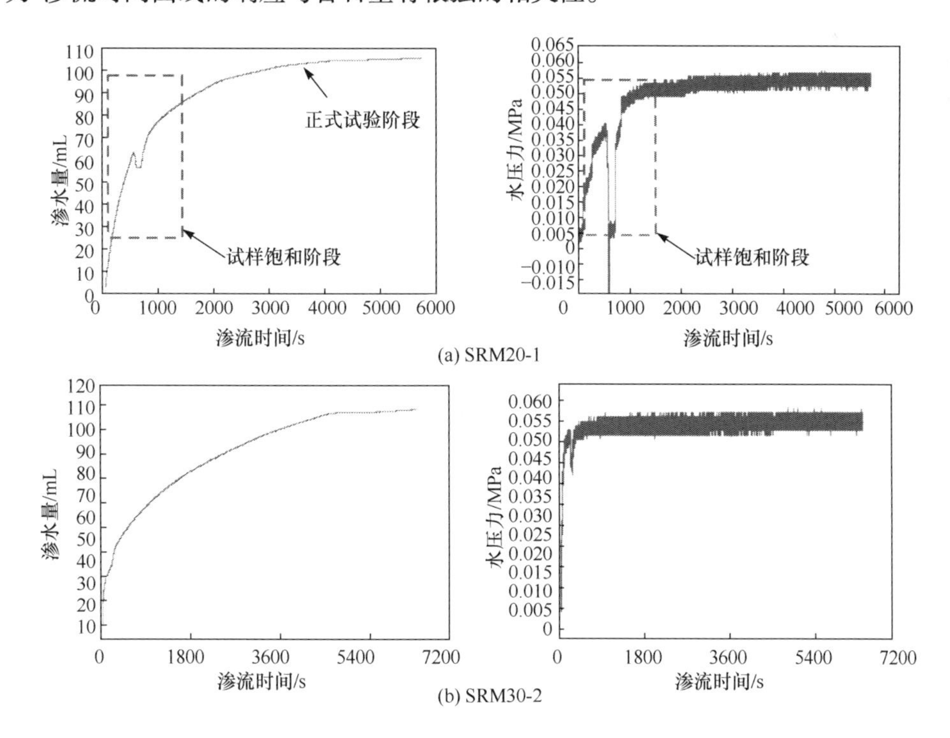

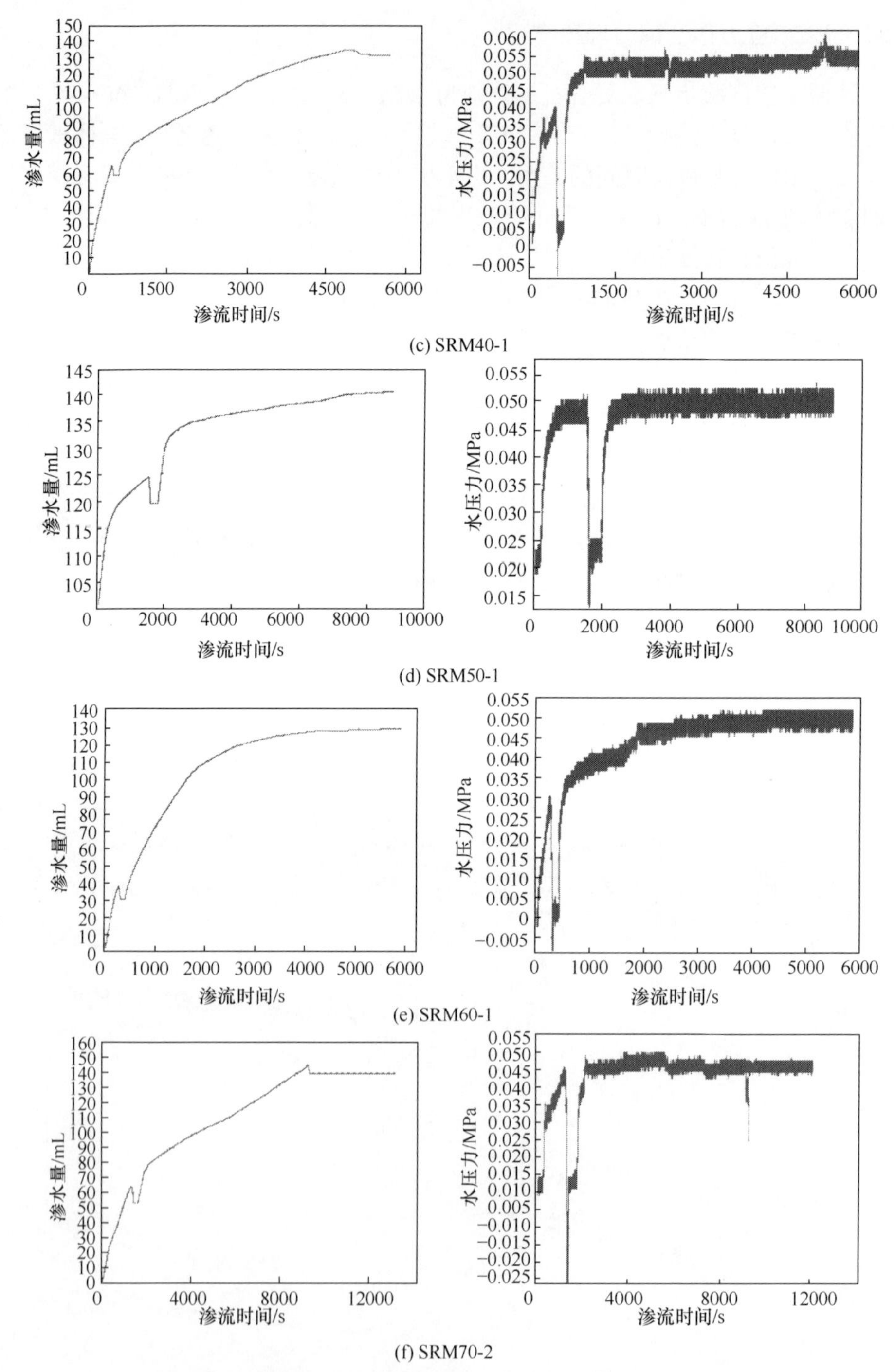

图 5-50　不同含石量试样渗水量、水压力与渗流时间的关系

5.6.3　单轴压缩条件下试样应力-应变-渗流规律

本节揭示了不同含石量下土石混合体试样的单轴渗流-应力耦合特性。单轴条件下渗流-应力路径通过热缩管实现侧向约束，围压为 0kPa。图 5-51 给出了轴向应力和渗透系数随轴向应变的变化曲线。结果表明，应力-应变曲线呈现出应变软化特性。峰值应力随含石量的增大而增大，土石混合体试样中岩块的骨架效应不断增大，块石的摩擦强度和咬合效应会增加试样的内摩擦角，但注入的水会导致土体基质强度减小。

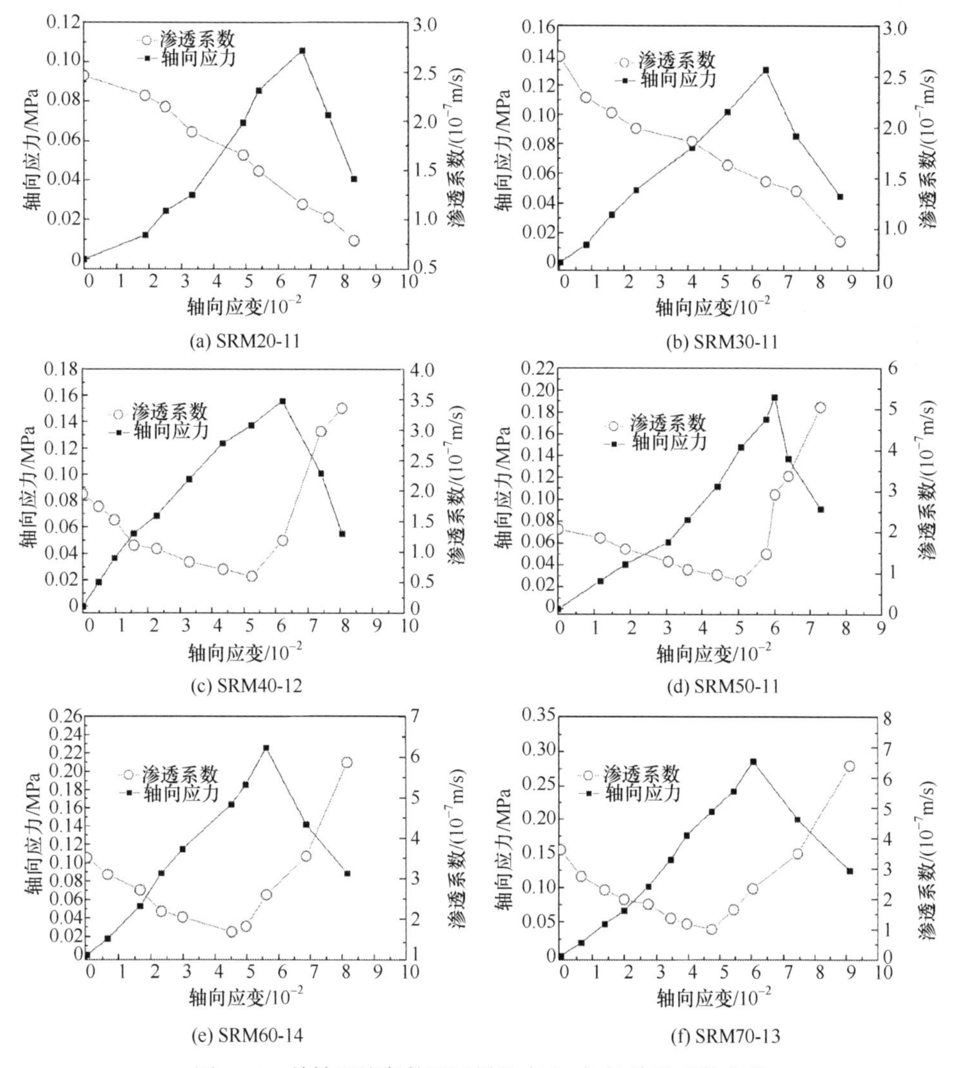

图 5-51　单轴压缩条件下试样的应力-应变-渗透系数曲线

从试验结果中可以观察到两种类型的应力-应变-渗透系数曲线，即单调型和上凹型。试样的含石量较低时(20%和 30%)，渗透系数-应变曲线呈现出直线型，随着应变的增加，渗透系数不断减小；当试样的含石量较高时，渗透系数-应变曲线呈上凹型，随着应变的增加，渗透系数先减小后增加。结果表明，试样含石量较低的情况下，基质与块石的耦合作用随着应力的增加而变强，试样的孔隙率逐渐降低，流体的渗流通道不断被堵塞，造成渗透系数不断减小。即使土石界面处的渗透性较强，也没有起到增加试样整体渗透性的作用。然而，试样含石量较高的情况下，当应力增大到一定程度时，块石与基质的非线性相互作用变强，土石界面附近的孔隙率增大，开始导致试样渗透性增强。

5.6.4　三轴压缩条件下试样应力-应变-渗流规律

地质环境中的土石混合体实际处于三维应力状态，为此研究土石混合体在三轴应力状态下的渗流-应力耦合特性更具有重要的现实和理论意义。图 5-52 为典型土石混合体试样在围压 20kPa、水压差 0.05MPa 下的应力-应变-渗透系数曲线。从图中得到如下主要结论：

(1) 对于三轴渗流-应力试验，含石量为 20%～70%的试样的应力-应变曲线呈双曲线形态，应力随着应变的增加而逐渐增大，呈现出应变强化特征。

(2) 试样的渗透系数随着应变的增加而不断降低。对于不同含石量的试样，渗透系数的降低速率是不同的，在低法向应力条件下降低较快，在高法向应力条件下降低速率变慢并趋于最小。形成这一结果的原因是块石与基质的相互作用。

(3) 不同含石量试样的渗透系数-应变曲线的形态是不同的。当含石量为 20%～40%时，渗透系数随着应变的增加单调降低；当含石量为 50%～70%时，渗透系数随着应变的增加呈波动式降低态势。在低含石量条件下，土体基质占有很大的比例，土石间的耦合作用随着时间的增长而变强；在高含石量条件下，块石占据了试样的绝大部分空间，块石的非线性运动导致土石界面的开启与闭合，影响着试样的渗透性。

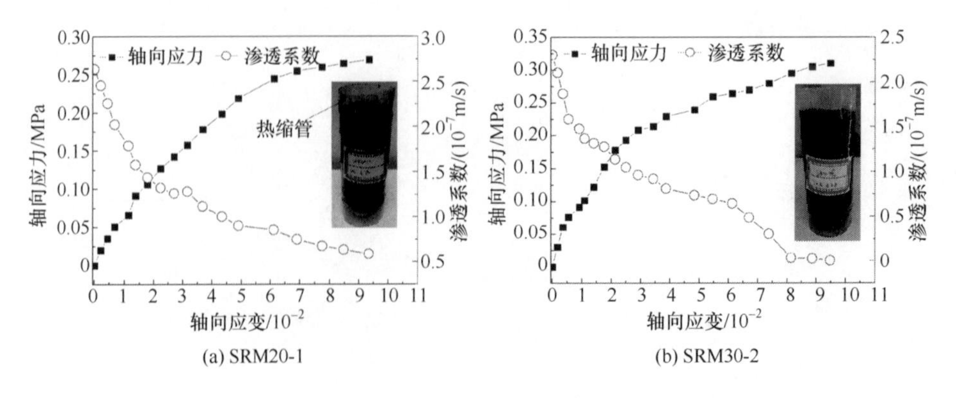

(a) SRM20-1　　(b) SRM30-2

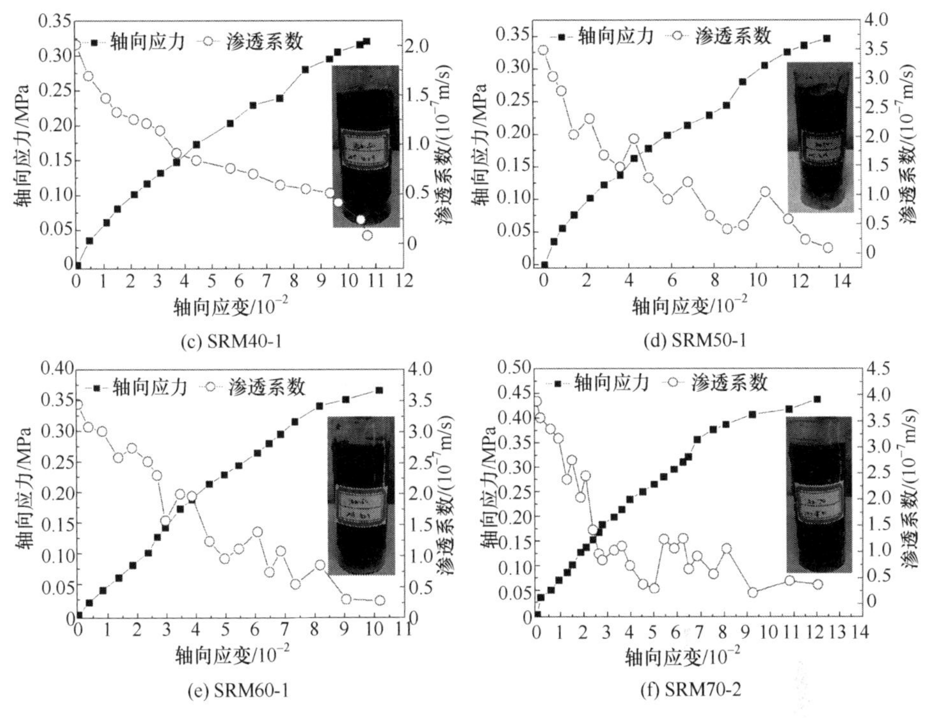

(c) SRM40-1　(d) SRM50-1　(e) SRM60-1　(f) SRM70-2

图 5-52　三轴压缩条件下试样的应力-应变-渗透系数曲线

(4) 不同含石量试样的渗透系数降低速率有所不同，含石量 70%的试样降低最快，含石量 20%的试样降低最慢。

目前，渗流-应力耦合效应的研究主要集中在应力(应变)与渗透系数的关系上，一般认为，渗透系数是正应力(应变)的函数，该函数的建立是研究流固耦合问题的核心。大量学者从实验室和工程尺度，针对岩石材料的应力-应变-渗透系数，建立了不同类型的函数来研究围压条件下渗透系数的变化规律[52-55]。然而，土石混合体作为一种非常重要的地质材料，在库区边坡、滑坡、路基、坝基、露天矿排土场等工程中会经常遇到，但有关其应力、应变与渗透系数之间关系的报道却很少。接下来，作者将尝试建立土石混合体的流固耦合函数来预测渗透系数。图 5-53 给出了土石混合体试样在 20kPa、40kPa、60kPa 和 70kPa 围压下的应力-应变-渗透系数测试结果。可以看出，土石混合体的渗透系数随围压的增大而减小，高含石量试样的渗透系数曲线波动程度(即 50%、60%和 70%)随围压的增大而减小。这一现象表明围压对块石与土体基体的相互作用有明显的影响，随着围压的增加，块石非线性运动和旋转受到限制，围压越高，土体基质越容易压实，试样中流体的流动时间越长，渗流出水量减少，从而导致渗透系数降低。

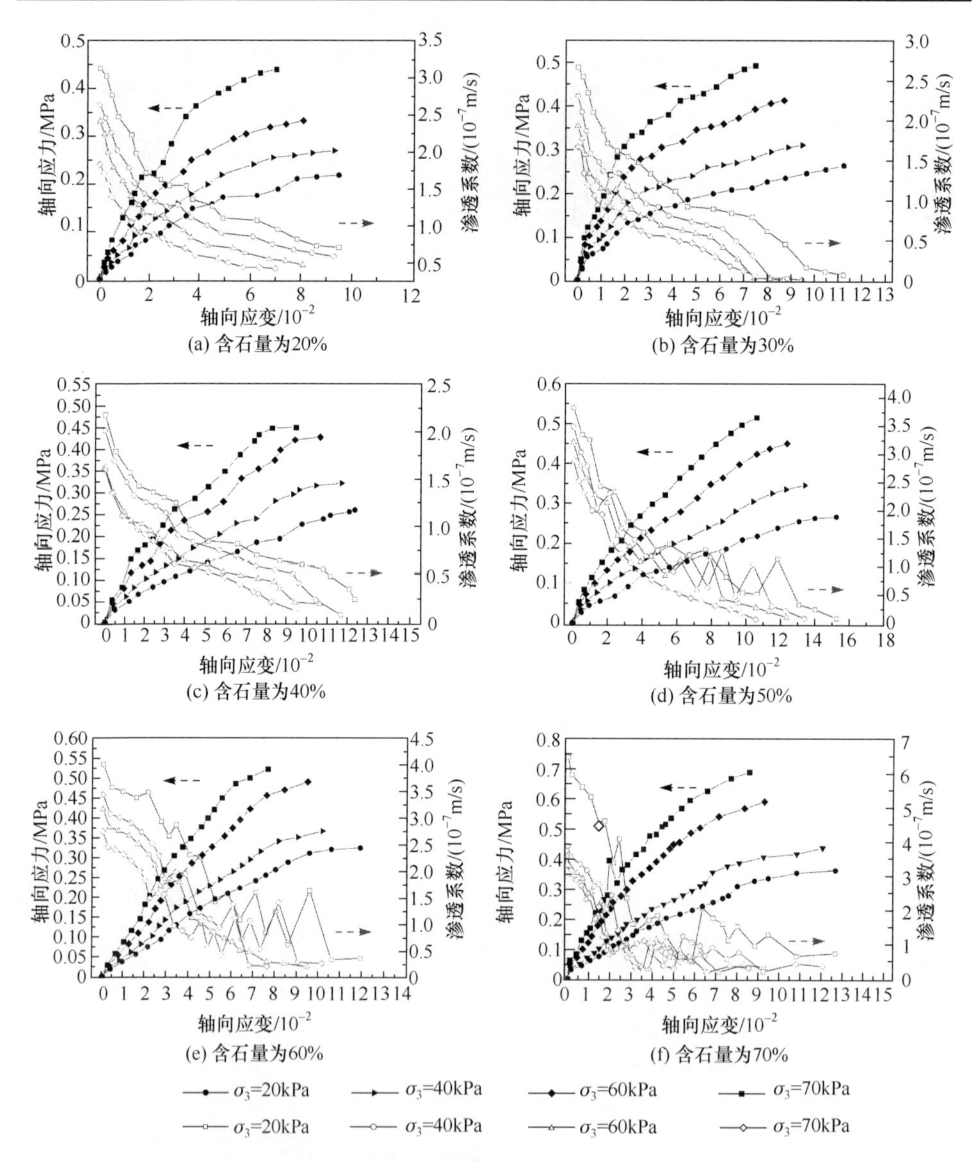

图 5-53　不同围压条件下土石混合体试样应力、应变与渗透系数的关系

图 5-54 为土石混合体试样渗透系数与轴向应力的关系。可以看出，随着轴向应力的增大，不同含石量土石混合体的渗透系数呈下降趋势。本节采用线性函数($y=ax+b$)、对数函数($y=a+b\ln x$)、指数函数($y=ae^{bx}$)和幂函数($y=ax^b$)拟合渗透系数与应力的关系，以相关系数最高的方程确定为应力-渗透系数拟合方程。试样非线性曲线拟合方程参数如表 5-16 所示，相关系数均大于 0.84，拟合程度较好。土石混合体的渗透系数与轴向应力呈负指数关系，由负指数拟合方程确定土石混

合体的渗透系数表达式，即

$$k_{\mathrm{SRM}} = k_0 \mathrm{e}^{-\alpha\sigma} \tag{5-21}$$

其中，k_0 为初始渗透系数(应力为零)；α 为孔隙水压力系数；σ 为法向应力。

由式(5-21)可以看出，土石混合体的渗透系数随正应力的增大而减小，随拉应力的增大而增大。参数 α 反映了土石混合体试样结构的固有特性，其值越大，说明应力对地质体渗透系数的影响越大。由表 5-16 可知，含石量为 50%的土石混合体试样孔隙水压力系数最大，说明应力状态对渗透系数的影响较大。这一结论也可以从图 5-52 和图 5-53 中得到证明，当含石量为 50%时，曲线的波动程度越大。

表 5-16　渗透系数与应力的拟合关系

含石量/%	$k=a\mathrm{e}^{bx}$		R^2
	a	b	
20	2.588	−4.863	0.9134
30	2.388	−4.905	0.8494
40	1.942	−4.809	0.9404
50	3.562	−5.764	0.9069
60	4.973	−5.436	0.8466
70	4.712	−4.186	0.9120

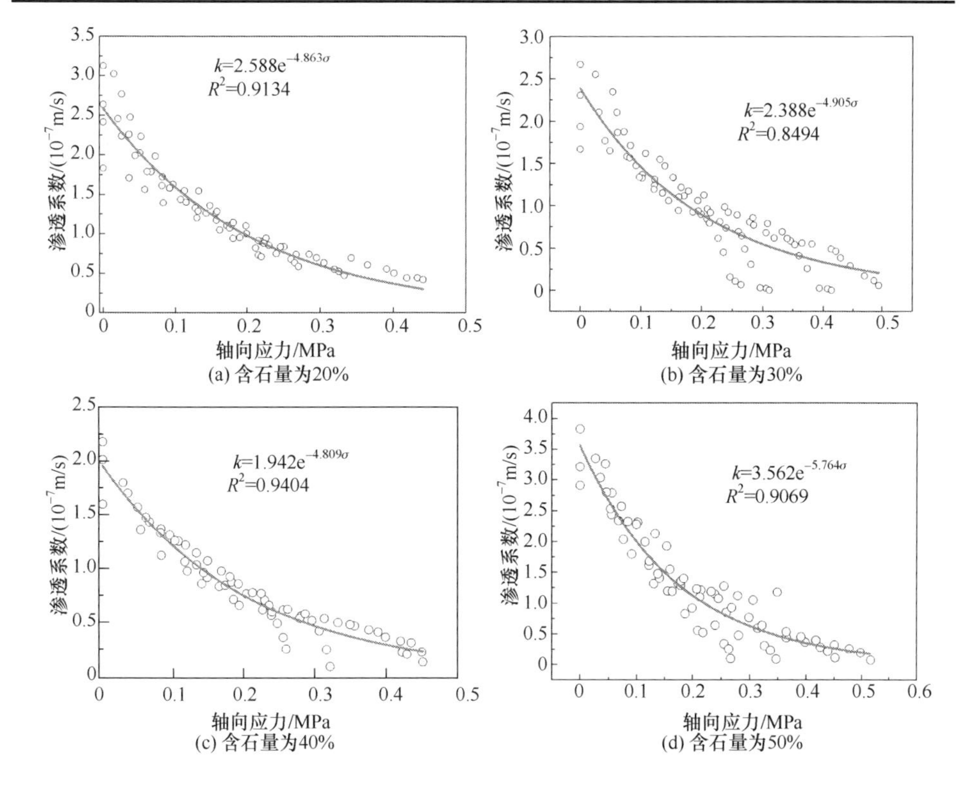

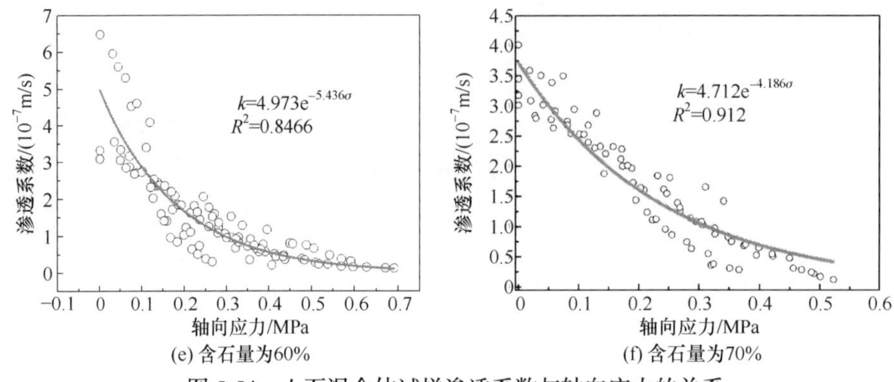

(e) 含石量为60%　(f) 含石量为70%

图 5-54　土石混合体试样渗透系数与轴向应力的关系

将方程拟合得到的初始渗透系数(对应轴向应力为零)与实测值进行对比，如图 5-55 所示。结果表明，拟合值与实测值吻合较好。图 5-56 给出了围压为 20kPa、40kPa、60kPa、70kPa 时，在一定轴向应变下，渗透系数与含石量的关系。随着含石量的增大，渗透系数先减小后增大。当含石量为 40%时，渗透系数最小。这一结论与前人的研究结果不一致[8-10]。这可以通过岩块与岩土界面的矛盾来解释。首先，岩体的渗透性与土体基质之间存在明显的差异。由于岩块的相对防水性能，岩块的存在降低了有效流动截面，即降低了土石混合体试样的有效孔隙率，因此渗透系数应随含石量的增加而减小。其次，沿流动方向，岩块内部水压力急剧下降，在岩土界面处出现较大的渗流力。岩土界面是试样最薄弱的部位，随着岩土界面渗流力的增大，界面渗透系数急剧增大。虽然岩块减少了土石混合体内的流动路径，但随着岩土界面(即岩块)的增加，土石混合体的整体渗透特征变得越来越强。

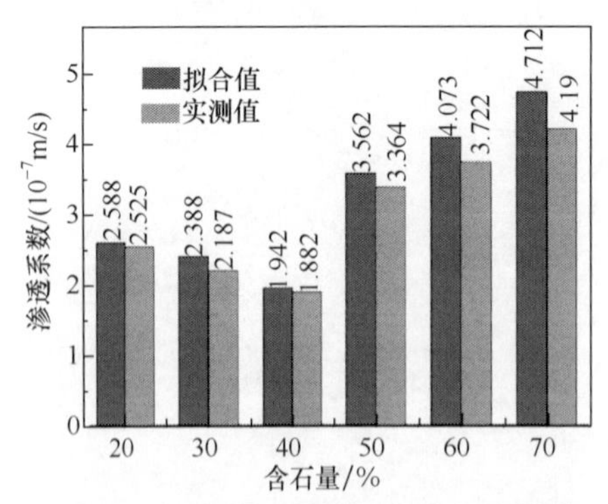

图 5-55　初始渗透系数拟合值与实测值对比

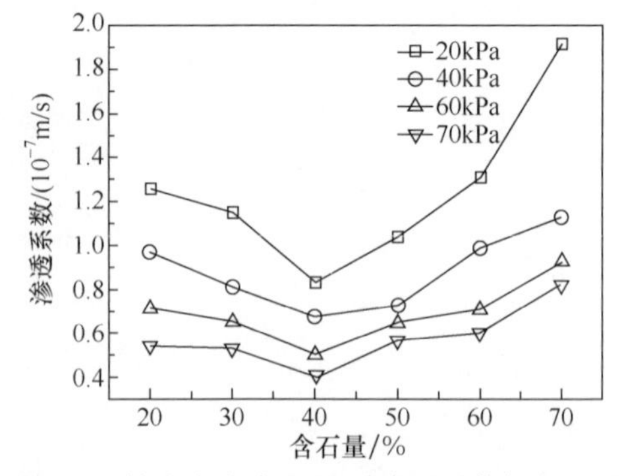

图 5-56　轴向应变为 0.05 时渗透系数与含石量的关系

5.6.5　水力梯度对流固耦合特性的影响分析

根据达西定律，水力梯度是影响试样应力-渗流特性的一个重要参数。图 5-57

为典型试样在不同水力梯度下的应力-时间-渗透系数曲线，图中用水压差表示水力梯度。随着水力梯度的增加，试样的渗透性增强，然而，应力的变化趋势与渗透系数的变化并不一致。对于含石量为 20%～50%的试样，轴向应力随着水力梯度的增加而增大；然而，对于含石量为 60%～70%的试样，轴向应力随水力梯度的增加而减小。在低含石量条件下，土体基质更容易被压实并阻碍流体流动，随着水力梯度的增加，试样中的孔隙水压力升高，并不会消散，从而导致抗压缩能力增强。在较高含石量条件下，由于块石的骨架结构，土石界面处容易形成渗流通道，试样抵抗渗透变形的能力大大减弱。

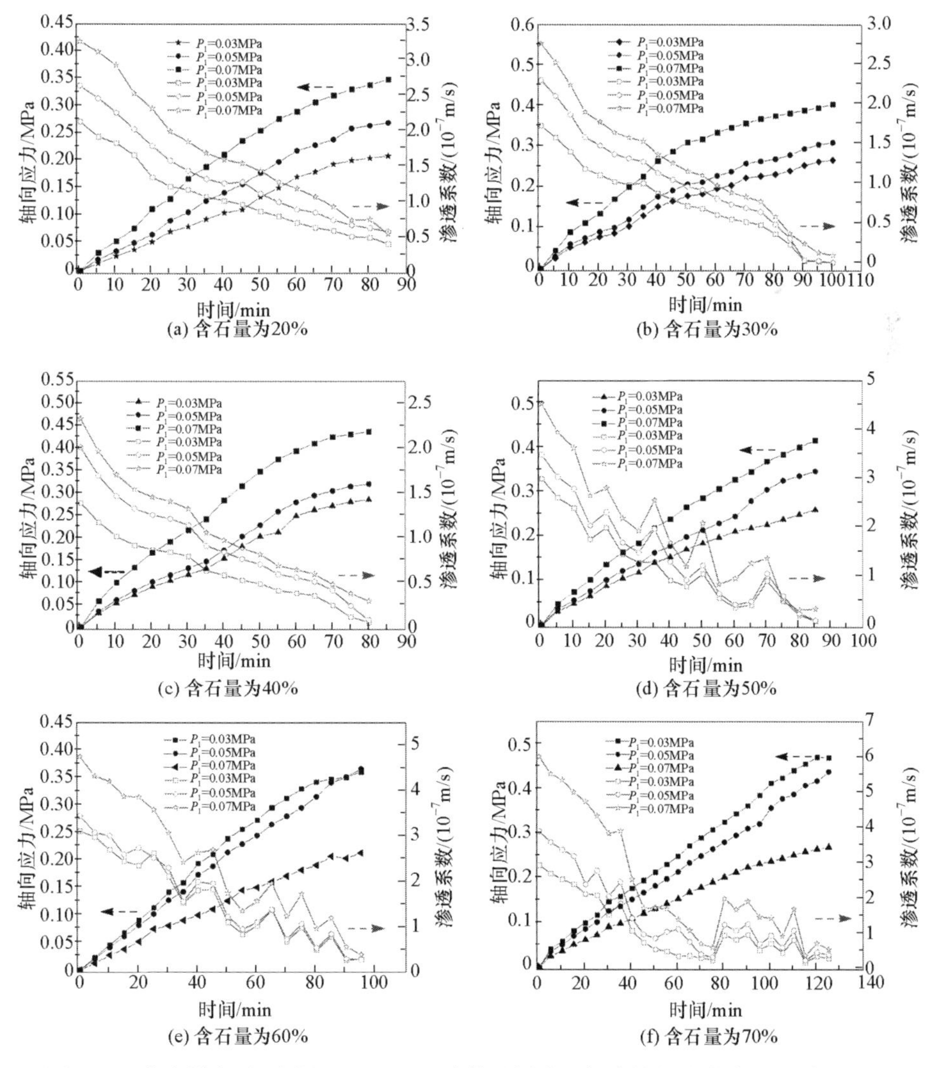

图 5-57　水力梯度对不同含石量土石混合体试样渗流耦合特性的影响(围压为 20kPa)

表 5-17 为围压为 20kPa 时渗透系数与应力的关系。可以发现，在相同含石量条件下，高水压差试样的渗透性要明显高于低水压差试样。此外，随着含石量的增加，渗透系数先增加后减小，这与之前的分析结果吻合。

表 5-17　围压为 20kPa 时试样渗透系数与应力关系的拟合结果

含石量/%	P_1=0.03MPa，P_2=0			P_1=0.07MPa，P_2=0		
	a	b	R^2	a	b	R^2
20	2.371	−2.773	0.9672	3.464	−3.089	0.9213
30	1.983	−3.773	0.8808	3.156	−3.914	0.9021
40	1.745	−3.633	0.8607	2.608	−4.115	0.8561
50	2.506	−3.764	0.9216	3.477	−6.165	0.9517
60	3.115	−3.436	0.9077	4.045	−5.707	0.9118
70	3.785	−2.186	0.8934	5.713	−4.447	0.9072

参 考 文 献

[1] Miller R J, Low P F. Threshold gradient for water flow in clay systems[J]. Soil Science Society of America Journal,1963, 27(6): 605-609.

[2] Alonso E E, Romero E, Hoffmann C. Hydromechanical behaviour of compacted granular expansive mixtures: Experimental and constitutive study[J]. Géotechnique, 2001, 61(4): 329-344.

[3] Wang Y, Li X, Zheng B, et al. Investigation of the effect of soil matrix on flow characteristics for soil and rock mixture[J]. Géotechnique Letters, 2016, 6(3): 226-233.

[4] Wang Y, Li X, Zheng B, et al. An experimental investigation of the flow-stress coupling characteristics of soil-rock mixture under compression[J]. Transport in Porous Media, 2016, 112(2): 429-450.

[5] Wang Y, Li C H, Zhou X L, et al. Seepage piping evolution characteristics in bimsoils—An experimental study[J]. Water, 2017, 9(7): 458.

[6] Wang Y, Li C H, Wei X M, et al. Laboratory investigation of the effect of slenderness effect on the non-darcy groundwater flow characteristics in bimsoils[J]. Water, 2017, 9(9): 676.

[7] Wang Y, Li C H, Hu Y Z, et al. Optimization of multiple seepage piping parameters to maximize the critical hydraulic gradient in bimsoils[J]. Water, 2017, 9(10): 787.

[8] Chen X B, Li Z Y, Zhang J S. Effect of granite gravel content on improved granular mixtures as railway subgrade fillings[J]. Journal of Central South University, 2014, 21(8): 3361-3369.

[9] Liao Q L. Geological origin and structure model of rock and soil aggregate and study on its mechanical and MH coupled properties[D]. Beijing: Graduated School, Chinese Academy of Science, 2006.

[10] Xu W J, Wang Y G. Meso-structural permeability of S-RM based on numerical tests[J]. Chinese Journal of Rock Mechanics and Engineering, 2010, 32(4): 543-550.

[11] Radice A, Giorgetti E, Brambilla D, et al. On integrated sediment transport modelling for flash events in mountain environments[J]. Acta Geophysica, 2012, 60(1): 191-213.

[12] ASTM D 2434-68 Standard Test Method for Permeability of Granular Soils (Constant Head) [S]. West Conshohoken: ASTM International Press, 2006.

[13] Forchheimer P. Wasserbewegung durch Boden[J]. Z Ver Dtsch Ing, 1901, 45: 1782-1788.

[14] Medley E W. Uncertainty in estimates of block volumetric proportions in melange bimrock[J]. Engineering Geology and the Environment, 1997, 2: 267-272.

[15] Bagnold R A, Barndorff-Nielsen O. The pattern of natural size distributions[J]. Sedimentology, 1980, 27(2): 199-207.

[16] Coli N, Berry P, Boldini D. In situ non-conventional shear tests for the mechanical characterisation of a bimrock[J]. International Journal of Rock Mechanics and Mining Sciences, 2011, 48(1): 95-102.

[17] Akram M S. Physical and numerical investigation of conglomeratic rocks[D]. Sydney: University of New South Wales, 2010.

[18] Xu W J, Yue Z Q, Hu R L. Study on the mesostructure and mesomechanical characteristics of the soil-rock mixture using digital image processing based finite element method[J]. International Journal of Rock Mechanics and Mining Sciences, 2008, 45(5): 749-762.

[19] Coli N, Berry P, Boldini D, et al. The contribution of geostatistics to the characterisation of some bimrock properties[J]. Engineering Geology, 2012, 137-138: 53-63.

[20] Zhang S, Tang H M, Zhan H B, et al. Investigation of scale effect of numerical unconfined compression strengths of virtual colluvial-deluvial soil-rock mixture[J]. International Journal of Rock Mechanics and Mining Sciences, 2015, 77: 208-219.

[21] Wang Y, Li X, Zheng B, et al. Experimental study on the non-Darcy flow characteristics of soil-rock mixture[J]. Environmental Earth Sciences, 2016, 75(9): 756.

[22] Shelley T L, Daniel D E. Effect of gravel on hydraulic conductivity of compacted soil liners[J]. Journal of Geotechnical Engineering, 1993, 119(1): 54-68.

[23] Shafiee A. Permeability of compacted granule-clay mixtures[J]. Engineering Geology, 2008, 97(3-4): 199-208.

[24] Vallejo L E, Zhou Y. The mechanical properties of simulated soil-rock mixtures[C]// Proceedings of the 13th International Conference on Soil Mechanics and Foundation Engineering, New Delhi, 1994: 365-368.

[25] Gutierrez J J, Vallejo L E. Laboratory experiments on the hydraulic conductivity of sands with dispersed rock particles[J]. Geotechnical and Geological Engineering, 2013, 31(4): 1405-1410.

[26] Zhan Z Z, Jiang F S, Chen P S, et al. Effect of gravel content on the sediment transport capacity of overland flow[J]. Catena, 2020, 188: 104447.

[27] Chen Z H, Chen S J, Chen J, et al. In-situ double-ring infiltration test of soil-rock mixture[J]. Journal of Yangtze River Scientific Research Institute, 2012, 29(4): 52-56.

[28] Gao Q, Liu Z H, Li X, et al. Permeability characteristics of rock and soil aggregate of backfilling open-pit and particle element numerical analysis[J]. Chinese Journal of Rock Mechanics and Engineering, 2009, 28(11): 2342-2348.

[29] Wu J H, Chen J H, Lu C W. Investigation of the Hsien-du-Shan rock avalanche caused by typhoon Morakot in 2009 at Kaohsiung county, Taiwan[J]. International Journal of Rock Mechanics and Mining Sciences, 2013, 60: 148-159.

[30] Yang Y, Sun G, Zheng H. Modeling unconfined seepage flow in soil-rock mixtures using the numerical manifold method[J]. Engineering Analysis with Boundary Elements, 2019, 108: 60-70.

[31] Wang Y, Li X, Zheng B, et al. A laboratory study of the effect of confining pressure on permeable property in soil-rock mixture[J]. Environmental Earth Sciences, 2016, 75(4): 284.

[32] Pincus H J, Donaghe R T, Torrey V H. Proposed new standard test method for laboratory compaction testing of soil-rock mixtures using standard effort[J]. Geotechnical Testing Journal, 1994, 17(3): 387-392.

[33] Rücknagel J, Götze P, Hofmann B, et al. The influence of soil gravel content on compaction behaviour and pre-compression stress[J]. Geoderma, 2013, 209-210: 226-232.

[34] Crosta G B. Failure and flow development of a complex slide: The 1993 Sesa landslide[J]. Engineering Geology, 2001, 59(1-2): 173-199.

[35] Zoback M D, Byerlee J D. Effect of high-pressure deformation on permeability of Ottawa sand[J]. AAPG Bulletin, 1976, 60(9): 1531-1542.

[36] Bear J, Tsang C F, Marsily G. Flow and Contaminant Transport in Fractured Rock[M]. San Diego: Academic Press, 1993.

[37] Oda M, Takemura T, Aoki T. Damage growth and permeability change in triaxial compression tests of Inada granite[J]. Mechanics of Materials, 2002, 34(6): 313-331.

[38] Li X Q, Li W P, Li H L, et al. Experimental study on permeability of sandstone during post-peak unloading of the confining pressure[J]. Journal of Engineering Geology, 2005, 13(4): 481-485.

[39] Li P, Luo Y S. Research on triaxial seepage test of saturated loess[J]. Subgrade Engineering, 2006, 129(6): 32-33.

[40] Guo H. Experimental study on traxial seepage of distributed Q_3 loess in different regions[D]. Yanglin: Northwest A & F University, 2009.

[41] Ameta N K, Wayal A S. Effect of bentonite on permeability of dune sand[J]. The Electronic Journal of Geotechnical Engineering, 2008, 13(A): 1-7.

[42] Sällfors G, Öberg-Högsta A L. Determination of hydraulic conductivity of sand-bentonite mixtures for engineering purposes[J]. Geotechnical & Geological Engineering, 2002, 20(1): 65-80.

[43] Krishnamurthy P G, Meckel T A, DiCarlo D. Mimicking geologic depositional fabrics for multiphase flow experiments[J]. Water Resources Research, 2019, 55(11): 9623-9638.

[44] Indrawan I G B, Rahardjo H, Leong E C. Effects of coarse-grained materials on properties of residual soil[J]. Engineering Geology, 2006, 82(3): 154-164.

[45] Yang Y T, Sun G H, Zheng H. Modeling unconfined seepage flow in soil-rock mixtures using the numerical manifold method[J]. Engineering Analysis with Boundary Elements, 2019, 108: 60-70.

[46] Jones F O. A laboratory study of the effects of confining pressure on fracture flow and storage capacity in carbonate rocks[J]. Journal of Petroleum Technology, 1975, 27(1): 21-27.
[47] McKee C R, Bumb A C, Koenig R A. Stress-dependent permeability and porosity of coal and other geologic formations[J]. SPE Formation Evaluation, 1988, 3(1): 81-91.
[48] Terzaghi K, Peck R B, Mesri G. Soil Mechanics in Engineering Practice[M]. New York: Wiley, 1996.
[49] Kong L W, Li X M, Tian H N. Effect of fines content on permeability coefficient of sand and its correlation with state parameters[J]. Rock and Soil Mechanics, 2011, (s2): 21-26.
[50] Al-shayea N A. The combined effect of clay and moisture content on the behavior of remolded unsaturated soils[J]. Engineering Geology, 2001, 62(4): 319-342.
[51] Zhang G L, Wang Y J. Experimental investigation of hydraulic conductivity of sand under high confining pressure[J]. Rock and Soil Mechanics, 2014, 35 (10): 2748-2786.
[52] Li S P, Li Y S, Li L, et al. Permeability-strain equations corresponding to the complete stress-strain path of Yinzhuang sandstone[J]. International Journal of Rock Mechanics and Mining Sciences & Geomechanics Abstracts, 1994, 31(4): 383-391.
[53] Li S P, Wu D X Xie W H, et al. Effect of confining presurre, pore pressure and specimen dimension on permeability of Yinzhuang sandstone[J]. International Journal of Rock Mechanics and Mining Sciences, 1997, 34(3-4): 435-441.
[54] Louis C. Rock hydraulics[M]//Rock Mechanics. Vienna: Springer, 1972.
[55] Wang X J, Rong G, Zhou C B. Permeability experimental study of gritstone in deformation and failure processes[J]. Chinese Journal of Rock Mechanics and Engineering, 2012, 31(s1): 2940-2947.

第 6 章　土石混合体渗流破坏演化特性研究

6.1　概　　述

土石混合体的主要渗流破坏类型为管涌灾害，管涌是一种十分常见且危害严重的渗透破坏形式。管涌是基质土体在渗流作用下侵蚀为可动细颗粒，并随水在孔隙中运移流失的过程。在此过程中，土体中的粗颗粒可能被架空、塌落，最后造成混合体骨架的破坏。土石混合体管涌在工程中会带来很多问题，如滑坡体渗流破坏、公路路基渗流失稳及汛期的堤基管涌险情等，危害十分严重。以最为典型的 1998 年特大洪水为例，仅长江干流堤防就出现 698 处险情，其中管涌险情更是多达 366 处，占 52.4%。由此可见，对管涌的发生、发展过程进行研究具有很大的学术价值，提示其发生发展机制，对其发展过程进行准确预报并提出有效的控制措施，是减小管涌灾害的关键。

6.2　土石混合体渗流-侵蚀-应力耦合管涌试验

6.2.1　试验方法

管涌试验材料为土体基质和块石的混合体，两种岩土材料的基本物理力学特性简要介绍如下：

土体基质为黏性土，土颗粒的级配曲线如前面黏性土测试曲线。根据 ASTM d698-07 规范，在天然土体上进行了标准压实试验，获取土体的物理力学性质列于表 6-1 中。通过扫描电子显微镜和 X 射线衍射测试，获得了典型土体基质的矿物组成和含量，土体基质中存在大量黏土矿物(如蒙脱石、高岭石、伊利石)[1,2]，如表 6-2 所示。电子显微镜图像可以观察到由许多被黏土矿物包裹的不规则棒状石英颗粒，颗粒大小为 0.01～0.03mm。

按照土工试验标准[3,4]中土石混合体试样制备方法，确定土颗粒和块石颗粒粒径的阈值为 5mm。也就是说，当粒径大于 5mm 时，作为块石处理，当粒径小于 5mm 时，作为土基质处理。试验所用块石岩性为大理岩，岩块大小为 2～5mm，物理力学性质如表 6-1 所示。一般来说，块石的形态特征对土石混合体的力学性能有很大的影响。利用 Image Pro 软件对试样中块石形态进行加权平均处理以得到形态学参数，轮廓指数：延伸率 1.343，片状度 0.954，形状因子 0.943，圆度

0.845；棱角指数：凸度比 0.902；棱角度(梯度法)0.917。

表 6-1　用于制备土石混合体试样的土体基质和块石的物理力学性质

指标	土体基质	块石
天然密度/(g/cm³)	1.64	2.53
干密度/(g/cm³)	2.06	—
最优含水量/%	10.2	—
相对密度	2.73	—
有效粒径 D_{10} /mm	0.01	—
不均匀系数 C_u	4.2	—
曲率系数 C_c	1.32	—
液限/%	64	—
塑限/%	36	—
塑性指数	28	—
液性指数	0.121	—
饱和单轴抗压强度/MPa	0.57	43.21
干燥单轴抗压强度/MPa	2.27	80.75

表 6-2　X 射线衍射测试结果　(单位：%)

矿物名称	1#土体基质	2#土体基质
蒙脱石	61.27	60.31
高岭石	26.34	24.07
伊利石	6.43	6.55
绿泥石	5.96	3.31

6.2.2　试验步骤

为了研究渗流-侵蚀-应力耦合特性，详细的试验流程如图 6-1 所示。试验过程中不断增大水力梯度以达到管涌条件，在每一渗流阶段，当水在试样中达到稳定渗流时，记录渗水量、水压差、渗透时间以及因侵蚀而带出来的土颗粒质量。根据达西定律计算渗透系数[1]：

$$k = \frac{QL}{At(P_1 - P_2)} \frac{\eta_T}{\eta_{20}} \tag{6-1}$$

其中，Q 为总的渗水量(mL)；A 为试样断面面积；t 为渗透时间；L 为渗透距离(即试样长度)；P_1 和 P_2 分别为入口和出口处的水压；η_T 和 η_{20} 分别为 T℃和 20℃时水的动力黏滞系数。

当水在土体基质和土石界面处流动时，一部分能量被作用到土颗粒上，一部分能量被土石界面吸收。流体在流动过程中，当孔隙水压力作用于土颗粒上时，会出现渗透力突然降低，并用 f 表示。有些情况下，渗透力太大会造成土石混合体结构的变化，并最终导致失稳。当水力梯度用进口和出口处的水压差表示时，即 $i=(P_1-P_2)/L$，渗透力可以表示为

$$F_c=r_w i_c V(1-RBP_m) \tag{6-2}$$

其中，F_c 为临界水力梯度下对应的临界渗透力；V 为试样体积；r_w 为水的密度；RBP_m 为质量含石量。

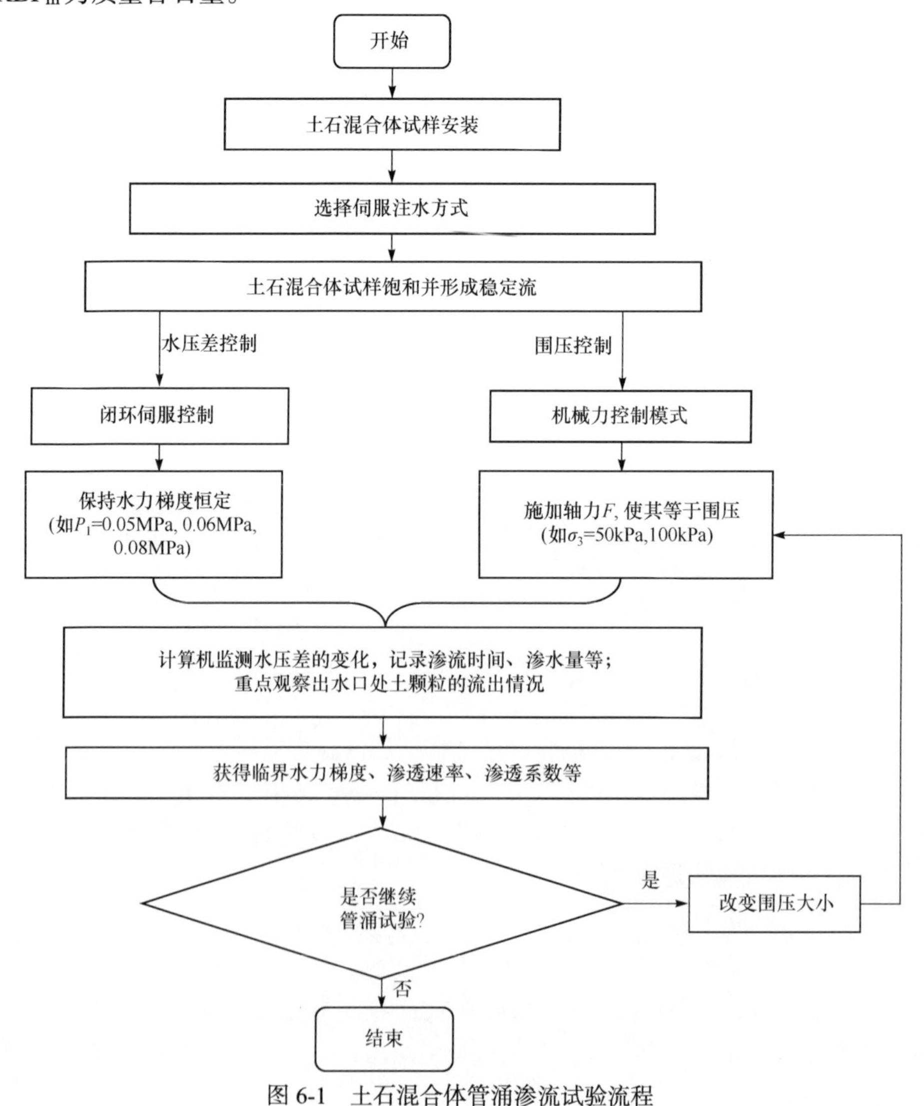

图 6-1　土石混合体管涌渗流试验流程

6.2.3 试验结果与讨论

1. 一般现象描述

图 6-2 给出了水压差、渗水量与渗流时间的关系，对应试样的含石量为 30%、50%和 70%，围压为 0。可以看出，水压差随着渗流时间的增加而增大并达到某一值；超过该值后，出现波动式下降。这一结果表明，管涌演化发展过程中，随着细颗粒的侵蚀、运移，土体的渗透性发生变化，当细颗粒淤堵在孔隙中时，土体渗透性降低，而当淤堵的孔隙被冲破时，土体渗透性突然增大。观察渗水量-渗流时间曲线发现，曲线的斜率随着含石量的增加而增大，表明含石量越大，最终试样内部形成管涌破坏时，绝大多数渗透通道被打通，出水速率增加。

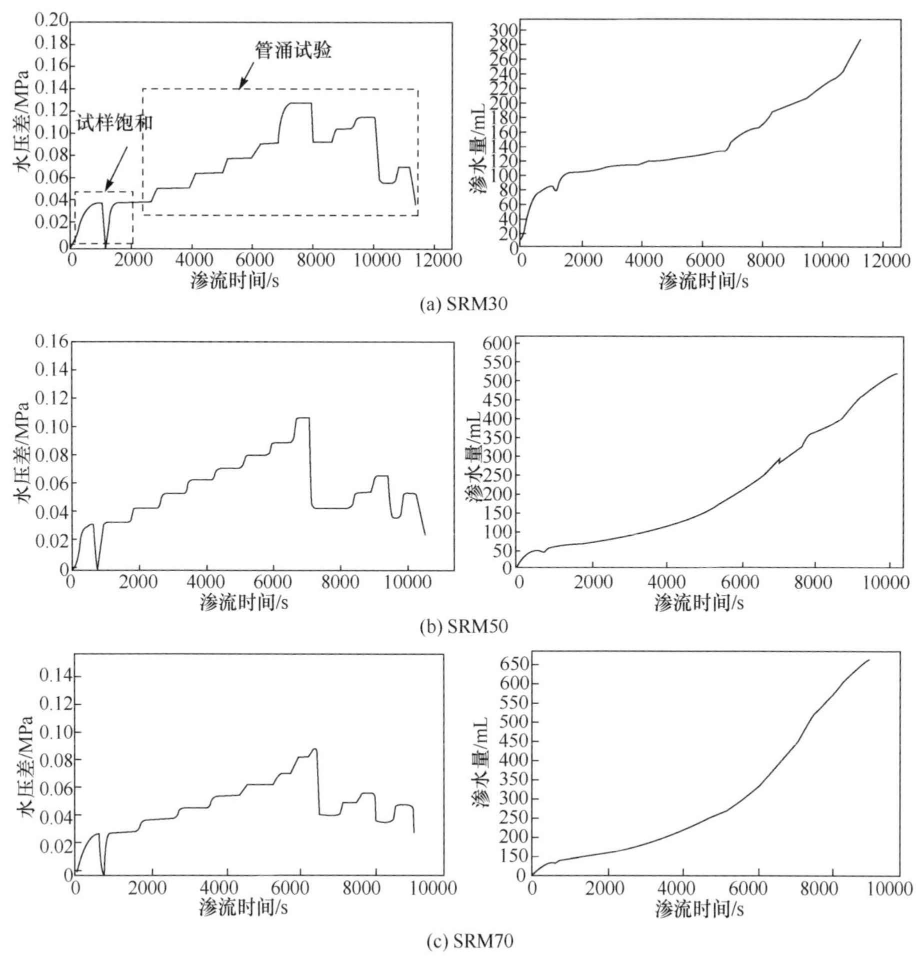

(a) SRM30

(b) SRM50

(c) SRM70

图 6-2　管涌过程曲线

2. 渗透破坏特征曲线分析

定义初始水压力 P_0 为垫块入口处的水压力，实际上由于试样的非均质性，真正由计算机记录得到的水压力要小于 P_0，前面的结果已经证实了这一点。试验过程中分级施加渗透压力，保持围压及轴向压力不变(本次试验考虑围压为 0kPa 的情况，后面试验中考虑围压效应)。加载过程中，密切监视渗流量-渗透坡降关系和细颗粒流失量-渗透坡降关系，用以确定管涌临界坡降及破坏坡降。待试样发生明显管涌破坏时，停止试验。图 6-3 为不同含石量土石混合体试样的试验曲线。从曲线的变形可以得出以下几点结论：

(1) 水力梯度、渗透速率和渗透系数随着初始水压力的增加而不断增大，并达到最大值。这表明土石混合体渗流规律不符合达西定律，其渗透特性是变化的而不是恒定的。当 3 个参数达到临界值后，随着初始水压力的增加，曲线出现波动。

(2) 虽然参数达到临界值后，曲线呈现出波动趋势，但是水力梯度、渗透速率和渗透系数不会超过该临界值。这表明管涌过程中土石混合体内部发生了不可逆的损伤，土颗粒的侵蚀、运动导致土石混合体渗透性的变化。当细颗粒在运动过程中堵塞渗透通道时，渗透性减小；当渗透通道被冲开时，渗透性又开始增大，如此往复。

(3) 曲线的非线性波动暗示出管涌涉及一系列的复杂行为，包括侵蚀、土颗粒的运移、土石界面的接触侵蚀、孔隙通道的形成、细颗粒淤堵孔隙通道、淤堵的孔隙通道被冲破、细颗粒重新运移等，是一种循环往复的动态破坏过程。瞬时出砂量骤然增大主要是由于淤堵的孔隙通道被逐渐蓄积的进、出端水头差突然冲破。

(4) 土石混合体的临界水力梯度随着含石量的增加而降低。土石混合体中块石不仅影响渗流规律，同样影响着土石界面处接触侵蚀的程度。随着含石量的增加，土石界面增多，导致接触侵蚀变得更加严重，致使临界水力梯度不断减小。

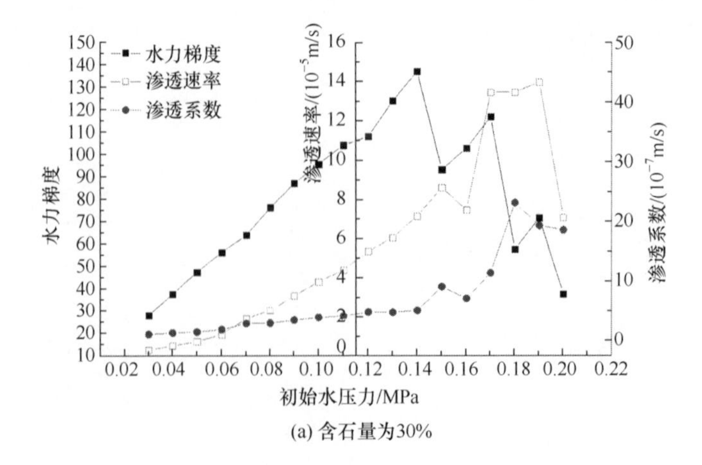

(a) 含石量为30%

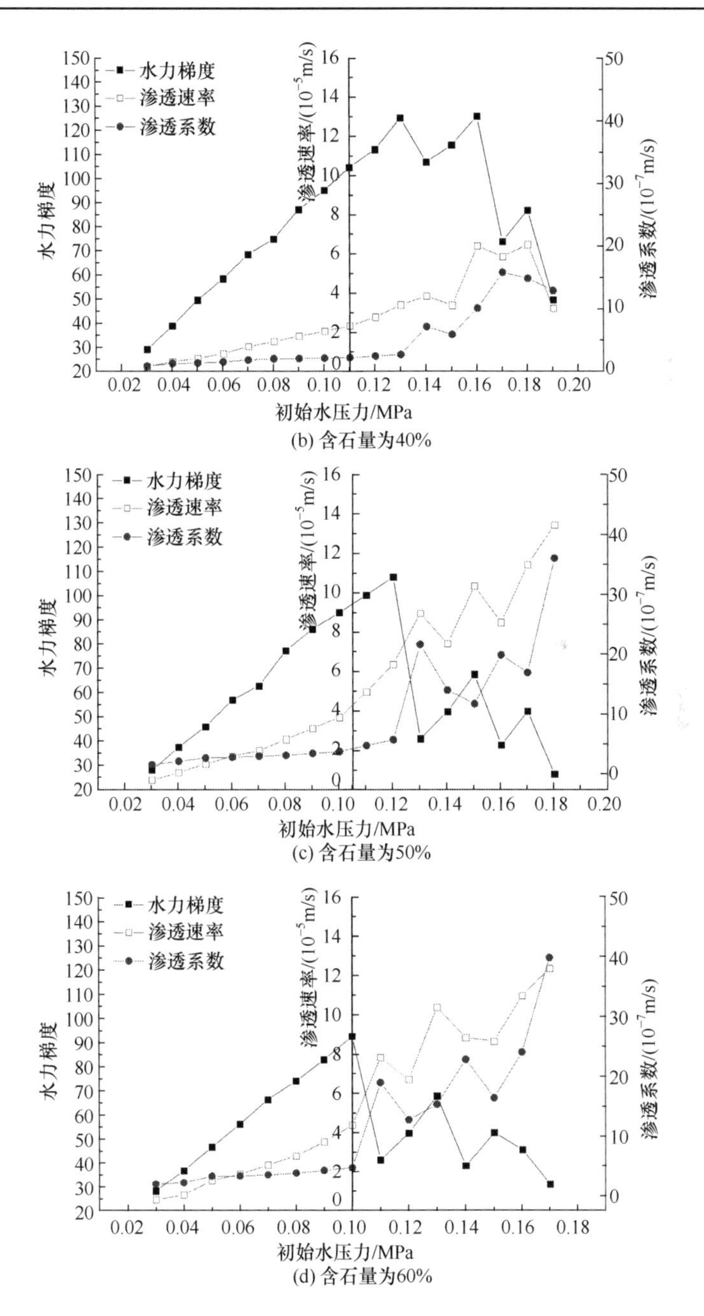

(b) 含石量为40%

(c) 含石量为50%

(d) 含石量为60%

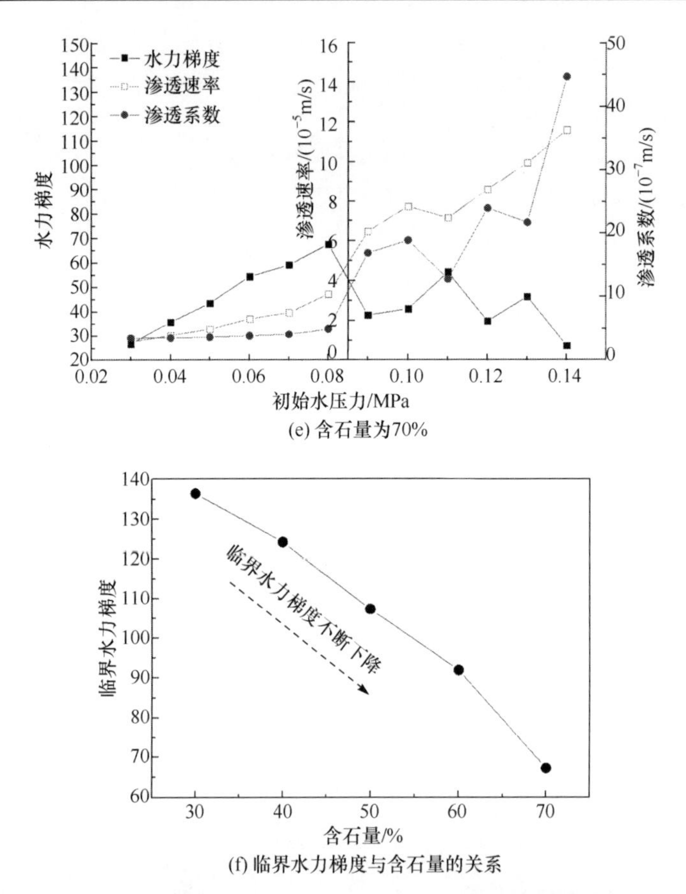

(e) 含石量为70%

(f) 临界水力梯度与含石量的关系

图 6-3　水力梯度、渗透速率、渗透系数与初始水压力的关系

(5) 土石混合体渗透系数的变化与发生侵蚀的细小土颗粒有关。土石界面是土石混合体中最薄弱的部位，接触侵蚀控制着土颗粒的非线性运动。

3. 渗透力分析

临界渗透力计算公式采用式(6-2)，临界渗透力与初始水压力的关系如图 6-4(a)所示，在渗流管道启动时，土石混合体管涌起始阻力等于临界渗透力。临界渗透力与含石量的关系如图 6-4(b)所示。由于渗流通道的多样性，渗透力随水力梯度的增大呈现波动变化，这一结果反映了细土颗粒的侵蚀、迁移、管涌流动通道的开通和通道的堵塞。需要指出的是，土石界面的接触侵蚀对土石混合体的稳定性也起着至关重要的作用。图 6-4(c)为临界水力梯度与含石量的关系，可以看出，临界水力梯度随着含石量的增大而减小。

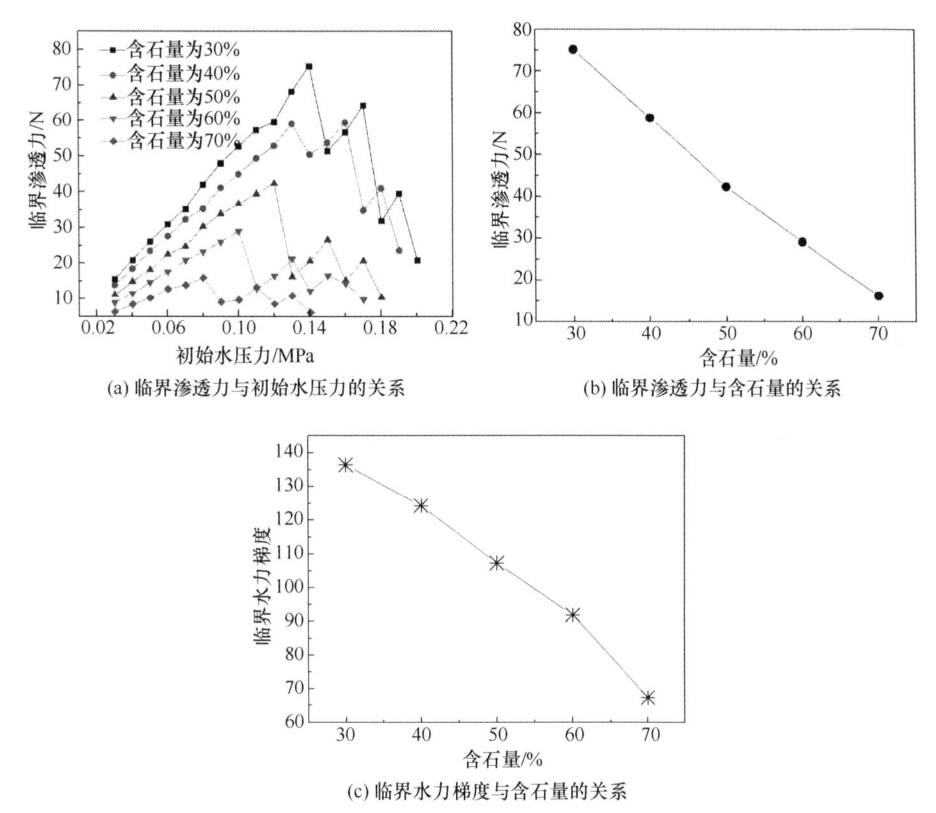

(a) 临界渗透力与初始水压力的关系

(b) 临界渗透力与含石量的关系

(c) 临界水力梯度与含石量的关系

图 6-4 渗透特性与初始水压力和含石量的关系

4. 侵蚀颗粒涌出量分析

在整个管涌测试中，出口处放有收集侵蚀土体颗粒的漏斗，漏斗上过滤筛孔的直径为 75μm (200 目)[5]。如图 6-5 所示，当作用在试样上的水头差达到临界水力梯度后，土体颗粒开始从渗流垫块的出口向外移动。从曲线形态可以看出，侵蚀土体颗粒的质量并不是随着初始水压力的增大而单调增加，而是呈波动形态，这意味着土体颗粒的运动会在某一时刻受阻，此时水流通道被阻塞；当土体颗粒积累到一定的质量时，堵塞的渗流通道再次被开启，侵蚀土体颗粒的变化也反映了管涌的力学特性，土石混合体的管涌是渐进的、往复的。在进水口和出水口的高水压差作用下，侵蚀的土体颗粒质量突然累积增大是水体渗透速率突增的原因。最大侵蚀土体颗粒的质量分别为 0.44g、0.49g、0.61g、0.73g 和 1.01g。如图 6-6 所示，侵蚀土体颗粒质量与含石量呈指数函数关系，随着含石量的增加，呈现出快速增长的趋势。试验结果表明，岩石块在土石混合体接触管涌中起着重要作用。

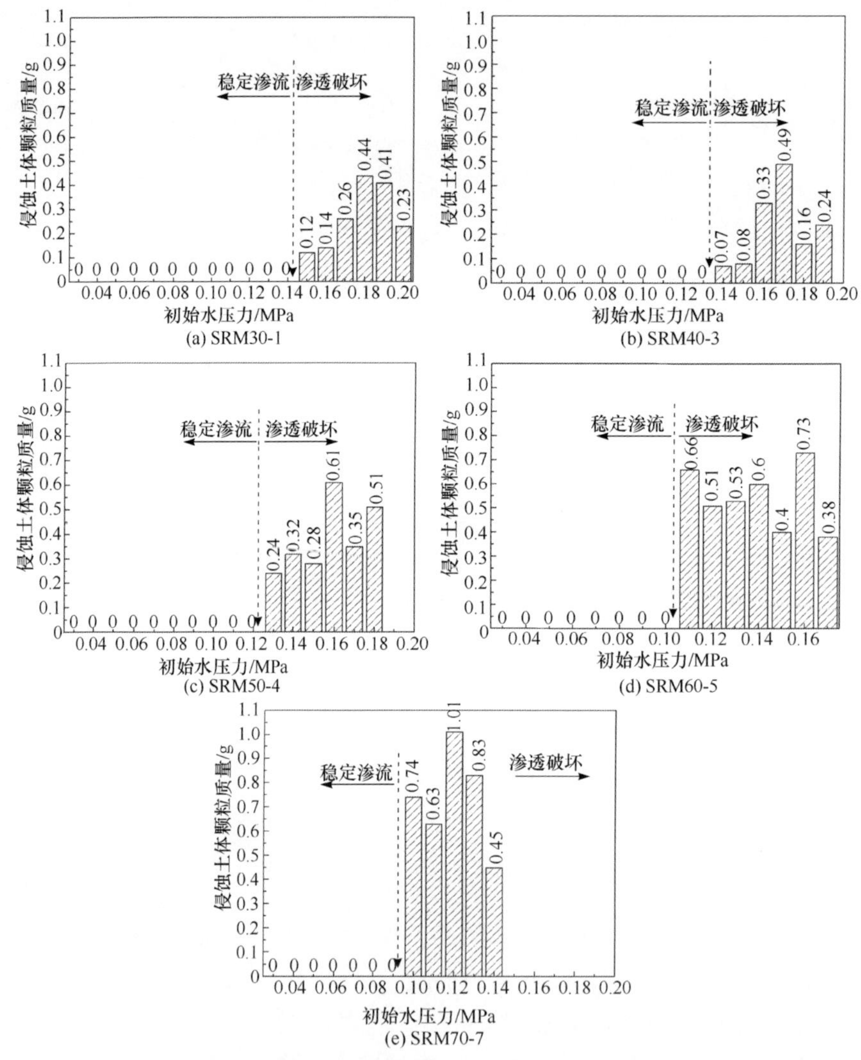

图 6-5　侵蚀土体颗粒质量与初始水压力的关系

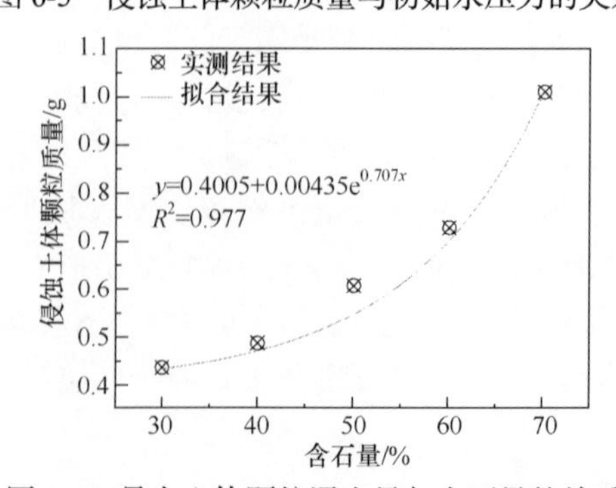

图 6-6　最大土体颗粒涌出量与含石量的关系

5. 围压对管涌演化的影响分析

土石混合体的应力状态对管涌的演化过程具有重要影响。Mao[6]指出进行现场管道试验对预测渗流破坏现象更为重要。Cao[7]将未扰动试样和扰动试样的管涌结果进行了比较，发现未扰动试样的临界水力梯度要大于扰动试样的临界水力梯度。因此，管涌试验应当将应力状态考虑进去。目前，管涌试验装置可分为三种：一种忽略管涌演化过程中的应力状态；一种只考虑轴向力对管涌演化的影响[8]；一种可以模拟地应力状态[9,10]，将应力施加到试样上，虽然该装置可以同时施加轴向应力和围压，但注水方式通过调整水头高度来控制，注水或注水压力不能由精确伺服控制来保持恒定水流速率。本次试验中，我们使用伺服增压供水系统将水注入土石混合体样品中，通过计算机操作，伺服增压供水系统可以将水以恒定注水速率或恒定压差注入样品中，采用静水压力施加围压，实现土石混合体弹性边界的加载。图 6-7 为临界水力梯度与围压的关系，在不同含石量条件下，临界水力梯度随围压的增大而增大，通过曲线拟合近似可以推导出高围压条件下的临界水力梯度。当拟合方程的相关系数最大时，该方程被确定为最佳拟合函数，结果表明临界水力梯度与围压的关系服从线性函数，如表 6-3 所示。土石混合体临界水力梯度的表达式为

$$i_{cr}=aP_c+b \tag{6-3}$$

其中，P_c为作用在试样上的有效围压；a 和 b 为拟合系数；i_{cr}为临界水力梯度。

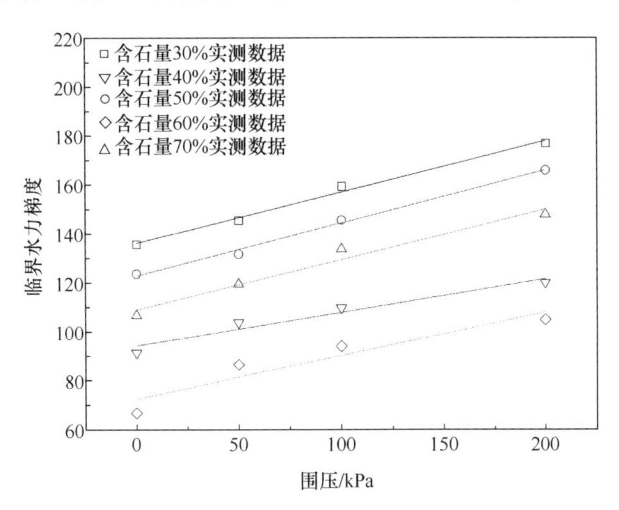

图 6-7　不同含石量条件下临界水力梯度与围压的关系

表 6-3　临界水力梯度与围压的线性拟合关系

含石量/%	拟合方程系数		相关系数
	a	*b*	
30	0.2097	136.862	0.9879
40	0.2171	123.448	0.9912
50	0.2051	109.599	0.9555
60	0.1369	94.893	0.9213
70	0.1782	72.991	0.8923

当土石混合体试样处于等应力状态时(即轴向应力等于围压)，临界水力梯度大于零围压状态下试样的临界水力梯度。在有围压的条件下，试样被固结压实，抵抗土体颗粒侵蚀和迁移的能力有了明显提高。因此，在这种应力状态下，临界水力梯度随围压的增大而增大。从这一结果可以推断，在进行管涌试验时，很有必要将应力状态考虑进去。图 6-8 为临界水力梯度与含石量的关系，临界水力梯度随含石量的增大呈线性单调递减趋势，拟合参数列于表 6-4 中。块石作为组成土石混合体的一个特殊物相，在土石界面处极易引起接触侵蚀，随着含石量的增大，接触侵蚀现象变得更加严重。

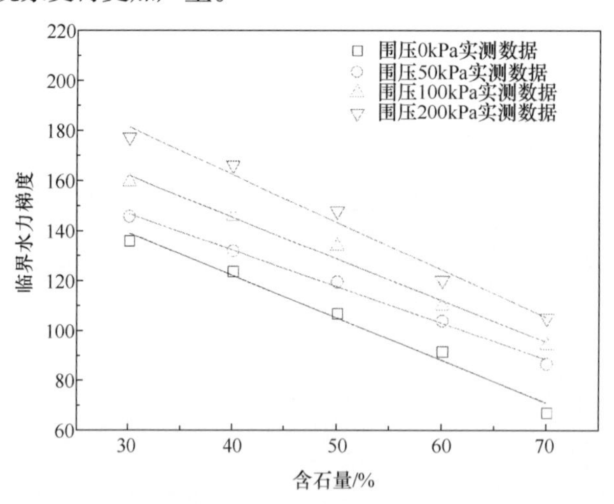

图 6-8　不同围压条件下临界水力梯度与含石量的关系

表 6-4　临界水力梯度与含石量的线性拟合关系

围压/kPa	拟合方程系数		相关系数
	a	*b*	
0	−1.7062	190.752	0.9792
50	−1.4673	191.395	0.9945
100	−1.6735	212.845	0.9816
200	−1.9089	239.283	0.9749

从管涌试验结果分析，不同含石量的土石混合体管涌过程呈现出渐进性和循环往复特征。管涌渗流破坏包括一系列复杂的运动行为，如侵蚀、细土颗粒运移→土石界面接触侵蚀→孔隙通道形成→细土颗粒堵塞水流通道→堵塞水流通道破坏→水流通道再堵塞等，这些非线性行为与土体基质的力学性质有关。本节仅对含黏土基质的土石混合体进行了研究，由于矿物成分和微观结构的不同，基质体性能对管涌的演化过程有较大的影响，然而，不同基质特性的土石混合体均有可能存在堵塞和侵蚀现象。土石界面的接触侵蚀一直是控制试样渗流破坏的决定性因素，沿渗流方向，岩块内的水压急剧下降，在土石界面处形成较大的渗透力，这是侵蚀流通道形成的起始部位。为此，块石的大小、形状、分布和含量等特征控制着试样的渗流稳定性和土石混合体结构的可靠性。本书推导了试样渗流垫块出口处的土体沉积阻力，它影响土石混合体试样的渗透性，临界水力梯度演化曲线可能受出口处细颗粒沉积的影响。Cyril 等通过土体侵蚀发生时的浑浊度测量，定量估算了试验过程中被侵蚀的土体颗粒质量，该方法同样也可用于土石混合体的管涌试验。

6.3　土石混合体管涌多因素分析及优化

6.3.1　材料和试样制备

管涌试验采用的样品为土体基质和块石的混合物，土体基质属于黏土的，由筛分试验揭示级配曲线，如图 6-9(a)所示。经实验室测定，其饱和度约为 18.5%，黏土中含有大量黏土矿物，具有强亲水性，硬黏土的液限可达 64%，塑限可达 36%；塑性指数约为 28，液性指数为 0.05～0.127。这些指标表明，该类土体属于典型的高塑性土。采用扫描电子显微镜和 X 射线衍射对黏土进行了矿物组成和矿物含量的鉴定。扫描电子显微镜测试结果表明，在黏土矿物的包裹下，可以清楚地看到棒状和不规则的石英颗粒，颗粒大小为 0.01～0.03mm。X 射线衍射测试结果表明，黏土中矿物含量较高，如高岭石(26.73%)、蒙脱石(61.52%)、伊利石(6.25%)。土体基质的物理力学性能指标如表 6-5 所示。

试样制备所采用的块石为大理岩碎石，岩块大小为 2～5mm(图 6-9(b))。根据岩土工程试验标准和制备的土石混合体制样标准，确定土体颗粒和块石的阈值为 2mm。块石密度为 2.53g/cm^3，饱和和干燥单轴抗压强度分别为 43.21MPa 和 80.75MPa。一般而言，块石的形态特征对土石混合体的力学性能有很大影响。通过数字图像处理方法，采用加权平均方法得出了块石的一些定量形态指标，如表 6-6 所示。

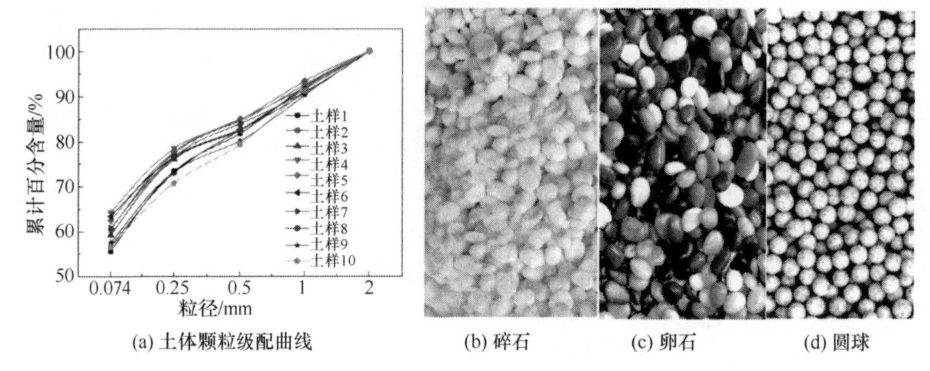

(a) 土体颗粒级配曲线　(b) 碎石　(c) 卵石　(d) 圆球

图 6-9　管涌多因素分析与优化试验材料

表 6-5　土体基质和岩块的基本物理力学性能指标

指标	土体基质	块石
天然密度/(g/cm³)	1.64	2.53
干密度/(g/cm³)	2.06	—
最优含水量/%	9.5	—
相对密度	2.73	—
有效粒径 D_{10}/mm	0.01	—
不均匀系数 C_u	4.2	—
曲率系数 C_c	1.32	—
液限/%	64	—
塑限/%	36	—
塑性指数	28	—
液性指数	0.121	—
饱和单轴抗压强度/MPa	0.57	43.21
干燥单轴抗压强度/MPa	2.27	80.75

表 6-6　三种岩块的形态特征参数

块石种类	轮廓指标				棱角指数(梯度法)	
	宽厚比	延伸率	球度	形状因子	棱角度	凸度比
碎石	0.934	1.353	0.834	0.933	0.925	0.895
卵石	0.745	1.418	0.923	0.823	0.977	0.934
圆球	1.0	1.0	1.0	1.0	1.0	1.0

本节采用击实法制备土石混合体试样[10-12]。根据锤击数与土体基质密度之间的关系，利用压实试验装置，采用动压法在圆柱试模内进行压实，以确定不同因子组合试样的最佳锤击数。由于土体基质与块石的弹性模量相差较大，土石混合

体的密实度实际上就是土体基质的密实度。土体密度是影响土石混合体渗透性的重要因素[2]。因此，如何控制锤击数是管涌多因子分析的关键。在本节工作中，根据土体基质密度与最佳锤击数之间的关系，确定不同土体基质密度试样的锤击数，如图 6-10(a)所示。含石量分别为 30%、50%和 70%的土石混合体基质密度随锤击数的增加而增大。为了改变土体基质的密度，绘制三条虚线与图 6-10(a)中的曲线相交，横坐标值为对应的最佳锤击数。图 6-10(b)为不同含石量与土体基质密度的关系。当含石量为 70%时，试样中的土体基质难以被压实，考虑到含石量为 70%的土石混合体试样中的岩块会被过多的锤击数所压碎，因此确定其最佳锤击数为 12 次。所有试样均采用三层逐层压实，如图 6-11(a)所示，制备的样品长度

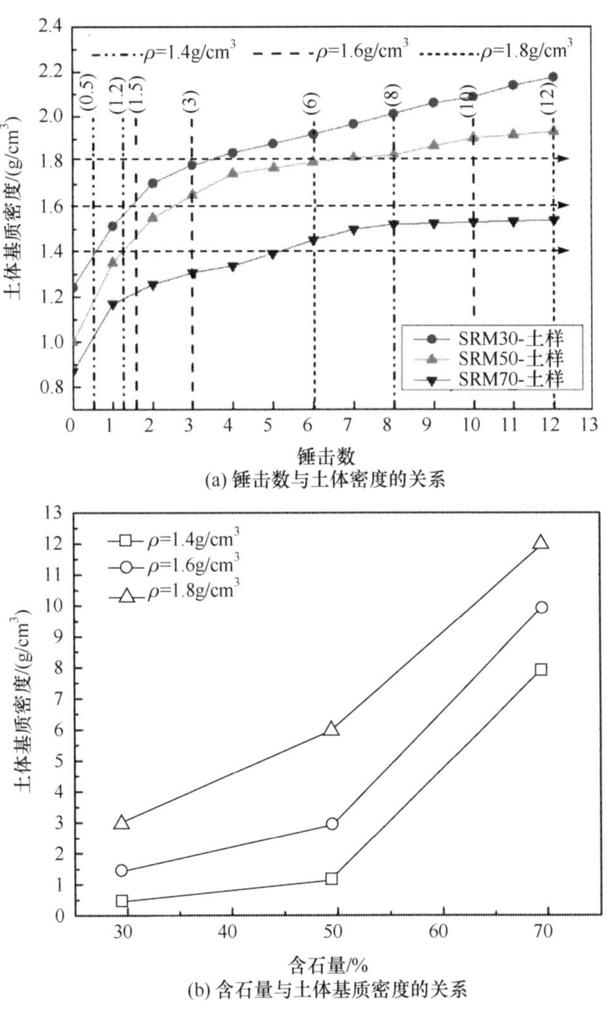

(a) 锤击数与土体密度的关系

(b) 含石量与土体基质密度的关系

图 6-10　土石混合体试样制备锤击数确定

(a) 制备方法(三层击实)　(b) 制备好的部分试样

图 6-11　用于管涌测试的土石混合体试样

和直径分别为 100mm 和 50mm。制备的含石量分别为 30%、50%和 70%的圆柱形试样如图 6-11(b)所示。所有试样均采用保鲜膜密封，防止水分蒸发，保持含水量不变。

6.3.2　试验系统

采用第 5 章小尺度渗流试验所用试验系统，主要由试样夹持器、伺服注水系统和样品封装室组成，与前面的渗透破坏试样系统相同，本节不再赘述。

6.3.3　试验流程

试验流程与前面提到的管涌试验相同，所不同的是本次试验考虑了不同因素的组合对管涌发生发展过程的影响，考虑的因素包括含石量、块石形态、土体基质密度、围压。试验设计原理如图 6-12 所示。

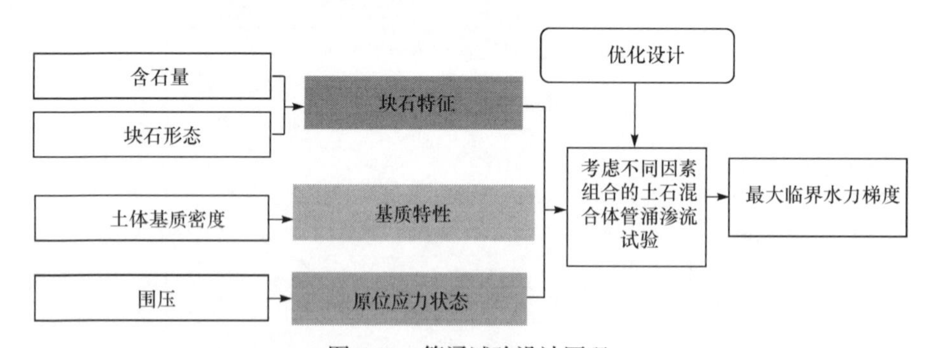

图 6-12　管涌试验设计原理

6.3.4　管涌多因素评价与分析

1. 响应面模型设计

采用响应面法(response surface method，RSM)对土石混合体管涌渗流稳定性进行评价和优化，渗流稳定性选取的考核变量为土石混合体临界水力梯度(定义为管涌起始梯度)。基于最小二乘准则，响应面法被用来近似输入因子变化范围内的响应，即最大临界水力梯度，临界水力梯度是由水力梯度随时间变化的曲线确定的。响应面模型可以有效地处理管涌渗流的不确定性因素，其形式可以是线性的，也可以是完全二次的，更详细的有关响应面法统计和数学理论的描述可以参考 Myers 等[12]的研究。表 6-7 给出了含石量、土体基质密度、围压和块体形态四个不确定参数的合理取值范围，实际最小值和最大值分别用编码符号–1 和+1来表示。根据响应面法的基本原理，基于 Box-Behnken 设计方法，源于最优设计理论[13-15]，这四个变量共有 27 种组合，即要开展 27 个渗流试验，表 6-8 列出了采用 Box-Behnken 模型设计产生的 27 种不确定参数组合。根据不同的组合制备土石混合体试样，进行管涌渗流试验，临界水力梯度结果如表 6-8 最后一列所示，将其作为管涌响应值。

表 6-7　四因素三水平响应面设计模型

影响因素	因子编码	水平		
		(–1)	(0)	(+1)
含石量/%	A	30	50	70
土体基质密度/(g/cm³)	B	1.4	1.6	1.8
围压/kPa	C	0	100	200
块石形态因子	D	0	1	2

注：对于块石形态因子，水平“0”代表圆球，水平“1”代表卵石，水平“2”代表碎石。

表 6-8　管涌试验 Box-Behnken 响应面设计表

设计方案	A-含石量/%	B-土体密度/(g/cm³)	C-围压/kPa	D-块石形态因子	响应值
1	70	1.6	100	0	88.67
2	50	1.8	200	1	120.32
3	50	1.6	200	0	127.45
4	70	1.4	100	1	80.24
5	30	1.6	0	1	135.2
6	50	1.4	100	0	109.87
7	30	1.4	100	1	138.56
8	30	1.8	100	1	177.23
9	50	1.4	100	2	98.23
10	50	1.6	100	1	107.73
11	50	1.8	0	1	115.57

续表

设计方案	A-含石量/%	B-土体密度/(g/cm^3)	C-围压/kPa	D-块石形态因子	响应值
12	70	1.6	200	1	105.78
13	50	1.8	100	2	106.44
14	70	1.6	100	2	86.51
15	30	1.6	100	0	160.32
16	50	1.8	100	0	118.45
17	70	1.8	100	1	90.53
18	30	1.6	200	1	156.64
19	30	1.6	100	2	147.45
20	50	1.6	0	0	108.45
21	50	1.6	100	1	107.73
22	50	1.4	0	1	100.03
23	50	1.6	0	2	102.33
24	50	1.4	200	1	110.32
25	70	1.6	0	1	78.65
26	50	1.6	100	1	107.73
27	50	1.6	200	2	116.23

以含石量分别为30%和50%的试样为例(图6-13)，水压差随时间的增加而增大。当它达到一个临界值时，曲线突然下降并随时间波动，该拐点确定为临界水力梯度。从图6-13中可以得出以下结论：

(1) 曲线在临界水力梯度后呈现波动趋势，但曲线的最大波动上限不会超过临界值。这一结果表明，土石混合体在管涌过程中发生了不可逆的损伤。在管涌渗流过程中，由于土体颗粒的侵蚀和移动，渗透性发生变化。当运动过程中细土颗粒堵塞在孔隙中时，导致水力梯度、渗透速率及相关渗透系数增大；当堵塞的孔隙再次被突破时，这些数值突然下降。这种非线性的多重波动在管涌过程中始终存在。

(2) 结合管涌过程中的渗水量曲线，在整个试验过程中，曲线的斜率也并不是恒定的，而是变化的。曲线的非线性波动行为表明，管涌的演化包括一系列复杂的运动行为，如细土颗粒的侵蚀、迁移，土石界面接触侵蚀，孔隙通道的形成，细土颗粒堵塞通道，通道被打开，以及重新阻塞渗流通道等。土石混合体中的管涌行为是渐进的、往复的。渗透路径被阻塞可归结为两方面因素；一是细小的土颗粒；二是块石的运动，随着土石混合体试样结构的变化，块石会沿水流方向下沉而堵塞通道。

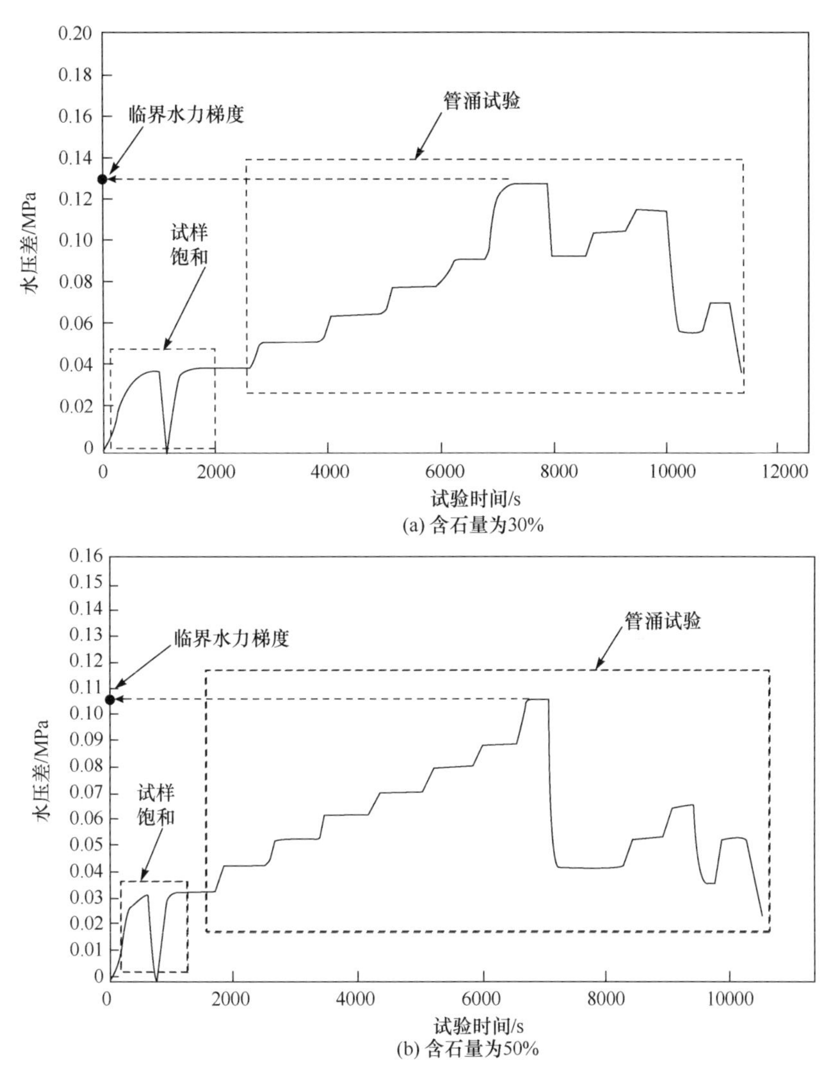

(a) 含石量为30%

(b) 含石量为50%

图 6-13 土石混合体管涌现象临界水力梯度确定方法

2. RSM 模型分析

上文所述，临界水力梯度点定义为水压差-试验时间曲线上陡降的起始点，超过这一点，渗透速率、水力梯度和渗透系数会反复波动，这种确定临界水力梯度的方法也被 Das 等[16]在管涌试验中采用。当获得临界水力梯度后，采用响应面法分析响应值与四个不确定因素之间的关系。为了选择合适的响应面模型，采用线性模型、两因素模型、二次项模型、三次项模型分别进行了检验，根据统计方法判断哪个多项式符合方程。表 6-9 列出了临界水力梯度的不同响应面模型，如果模型有最高的多项式，且其他附加项是显著的，且模型没有扭曲失真[16,17]，则选择它作为最优响应面模型。扭曲混叠现象减少了试验运行次数，当出现这种情况时，几个试验组的结果被组合成一个组，该组中最显著的结果用于表示该试验组的结果。本质上，重要的是要注意所选模型不应该发生扭曲混叠现象。此外，模型具有最大的预测拟合优度和调整拟合优度也是考虑被采用的重要准则。根据表 6-9 的结果，最终选择二次项模型建立后续优化过程中临界水力梯度的响应面。

表 6-9　临界水力梯度响应面模型对比

方程类型	标准差	拟合优度	拟合优度(调整)	拟合优度(预测)	拟合值	备注
线性模型	8.243183	0.904053	0.886608	0.803639	2280.368	—
两因素模型	8.812511	0.920248	0.870404	0.755349	3811.778	—
二次项模型	6.689642	0.965533	0.925321	0.851469	3093.211	建议的
三次项模型	4.012807	0.995866	0.973129	0.404696	9275.108	扭曲的

表 6-10　二次项模型方差分析

项目来源	平方和	自由度	均方值	F 检验值	P 检验值	
因素	15043.44	14	1074.532	24.01118	< 0.0001	显著
A	12353.37	1	12353.37	276.0448	< 0.0001	
B	694.488	1	694.4887	15.51885	0.0020	
C	776.1817	1	776.1817	17.34433	0.0013	
D	261.52	1	261.52	5.843852	0.0325	
AB	201.3561	1	201.3561	4.499446	0.0554	
AC	8.094025	1	8.094025	0.180867	0.6782	
AD	28.67602	1	28.67602	0.640786	0.4390	
BC	7.6729	1	7.6729	0.171456	0.0461	
BD	0.034225	1	0.034225	0.000765	0.9784	
CD	6.5025	1	6.5025	0.145303	0.7097	
A^2	650.7714	1	650.7714	14.54195	0.0025	
B^2	5.852033	1	5.852033	0.130768	0.7239	
C^2	31.8828	1	31.8828	0.712444	0.4151	
D^2	14.06167	1	14.06167	0.314218	0.5854	
残差	537.0157	12	44.75131			
失真度	537.0157	10	53.70157			
误差	0	2	0			
相关度	15580.46	26				

从表 6-10 可以看出，研究的四个因素水平均为显著水平，通过敏感性分析，

其对响应值的影响程度为：A > C > B >D。拟合得到临界水力梯度方程为

$$\begin{aligned}CHG = & 119.1115 - 1.73281A + 50.31250B + 0.11951C - 12.59458D \\ & - 1.77375AB + 0.1138AD - 0.0692BC - 0.4625BD - 0.01275CD \\ & + 0.0276A^2 + 26.187B^2 + 1.62637D^2\end{aligned} \tag{6-4}$$

图 6-14 为残差正态分布图，可以反映临界水力梯度响应值残差的分布情况。可以看出，所有测试点都落在直线上或直线两侧，说明残差为正态分布，且模型显著。图 6-15 为临界水力梯度的预测值与实测值对比，用以说明所生成的梯度响应面方程能否准确预测实际值。可以看出，生成的水力梯度响应面模型与实际水力梯度值相一致，为水力梯度提供了较为可靠的预测值。

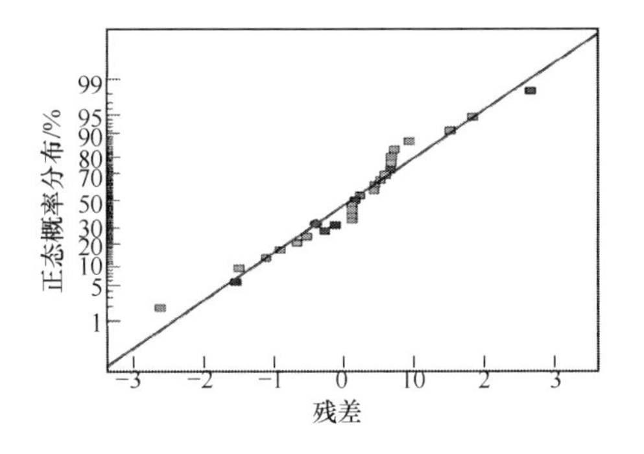

图 6-14　临界水力梯度响应值残差分析

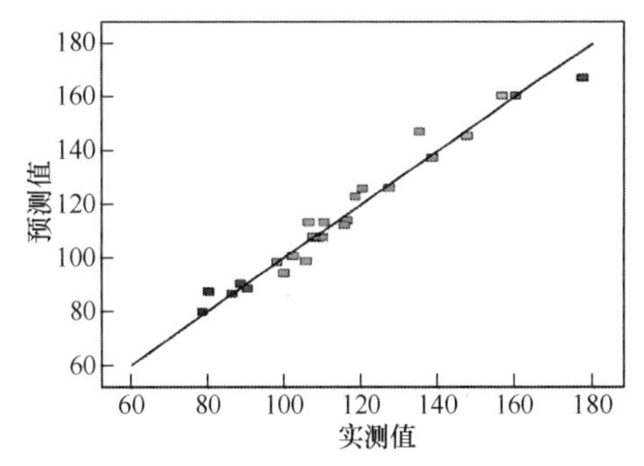

图 6-15　临界水力梯度预测值与实测值对比

图 6-16 为四个影响因素的三维响应面形态,响应面表示全部 27 个设计案例，用于体现四个因素对临界水力梯度的影响程度。从图 6-16(a)可以清楚地看到，临界水力梯度随着含石量的增大而减小；从图 6-16(b)可以看出，随着围压和土体基质密度的增大，临界水力梯度增大；从图 6-16(c)可以看出，临界水力梯度随着岩块棱角度的增大而增大，这一结果意味着土体颗粒的压实度增加，土体基质与

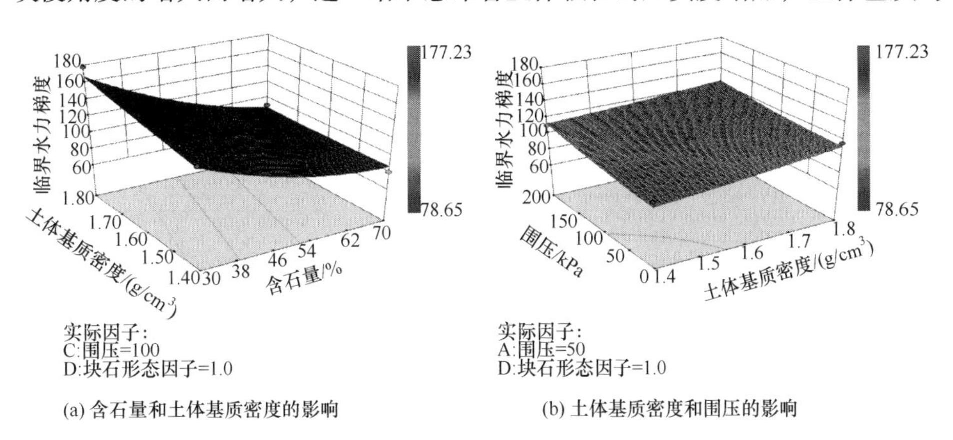

(a) 含石量和土体基质密度的影响　(b) 土体基质密度和围压的影响

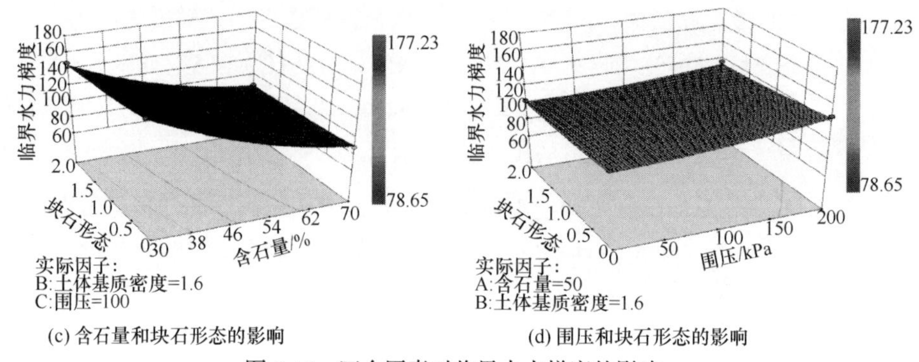

(c) 含石量和块石形态的影响　　(d) 围压和块石形态的影响

图 6-16　四个因素对临界水力梯度的影响

块石接触更为紧密。随着围压和土体基质密度的增大，块石与土体基质的耦合程度相应提高。块石的含量增加了土石界面的数量，在界面处渗透力的突然下降导致接触侵蚀的发生，并导致相应的渗流破坏，从而导致土石混合体试样的渗流稳定性下降。

6.3.5　临界水力梯度优化分析

临界水力梯度指标反映了土石混合体抵抗渗流的能力，临界水力梯度越大，土石混合体的抗渗能力越强。本节采用响应面数值优化算法来确定导致最大临界水力梯度的参量组合。通过临界水力梯度数值优化，得到了 54 个最优组合。响应效果理想度范围为 0.376～1，选择最优解进行分析。图 6-17 给出了所研究的四个因素与理想度之间的关系，虚线框表示理想度可取 1，这是最理想的组合方案。从优化结果看，若要得到最大的临界水力梯度，含石量取值约为 30%，对应为最小的含石量值；提高土体基质密度有利于提高抗渗能力；当围压在 160～180kPa 时，地应力状态对临界水力梯度有重要影响；块石形态因子对临界水力梯度影响不敏感，棱角状块石比圆形块石更有利于提高临界水力梯度。在所列举的 54 种组合方案中选择了理想度为 1 的 20 种组合，列于表 6-11 中。

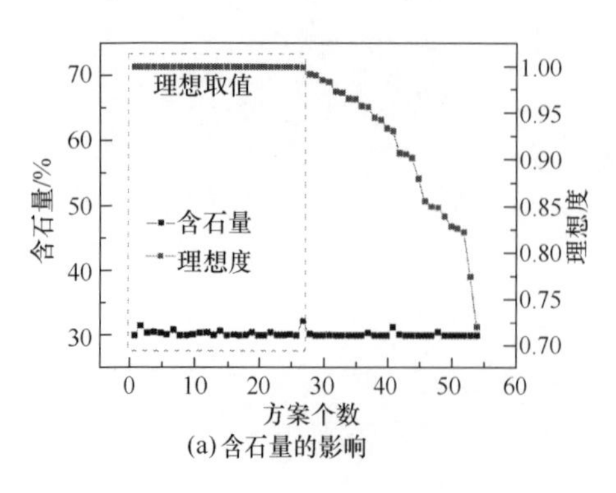

(a) 含石量的影响

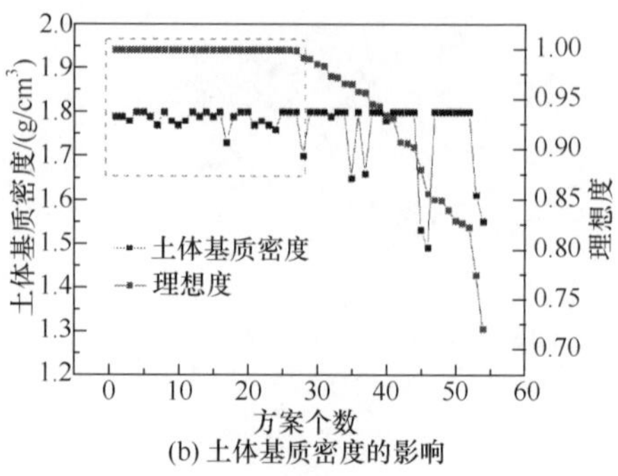

(b) 土体基质密度的影响

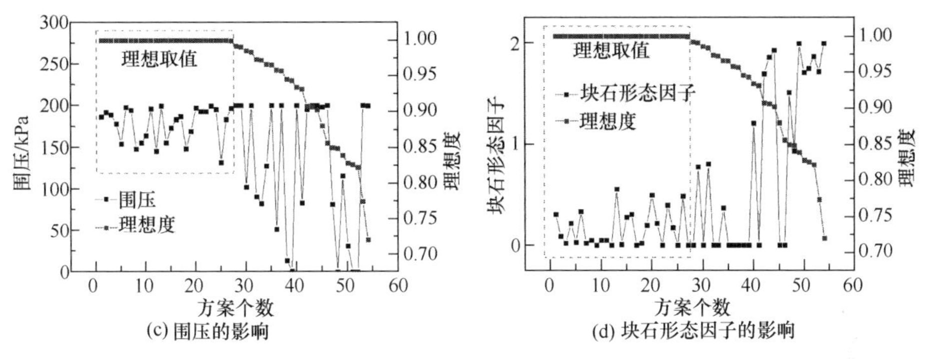

(c) 围压的影响　(d) 块石形态因子的影响

图 6-17　各因子对最优响应方案的影响分析

表 6-11　临界水力梯度取得最大值的最优因子组合

编号	含石量/%	土体基质密度/(g/cm³)	围压/kPa	棱角度	临界水力梯度	理想度
1	30.07	1.79	186.47	0.31	178.452	1
2	31.54	1.79	191.94	0.09	177.466	1
3	30.4	1.78	188.79	0.02	180.391	1
4	30.62	1.8	178.46	0.22	177.775	1
5	30.43	1.8	154.62	0.03	177.951	1
6	30.2	1.79	197.9	0.34	178.88	1
7	30.94	1.77	194.37	0.02	178.524	1
8	30.01	1.8	148.35	0.05	178.51	1
9	30.04	1.78	155.65	0	178.294	1
10	30.17	1.77	164.14	0.05	177.474	1
11	30.4	1.78	196.52	0.05	180.62	1
12	30.49	1.8	145.79	0	177.525	1
13	30.09	1.79	199.95	0.56	177.354	1
14	30.8	1.8	155.8	0.01	177.384	1
15	30.03	1.79	173.65	0.28	177.706	1
16	30.15	1.8	183.66	0.31	178.752	1
17	30.04	1.73	186.88	0	177.402	1
18	30.1	1.79	148.41	0.02	177.683	1
19	30.52	1.8	169.68	0.2	177.46	1
20	30.04	1.8	197.27	0.5	178.454	1

参 考 文 献

[1] Wang Y, Li X, Zheng B, et al. A laboratory study of the effect of confining pressure on permeable property in soil-rock mixture [J]. Environmental Earth Sciences, 2016, 75(4): 1-16.

[2] Wang Y, Li X, Zheng B, et al. Experimental study on the non-Darcy flow characteristics of soil-rock mixture[J]. Environmental Earth Sciences, 2016, 75(9): 1-18.

[3] BS1377-1. Methods of test for soils for civil engineering purposes-Part 1: General requirements and sample preparation [S]. London: British Standard Institute, 1990.

[4] 中华人民共和国工业和信息化部. 土工试验规程(YS/T 5225—2016)[S]. 北京：中国计划出版社，2016.

[5] ASTM D2434-68. Standard test method for permeability of granular soils (Revised, Constant Head) [S]. West Conshohocken: ASTM International Press，2006.

[6] Mao C X. Discussion of "Seepage control of earth dam on the sand-gravel foundation" [J]. Journal of Hydraulic Engineering, 1963, 4: 66-69.

[7] Cao D L. Cofferdam seepage control of Gezhouba project[J]. Journal of Hydraulic Engineering, 1988, 19: 49-55.

[8] Kenney T C, Lau D. Internal stability of granular filters[J]. Canadian Geotechnical Journal, 1985, 22(2): 215-225.

[9] Palmeira E M, Fannin R J, Vaid Y P. A study on the behaviour of soil-geotextile systems in filtration tests [J]. Canadian Geotechnical Journal, 1996, 33(6): 899-912.

[10] Luo Y L, Wu Q, Zhan M L, et al. Development of seepage-erosion-stress coupling piping test apparatus and its primary application[J]. Chinese Journal of Rock Mechanics and Engineering, 2013, 32: 2108-2114.

[11] Tomlinson S S, Vaid Y P. Seepage forces and confining pressure effects on piping erosion[J]. Canadian Geotechnical Journal, 2000, 37(1): 1-13.

[12] Myers R H, Montgomery D C. Response Surface Methodology: Process and Product Optimization Using Designed Experiments [M]. New York: Wiley, 2002 .

[13] Box G E P, Wilson K B. On the Experimental attainment of optimum conditions (with discussion) [J]. Journal of The Royal Statistical Society Series B: Statistical Methodology, 1951, 13(1):1-45.

[14] Kiefer J, Wolfowitz J. Optimum designs in regression problems[J]. The Annals of Mathematical Statistics, 1959, 30(2): 271-294.

[15] Yu W, Varavei A, Sepehrnoori K. Optimization of shale gas production using design of experiment and response surface methodology[J]. Energy Sources Part A: Recovery Utilization and Environmental Effects, 2015, 37(8): 906-918.

[16] Das A, Viswanadham B V S. Experiments on the piping behavior of geofiber-reinforced soil[J]. Geosynthetics International, 2010, 17(4): 171-182.

[17] Wang Y, Li C H, Zhou X, et al. Seepage piping evolution characteristics in bimsoils: An experimental study[J]. Water, 2017, 9(7): 458.